村镇饮用水源保护和污染防控技术

李仰斌 谢崇宝 张国华 籍国东 李文奇 等 著

内 容 提 要

保障饮用水源安全是饮水工程可持续达标运行的必要条件。村镇饮用水源主要包括地表水和地下水两种类型，其中地表饮用水源主要分为河流和湖库两种类型。本书围绕村镇饮用水源地保护这个核心，采用 ARCGIS 工具平台，分析了村镇饮用水源地主要污染源和污染因子等污染特征，初步提出了适合我国国情的村镇水源监测与预警技术体系，构建了适合村镇水源保护与污染物防控技术模式和近岸污染防控系统，提出了村镇饮用水源生物生态修复技术，从而在技术层面上构建村镇饮用水源的监测、保护、防控、修复四位一体的立体防护网和水环境保护网，为确保村镇饮水安全提供有力的科学技术支撑。

本书可供广大从事农村饮水安全、水源保护和水环境治理工作的技术人员和管理人员阅读使用，也可作为高等院校相关专业的参考资料。

图书在版编目（CIP）数据

村镇饮用水源保护和污染防控技术 / 李仰斌等著. -- 北京 : 中国水利水电出版社, 2016.3
ISBN 978-7-5170-4158-0

Ⅰ. ①村… Ⅱ. ①李… Ⅲ. ①农村－饮用水－供水水源－保护②农村－饮用水－供水水源－污染控制 Ⅳ. ①R123②X520.6

中国版本图书馆CIP数据核字(2016)第045473号

书 名	**村镇饮用水源保护和污染防控技术**
作 者	李仰斌 谢崇宝 张国华 籍国东 李文奇 等 著
出版发行	中国水利水电出版社 (北京市海淀区玉渊潭南路1号D座 100038) 网址：www.waterpub.com.cn E-mail：sales@waterpub.com.cn 电话：(010) 68367658（发行部）
经 售	北京科水图书销售中心（零售） 电话：(010) 88383994、63202643、68545874 全国各地新华书店和相关出版物销售网点
排 版	中国水利水电出版社微机排版中心
印 刷	北京纪元彩艺印刷有限公司
规 格	184mm×260mm 16开本 16.25印张 385千字
版 次	2016年3月第1版 2016年3月第1次印刷
印 数	0001—1500册
定 价	**78.00** 元

凡购买我社图书，如有缺页、倒页、脱页的，本社发行部负责调换

前　言

解决饮用水安全问题是关系到民生的头等大事，是实现联合国千年宣言饮水安全目标的重要举措，党中央国务院始终予以高度重视。截止2015年年底，我国全面解决了“十二五”规划2.98亿农村居民和4133万农村学校师生饮水安全问题，同步解决“四省”藏区等特殊困难地区规划外566万农村人口的饮水安全问题，农村集中式供水受益人口比例由2010年年底的58%提高到2015年年底的82%，农村自来水普及率达到76%，供水水质明显改善。2016年中央一号文件提出“强化农村饮用水水源保护。实施农村饮水安全巩固提升工程。推动城镇供水设施向周边农村延伸”。根据总体安排，到2020年，城镇供水水源地水质全面达标，农村自来水普及率达到80%以上，集中供水率达到85%以上，水质达标率和供水保障程度大幅提高。

保障饮用水源安全是饮水工程可持续达标运行的必要条件，因此“十二五”国家科技支撑计划项目“村镇饮用水安全保障重大科技工程（项目编号：2012BAJ25B00）”设立课题“村镇饮用水源保护和污染防控技术研究（课题编号：2012BAJ25B01）”，借此对村镇饮用水地保护进行专题研究，希望对村镇饮水安全提供科技支撑。经过课题组四年的努力，取得了一批有价值的成果。初步提出了适合我国国情的村镇水源监测与预警技术体系，构建了适合村镇水源保护与污染物防控技术模式和近岸污染防控系统，提出了村镇饮用水源生物生态修复技术，从而在技术层面上构建村镇饮用水源的监测、保护、防控、修复四位一体的立体防护网和水环境保护网，为确保村镇饮水安全提供有力的科学技术支撑。

村镇饮用水源主要包括地表水和地下水两种类型，其中地表饮用水源主要分为河流和湖库两种类型。考虑到窖池水是我国西南部农村缺水山丘区的重要备用水源，因此课题组也将其纳入研究对象。本课题围绕村镇饮用水源地保护这个核心，采用ARCGIS工具平台，分析了村镇饮用水源地主要污染源和污染因子等污染特征，从水源监测、水质保护、污染防控、水体修复四个方面开展系统研究，经过课题组全体成员历时四年的辛勤努力，取得的主要成果包括：①水源监测：“紫外吸收理化传感器水质监测模式”“斑马鱼及大型蚤兼容型生物毒性水质监测模式”等水源监测工程技术模式两个；② 水质保护："稻—草轮作有机种植模式""废弃矿场生态恢复模式""前置库生物链系统构建保护模式"等饮用水源水质保护技术模式三个；③污染防控："水动力变坡式易清理拦污栅""手压翻转式拦污清污装置""水动力水位自适应易清理拦污装置"等近岸污染防控设备三套；"过滤沟雨水径流净化技术""植草生态袋护岸技术""污染地下水有机碳源原位添加处理技术""铁碳强化两段式滤床生活污水处理技术"等近岸污染防控技术四个；④水体修复："多层塔式碳基聚氨酯固定生物床装置""纳米铁改性火山岩固定生物床装置""太阳能微动力多介质浮动生物床装置""多介质潮汐流人工湿地装置""多介质淹水人工湿地装置""藻体微气泡絮凝回收装置""水体细分子化超饱和增氧装置"等污染水源生物生态修复装置七套；"太阳能微动力多介质复合生物床集成模式""多介质固定生物床—潮汐流人工湿地集成模式""功能微生物定向培殖及原位修复集成模式"等污染水源生物生态修复技术集成模式三个。这些成果均在试点示范工程中得到初步应用，并根据研究结论和应用效果，在总结前人工作的基础上，初步形成四大技术指南："村镇饮用水源监测及预警技术指南""村镇饮用水源地安全评价技术指南""村镇饮用水源地保护方法与技术指南""村镇饮用水源污染控制与修复技术指南"等村镇饮用水源保护和污染防控技术指南四部。

本书既是对课题成果的总结与凝练，也是对如何做好"十三五"饮用水源保护工作确保饮水安全工程长效运行实现巩固提升的初步探索。参加本课题研究和专著编写的主要人员还有殷国玺、蔡守华、高虹、杨小令、鲁少华、王旭、李同燕、常邦、王佩、白雪原、朱先芳、王红雷、刘晶、孙静、韦金喜、程公德、刘阳、皮晓宇、徐晋池、张振、赵盼、陈娟、卢文娟等。在课题研究期间得到了科技部农村中心的精心指导、得到了水利部农村饮水安全中心的大力支持，得到了众多领域专家的及时点拨，得到了试验示范区工作人员的密切配合，得到了众多研究生的大力协助，正是由于他们出色的组织和无私的帮助，才确保了研究任务的圆满完成，在此一并对他们的辛勤劳动表示诚挚的谢意。

由于本书涉及行业跨度较大，涉及的学科较多，遇到的问题较为复杂，加上作者水平和时间所限，书中的错误和不当之处恳请读者不吝赐教，批评指正！

作者

2016年1月

目　录

第1章　绪　　论

1.1　研究背景

水是生命之源、生产之要、生态之基。饮用水安全对人的生命和健康至关重要，是人民群众最关心最直接最现实的水利问题。当前，村镇面源污染以及生活污水、工业废水的污染日益严重，直接威胁村镇饮用水水源安全。在南方水资源相对丰富的农村地区，也出现了兴建饮水安全工程难以找到合格水源、被迫进行污染水深度处理的现象。村镇饮用水安全的核心是饮用水源的保护。党和国家领导人多次对饮水安全工作做出重要批示，明确提出要把切实保护好饮用水源，让群众喝上放心水作为首要任务。

2005年以来，中央一号文件指出要高度重视农村饮水安全，增加农村饮水安全工程建设投入，加强饮水水源保护，让农民尽快喝上放心水。《中共中央　国务院关于加快水利改革发展的决定》（中发〔2011〕1号）和水利部《贯彻落实2011年中央一号文件深入推进水利工程建设领域突出问题专项治理工作的实施方案》（水建管〔2011〕125号）均明确把“整治流域水环境，解决农村饮水安全，抓好农村水环境综合治理问题”列为未来十年水利工作的重点。在随后召开的全国农村水利工作会议（2011年3月28日）上，陈雷部长关于《认真贯彻落实中央一号文件精神全面开创农村水利工作新局面》的讲话中，将“全面解决农村饮水安全问题和开展农村水环境整治”分别列为“十二五”期间农村水利发展十大目标之一。强调“依托农村水利重点项目建设，开展农村水系治理和水污染防治等农村水环境综合整治，把农村饮水安全和水环境整治摆在更加突出的位置”。

虽然按照饮用水源保护区污染防治管理规定，各地出台了实施细则，但实施差异较大。规模较大的供水工程多数建立了水源保护区，但是，面广量大的小型供水工程，特别是村镇供水工程，水源保护措施很难落实。村镇饮用水源保护工作涉及面广、解决难度大、保护措施复杂，受水源保护技术和财力状况等因素制约，研究提出符合我国村镇实际的饮用水源保护和污染防治技术，采取更有效的措施加强饮用水源保护具有十分重要的现实意义。

村镇饮用水源总体上可分为地表水和地下水两大类。其中地表水主要包括江河水、湖泊水、水库水、塘堰水、水窖水等，它们的特点是含矿物质少、硬度低、受污染的威胁大，有机污染物、无机污染物、浑浊度和微生物含量高，不易进行卫生防护。地下水包括浅层地下水和深层地下水，村镇饮用水源多采用深层地下水。深层地下水的特点是矿物质含量较高、硬度较大、直接受污染威胁小、浑浊度低、微生物含量少、取水点相对易进行卫生防护。

水源水质的监测指标主要包括感官性状、化学、毒理学、微生物学四大类指标。对于这些指标，国家生活饮用水卫生标准中都规定了具体的监测方法，而且根据监测条件与设备的不同，每种监测指标通常会对应一种以上的监测方法。目前，我国相关水质标准规定的饮用水源地水质监测指标很多，水质监测方法也比较完善，但是我国村镇目前监测水平与经济能力还有限，难以采用与城市饮用水源相同的监测方案及监测设备。而且，不同地区村镇饮用水源水质特点不同，水质监测的要求及硬件设施也不尽相同。如何根据不同类型的村镇饮用水源地，提出实用性强、经济、高效的水质监测技术，开发和筛选适用于村镇饮用水源地监测的技术与设备仍是现今亟待解决的问题。

随着经济的发展和人民生活水平的提高，人民群众对生活质量的要求越来越高，但同时又由于经济发展和资源过度开发，导致了饮用水源污染和水资源枯竭问题。这些问题正日益威胁到人民的身体健康，尤其是在收入相对较低、基础建设相对薄弱的广大农村地区，情况更为严重。各种研究和统计资料表明，我国大部分村镇饮用水源没有相应的保护措施，受到化肥、农药、养殖畜禽粪便、生活垃圾和塑料制品废弃物等污染，饮用水源水质恶化，严重影响村镇饮水安全。而在国外发达国家，尤其是相对发达的北美和欧洲，由于城乡差距小，农村饮水安全保障设施十分完善，从水源地保护政策的制定、水质实时监测、水污染防控到饮用水的处理工艺等各个管理层面和技术层面都已经比较完善，实现了从水源地到用户水质全过程控制，保证了居民的饮水安全。与之相比，我国村镇地区供水基础建设相对薄弱，饮用水源污染防控技术体系与国外发达国家相比还十分落后，亟须开展这些方面的攻关研究，建立村镇水源地生态防控工程技术体系，污染水域生物生态修复技术体系，为村镇饮用水源保护和污染防治提供强有力的技术支撑。

基于上述背景和现实需求，本书研究重点着力于以下四个方面：

(1) 开展村镇饮用水源类型及水质调查研究，开发村镇饮用水源类型及污染物分布地理信息系统，研究典型村镇饮用水源污染特征及形成机理；研究村镇不同类型饮用水源的主要污染因子，筛选村镇饮用水源水质监测设备；根据村镇饮用水源水质监测的特点，开发经济实用的新型水质传感器；研究建立村镇饮用水源水质监测指标、监测技术，以及各类村镇饮用水源安全评估指标体系，提出水质预测及水源地安全度评估技术；研究村镇饮用水源水质自动监测、评价及预警方法，开发村镇饮用水源水质自动监测及预警系统；集成示范水质监测新型设备、水质自动监测技术及预警技术，形成具有现实应用前景的村镇饮用水源自动监测及预警预报技术模式。

(2) 针对不同类型村镇饮用水源特征，以及影响水源水质的主要因子，开发各类村镇饮用水源保护模式模拟系统，模拟不同保护模式对水源水质的影响；针对不同村镇饮用水源地的降雨径流过程，研发颗粒态污染物去除装置；基于水文产汇流及污染物运移理论，以试验研究为基础，构建不同类型村镇饮用水源保护模式；通过工程示范，优化各种技术参数和指标，构建不同类型的村镇饮用水源保护的集成优化模式。

(3) 针对村镇饮用水源近岸空间格局，构筑近岸空间水体保护的坚固防线。研发水源地近岸村镇暴雨径流污染净化技术及装置，解决村镇水源污染“大户”；研究近岸村镇地表水源缓冲带建设技术，以形成水体有效保护屏障；以增氧、有机碳源为主要内容，研发地下水源污染防控技术及装置；针对近岸村镇生活污水中氮磷污染负荷问题，开发高效深度净化控制技术；研发近岸水体增氧、生态护岸技术及产品，强化近岸生态保护功能；开发取水口区域藻体控制技术与装置，减轻村镇水厂进水藻类污染物负荷。在此基础上，通过构建水源保护与近岸污染防控系统示范工程，集成应用各项技术，形成具有广泛推广应用前景的技术设备与产品。

(4) 针对村镇污染水源，以典型污染河流、湖泊或水库水源为修复对象，以污染水源中氮、磷、有机物和藻类等典型污染物满足村镇饮用水水源水质标准为目标，开发经济适用的村镇污染水源生物生态修复关键技术及装置，重点研发自然增氧多段生物快滤池——反硝化除磷淹水湿地河道旁路修复技术、闸口复合型无动力固定床生物修复装置、多介质潮汐流生态湿地技术、功能微生物定向增殖及原位富集技术、生态演替式人工浮岛技术，以及无动力或微动力造流增氧、生物激活和仿生水草联合修复技术；研究考察不同类型关键技术修复污染水源的效能，深入揭示集成技术模式脱氮、除磷、降解有机物和除藻的耦联协作分子机制及技术原理；通过试点示范，系统评价生物生态修复关键技术和集成模式的技术经济可行性，形成具有广泛应用前景的污染水源生物生态修复集成技术模式。

1.2 研究动态

1.2.1 村镇饮用水源地安全监测与预警技术

水源水质监测的目的是为了及时全面掌握水源水质的动态变化特征，为水源水质的准确评价和水源的合理开发利用，以及水源污染防治提供准确可靠的数据依据。水源水质监测与评价应包括监测点的布置、监测项目、监测时间、监测频率的确定、监测方法的选择和水质评价等内容。其中具体监测项目可针对不同水源，按水源环境质量标准及水源污染的实际情况加以确定。目前，按中国饮用水相关标准的规定，水质检验项目大体可以分为感官性状、一般化学指标、毒理学指标、微生物学指标和放射性指标等。样品采集的时间及频率必须具有代表性，要能反映出水源水质在时间和空间上的变化。水源水质评价应利用水质监测数据、依据一定的水质标准进行。国家针对不同水源分别制定了不同的水质标准，地表水源应以 GB 3838—2002《地表水环境质量标准》和 CJ 3020—1993《生活饮用水水源水质标准》为评价依据。地表水生活饮用水源水质至少应达到《地表水环境质量标准》的Ⅲ类标准。地下水源的水质评价，应以《地下水质量标准》为依据。地下水饮用水源水质至少应达到《地下水质量标准》的Ⅲ类标准。目前，饮用水源地的污染防治已经引起了人们的广泛关注，但是由于我国村镇技术水平与经济水平的差异，不能照搬国外的水源地监测与保护体系。国内监测分析主要侧重于城市饮用水源地的保护方面，关于村镇饮用水源地监测的研究并不多见。而且，我国现今尚无完善的村镇饮用水源水质监测和预警体系，为水源地的保护带来了困难。

随着计算机的普及和现代化信息技术的发展，利用先进的科技手段对饮用水源进行实时监控和配置是当今世界发达国家水资源管理的新方向。这些国家不惜投入巨资建设这样的系统。如英国伦敦城市供水实时监控调度系统，通过 GIS 技术、计算机网络技术等，对伦敦地区 600 万人口自来水供给中的水量、水质实行实时监控调度。在这方面，我国仍处于初步研究阶段，只有少数城市水源地实现了在线自动监测及信息化管理。对于经济基础较为薄弱的村镇地区饮用水源地，推广普及仍任重道远。

在水源地安全监测研究与应用方面，国内尚处于起步阶段。一个较为成功的应用案例是基于 WebGIS 的镇江市饮用水水源地水质安全监控系统。该系统利用 Internet/Intrenet 技术、GIS 技术和环境保护技术，建立了较为完善的水源水污染监测与应急预警管理网络系统，实现了水源地空间信息、属性信息、污染状况评价、应用预警的综合管理。城市水源安全预警近年来得到高度重视。2007 年长江水资源保护科学研究所，开展了城市水源地监测预警和安全应急控制方案研究，提出了水源地安全监测预警和应急控制方案的理论和方法。目前，城市水源安全预警系统正在迅速推广应用。例如，北京市、济南市、杭州市、成都市、盐城市等大中城市建立了饮用水源地预警系统。部分县级市或县也建立了饮用水源事故应急预案。将城市饮用水源监测与预警技术直接应用于村镇，目前还存在诸多障碍，因此研发村镇饮用水源监测关键设备，建立适合村镇饮用水源特点的监测与预警体系具有十分重要的意义。

1.2.2 村镇饮用水源地保护技术模式

从国际上保护水源地安全的发展动态来看，通过构建植被缓冲带等生态防控工程来控制和减轻面源污染对水源地水体的影响是一个重要的发展趋势。美国倡议以流域为管理单元来解决由于非点源污染所引起的水质问题，并于 1997 年发起了全国保护缓冲带的行动，鼓励通过构建植被缓冲带来改善水质，到 2002 年至少要恢复 320 万 km^2 的保护缓冲带。欧盟于 2000 年正式启动水框架指令，明确规定到 2015 年要使欧洲各个流域内的所有水域（包括河流、湖泊、河口等）达到一种“良好的状态”。该指令在水环境的管理方式上提出了两个关键性的改变，一是建立能够确保欧洲河流清洁和健康的环境目标；二是引入流域管理规划体系。联合国有关机构非常重视利用植被缓冲带等生态防控措施来实现淡水资源的可持续利用，为此国际水文计划（IHP）长期致力于陆地和水域生态系统与水文循环过程的相互作用机制研究，提出了生态水文学的概念框架和科学基础，并在全球开展了多项示范工程。

我国近年来针对水环境状况持续恶化的严峻形势，也在水源地保护方面开展了一些科学研究，如国家“863”计划“太湖水污染控制与水体修复技术及工程示范”。该项目针对太湖水污染控制与水体修复需要解决的重点问题开展了关键技术研究与工程示范，初步形成了河网区面源控制生态修复技术体系与管理模式、水源地水质改善生态技术体系，以及重污染湖泊底质改善与生态重建的技术体系。国内还对植物篱在控制坡耕地土壤侵蚀的效果方面开展了一些试验研究。植物篱是指在坡面沿等高线布设密植的灌木或灌草结合的篱带，带间种植农作物。试验表明，植物篱在控制水土流失及养分流失方面效果显著，植物篱与植被缓冲带在拦截泥沙与污染物方面有着相似的功能。

综观国内外饮用水源地保护方面的研究现状，可以总结出这样几个特点：①强调要从流域的尺度并考虑水文循环与生态系统的相互作用来解决水源地安全问题，尚缺乏村镇尺度饮用水源地安全与保护方面的研究；②强调植被缓冲带等生态防控技术是解决水源地水质安全问题最有效的手段之一，但未充分考虑水文循环的作用，未充分研究植被缓冲带距水源地水体的距离对污染防控的影响；③涉及村镇饮用水源地保护技术方面的成果较少，主要表现形式为颁布保护条例、树立警示牌、构建隔离带等，缺乏能够持久、稳定、经济、安全、高效的村镇饮用水源地保护实用技术。

“十一五”国家科技支撑计划“农村饮用水源保护与生活排水处理技术研究”课题从农村饮用水源地类型、保护区划分和植物篱生态保护等方面，对农村饮用水源地保护技术进行了研究，在湖北和江苏建立了示范区，取得了一些初步成果，但在生产活动领域的水源保护和生活领域水源保护方面还处于起步阶段。根据村镇饮用水源地的特点，研究基于生产、生活、效益的多层面村镇饮用水源保护技术模式，是村镇饮用水源地安全与保护研究的方向。因此，开展不同类型村镇饮用水源地保护技术模式具有良好的前期技术储备和进一步研究开发的基础。

1.2.3 村镇饮用水源近岸污染防控

在水源保护与近岸污染防控系统方面，欧洲、美国、日本等发达国家早在70年前就开展了流域综合管理和面源污染控制技术的研究。水源保护主要技术有流域污染物控制技术，如美国的最佳管理措施（BMPs）、内污染源控制技术及水体生态系统恢复技术等。其中BMPs技术，是在流域范围内采取低洼绿地、绿化屋顶、透水地面等滞留技术消减径流量；开发油水分离、植草——砾石沟径流过滤、植被缓冲带等技术，控制流域向保护水体的污染物输出负荷。BMPs技术已成为面源污染控制的标准技术。在污染物控制方面，日本、韩国等通过开发、推广生活污水“合并净化槽”技术、河道直接净化技术、人工湿地净化、前置库等技术，在消减污染负荷保护水源方面发挥了重要作用。

我国在滇池、太湖等流域也开展了入湖河流净化、人工湿地净化及生活污水的深度处理等技术研究工作，并取得了大量成果。内源污染控制主要指底泥污染控制技术。主要有生态疏浚技术、底泥固化技术和生物制剂底泥消减技术等。我国在太湖、官厅水库等水源地进行了生态清淤。在近岸污染防控方面，我国主要大型水源地、城市周边河流相继开展了水边缓冲带建设、生态护岸、水源周边点源及面源污染控制等研究工作及实际工程建设，为大型水源地保护发挥了重要作用。因此，这些技术主要集中于大型水源地的近岸污染防控，对于村镇饮用水源近岸污染防控技术具有一定的技术积累。

1.2.4 村镇饮用水源生物生态修复技术

污染水源生物生态修复技术是国外近来发展很快的一种新技术，是按照生态系统自我设计和人为设计理论恢复污染水源的本来面貌，强化生态系统的自净能力，这是人与自然和谐相处，合乎自然规律的污染水源修复思路，也是一条有别于饮用水生物预处理的创新技术路线。污染水源生物生态修复技术，是利用自然基质或人工基质培育的植物和微生物的生命活动，对污染水源中的污染物进行转移、转化及降解作用，从而使自然水源得到净化的技术。该技术具有效果好、工程造价相对较低、能耗低（或无能耗）、运行成本低廉、无二次污染等优点。还可以与水源地生态保护、输水沟渠闸坝和湿地景观相结合，创造人与自然融合的优美环境。现有的污染水体生物生态修复方法主要包括：生物膜法、水生植物系统、生物操纵、投放生物菌种或微生物促生剂等。这些生态化、少维护、成本低、效果好的实用技术适用于我国村镇河道型、湖泊型和水库型污染水源水质修复。然而，截至目前此类技术主要用于城市景观水体和富营养化水体的生态修复，很少用于修复村镇污染水源，也尚未形成适合我国村镇饮用水源水质修复的集成技术模式。

1.3 需求分析

1.3.1 村镇饮用水源地监测与预警技术需求

水源地安全监测及预警是保障饮水安全的重要条件。在目前供水管理中，许多城市已建立了较为完善的饮用水源监测及应急预警体系，而在村镇饮用水安全管理中，大部分村镇饮用水源没有定期监测制度，更没有预测预警方案。村镇和城市饮用水源，在水源类型、技术条件、经济条件和管理水平等方面存在较大差异，因此，村镇饮用水源难以直接采用城市供水水源的监测技术和预警系统。当前迫切需要研究开发既适合村镇饮用水源监测的特点，又能充分利用现代科学技术的经济实用的水质自动监测设备。水源安全监测与预警系统是与村镇饮水安全工程相匹配的必备技术，不仅是饮水安全工程安全供水的重要基础，也有利于水质监测的数据挖掘，为水源水质预测与安全预警决策提供科学依据，因此，迫切需要研究建立村镇饮用水源水质安全监测与预警系统，为村镇饮用水安全提供技术支撑。

1.3.2 村镇饮用水源地保护模式技术需求

我国饮水不安全人口主要分布在经济相对薄弱的广大村镇，而村镇饮用水安全的核心问题是村镇饮用水源保护问题。中华人民共和国成立以来，乡镇企业迅速发展，但由于缺乏相应保护措施，村镇水源受到了工业废水、生活污水、化肥、农药、畜禽粪便、生活垃圾和塑料制品废弃物等的污染，水源水质越来越差，许多地区出现了水质性缺水，甚至部分工程由于水源水质恶化导致工程报废，村镇居民生活饮水再次陷入困境。村镇饮用水源主要包括机井、大口井、河、溪、塘、窖等，水源分散，难于防护。有关调查资料表明，农村60%水源周围存在污染源。有的塘、河、溪人畜共用，甚至既排污又供饮用，缺乏卫生防护，卫生质量很差，直接威胁到村镇饮用水源地安全。在南方水资源相对丰富的村镇，也出现了兴建农村饮水安全工程难以找到合格水源，不得不进行深度处理现象。目前，在村镇饮用水源保护方面，经济实用技术及设备较为缺乏，大多停留在政策和管理层面，因此开展各种类型村镇水源地保护技术模式研究，提出基于村镇生产、生活、效益的多层面功能性控制技术体系和保护模式，从源头上从技术上保障村镇饮水安全意义重大。

1.3.3 村镇饮用水源近岸污染防控技术需求

以村镇水源近岸空间为研究对象，以充分发挥近岸空间对污染物的阻隔、截留作用为主要目标，研究适合村镇饮用水源特点的生态护岸技术，开发岸边缓冲带构建技术、近岸村镇街面及农田径流污染控制技术、近岸区域点源氮磷深度处理技术具有重要的现实意义。最大限度地消减近岸空间污染物，“御污染物于境外”，构建水源保护与近岸污染防控系统。在近岸水域实施增氧措施，可有效净化近岸水体水质、改善水体环境状况。通过开发环保、节能型近岸水体增氧技术和设备，为村镇水源保护提供新的途径。开展村镇水源地取水口区域藻体回收技术与设备研发，可有效防控村镇富营养化水源引起的藻类暴发事件发生。目前，我国90%以上的水源地具不同的程度的富营养化，针对这一局面，藻体回收技术可发挥重要的应急保障作用，为村镇水厂取水免受藻类污染提供重要技术支撑。

1.3.4 村镇污染水源生物生态修复技术需求

当前，我国广大农村地区的农业面源污染、养殖废水、生活污水和工业废水排放造成的村镇水源污染日益严重，直接威胁到村镇饮用水安全。有相当一部分河流型、水库型和湖泊型村镇集中供水水源无法满足《地表水环境质量标准》Ⅲ类水标准，甚至在水资源相对丰富的南方村镇，也出现了兴建饮水安全工程难以找到合格水源的现象。分散的村镇水源，用水人口密度小，用水强度低，适合应用生物生态修复技术。然而，我国对村镇污染水源生物生态修复技术缺乏系统研究，关键技术缺少突破，更没有形成可推广的生物生态联合修复集成技术模式，因此开展村镇污染水源生物生态修复技术研究，提出村镇饮用水源生物生态修复技术集成模式，对保障农村饮水安全具有重要的现实意义。

1.4 主要研究内容

1.4.1 村镇饮用水源污染特征及水质监测设备研究

调查全国村镇饮用水源水质、污染源等基本情况，研究村镇饮用水源基本类型及分布特征，开发村镇饮用水源类型及污染物分布地理信息系统。在此基础上，研究各类村镇饮用水源的污染特征、主要污染源、相关环境因子及影响机理。根据村镇饮用水源水质监测的特点及实际需要，筛选和开发经济实用新型传感器，见图 1-1。

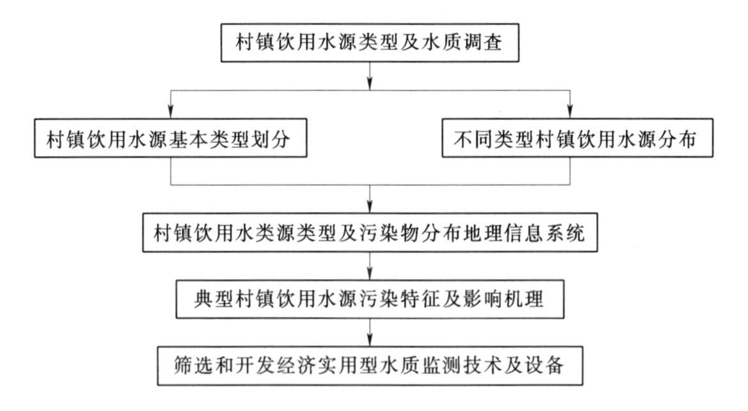

图 1-1 村镇饮用水源污染特征及水质监测设备研究

1.4.2 村镇饮用水源监测及预警系统研究

根据村镇饮用水源的特点，研究村镇饮用水源水质监测指标、安全评价指标及安全评价方法；研究水源水质评价、水质预测、安全预警等技术，构建村镇饮用水源水质自动监测及预警系统；建立村镇饮用水源监测及预警系统试点工程，提出村镇饮用水源监测及预警系统技术模式，见图 1-2。

1.4.3 村镇饮用水源保护技术模式研究

在调查研究不同类型村镇饮用水源地特征的基础上，研究识别影响村镇饮用水源水质的主要因子；开发村镇饮用水源保护模式模拟系统，模拟不同保护模式对水源地水质的影响；针对不同的村镇饮用水源地强降雨径流过程，研发颗粒态污染物去除装置；基于水文循环理

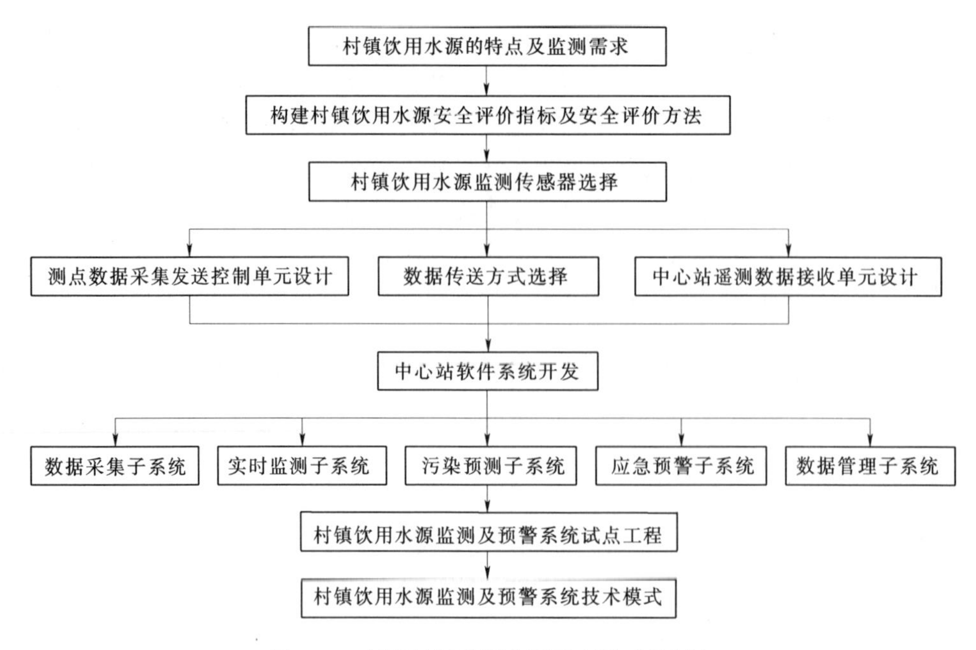

图1-2　村镇饮用水源监测及预警系统研究

论，以试验研究为基础，构建各种村镇饮用水源保护技术模式；建立工程示范，优化保护模式各种技术参数和指标，提出村镇饮用水源多种保护技术的集成优化模式，见图1-3。

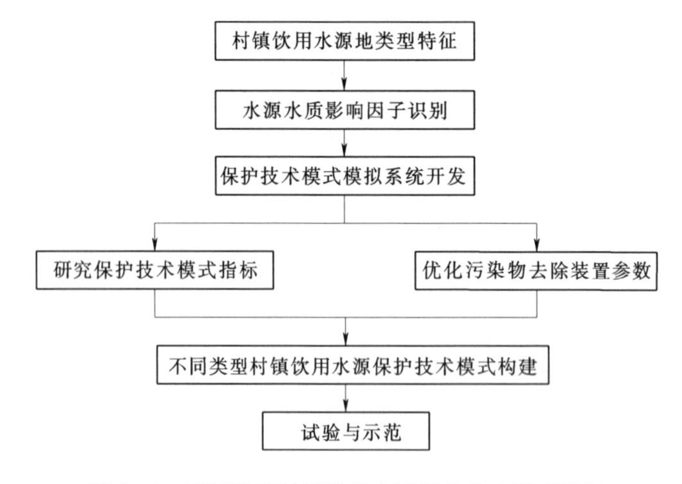

图1-3　不同类型村镇饮用水源保护技术模式研究

1.4.4　村镇饮用水源近岸污染防控系统研究

根据研究对象的特点，制定如图1-4所示的技术路线，即基础资料调研、实验方案设计、启动现场实验研究及各种装置的开发。在此基础上，进行示范工程建设、运行和调试，最后进行技术、设备和产品的推广应用。

1.4.5　村镇饮用水源生物生态修复技术研究

在分析我国村镇集中供水水源污染特点的基础上，以典型污染河流、湖泊和水库水源为修复对象，以污染水源中氮、磷、有机物和藻类等典型污染物满足村镇饮用水水源水质标准为目标，开发经济适用的村镇污染水源生物生态修复关键技术及装置。重点研发自然增氧多段生物快滤池—反硝化除磷淹水湿地河道旁路修复技术、闸口复合型无动力固定床生物修复装置、多介质潮汐流生态湿地技术、功能微生物定向增殖及原位富集技术、生态演替式人工浮岛技术，以及无动力（或微动力）造流增氧、生物激活和仿生水草联合修复技术；研究考察不同类型关键技术修复污染水源的效能，揭示集成技术模式脱氮、除磷、降解有机物和除藻的耦联协作分子机制及技术原理；通过试点示范，系统评价生物生态关键技术和集成模式的技术经济可行性，形成具有应用前景的污染水源生物生态修复技术模式，见图 1-5。

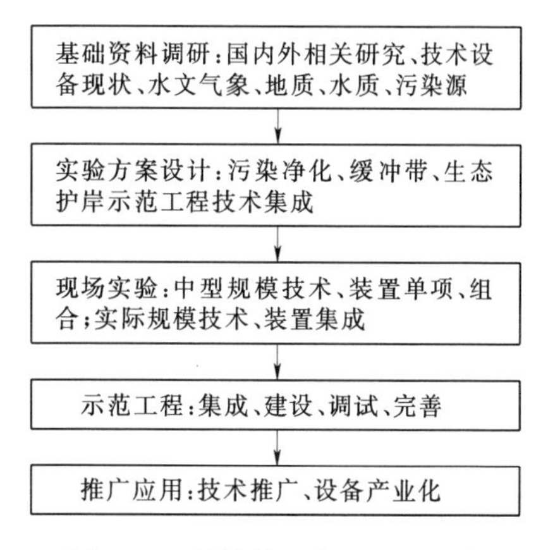

图 1-4 村镇饮用水源近岸污染防控系统研究

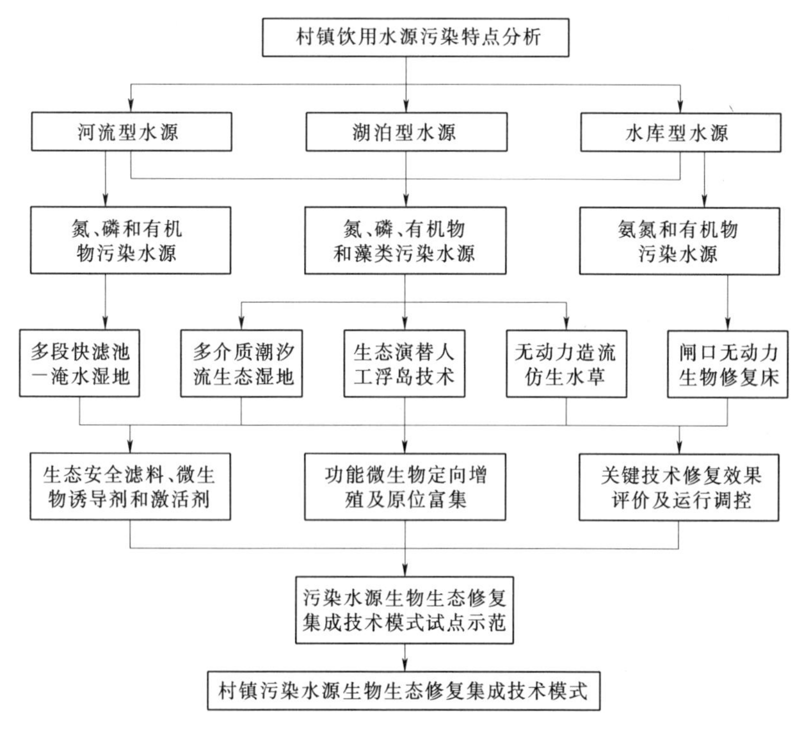

图 1-5 村镇饮用水源生物生态修复技术研究

1.5 主要成果

在村镇饮用水源监测工程技术模式研究方面，见图 1-6，构建了紫外吸收理化传感器水质监测模式、斑马鱼及大型蚤兼容型生物毒性水质监测模式、理化和生物毒性联合监

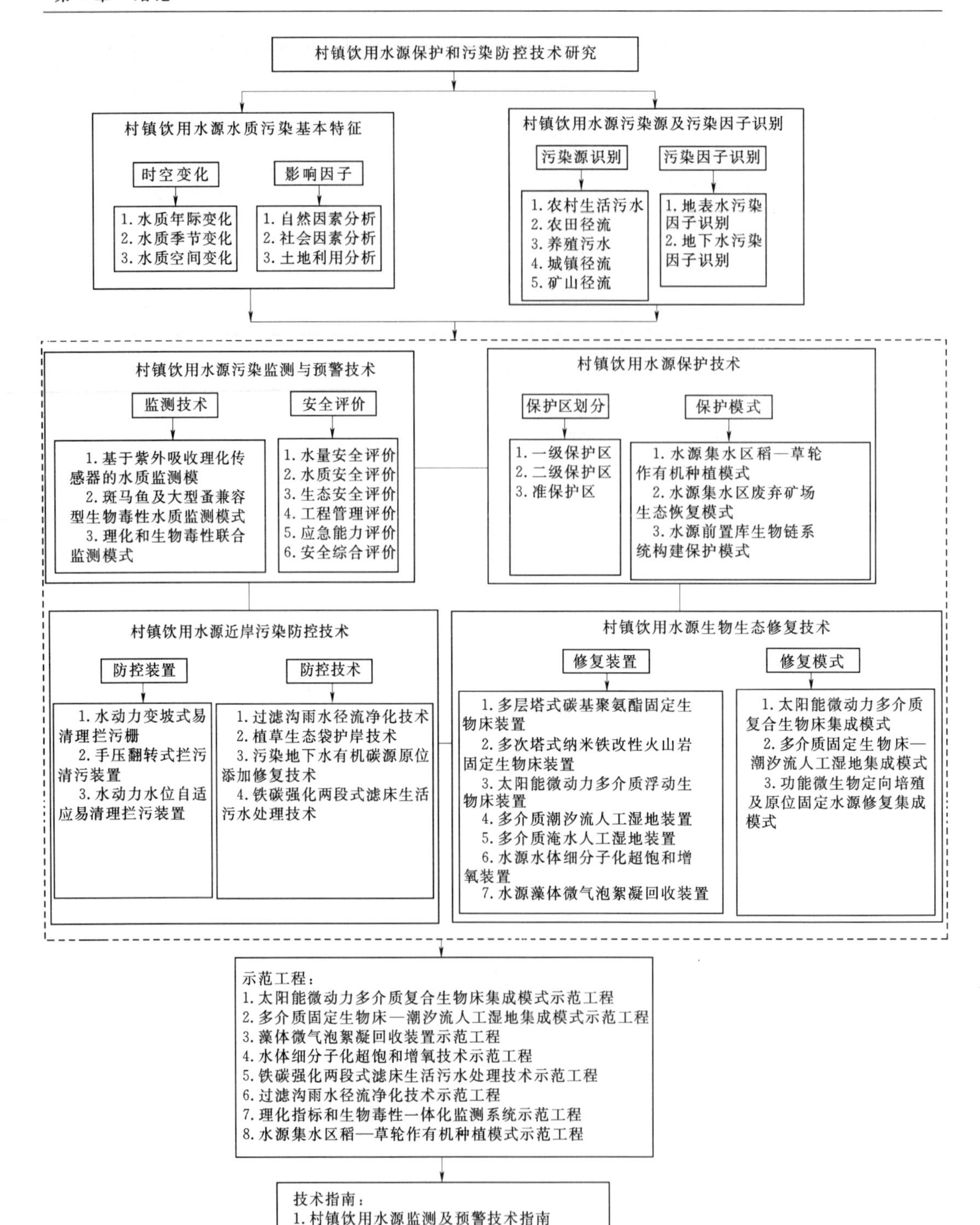

图1-6 村镇饮用水源保护和污染防控技术研究示意图

测模式等3项；在村镇饮用水源保护技术模式研究方面，构建了稻—草轮作有机种植模式、废弃矿场生态恢复模式、前置库生物链系统构建保护模式等3项；在污染水源生物生态修复技术集成模式研究方面，构建了太阳能微动力多介质复合生物床集成模式、多介质固定生物床—潮汐流人工湿地集成模式、功能微生物定向培殖及原位修复集成模式等3项；在近岸污染防控系统设备（装置）研发方面，开发了过滤沟雨水径流净化技术、植草生态袋护岸技术、污染地下水有机碳源原位添加修复技术、铁碳强化两段式滤床生活污水处理技术、水动力变坡式易清理拦污栅、手压翻转式拦污清污装置、水动力水位自适应易清理拦污装置7套；在污染水源生物生态修复装置研发方面，开发了多层塔式碳基聚氨酯固定生物床装置、纳米铁改性火山岩固定生物床装置、太阳能微动力多介质浮动生物床装置、多介质潮汐流人工湿地装置、多介质淹水人工湿地装置、藻体微气泡絮凝回收装置、水体细分子化超饱和增氧装置等7套；在指南编写方面，形成了村镇饮用水源监测及预警技术指南、村镇饮用水源地安全评价技术指南、村镇饮用水源地保护方法与技术指南、村镇饮用水源污染控制与修复技术指南4项；在北京、江苏、天津、河北等地建立示范工程8处：太阳能微动力多介质复合生物床集成模式示范工程、多介质固定生物床—潮汐流人工湿地集成模式示范工程、藻体微气泡絮凝回收装置示范工程、水体细分子化超饱和增氧技术示范工程、铁碳强化两段式滤床生活污水处理技术示范工程、过滤沟雨水径流净化技术示范工程、理化指标和生物毒性一体化监测系统示范工程、水源集水区稻—草轮作有机种植模式示范工程。

第2章　村镇饮用水源地水质污染基本特征

2.1　村镇饮用水源水质调查

2.1.1　调查范围

为了解我国村镇饮用水源水质现状、污染特征及其变化规律，为村镇饮用水源水质保护、生态修复及相关政策的制定提供科学依据，对我国部分地区近年来村镇饮用水源地的水质状况进行了调查。相关数据资料来源包括中国环境监测总站主要流域水质监测周报、全国各省环保厅及各市县环保局发布的饮用水源地水质监测数据、中国自然资源数据库、水源地所在市县统计局以及实地调查资料等。

村镇饮用水源地类型具体可分为河流型、湖库型、窖池型和地下水型四类。本次调查对象主要为村镇河流型、湖库型两类饮用水源的典型水源地，每个水源地调查近5年（2010—2014年）水质指标监测数据及与当地情况相关的统计指标数据。共调查130个村镇饮用水源地，其中河流型水源地94个，湖库型水源地36个。

2.1.2　调查内容

调查内容包括水源地水质指标及当地基本情况。

水质指标数据包括：水源pH值及DO、COD_{Mn}、NH_3-N月均浓度值。

当地基本情况包括：水源所在市县名称、水源名称、水质监测点经纬度、所属河流（湖库）名称、县域总面积、县域总人口、地区生产总值（GDP）、第一产值、第二产值、第三产值、年降水量及各类用地面积等。

2.1.3　分析方法

水质时空变化采用单因子指数法、综合评价指数法评价，并结合GIS技术进行可视化分析。水质状况及关键指标浓度与影响因子采用SPSS19.0软件进行Pearson相关性分析。

2.2　村镇饮用水源水质管理信息系统

2.2.1　开发工具的选择

地理信息系统（GIS）技术在水环境研究中的应用，可以把与水环境相关的、复杂多样的数据与空间地理坐标联系起来，使流域水环境信息从单一的数据表格中走出来，以生动形象的视图方式呈现给研究人员、管理者及决策者，实现水环境问题可视化。同时，基于GIS还可对流域水环境进行动态监测、预测和规划，以及对某些重大水环境问题进行预警和防范。目前，GIS在水功能区划、水质模拟及评价、水污染控制、区域水环境管理、水环境应急反应中均有应用。GIS与水质评价模型、规划模型、流域水质模型及地理坐标等模型的有机结合，既可以实现区域内各种与水环境管理相关数据的存储、显示、查询、统计和输出，断面水质、重点污染排放的可视化查询，又可以集成为区域水环境管理信息系统、决策支持系统或专家系统，预测流域内各主要河段的水质、水量状况，做出快速分析和预报，为区域水环境管理决策提供依据。

因此，实践中可以选择GIS作为工具平台，开发村镇饮用水源水质管理信息系统，实现村镇水源水质的空间动态管理。

2.2.2 GIS数据库的建立

2.2.2.1 整理调查数据

利用GIS对水源地进行定点定位描述，可视化显示水源水质状况，制图过程精度可靠、简单实用、可视化效果好。采用ArcGIS10软件，创建GIS数据库，添加数据图层，导入水质数据，完成水源地水质可视化图的制作。其制作流程如图2-1所示。

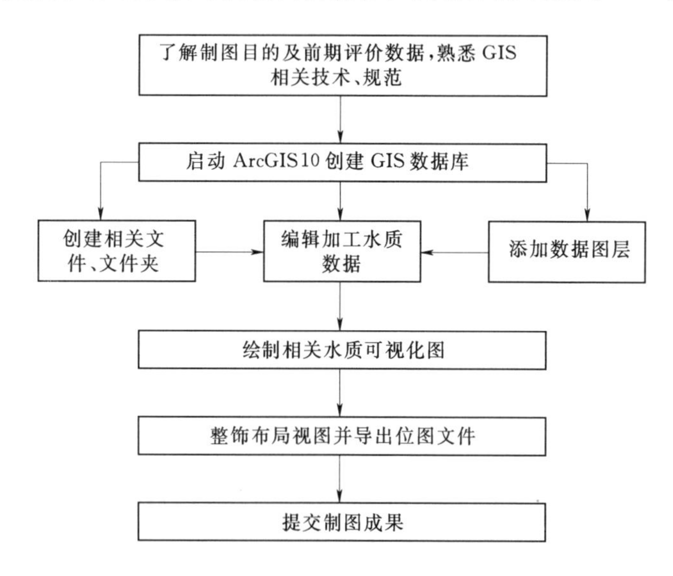

图2-1 可视化图制作流程

2.2.2.2 建立GIS数据库

以美国ESRI的GIS产品ArcGIS10为工作平台。软件功能包括矢量数据转换，遥感数据的图像分析，数据库管理查询，空间数据分析等。通过ArcGIS10中的ArcCatalog和ArcMap可以来创建GIS数据库。

(1) 相关数据创建。村镇饮用水源地GIS数据库包括点、线、面数据图层。为了在制图过程中不出现配准错误和投影变形，下列数据均采用GCS_WGS_1984为地理坐标系和WGS_1984基准下Mercator投影。

1) 点图层：2010—2014年河流型与湖库型饮用水源地点位及相关属性数据。

2) 线图层：一级线状河流、二级线状河流、四级线状河流、五级线状河流。

3）面图层：一级面状河流，三级面状河流，中国县界、省界、陆域面状图。

（2）相关图层创建。根据制图目的与要求，启动 ArcCatalog 软件，用其创建元数据功能创建相关图层文件。

1）创建“村镇饮用水源地地理信息系统”文件夹，启动 ArcCatalog 软件，通过链接文件夹，把其添加到目录树中，然后依次在目录树中创建“数据图层”和“结果图层”文件夹，而“数据图层”又含有“点图层”“线图层”和“面图层”三个子文件夹，“结果图层”用以存放可视化图文件。

2）将之前在相关地理网下载并修正过的线图层和面图层文件添加到目录树的相应文件夹中，此举可保护原数据库中文件的完整性。

3）创建点数据图层。以 ArcMap 软件为平台创建点数据图层文件。利用其把电子表格存放的数据转换成相应点事件的功能，制作河流型、湖库型饮用水源地的相关点数据图层，制作过程中将其地理坐标和投影分别定义为 GCS _ WGS 1984 和 WGS _ 1984 Web Mercator Auxiliary Sphere，导出路径设置为“\ 村镇饮用水源地地理信息系统 \ 数据图层 \ 点图层”，完成相关点数据图层的创建。

4）经过相关图层数据的创建，建立起村镇饮用水源地地理信息系统，其在 ArcCatalog 中的实现如图 2-2 所示。

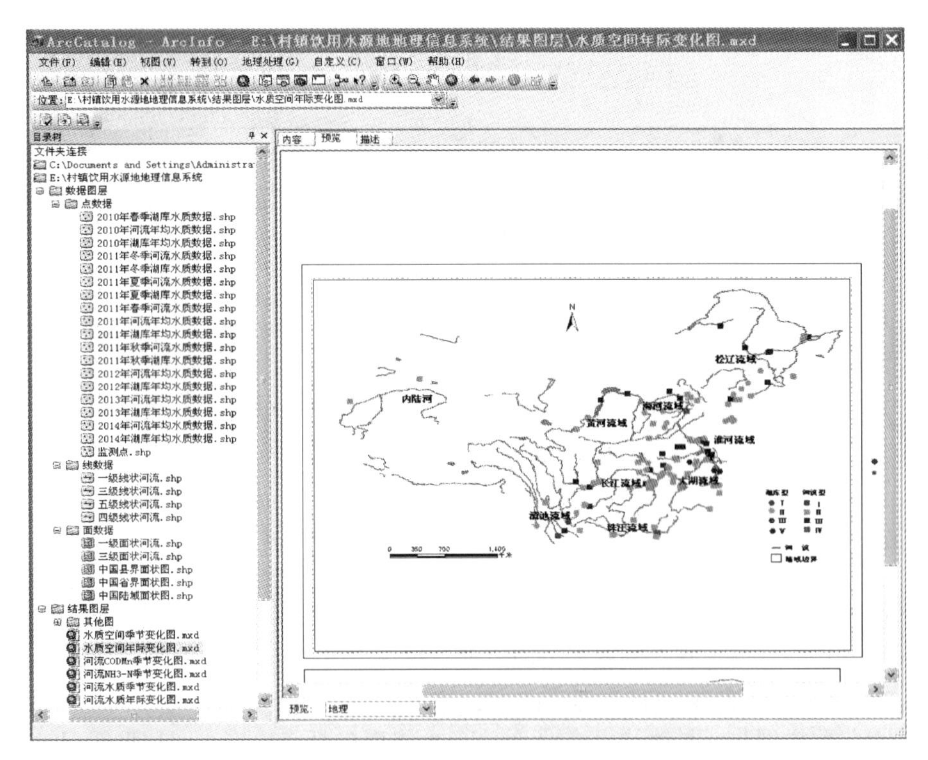

图 2-2　村镇饮用水源地地理信息系统

2.2.3　地理信息系统管理

将收集到的村镇饮用水源特征数据输入村镇饮用水源地理信息系统，就可以清晰地看出各类村镇饮用水源特分布情况。利用该地理信息系统可以管理各水源地水质数据。

2.3 村镇饮用水源水质时空变化分析

根据数据调查统计，对 94 个河流型、36 个湖库型饮用水源地水质进行时空变化评价分析。根据水质评价方法优缺点的对比研究及水质指标浓度数据的完整性与有限性，为了避免主观区分污染程度级别，以及考虑水源地水质影响因素的不确定性，采用单因子指数法、综合评价指数法与 GIS 技术相结合来进行水质时空变化评价分析。

2.3.1 污染源特征分析

相比于城市饮用水源的污染源，村镇饮用水源受点源污染影响较小。村镇工业相对落后，数量上也远不如城市工业，但非点源污染中生活污水排放及农业生产中农药、化肥、禽畜粪便排放等无论对城市水源地还是村镇水源均有较严重的影响。村镇饮用水源地的主要污染源有：养殖场、种植区、生活污水、村镇企业等。

（1）养殖场。养殖场产生的有害气体、粉尘、病原体微生物等排入大气后，随大气扩散和传播，当这些物质沉降时，将给水源地造成危害。当大量养殖粪便、污水等进入水体后，使水中的悬浮物、COD、BOD 升高和病原体微生物的无限扩散，不仅导致水质恶化，而且是传播某些疾病的重要途径。未经处理的养殖粪、污水过多地施入土壤，导致亚硝酸盐等有害物质产生，造成土壤富营养积累，改变土壤的质地结构，破坏土壤基本功能。污染物随地表径流、土壤水和地下水污染饮用水源。

（2）种植区。氮素是土壤中的主要营养元素之一，为提高农作物产量，我国在农业生产中氮肥的施入不断增多。大量施用氮肥在提高农作物产量的同时也加大了对水源地的污染。由于施入农田的氮肥只有 1/2～1/3 被植物吸收利用，氮肥损失的方式主要是挥发、地表径流和下渗，因此长期过量施肥在引起土壤营养盐积累和作物品质下降的同时，也会因地表径流和农田尾水排水使地表和地下水体营养化，是引发河流、湖泊水质富营养化的主要原因。

在农田氮素进入地表、地下水体过程中，氮素与氮素之间及与周围介质之间，始终伴随着和发生着一系列的物理化学和生物化学反应。由于氮化合物的复杂性，使得地下水中的氮污染具有分布上的广域性，时间上的持久性，治理上的艰巨性。水环境中的水污染问题已引起广泛关注，目前世界上有不少的婴幼儿因饮用高含量的硝酸盐污染水而患上高铁血红蛋白症并死亡。

（3）生活污水。村镇生活污水包括：洗涤、沐浴、厨房炊事、粪便及其冲洗等产生的污水，主要含有有机物、氯和磷，以及细菌、病毒、寄生虫卵等，一般不含有有毒物质。由于我国村镇发展不平衡，再加上各地区居民生活习惯差异较大，不同村镇其生活污水的水质水量也相差较大。在水量方面，经济发达地区的村镇生活污水水量远高于欠发达地区；在水质方面，经济发达地区的村镇生活污水中氨和磷含量高于欠发达地区，而有机污染物含量较欠发达地区要低。原因是经济欠发达的村镇地区，用水时有反复使用后再排放的习惯，从而使有机物浓度较高；同时，由于这些村镇普遍没有使用卫生洁具，造成生活污水中粪便较少，氮和磷的浓度偏低。总体上，我国村镇生活污水的特点是：间歇排放，量少分散，瞬时变化大，经济越发达，生活污水氮、磷含量越高。据 2007 年卫生部完成的《中国村镇饮用水与环境卫生现状调查报告》，生活垃圾和污水是村镇家庭垃圾的主要来源，养殖业垃圾和秸秆杂草在一些村污染严重，工业企业向村镇地区转移造成当地垃圾和污水的大量增加。

（4）村镇企业。村镇企业的发展，在促进村镇经济发展的同时，也给水源地环境带来了污染。有些地区污染危害已发展到比较严重的程度，越来越引起人们的普遍关注。对水源地污染严重的行业主要有造纸、电镀、印染、采矿等。与城市工业相比，村镇企业规模小，“三废”排放量少。但村镇企业数量多、分布广，生产条件相对落后，普遍缺乏环保设施，很多“三废”直接排入水体。因此，对水源地环境的污染和群众健康的危害更为直接和明显。在一些企业发达的村镇，企业排放的“三废”已经成为当地水环境污染的一个重要来源。村镇企业除了水污染问题外，还对土地资源等自然资源造成破坏，如采矿、挖土制砖瓦行业，间接影响村镇饮用水源地安全。

（5）其他。农药、土壤流失、农业废弃物和工业三废也对村镇饮用水源有重要影响。工业废气形成的酸雨影响下风向城镇和村镇的生产与生活；工业废水用于灌溉农田，形成污水灌溉，造成土壤污染；工业废渣在村镇堆积、回填等造成土壤和地表水污染。

2.3.2　水质年际变化分析

水质年际变化采用综合评价指数法，数据范围为 2010—2014 年，以 DO、NH_3-N 和 COD_{Mn} 的浓度年均值作为评价对象。pH 值是指标均符合 6～9 的水质标准，因此不将 pH 值列入评价对象。

2.3.2.1　河流型水源地水质年际变化

河流型水源地水质评价结果及其分布。河流型水源地水质整体良好。2010—2014 年各年均是Ⅱ类水水源地分布居多，Ⅲ类水次之，Ⅰ、Ⅳ类水较少，而Ⅴ类和劣Ⅴ类水均未检出，且达Ⅲ类水质标准的水源地个数所占比重依次为 93.62%、97.87%、96.81%、82.97%和 86.17%，水质达标率均较高，水质年际状况良好。从 2010—2014 年，优于Ⅲ类水水源地个数所占比重由 63.83%下降到了 54.26%，Ⅲ类水由 29.79%上升到 31.91%，Ⅳ类水由 6.38%上升到 9.57%，可见河流型水源地水质呈现一定变差的趋势，并且年内仍有水质超标的水源地出现，且Ⅲ类水水源地还占着较大的比重，故河流水源地保护仍需进一步加强。

2.3.2.2　湖库型水源地水质年际变化

36 个湖库型饮用水源地水质评价结果及其分布，年内水质达标的水源地较多，水质整体良好，但水质有着恶化的趋势。2010—2014 年水质达标的水源地所占比重分别为 97.22%、97.22%、94.45%、91.66%和 86.1%，主要是Ⅱ类水水源地分布居多，水质总体状况良好。但优于Ⅲ类水水源地个数逐渐减少，由 2010 年的 88.89%下降到 2014 年 80.55%，Ⅲ类水却由 8.33%下降到 5.56%，劣于Ⅲ类水也由 2.78%上升到 13.89%，水质有着恶化的趋势。同时，年内均有劣于Ⅲ类水的水源地出现，有的达到Ⅴ类水，这明显达不到饮用水源的水质标准，所以湖泊水源地保护也仍需加强。

2.3.2.3　综合分析

对比分析，湖库型水源地水质状况相对较好，主要表现在湖库型水源地水质达标率比河流型的高，且优于Ⅲ类水的水源地个数所占比重分别为88.89%、88.89%、66.67%、83.33%和80.55%，平均达81.67%，而河流型水源地水质优于Ⅲ类的比例仅分别为63.83%、61.64%、68.09%、59.26%和54.26%，年均只有61.42%，多数河流型水源地 NH_3-N、COD_{Mn}浓度较大，2010年Ⅲ类水水源地有28个，Ⅳ类有6个，2011年Ⅲ类水有34个，Ⅳ类有2个，2012年Ⅲ类水有27个，Ⅳ类有3个，2013年Ⅲ类水有22个，Ⅳ类有11个，2014年Ⅲ类水有30个，Ⅳ类有9个，5年间共有16个河流型水源地水质出现超标，而湖库型水源地 NH_3-N、COD_{Mn}含量相对较低，36个湖库型水源地中仅5个水源地水质超标。

如图2-3所示，总体上，在调查的所有村镇饮用水源地中，各类水质类别水源地所

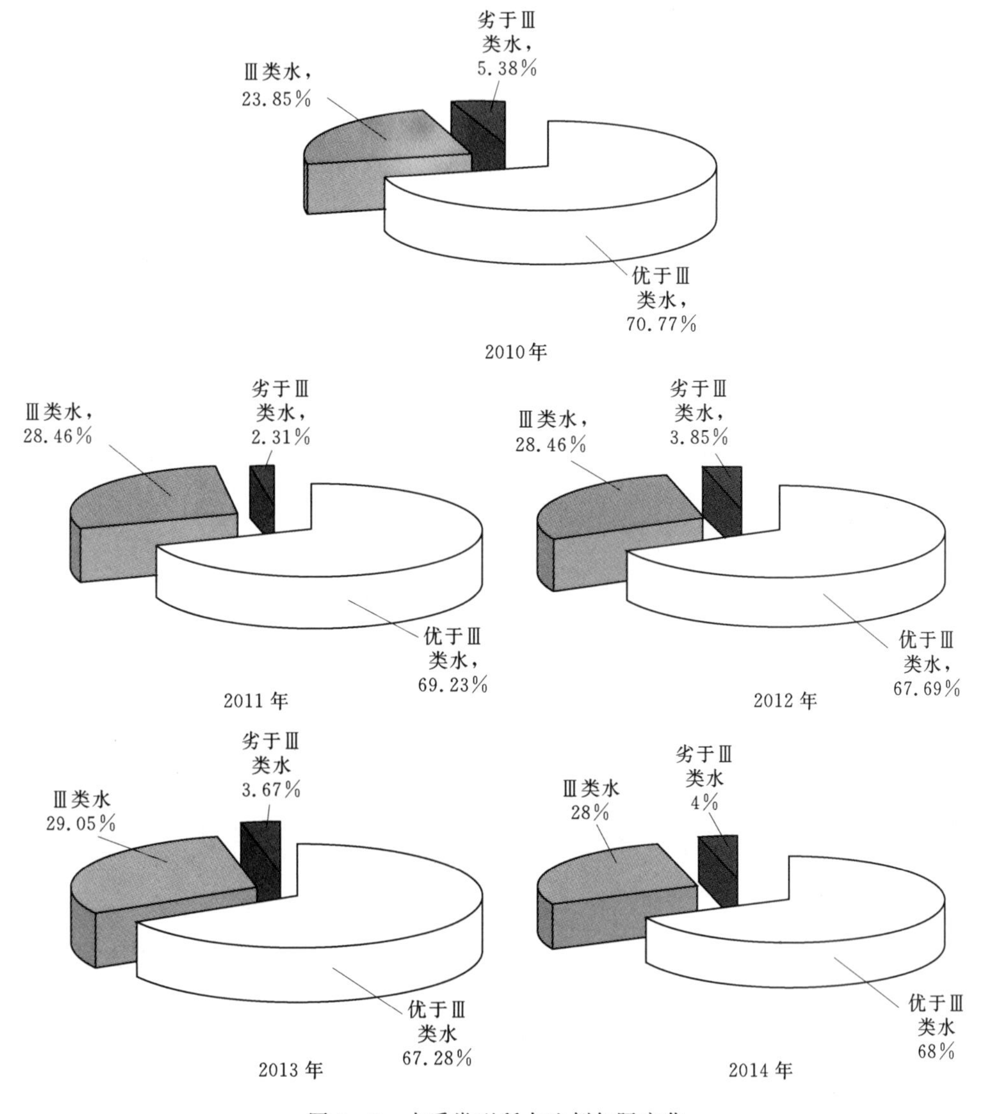

图2-3　水质类型所占比例年际变化

占比例年际变化不明显，优于Ⅲ类标准的水源地所占比重最大，其次是Ⅲ类水，而劣于Ⅲ类水比重最小。水质达标率均较高，水质总体良好。但Ⅲ类水水源地所占比重还比较大，且劣于Ⅲ类水仍有存在，因此，加强水源地保护工作不能放松，以确保当地群众的饮水安全。

2.3.3　水质季节变化

为了突出关键因子的影响，水质季节变化采用单因子指数法。数据范围为 2013 年 3 月至 2014 年 2 月的水质监测数据，选取 3—5 月为春季，6—8 月为夏季，9—11 月为秋季，12 月至次年 2 月为冬季来分析季节变化，数据取各个水源地各水质指标浓度数据的算术平均值，水质指标为 pH 值、DO、NH_3-N 和 COD_{Mn}。年内各季节 pH 值变化相对较为明显，因此相比年际分析，增加了 pH 值指标。

2.3.3.1　河流型水源地水质及关键因子的季节变化

通过单因子指数法，河流型水源地水质季节变化评价结果及其分布，水源地水质季节性分明：达Ⅲ类水质标准的水源地个数所占比例从高到低依次为夏季（86.17%）、冬季（84.04%）、秋季（82.98%）、春季（79.78%）。夏季降水充沛，多数河流来水量大，水体交换速度快，水中污染物被稀释，水质相对较好，到秋冬季来水量逐渐减少，水质变化次之，而春季水量减退明显，水质最差。由此可见，来水量的多少可能是影响水质变化的关键因素。各季节均有水质未达标的水源地出现，经评价分析，pH 值皆满足 6～9 的标准，DO 浓度多数属于Ⅰ、Ⅱ类水，而影响水质变化的主要因子为：NH_3-N 和 COD_{Mn}，这应该与当地的农业生产及生活污水的排放紧密相关，因此，需要关注和控制农业面源污染和村镇生活污水排放。

COD_{Mn}是水体的重要水质指标，可反映出水体的有机污染程度。参照地表水环境质量标准的 COD_{Mn} 限值，利用 ArcGIS10 生成 COD_{Mn} 的不同水质等级的数量分级符号图，COD_{Mn}浓度随季节变化为：夏秋季浓度减小，冬春季浓度增加，但变化不明显。冬春季 COD_{Mn}浓度的变化范围较大，分别为 0.02～14.90mg/L 和 0.01～14.91mg/L，分级符号图明显，说明浓度增加，水体受有机污染影响较大；而夏秋季的分级符号图变化相对较小，水体受有机物污染也小。这可能与夏秋季多数地区河流来水量大而浓度减小有关，但也有少数水源地 COD_{Mn}浓度反而增大，这可能是当地农业面源污染所致。四季中均有有机物超标的水源地出现，有的达到Ⅴ类标准。

NH_3-N 是水体中的营养元素，可引起水体富营养化，是水体的主要耗氧物质，对水生生物及鱼类有毒害作用。从 ArcGIS 的分级符号图来看，NH_3-N 浓度季节变化为：春季＞冬季＞秋季＞夏季。春季水源地 NH_3-N 浓度的分级符号图变化大，浓度增加，变化范围为 0.01～1.87mg/L，秋冬季次之，夏季最小，且在夏季Ⅰ、Ⅱ类浓度水源地的分布都比其他季节多，Ⅲ类或劣Ⅲ类浓度水源地分布也比其他季节少，NH_3-N 浓度达标的水源地所占比例最高，达 96.81%，说明夏季营养化程度最低，可能与夏秋季多数地区河流来水量大而浓度减小有关。总体上，NH_3-N 浓度变化季节性分明，夏秋季受营养化影响小，冬春季受营养化影响大，而这主要是与河流不同季节的来水量有关。

2.3.3.2　湖库型水源地水质及关键因子季节变化

湖库型水源地水质季节变化评价结果及其分布，从水源地水质达标率来看，各季节均较高，水质总体良好，季节变化不明显，但从水质优劣程度上看，季节变化为：春季＞夏季＞冬季＞秋季。在36个湖库型水源地中，春夏秋冬四季水质达标的水源地分别有：34个、35个、34个和35个，各季仅有个别水源地水质超出Ⅲ类标准，总体上，水质达标比例均较高，水质较好。在优劣程度上，优于Ⅲ类标准的水源地个数比例，春季最高，占83.34%，夏冬季次之，秋季最小，仅占31.11%，说明水质优劣程度随季节变化明显。

通过单因子评价分析，pH值浓度皆满足要求，DO多数优于Ⅲ类标准，水质的影响因子主要还是NH_3-N和COD_{Mn}。

湖库型水源地COD_{Mn}浓度的季节变化。总体来看，水源地COD_{Mn}浓度的季节变化为：冬季＞秋季＞夏季＞春季。冬秋季分级符号图比春夏季变化大，说明冬秋季COD_{Mn}浓度比春夏季高，且春夏季COD_{Mn}优于Ⅲ类浓度的水源地比冬秋季的多，由此可见，水源地在春夏季受有机化程度影响小，冬秋季受影响较大，但多数水源地都满足饮用水源的有机标准，四季中仅出现一个水源地水质有机污染超标。

湖库型水源地NH_3-N浓度的季节变化不明显，仅少数变化显著，秋季和冬季浓度增大，到春季和夏季浓度减小。总体上，春、夏、秋季浓度达标率较高，冬季有四个水源地浓度超标，达标率相对较差，在优劣程度上，春夏季Ⅰ、Ⅱ类浓度水源地分布比秋冬季的多，说明春夏季水质营养化程度最低。

2.3.3.3 综合分析

按地表水环境质量标准，分别对河流型、湖库型水源地水质季节变化进行单因子指数评价。结果显示，130个饮用水源地水质达标率的季节变化为：夏季＞冬季＞秋季＞春季，但变化不明显，而优于Ⅲ标准的水源地个数变化为：冬季＞夏季＞春季＞秋季，秋季仅有69个，明显少于其他季节，说明水质相对较差。如表2-1所示，对比河流型和湖库型水源地，显然湖库型水源地水质季节达标率均比河流型的高，河流型水源地四季平均达标率仅为84.56%，而湖库型水源地平均达95%以上。

表2-1　　水源地水质季节变化汇总表

水源地类型	水源地数量	春季				夏季				秋季				冬季			
		优于Ⅲ数量	Ⅲ数量	不达标数量	达标率	优于Ⅲ数量	Ⅲ数量	不达标数量	达标率	优于Ⅲ数量	Ⅲ数量	不达标数量	达标率	优于Ⅲ数量	Ⅲ数量	不达标数量	达标率
河流型	94	48	27	19	79.79%	53	28	13	86.17%	47	31	16	82.98%	56	23	15	84.05%
湖库型	36	30	4	2	94.44%	26	9	1	97.22%	22	12	2	94.44%	26	9	1	97.22%
合计	130	78	31	21	83.85%	79	37	14	89.23%	69	43	18	86.15%	82	32	16	87.69%

用单因子指数法对水质指标NH_3-N和COD_{Mn}的季节变化进行评价，评价结果如表2-2所示。总体上，NH_3-N和COD_{Mn}浓度达标的水源地比重季节变化均不明显，但相

比而言，湖库型水源地浓度达标率均比河流型的高。

表2-2 水源地关键水质指标季节变化汇总表

水质指标	水源地类型	春季			夏季			秋季			冬季		
		达标数量	不达标数量	达标率	达标数量	不达标数量	达标率	达标数量	不达标数量	达标率	达标数量	不达标数量	达标率
COD_{Mn}	河流型	83	11	88.30%	86	8	91.49%	88	6	93.62%	89	5	96.70%
	湖库型	35	1	97.22%	35	1	97.22%	35	1	97.22%	34	2	94.44%
	合计	118	12	90.77%	121	9	93.08%	123	7	94.62%	123	7	96.06%
NH_3-N	河流型	84	10	89.36%	91	3	96.81%	90	4	95.74%	86	8	92.31%
	湖库型	35	1	97.22%	35	1	97.22%	36	0	100.00%	35	1	97.22%
	合计	119	11	91.54%	126	4	96.92%	126	4	96.92%	121	9	93.70%

2.3.4 水质空间变化

水质的空间变化采用综合评价指数法和单因子指数法相结合进行评价，数据范围为2013年1月至2014年2月，以pH值、DO、NH_3-N和COD_{Mn}作为水质评价指标。

首先将水源地按所属流域进行分区，分成长江流域、黄河流域、珠江流域、松辽流域、海河流域、淮河流域、太湖流域、滇池流域和内陆河流域等九大流域，然后分析各流域饮用水源地水质的空间分布状况。

2.3.4.1 水源地水质年内空间分布

由于水质年际变化不明显，现以2013年水质监测数据来分析其年内的空间分布状况。评价结果表明，综合评价指数WQI值变化范围较小，处于$1 \leqslant WQI \leqslant 2$级别的水源地比较多，即多数水源地水质属于Ⅱ类标准，且各流域水源地很少出现水质超标现象，说明年内水质整体状况良好。

各流域水源地水质空间分布及总体状况详见图2-4。从水质达标率来看，各流域的Ⅱ类水水源地分布居多，其次是Ⅲ类水，水质达标率均较高；长江流域、黄河流域、滇池流域、淮河流域、松辽流域和内陆河流域的水源地水质均达标，只有珠江流域、海河流域和太湖流域有个别水源地水质超标，珠江流域的长洲水源地水质综合评价指数为3.06，属于Ⅳ类水，海河流域的宣惠河辛立闸水质综合评价指数为3.63，为Ⅳ类水，太湖流域的太湖斜路港水质综合评价指数为4.33，属于Ⅴ类水，水质未达到饮用水源的标准。从优劣程度上看，内陆河流域、珠江流域和滇池流域优于Ⅲ类水水源地所占比重较高，而其他流域皆存在较大比例的Ⅲ类水及个别水质超标的水源地，主要分布于长江流域的长三角地区，黄河流域的中游地区，淮河流域的下游地区，松辽流域的松花江地区及海河流域的京津唐地区及太湖流域等，这些都是人口密集、工业较发达的地区，这可能给当地的饮用水源地水质带来一定程度的影响。

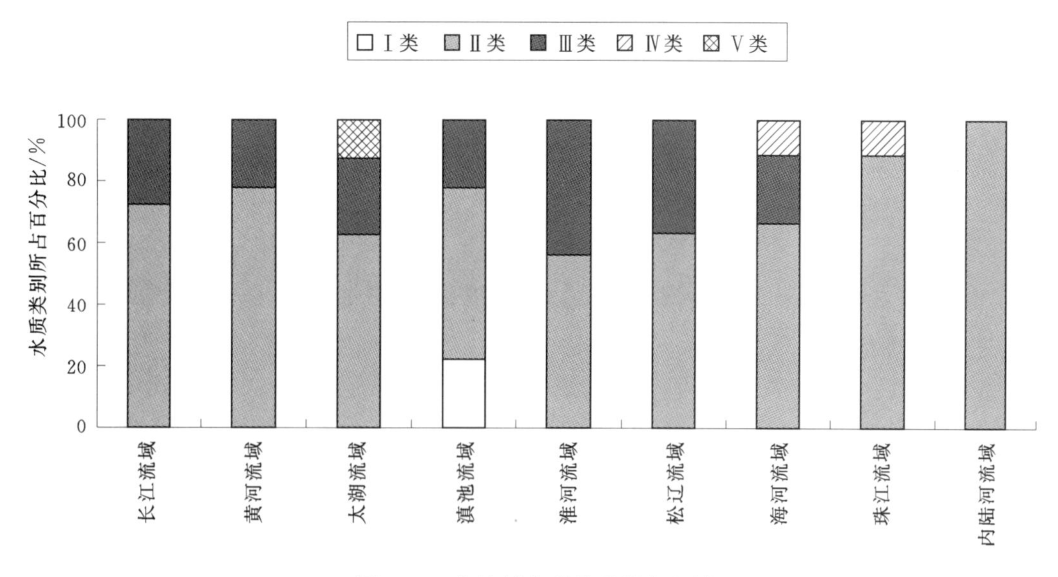

图 2-4　各流域水质类型所占比例

2.3.4.2　水源地水质季节空间分布

水源地水质季节变化采用单因子指数评价法，评价结果及空间分布如图 2-5、图 2-6 所示。由图 2-5、图 2-6 可以看出，各流域水源地水质达标率空间季节差异不明显。除了内陆河流域的龙口、哈尔莫敦水源地四季水质均达标，以及黄河流域有明显差异外（达标率为冬季>秋季>春季>夏季），其他流域的水质空间季节变化皆不明显。但从优劣程度上看，除了内陆河流域四季水质全优于Ⅲ类水外，其他流域有着明显的季节空间

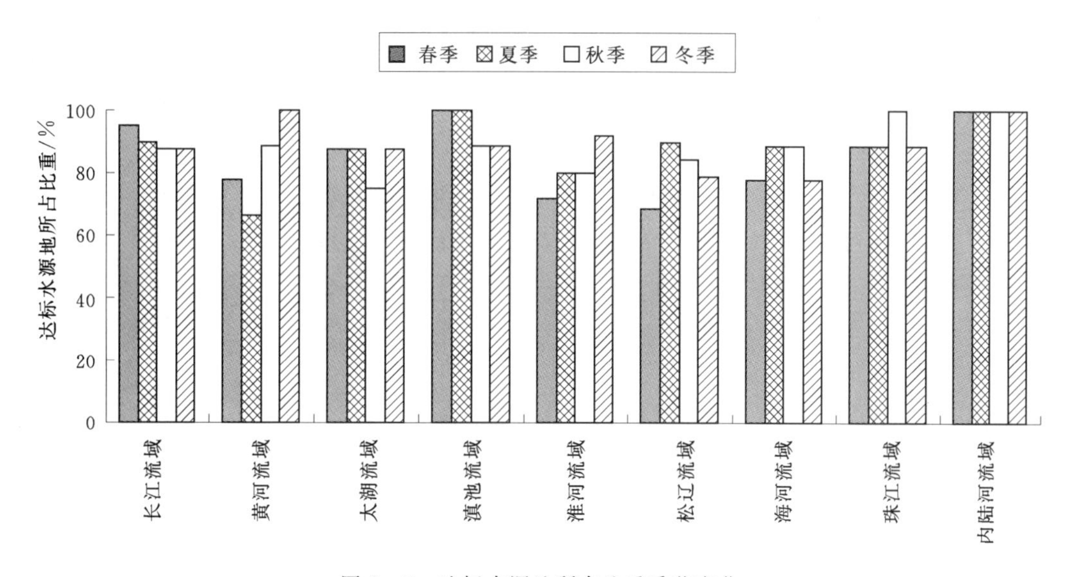

图 2-5　达标水源地所占比重季节变化

变化，但变化规律不一。太湖流域、松辽流域、海河流域和珠江流域在夏季优于Ⅲ类水水源地所占比例相对较高，且多数分布于上游地区，而其他季节比例较低，也主要集中于下游地区，这可能是因为夏季来水量多，导致 NH_3-N 和 COD_{Mn} 浓度下降，故水源地水质相对较好。而在长江流域、黄河流域、滇池流域和淮河流域水质优劣变化正好相反，夏季优于Ⅲ类水的水源地所占比例下降，这可能是夏季农业面源污染随着降雨流入江河湖库所致。

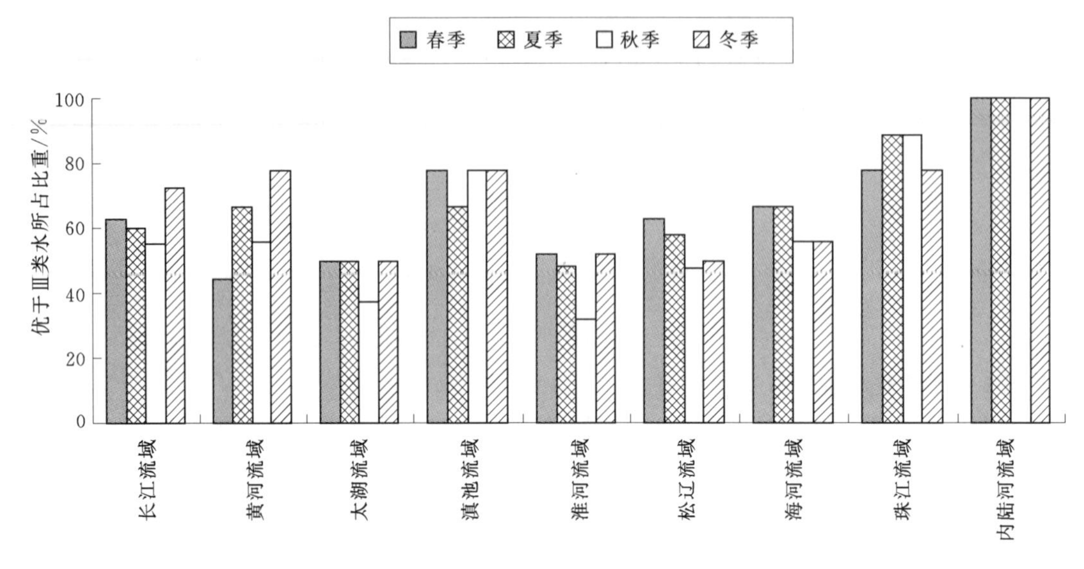

图 2-6　优于Ⅲ类水水源地所占比重季节变化

2.4　村镇饮用水源地水质与影响因子相关分析

水质不仅受降水、大气沉降等自然因素的影响，还受工业、城市废水等人为因素的影响。人类活动通过大气污染、污水排放、农药化肥使用、土壤侵蚀和土地利用等方式对水环境产生作用。不同村镇饮用水源地由于所属流域地形地貌特殊，其水质影响因素错综复杂，往往受多种因素的共同作用，综合影响着水源地的水质状况。本书从自然、社会及土地利用类型三个方面共选取 54 个村镇饮用水源地的 9 项统计指标与水质综合指数及关键指标浓度运用 SPSS19.0 进行 Pearson 相关性分析。水源地水质综合指数及影响因子相关分析结果见表 2-3。

表 2-3　　水质指标与影响因子相关系数（$n=54$）

相关指标	自然因素	社会因素					土地利用类型		
	降水量	人口密度	GDP	第一产值比例	第二产值比例	第三产值比例	耕地比例	林地比例	建设用地比例
WQI	−0.498	−0.074	−0.040	−0.057	0.057	−0.017	0.168	−0.171	0.059

续表

相关指标	自然因素	社会因素					土地利用类型		
	降水量	人口密度	GDP	第一产值比例	第二产值比例	第三产值比例	耕地比例	林地比例	建设用地比例
DO	−0.109	0.113	0.269	−0.161	0.003	0.077	−0.037	0.088	0.183
COD_{Mn}	−0.423	−0.084	0.030	−0.141	0.014	0.106	0.093	−0.056	−0.116
NH_3-N	−0.197	−0.100	−0.094	−0.211	0.020	0.145	−0.077	−0.040	−0.100

2.4.1 自然因素对水质的影响

降水量与水质指标的相关系数表明，降水量与水质指标之间存在负相关关系。降水量与DO、NH_3-N的相关系数分别为：−0.109和−0.197，相关系数都比较小，说明降水量的多少对DO和NH_3-N浓度变化影响不大。但降水量与关键指标WQI、COD_{Mn}之间的相关系数较大，相关系数为−0.498和−0.423，在$p<0.01$水平上明显相关，说明降水量大的水源地区对水质有机物浓度具有明显的减小作用，水质相对也较好，如福州白岩潭、中山水库、南昌滁槎等水源地。

2.4.2 社会因素对水质的影响

研究表明，流域水质污染与居民区之间存在较弱的相关性。水源地流域人口越密集，其生活污水排放将直接影响着水质的好坏。水源地人口密度与水质的相关性分析表明，人口密度对水质污染产生影响，与WQI、COD_{Mn}和NH_3-N成负相关，但相关性不明显，说明村镇人口密度对饮用水源地水质影响不大。根据实地调查，多数水源地所在村镇人口密度小，生活污水或生活垃圾较少，对水源地水体污染影响小。如梧桐河鹤北、新疆龙口、中山水库水源地等村镇人口稀少，对水源地水质几乎没有影响。

GDP等社会因素对水质的影响比较复杂。村镇饮用水源地所在区县的GDP、第一产值比例、第二产值比例、第三产值比例等社会经济指标与水质综合指数（WQI）及关键指标（DO、COD_{Mn}、NH_3-N）的相关分析表明，GDP与DO成一定的弱相关性，其次为第一产业，与水质的相关系数为：−0.057、−0.161、−0.141、−0.211，第二、第三产业与水质指标基本无相关性，这说明GDP总量、第一产业对水源地水质有一定影响，而第二、第三产业基本没有影响。

2.4.3 土地利用对水质的影响

土地利用类型与水体污染物浓度之间相关性不明显，仅存在较弱的相关关系。土地利用类型与水质相关分析显示，耕地面积比重与WQI、COD_{Mn}呈正相关，但相关性不明显，相关系数分别为0.168、0.039，说明村镇农业的发展对饮用水源有一定的影响。我国多数农村地区，耕种技术水平低，且农药、化肥喷施技术不高，导致利用率不高，少量农药、化肥被作物吸收，其余大部分营养元素随地表径流、淋溶等直接进入水体，成为水体水质污染的潜在威胁。

林地面积比重与WQI、COD_{Mn}、NH_3-N呈负相关，表明林地对水质有明显的改善作用。我国多数村镇林地较多，森林覆盖率大，从而对污染物有固定和吸附的作用，同时能够减少地表径流，从而有效减轻水土流失及其造成的水质下降。

建设用地比重与水质综合指数（WQI）及各项指标浓度相关性不明显，可解释为村镇建筑用地或不透水区域面积所占的比重少，加上村镇污染源较少，污染物在道路、屋面等不透水区域上随暴雨径流进入水体也少，所以对村镇水源地水质影响不大。

第3章　村镇饮用水源污染因子识别

村镇饮用水源污染因子是指对村镇饮用水源水质造成有害影响的各种污染物，村镇饮用水源地的空间要素特征、水文要素特征和集水区属性特征，直接影响污染因子的迁移过程和浓度变化。本章以江苏省南京市江宁区安基山水库饮用水源为例，介绍水源地数据采集与预处理、水源地集水区数据库建立、污染因子浓度模拟模型构建、污染因子及关键污染区识别方法。

3.1　村镇饮用水源地数字化方法

3.1.1　水源地及集水区概况

3.1.1.1　水源地概况

安基山水库位于南京市江宁区汤山镇内七乡河上游，地处江宁区东北部，在南京市主城区东。该水库是南京市江宁区的村镇饮用水源（现为备用水源），水库坝顶长350m，坝顶高程53.0m，坝顶宽6m。水库总库容629.14万m^3，属于小（1）型水库。

安基山水库地处北亚热带季风气候区，气候温暖湿润，四季转换分明，冬冷夏热。1月多年平均气温1.9℃，7月平均气温28℃，年平均气温15.4℃。年蒸发量1400～1500mm。年平均降水量1060mm，季节变化大，多集中在6—8月，占全年降水量50%左右。

3.1.1.2　集水区概况

安基山水库集水面积17.2km^2，库区与句容市亭子镇接壤。水库集水区径流由暴雨形成，径流发生时间与暴雨一致。每年4月开始进入汛期，6—9月是暴雨多发季节，特大暴雨、洪水常发生在此时期。而8月常发生伏旱，若遇暴雨也有较大洪水发生。10月以后，流域内降水较少，一般不会形成大的径流。安基山水库上游是丘陵地形，水库附近地势较平缓，水库主要是拦截水源地上游形成的降水径流。

集水区内以耕地和林地为主，其中林地占大部分，农作物主要有水稻、玉米等。安基山水库水源地集水区内有安基山村、韩家边、螺丝冲、华山村、孟塘、叶庵、鹿山、袁家咀等村镇。村庄内居民生活污水没有经过集中处理，存在散养家畜的情况。粪便无害化或资源化处理水平较低，生活垃圾放入露天垃圾箱。

3.1.2　数据采集与预处理

3.1.2.1　数据采集

基础数据包括纸质地图、电子地图、卫星地图、数据高程模型（DEM）、遥感影像地图（TM）等相关地图资料。

（1）实测资料地图。实测资料地图包括纸质地图和电子地图，都是研究区的实测和分析设计数据，如行政区域图、水系图、高程图等，这些资料可通过当地的政府资料部门或设计公式得到。纸质地图采用矢量化方法转化为 ArcGIS 软件中的村镇水源地底图，常用的矢量化方法有手扶跟踪数字化和扫描数跟踪矢量化。电子地图是一种电子格式的实测资料，电子地图的导入须考虑到数据格式（如 CAD 数据），坐标转换和空间校正等，避免图形在转化过程中发生错误。

（2）卫星地图。卫星地图可以直观的反映区域地形特征和植被、水系等地貌特征，常用的卫星地软件有谷歌数字地球（Google Earth）、全球地图（Global Mapper）、太乐地图、全能电子地图等。卫星地图的下载可根据研究区的地理坐标确定范围，如图 3－1 所示为研究区域安基山水库集水区卫星地图（经度范围：119.0533°～119.1742°，纬度范围：32.0640°～32.1291°）。

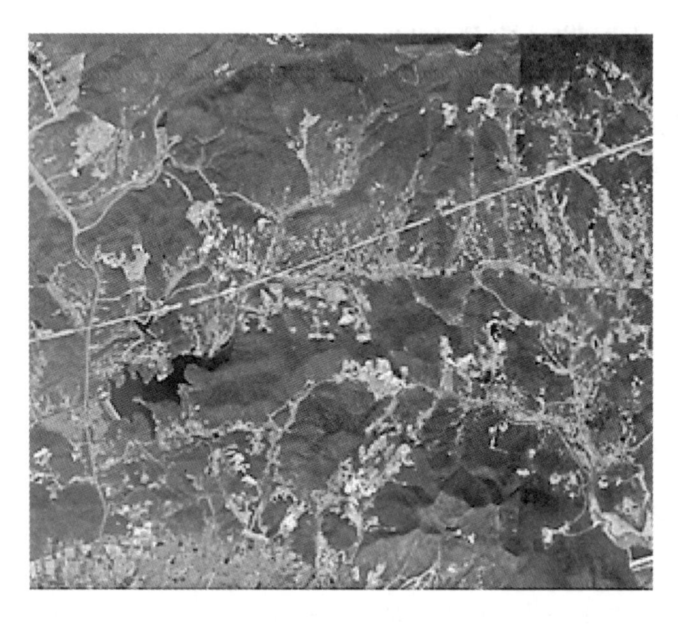

图 3－1　安基山水库集水区卫星图

（3）遥感影像地图。遥感影像数据主要是通过遥感解译分析和提取区域的土地利用状况，根据研究区地理位置和成像时间获取遥感影像地图，图 3－2 为安基山水库所在地的遥感影像地图（2010 年 8 月 19 日拍摄，中心点坐标为 118.351°，31.7468°，经度 118.0694°～119.5691°，纬度 32.6778°～30.8159°）。

（4）数据高程模型。数据高程模型是表示地面各点的高程数据，用来提取研究区域的地形因子，如坡度、坡向、等高线等，同时也是分析区域水文特征的关键。数字高程模型可以通过数字化纸质地形图生成不规则三角网（TIN）格式的栅格数据进而转化为数字高程模型，也可以从相关网站上直接下载。图 3－3 为安基山水库所在地的数字高程模型图。

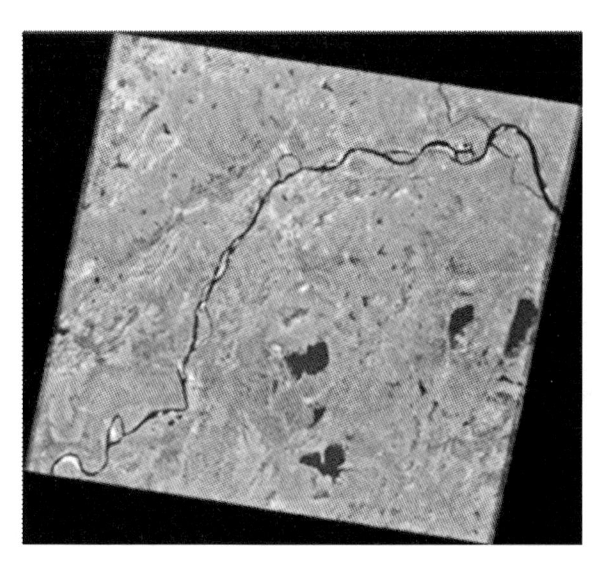

图 3-2 安基山水库所在地遥感影像图

图 3-3 安基山水库所在地数字高程模型图

我国地域广阔，村镇饮用水源地保护范围涉及整个集水区，如果没有完整的集水区自然、社会及污染分布状况，村镇饮用水源地污染识别和保护工作难以实现。本研究提出了以谷歌数字地球卫星地图和数字高程模型及遥感影像图为基础，GPS 实测为辅助的村镇饮用水源地地图获取的方法，在精度上可以满足村镇饮用水源地保护研究的精度要求。

3.1.2.2 数据预处理

（1）水库和河网提取。在谷歌数字地球软件中，坐标定位安基山水库，描绘水库水域轮廓和库区附近的河流路径。具体描绘方法：在谷歌数字地球软件中的工具条上点击“添加多边形”或添加路径，开始描绘安基山水库的轮廓或河流路径等，完成后将其导出成地图数据文件（KML 或 KMZ），并在 ArcGIS 中转换成矢量面要素或线要素。

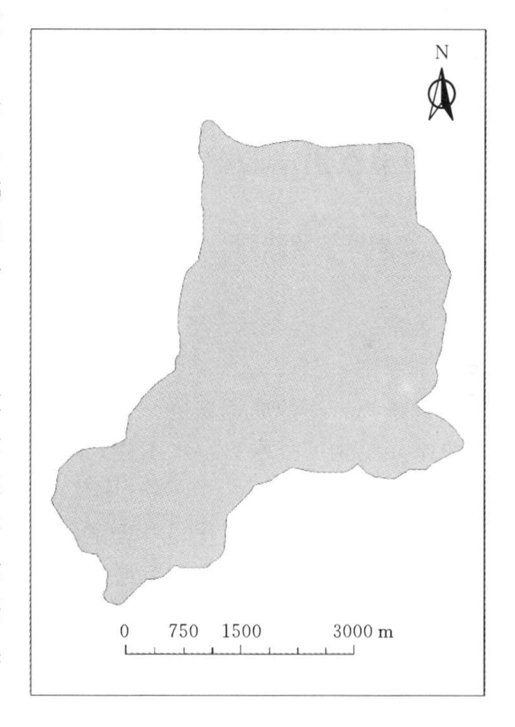

图 3-4 水源地集水区域范围图

（2）水源地集水区域确定。根据安基山水库的地理位置，在获得的卫星地图以及数字高程模型生成的等高线图上，根据水库控制集水区的范围，利用 ArcGIS 软件水文分析工具确定安基山水库集水区域范围，如图 3-4 所示。

（3）地图数据裁剪。根据水源地集水区域范围，利用 ArcMap 工具集中的“掩膜提取”（Extraction by Mask）裁剪出安基山水源地内的数字高程模型、遥感影像地图和卫星地图，如图 3 - 5 所示地图。

(a)

(b)

(c)

图 3 - 5　经过裁剪的基础地图

(a) 数字高程模型；(b) 遥感影像图；(c) 卫星图

3.2　村镇饮用水源地数据库构建

3.2.1　数据库构建原则

水源地数据库（Geodatabase）设计包括水源地自然要素（自然要素又分为空间要素和水文要素）、属性要素、要素内部和要素之间关联等方面的设计。水源地数据库构建应满足以下原则：

(1) 选择合适的地理表述。如具有面状的农田、居民区、林地等以面建立要素类，具有独立节点结构的排水口、水工建筑物等以点建立要素类，具有线状的河流、道路等以线建立要素类。

(2) 明确要素之间关系。考虑到水源地河流、水库的分布和连接情况，水库周边的居民点、养殖场、农田、林地和交通道路等要素之间与关联情况，明确村镇饮用水源地内的水源分布、河流道路分布、土地利用及其分布、点源污染和非点源污染的分布等基本信息，以便对这些要素进行拓扑分析并建立几何网络。

(3) 建立要素数据集。当不同的要素类属于同一范畴，其点、线、面类型的要素类可组织为同一个要素数据集，如水库、塘坝、河网等水文要素类，旱田、水田、林地等耕地要素类；当不同要素类共享公共几何特征，这些要素类放到同一个要素数据集中，用地、水系、行政区界等。在同一几何网络中充当连接点和边的各种要素类，必须组织到同一要素数据集中，如水系网络中，有河段连接的节点、水库和闸坝等，它们分别对应点、线或面类型的要素类，在配电网络建模时，应将其全部考虑到水系网络对应的几何网络模型中。

考虑以上设计原则，水源地数据库的设计如图 3 - 6 所示。

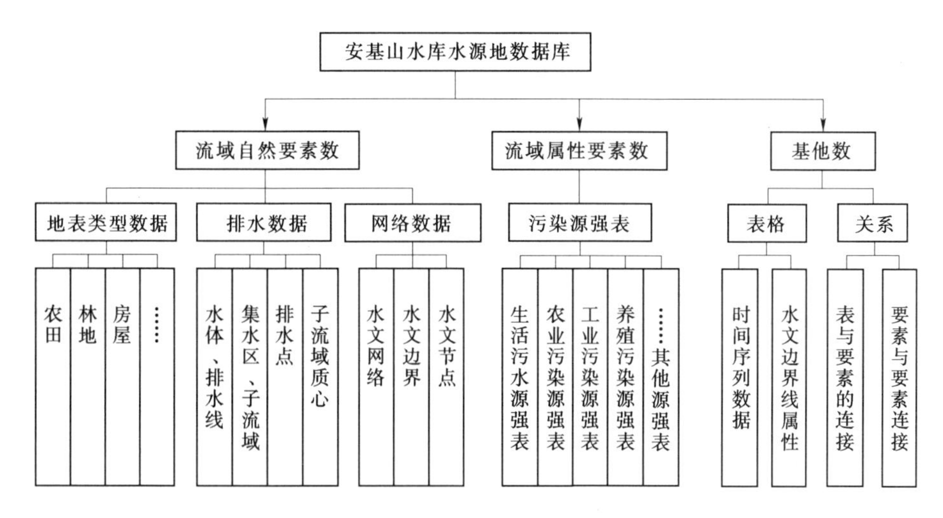

图 3-6　安基山水库数据库结构图

3.2.2　要素组成分析

构成集水区系统的要素种类和数量繁多，主要将水源地集水区要素分为自然要素和属性要素。集水区自然要素主要包括空间要素和水文要素；集水区属性要素主要包括空间实体中农田和房屋产生的污染源强系数表和空间实体的编码字段信息。

1. 空间要素

水源地集水区空间要素主要是对集水区范围内的空间实体（建筑物、农田、林地、水系水库、交通道路、矿山和裸地等）进行数字化操作形成的要素。水源地集水区的空间实体形成的地理空间格局，决定了地表坡度和水流流动方向、各土地类型的占地面积，构成了集水区的框架。同时，水源地集水区空间要素也为水源地集水区属性数据的添加提供了关联对象。

2. 水文要素

水文要素包括河道网、河网节点、水库湖泊、水文监测站、子流域出水口、流域、子流域、汇水区，它们是水源地集水区研究的重要内容和基础。在集水区系统中，水是最基本的关系纽带和媒介，是实现集水区各要素之间相互联系的关键，主要包括以下组成：水文点（Hydro Point）、水文线（Hydro Line）和水文面（Hydro Area）三类。其中水文点有泉（Spring）、井（Well）、坝（Dain）、桥（Bridge）、测量降水量、径流量、蒸发量、水质等测站（Monitoring Point）、附属建筑物（Structure）、入水口（Water with Drawl）、出水口（Water Discharge）以及用户自定义点（User Point）等；水文线表示水系之外的线性要素，如渠道、排水管道、境界线等；水文面表示水库、池塘等水体（Waterbody），另外还包括反映集水区水文、气候、植被等特征的水文响应单元（Hydro Response Unit）。

3. 属性要素

水源地集水区的水质状况不仅受到集水区的空间要素的影响，随着人口的增长和现代文明的发展，集水区水文水质状况受集水区属性要素（如土壤类型、居民人数、农田施肥量等）的影响越来越大，农业种植中的化肥农药的使用、农耕引起的水土流失等对水源地的影响日渐显现，因此属性要素也就成为了水源地集水区研究和保护的重要影响因素。

安基山水库水源地集水区数据库的建立，所需的属性数据主要来自当地雨量站的部分降雨资料和当地年鉴；《第一次全国污染源普查——城镇生活源产排污系数手册》（2008年）、《第一次全国污染源普查——农业污染源肥料流失系数手册》（2009年）、《第一次全国污染源普查水产养殖业污染源产排污系数手册》（2009年）、《第一次全国污染源普查畜禽养殖业产排污系数与排污系数手册》（2009年）和《第一次全国污染源普查工业产排污系数与排污系数手册》（2009年）；GB 3838《地表水环境质量标准》和GB/T 14848—93《地下水质量标准》等。

根据获得的属性数据，将土壤类型数据、降雨资料数据输入电子表中并预留出与空间数据连接的字段；将污染源产排污系数单位统一后也输入到电子表中。

3.2.3　空间要素数字化

水源地集水区要素数字化主要针对集水区的空间要素，需要将其在GIS中进行屏幕数字化，使地图上的空间特征转化为用数字形式表示的数据，以便数据库的建立。首先将经过掩膜提取后的卫星地图或经过扫描的行政区划图转换成GIS可以接受的数字形式，以经过预处理的水源地集水区卫星地图为基础，将地图中的空间实体数字化为矢量数据形成要素类（如林地、道路、水系、水库、建筑物和矿山等），为建立水源地空间数据库准备。

水源地集水区空间要素数字化包括地图配准、空间实体矢量化、图形拓扑查错与编辑修改、数据整理四个步骤。

3.2.3.1　地图配准

地图配准即将收集到的水源地卫星地图或扫描的电子地图对应到有坐标的基础数据底图上。

在水源地卫星地图上选择标志性程度高的配准控制点进行配准。标志点可以是公里网的交点、一些典型城镇或地物的位置、一些线线要素或线面要素的交点或者地图轮廓中的明显拐点等。此外，控制点的分布要相对均匀，理论上至少取七个点，实际配准中控制点越多越好。后增加的控制点可以起到纠偏的作用，即用前面的控制点配准后，有些远离控制点的位置有坐标误差，新的控制点会纠正新点附近位置的坐标误差，所以有控制点坐标准确的前提下，控制点越多则整个图的坐标误差越小。具体步骤如下：

（1）设置坐标系。启动ArcMap，加载安基山水库卫星地图，并为其设置投影坐标参考系，选择WSG _ 1984 _ UTM _ Zone _ 50N，投影方法为墨卡托横轴投影。

（2）添加控制点。加载“栅格配准”工具，选择需要配准的栅格数据图层。在图形上选择地貌突出点添加控制点，输入控制点的新坐标值，主要矫正点如图3-7所示。

（3）调整控制点。点击“查看连接表”（View Link Table）工具分析转换精度，如果得到的误差（RMS）符合精度要求，就可以停止输入控制点链接，也可适当删除一些误差值较大的控制点，如表3-1所示。

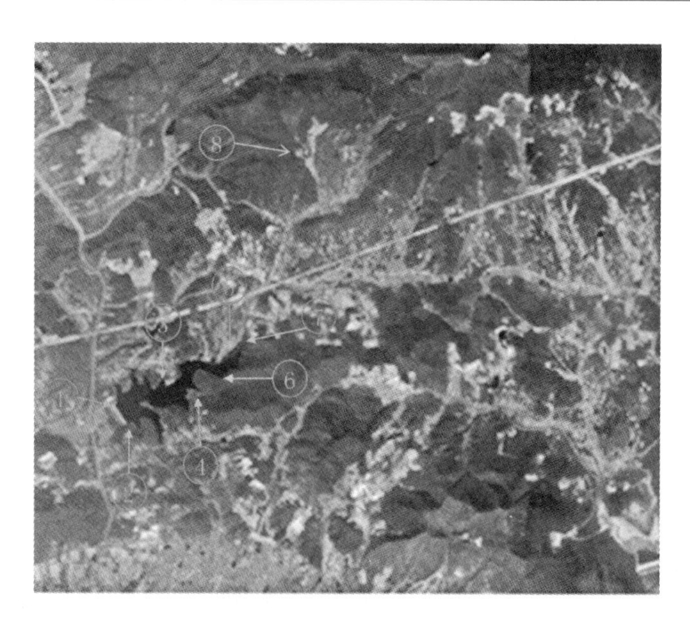

图 3-7　主要矫正点位置图

表 3-1　　主要矫正点坐标（投影坐标系统下）

矫正点编号	原始坐标	矫正坐标
1	13254183.883，3774598.628	694306.173，3552124.833
2	13254361.1083，3774337.357	694462.619，3551813.201
3	13254913.254，3775058.422	694825.376，3552305.683
4	13255496.578，3774839.627	695440.989，3552276.697
5	13255894.946，3775398.355	695751.291，3552736.310
6	13255767.553，3775070.530	695642.680，3552449.294
7	13256168.402，3775889.529	695966.744，3553150.092
8	13256897.269，3778596.598	696502.292，3555416.935

（4）完成配准。点击“栅格配准”下拉菜单中的“更新栅格配准”再点击“校正”选择重采样方法，保存变换结果。

3.2.3.2　空间实体矢量化

目前使用较多的矢量化方法主要有手扶跟踪数字化仪数字化和扫描矢量化两种方法。对安基山水库水源地集水区空间实体矢量化的步骤如下：

（1）创建要素图层。在 ArcCatalog 中创建新的要素类，包括点、线、面要素类，并设定其投影坐标系也为 WSG_1984_UTM_Zone_50N，并将其拖放到 ArcMap 的控制面板中，作为将要绘制的新的图层。水源地集水区空间实体数字化过程中主要创建的要素有：林地、农田、房屋、矿山、水体、主要道路、其他等面要素，如图 3-8 所示。

（2）编辑要素。在 ArcMap 中添加“编辑器”工具，点击“开始编辑”后可以对所加载的数据的图形要素进行各种编辑，如平行线复制、缓冲区生成、镜面反射、拼接处理、结点删除、结点添加、线的延长和裁剪与多边形的分割和缩放与拉伸等。还可以设置捕捉

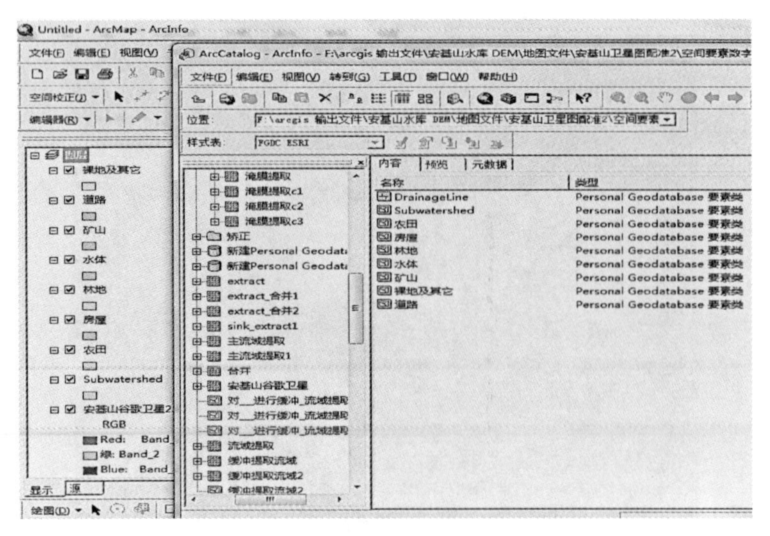

图 3-8　空间要素数据图

环境，对编辑过程中的节点进行捕捉，从而实现较为精确的数字化过程。

（3）完成矢量化。重复以上步骤，直至完成农田、房屋、水体、林地、道路和矿山等图层的数字化。在完成数字化后点击“保存编辑”。

3.2.3.3　图形拓扑

拓扑表达的是地理对象之间的相邻、包含、关联等空间关系。创建拓扑关系可以使地理数据库能更真实地表示地理要素，更完美地表达现实世界的地理现象。在 ArcCatalog 中将以上创建好的各要素导入到一个要素集中，在要素集中新建拓扑关系，将新建的拓扑关系拖放到 ArcMap 的控制面板中，右键工具条选择“拓扑编辑”工具，进行拓扑查错与修改。拓扑查错如图 3-9 所示。

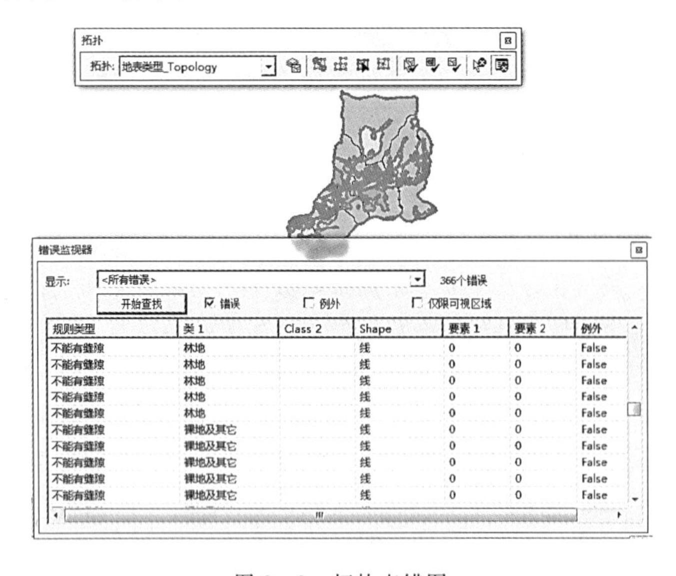

规则类型	类 1	Class 2	Shape	要素 1	要素 2	例外
不能有缝隙	林地		线	0	0	False
不能有缝隙	林地		线	0	0	False
不能有缝隙	林地		线	0	0	False
不能有缝隙	林地		线	0	0	False
不能有缝隙	林地		线	0	0	False
不能有缝隙	裸地及其它		线	0	0	False
不能有缝隙	裸地及其它		线	0	0	False
不能有缝隙	裸地及其它		线	0	0	False
不能有缝隙	裸地及其它		线	0	0	False
不能有缝隙	裸地及其它		线	0	0	False

图 3-9　拓扑查错图

3.2.3.4 数据整理

通过以上方法处理后，生成了地图空间实体数字化要素，为了便于管理和应用，将各要素进行组织分类和存储，输出成图。

土地利用类型图。人类活动的影响反映在土地利用类型和利用程度上，对集水区内土地利用类型进行分层有助于研究水源地的环境状态，将水源地集水区中土地类型初步分为7种类型：

（1）农田。安基山水库水源地集水区内的农田主要为旱地，提取农田数据信息为研究水源地安全保护提供了有效依据。

（2）房屋。安基山水库水源地集水区内建筑物主要为房屋建筑，少有工厂、大型养殖场等建筑物。房屋是人们生活聚集地，产生的污染对水源地有直接影响，尤其在村镇地区主要为直接排污的方式对水源地区环境的影响更加明显。

（3）道路。道路主要产生的污染主要是汽车在运行过程中所排放的废气，这些物质可能形成酸雨，对水源地水质产生污染。

（4）水体。水体包括水库和水系，是水源地集水区主要保护的对象。

（5）林地。林地占安基山水库水源地集水区的面积较大，起到保护水源地水质的作用，但也会产生树叶、枯枝等固体污染物。

（6）矿山。安基山水库附近有安基山铜矿，其开采过程产生的水土流失将污染水库水质，矿体本身也加剧了水库水体重金属超标的风险。

（7）裸地及其他。安基山水库周边还有一些裸露的土地，以及待开发的用地，虽然占的比重小，但也要在图中体现出来，为防治工作提供基础。

等高线图有利于直观反映集水区内的地形变化，安基山水库集水区内最高点高程为400m，最低点为30m。图3-10为安基山水库集水区空间实体数字化图，图3-11为安基山水库集水区等高线图。

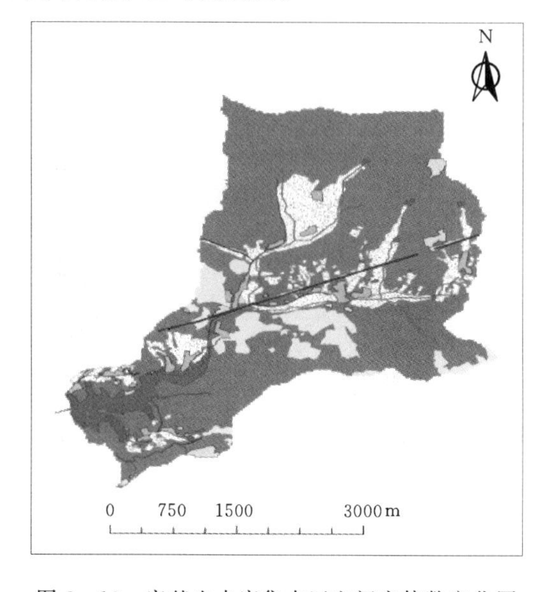

图3-10 安基山水库集水区空间实体数字化图

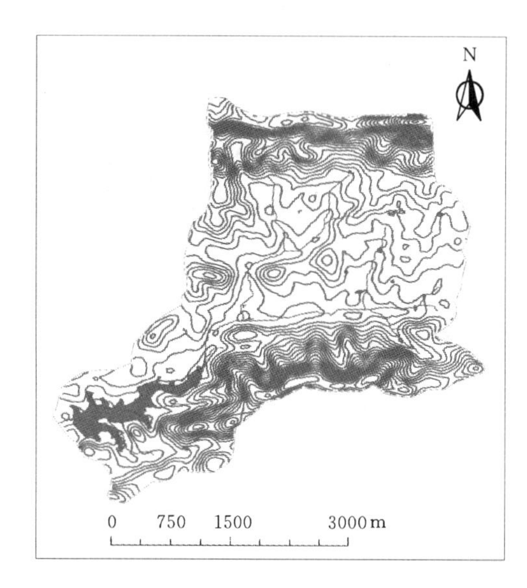

图3-11 安基山水库集水区等高线图

3.2.4　水文要素数字化

安基山水库水源地水文要素的数字化，即水文要素的提取。利用水文分析工具（Arc Hydro Tools）对安基山水库水源地数字高程模型进行水文分析，分析过程包括地形预处理（Terrain Processing）、集水区处理（Watershed Processing）、属性工具（Attribute Tools）、网络工具（Network Tools）和地形形态（Terrain Morphology）等子步骤，完成对水系、湖泊等水文要素的提取和矢量化，最终形成要素类。

3.2.4.1　地形预处理

地形预处理（Terrain Processing）主要对数字高程数据进行预处理，为水源地水文分析提供基础数据。数字高程数据可提取水文和集水区特征参数，包括河网密度、集水区面积、平均高度、平均坡度、河道长度及坡度等。

（1）数字高程模型校正。运用水文分析工具进行水文分析时，首先要对数字高程数据进行校正。用工具集中的数据转换工具（Data Interoperability Tools）工具将水库轮廓地图文件和已有河网的地图文件转换成矢量文件，利用校正工具调整数字高程模型的表面高程，最终数字高程模型图的矫正效果如图3-12所示。

（2）洼地填充。填洼过程的主要目的是计算栅格流向，保证集水区的连贯性。判断栅格图上中心点栅格是否比四周点低，如果低则认为其为洼地，洼地点将被赋予周围最低点的高程值。经洼地填平的数字高程模型能有效减少集水区内水流不畅的问题，图3-13为经过洼地填充的数字高程模型图。

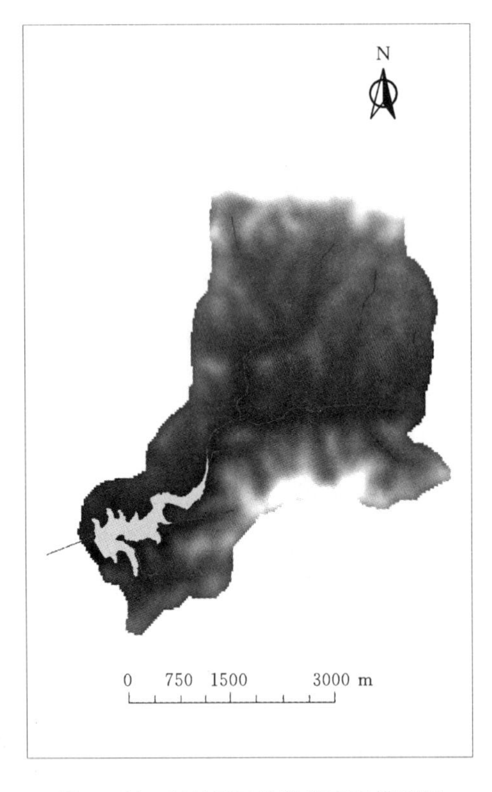

图3-12　经过矫正的数字高程模型图

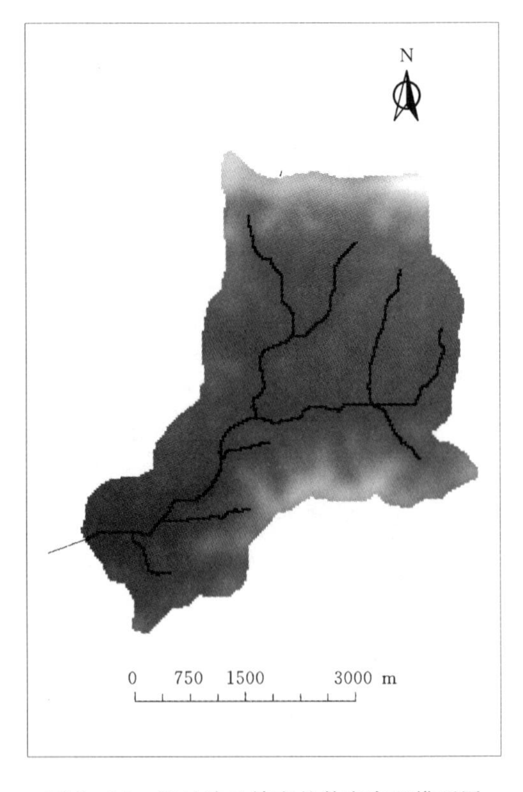

图3-13　经过洼地填充的数字高程模型图

(3) 汇流分析。利用水文分析中的基于D8算法的流向分析（Flow Direction）和流量累积（Flow Accumulation）功能，对经过洼地填平后的数字高程模型图进行集水区河网的计算，得到汇流量累积图，如图3-14所示。

(4) 河网分析。确定一个合适的水源地集水面积阈值，使水文分析工具在数字高程模型图上提取的河网与实际的水系最接近，具有重要的实际意义。利用水文分析工具的河流定义功能（Stream Definition）和河流分级功能（Stream Segmentation）可以设置集水面积的阈值。本研究结合实际情况选择集水面积阈值为556（0.5km^2），定义的河网分级如图3-15所示。

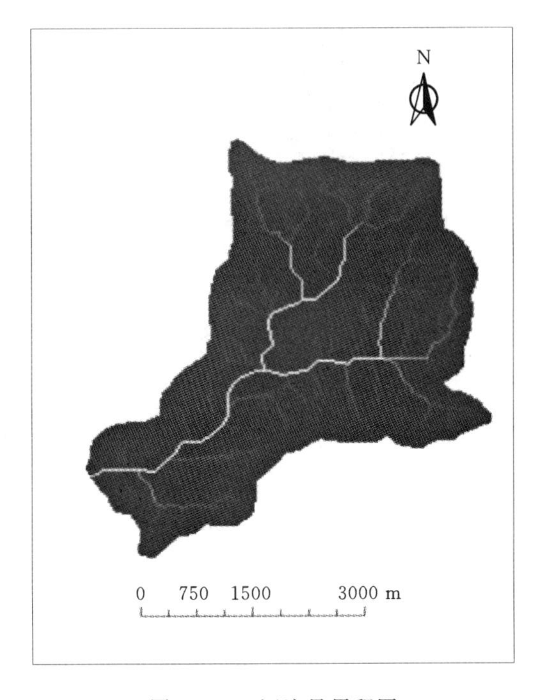

图3-14 汇流量累积图

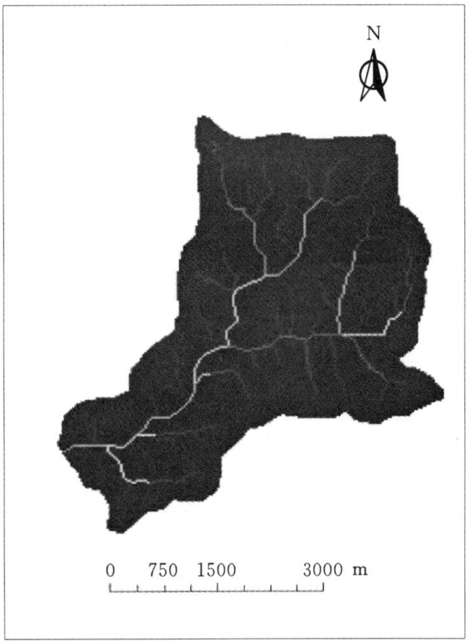

图3-15 河网分级图

(5) 集水区栅格划定。河流等级明确后，可以根据河流汇流量、集水区的河谷线、分水线等自然地形按照一定的规则来划分汇流区（Catchment）。生成的汇流区（Catchment）如图3-16所示。

3.2.4.2 集水区处理

集水区处理（Watershed Processing）是在地形预处理处理基础上进行，可以实现集水区划分、集水区特征提取等功能。根据实际地形和水流汇流情况，可以在河流上重新自定义点或多边形来提取子集水区，并为子集水区和集水区生成质心，用USGS定义方法或最陡坡度法提取子集水区或集水区的最长流径，在二维线基础上构造三维线，提取三维线坡度等属性值。

重新自定义汇流点应设置新点和定义点的位置，汇流点自定义如图3-17所示。在重新自定义的汇流点后，子集水区的划分利用子集水区定义工具（Batch Sub Watershed Definition）将安基山水源地划分为8个子集水区，如图3-18所示。在划分出子集水区基础上生成每个子集水区的质心，如图3-19所示。

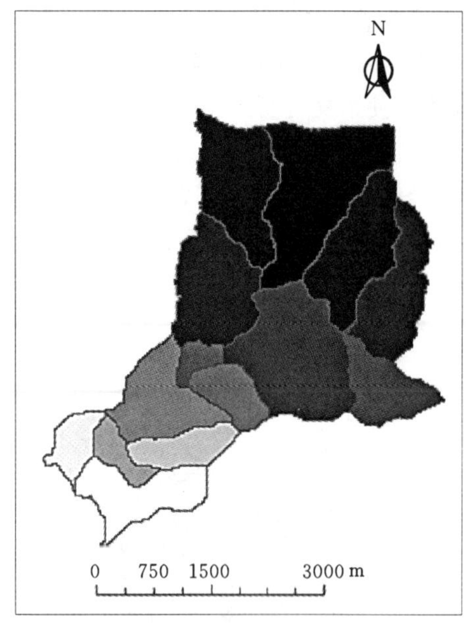

图3-16　汇流区图

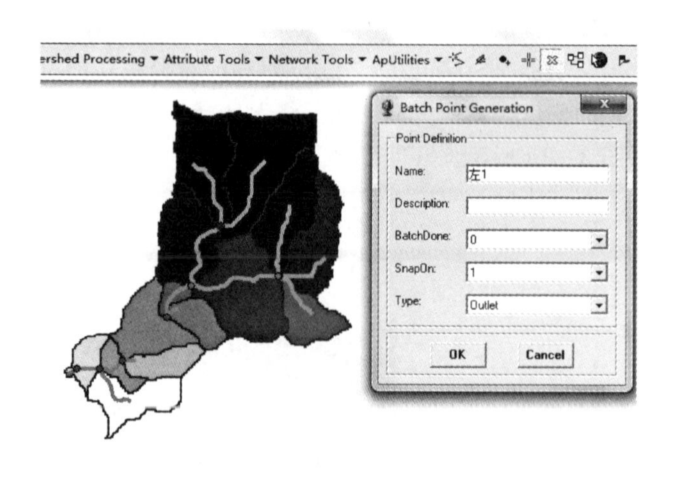

图3-17　自定义的汇流点图

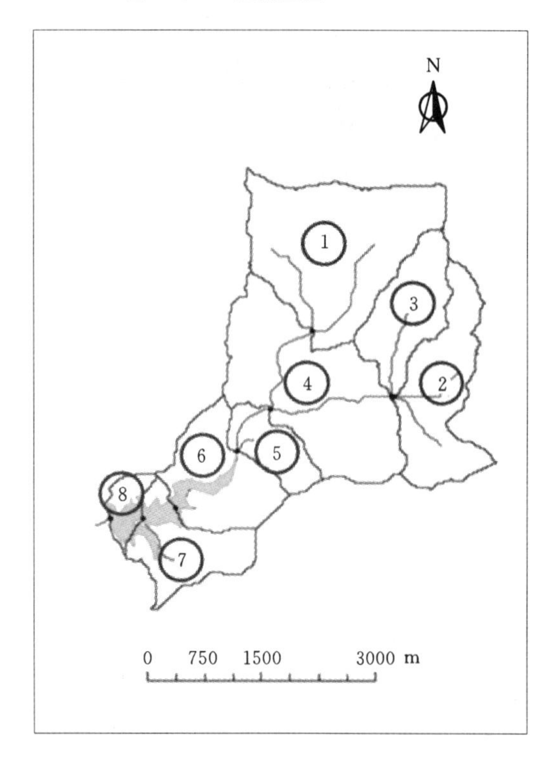

图3-18　子集水区划分图

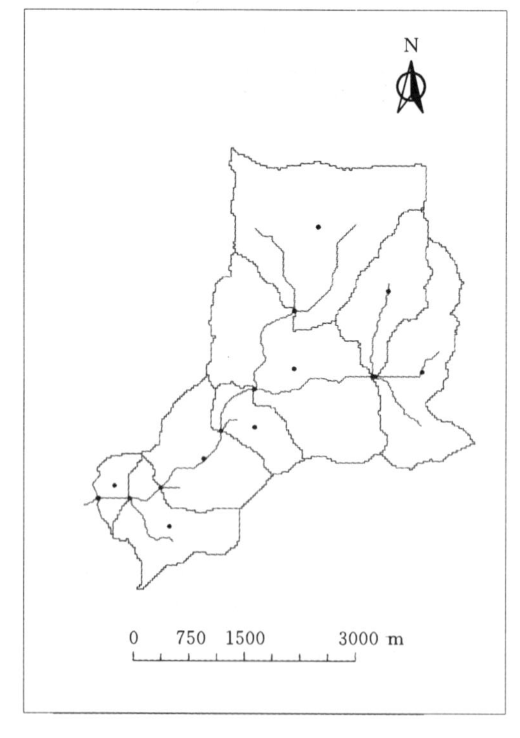

图3-19　子集水区质心图

3.3.4.3　几何网络

几何网络（Network Tools）主要分析水系的网络，定义水流方向，在前两步基础上生成水文几何网络和水文逻辑网络，并定义网络中水流方向，如图 3-20 所示。

3.2.4.4 地形形态

地形形态（Terrain Morphology）是对非树状集水区结构模型进行初步分析，计算汇流区的平均高程、集水区面积，生成三维汇流区边界线，计算边界线截面宽度、周长和横剖面面积，并生成数据属性表格，产生汇流区间连通属性。

3.2.4.5 属性工具

属性工具（Attribute Tools）具有两个功能：一是对水文要素分配更新水文编码（Hydro ID），建立水文要素间连通性，网络关联要素属性；二是计算、存储要素属性各类统计值，显示多种相关图，如时间序列与测量值相关图等。对水文要素分配水文编码可视情况而定，若无需重新分配则不进行此步，而时间序列的应用是重点。

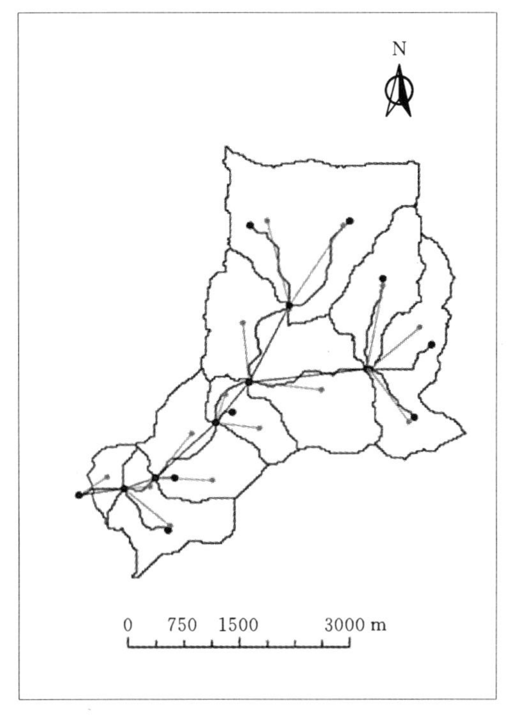

图 3-20 水文网络图

水文分析工具中定义了时间序列数据模型（Time Series）来存储水文测站和其他设施定期观测的数据，对水位、径流量和水质等观测。将水源地集水区的降雨资料按照设计水平年输入，可以明确在这一降雨水平年下水源地集水区中降雨量多少和洪峰出现时间，为污染识别和防治提供更加可靠的依据。同时，也可将水源地集水区内各农田的灌溉制度（灌溉定额和灌溉时间）放入时间序列中，这样同降雨时序一起，为水源地集水区内由降雨径流产生的农田面源污染的预先识别提供新的途径。

通过以上几步操作，完成对水源地集水区水文要素的数字化，形成以排水点（Drainage Point）、自定义的子集水区汇流点（Sub Batch Point）、子集水区质心（Centroid）、排水线（Drainage Line）、水体（Waterbody）、集水区（Catchment）、子集水区（Sub Watershed）形成的河网（Drainage）要素数据集和以水文边线（Hydro Edge）、水文节点（Hydro Junction）以及水文网络（Arc Hydro Net）形成的几何网络（Network）要素数据集为主体，加上记录水文边界属性信息、时间序列信息等的表文件和存储要素之间关系的关系类文件为辅助的水源地集水区水文要素数据结构。

3.2.5 数据库建立

数据库的建立是借助 ArcGIS 9.3 的 ArcCatalog 完成的，常用的个人地理数据库可直接在 ArcCatalog 环境下建立，包括在磁盘上建立个人地理数据库文件，要素类、要素集、关系类、表格可直接在个人地理数据中加载和创建。

根据生成的要素以及它们之间的联系情况，通过 ArcCatalog 对其进行分层组织，共建立三部分：水源地数据源文件夹、水源地 Geodatabase 数据库和治理工程措施文件夹。

其中水源地数据源文件夹存储水源地地图文件，包括扫描后矢量形式的水源地行政区划图和地形图、水源地卫星图、水源地数字高程图、水源地遥感影像图；资料和年鉴中与各土地利用要素相对应的属性信息，如林地、农田所属的子集水区，各种土地利用类型产生的污染源强系数等信息；水源地 Geodatabase 数据库储存各要素数据集、表、几何网络、拓扑关系和关系类，如河网要素数据集、几何网络要素数据集、水文节点和子集水区关系类、时间序列表等；水源地治理工程措施文件夹存储应用 ArcGIS 缓冲区分析处理的草地缓冲带和设计布置截流沟的结果文件。

将水源地的空间要素按照子集水区的范围进行分割，形成以子集水区为最小分析单元的集水区数据库结构。利用“分析工具”中“分割”（Slip）将空间实体数字化的各要素图层按子集水区要素进行分割，以水文要素中的子集水区的水文编码字段为主键建立关系类，实现自然属性要素与水文要素的联通，如图 3－21 所示。

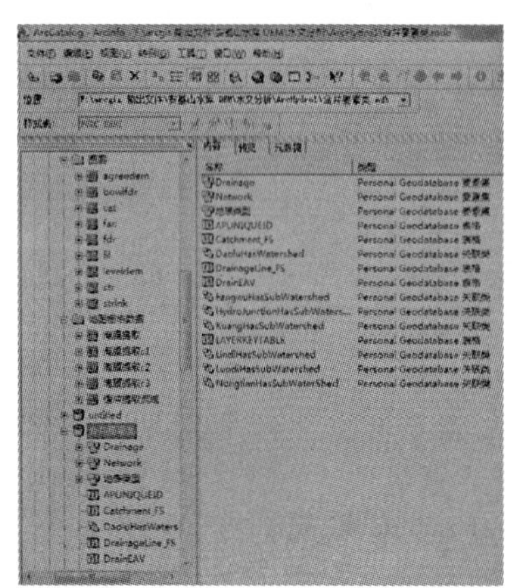

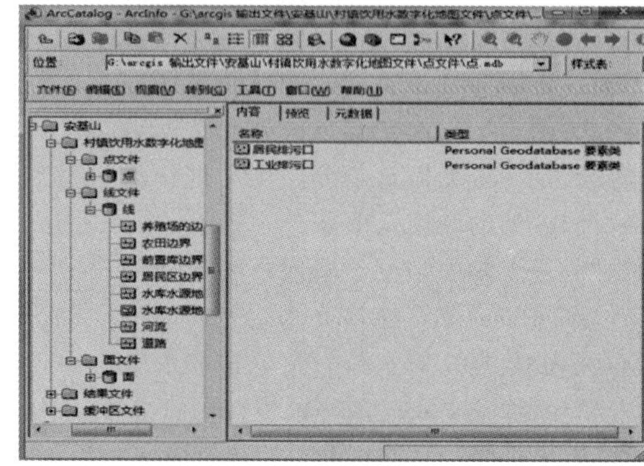

图 3－21　ArcCatalog 中水源地数据库结构图

当在编辑状态下描绘完所需要的要素类后，在 ArcMap 左侧数据框中右键点击“前置库”要素类选择“打开属性表”选项，在属性表中可以查看所描绘面要素的面积等空间数据，如图 3－22 所示。

图 3－22　ArcCatalog 中水源地数据库中查看、创建空间数据表

经过以上过程，建立了安基山村镇饮用水源地数据库。

3.3 村镇饮用水源地污染源

3.3.1 污染源种类

村镇饮用水源地主要受点源污染和面源污染的影响。点源污染是指以点状形式排放而造成污染的发生源，主要包括乡镇工业废水以及生活用水，主要成分为化学需氧量、氮、磷和重金属物质等。面源污染是指污染负荷通过地表径流、地下径流、土壤渗滤、降雨淋溶、雨水冲刷等途径形成面域广的、分散的、没有固定点的排放的污染源，如农田施用化肥和喷洒农药造成的污染。

目前，强度较高的污染源为农田径流、养殖污水、城镇径流、矿山径流和农村生活污水。安基山水库水源地属于村镇饮用水源地，主要是受上游区域非点源污染物的影响，主要污染源有农田径流、养殖污水、矿山径流和农村生活污水。污染源释放的污染因子包括微生物指标、毒理指标、感官性状和一般化学指标等。

3.3.2 污染源排放强度

水源地污染源的排放强度以源强系数表示，源强系数是由各类污染源调查和计算得出的，用于表示各类污染源的污染排放量。源强系数可由各地饮用水水源地基础环境调查报告、全国水环境容量核定技术指南、第一次全国污染源普查（城镇生活源产排污系数手册、农业污染源肥料流失系数手册、畜禽养殖业源产排污系数手册）、GB 18596—2001《畜禽养殖业污染物排放标准》、全国水资源公报查得。

3.3.2.1 农村生活污染源强系数

农村生活污染源的源强系数可参考以国家环保局确定的太湖集水区污染源调查数据，根据各地区农村人口数、人均用水量及人均产污系数，测算农村生活污水及其污染物的排放量，如表 3-2 所示。

表 3-2 农村人均生活污水及其污染物排放量 单位：g/(人·d)

人均生活污水量/[L/(人·d)]	化学需氧量	总氮	总磷	氨氮
80	16.4	5.0	0.44	4.0

3.3.2.2 农田径流污染物源强系数

农田径流污染物流失源强系数是参考标准农田源强系数进行调整的，调整方法参考相关文献，其中标准农田为每亩农田径流源强系数排放量，化学需氧量、氨氮、总氮和总磷分别为 10kg/a 和 2kg/a、3.16kg/a 和 1.06kg/a，COD 10kg/(亩·a)，氨氮 2kg/(亩·a)。所谓标准农田为平原、种植作物为小麦、土壤类型为壤土、化肥施用量为 25～35kg/(亩·a)，降水量在 400～800mm 范围内。

3.3.2.3 矿山径流污染物源强系数

矿山径流（含固体废物）污染物排放源强系数是参考标准矿山源强系数进行调整的，调整方法参考相关文献，其中标准矿山企业的年径流污染物流失量为化学需氧量、氨氮、总氮和总磷分别为 80t/a、2t/a、3.4t/a 和 0.2t/a。所谓标准矿山企业的定义为：地处平原地带，面积在 10km² 左右，年降水量在 400～800mm 之间，作为标准矿山企业。

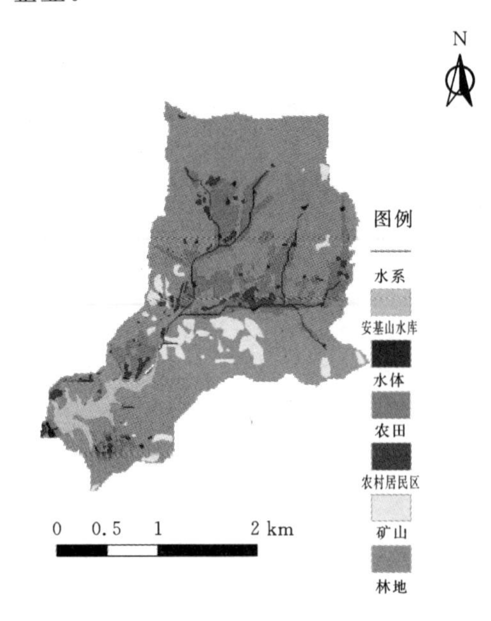

图 3-23　安基山水源地土地利用类型

3.3.2.4　分散畜禽养殖污染源强系数

确定畜禽动物的排泄量是一项较为复杂的项目，这与动物种类、同种动物的不同品种、性别、生长期、生产性能（如奶牛和肉牛、蛋鸡和肉鸡）、饲料种类、饲料利用率以及天气条件等因素有密切关系，所以欲求得一个比较确切可靠且有代表性的排泄系数需要花费大量人力、物力，而且需要有长期的监测分析。本书研究采用畜禽折合方法，分散式畜禽养殖污染源源强系数折合成猪计算，每头猪 COD、氨氮、总氮和总磷分别为 50g/d、10g/d、20.98g/d 和 3.61g/d。

3.3.3　污染源分布

基于 2011 年 6 月安基山饮用水源地遥感影像数据，通过解译和人工校核相结合的方法，获取该时期集水区内农田、村镇居民区、水体、矿山、林地等土地利用类型，其中农田、居民区、矿山为该集水区主要污染源，安基山水源地集水区土地利用类型如图 3-23所示，集水区内污染源统计数据如表 3-3 所示。

表 3-3　　污染源分布统计数据

污染源	农村居民区	农田	矿山
面积/m²	400438	2278092	859975
所占比例/%	2.54	14.47	5.46

3.4　村镇饮用水源地污染因子识别

3.4.1　地表水污染因子识别

为了缩短识别周期和减少对监测数据的依赖，本书以遥感遥测的影像和数据为基础资料，运用 ArcGIS 中的模型构建器（Model Builder），模拟在地表环境下污染因子随时间的衰减过程，对污染因子进入水源时的浓度进行分析，为保护区的控制和治理工作提供技术支持。

3.4.1.1　识别对象

村镇饮用水源地污染因子识别的对象是经过衰减后再到达水源边界前的污染因子浓

度。在污染源产生的污染物经过沟渠、水塘和前置库等滞水区，需经过一段时间的衰减后再进入饮用水源。因此，将衰减后污染因素的浓度作为村镇饮用水源地污染识别的对象，将更加有效地筛选出水源的污染因子。

村镇饮用水源地污染因子识别依据，即相关的评价依据，是参照目前我国主要标准GB 3838《地表水环境质量标准》和GB/T 14848《地下水质量标准》，包括微生物指标、毒理指标、感官性状和一般性化学物质、放射性指标，见表3-4。

表3-4　《地表水环境质量标准》地表水环境质量标准基本项目标准限值　单位：mg/L

分类	Ⅰ类	Ⅱ类	Ⅲ类	Ⅳ类	Ⅴ类
总氮（湖、库以N计）≤	0.2	0.5	1.0	1.5	2.0
⋮					

3.4.1.2 污染因子识别方法

利用建立好的安基山水库水源地集水区数据库中的“地表类型”要素数据集和其对应的属性数据，判断污染因子在地表流经的不同初始和边界条件，选择与之对应的污染因子浓度的衰减曲线，调用数据库中的原始数据，运用ArcGIS的空间分析功能和“模型构建器”工具，将衰减曲线放入“模型构建器”中，经过一系列地理工具处理和计算最终得到衰减后的污染因子浓度图层，并与识别依据中的相关指标进行比较，从而识别哪些污染因子超标。

3.4.1.3 污染因子识别步骤

（1）设置实验方案。为反映污染因子的浓度在到达水源边界前的衰减情况，在安基山水库水源地毗邻区（6号子集水区区内）农田，实验方案共设计3个地块：试验地块1为淹水灌溉、试验地块2为间歇灌溉、实验地块3为间歇+浅蓄雨水灌溉，除灌溉外，其他如施肥量等影响作物生长因素均保持一致。实验小区规格为2m×3m；水稻品种为赣晚籼37号水稻，株间距为7寸×8寸；施肥水平为纯氮9kg/亩；施肥方式为基肥。采样时期为返青期，采样频次为施肥后的连续9d内每天都进行取样，采样地点为每个试验地块对应的径流水塘（前置库）。由实验观察返青期内每次施肥后氮浓度都在2d后达到峰值，因此从此时开始记录氮污染因子的浓度，试验数据如表3-5所示。

表3-5　氮随时间衰减的监测值　单位：mg/L

灌溉次数	第1次	第2次	第3次	第4次	第5次	第6次	第7次
第一次灌溉	20.98	15.65	11.67	7.55	6.85	6.08	6.14
第二次灌溉	21.83	15.57	12.39	8.13	6.37	6.22	6.13
第三次灌溉	19.12	14.74	9.33	6.13	4.56	4.15	4.12

（2）拟合衰减函数。对第一次和第二次施肥灌溉后的氮污染因子浓度变化数据进行拟合，拟合系数取平均值，得到污染因子浓度随时间推移的衰减曲线，并获得衰减曲线的拟合函数，如图3-24所示。

拟合方程的相关度$R^2=0.995$，说明监测点的数值与拟合公式有较强的正相关性，方

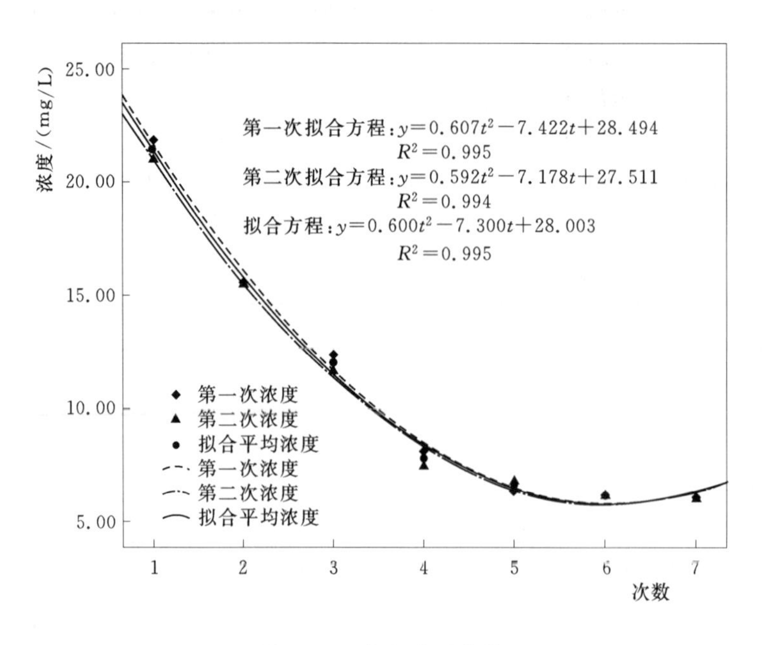

图 3-24　氮的衰减曲线

程 $y=0.600t^2-7.300t+28.003$ 为氮污染因子在水塘中的浓度衰减函数。

（3）构建识别模型。使用 ArcGIS 中的模型构建器（Model Builder）来创建、编辑和管理模型的应用程序。衰减模型将含有初始浓度的栅格作为模型计算的开始，每一个处理的输出栅格值作为下一个处理的输入栅格值，得到经过衰减函数计算后的浓度栅格。识别模型的构建包括以下步骤：

1）加载基础数据，新建工具箱。加载村镇饮用水源地卫星图片，水塘和实验地块专题图层。在工具集中执行“新的工具箱”命令并重命名，如“地表衰减模型”，并在工具箱中新建模型，设置模型属性。

2）编辑模型。打开“地表衰减模型”，进入模型构建器（Model Builder）编辑窗口，依次添加数据、变量和工具箱（Arc Toolbox）空间处理工具，进行相应连接。其中“重分类”的设定是根据 GB 3838《地表水环境质量标准》中的基本项目标准限值确定的，按照Ⅰ类水质的值为 1，Ⅱ类水质的值为 2 依次后推，如表 3-6 所示，设置模型流程如图 3-25所示。

表 3-6　　重分类设置表

旧　值	新　值	旧　值	新　值
0～0.20	1	1.51～2.00	5
0.21～0.50	2	2.01～25.00	6
0.51～1.00	3	—	—
1.01～1.50	4		

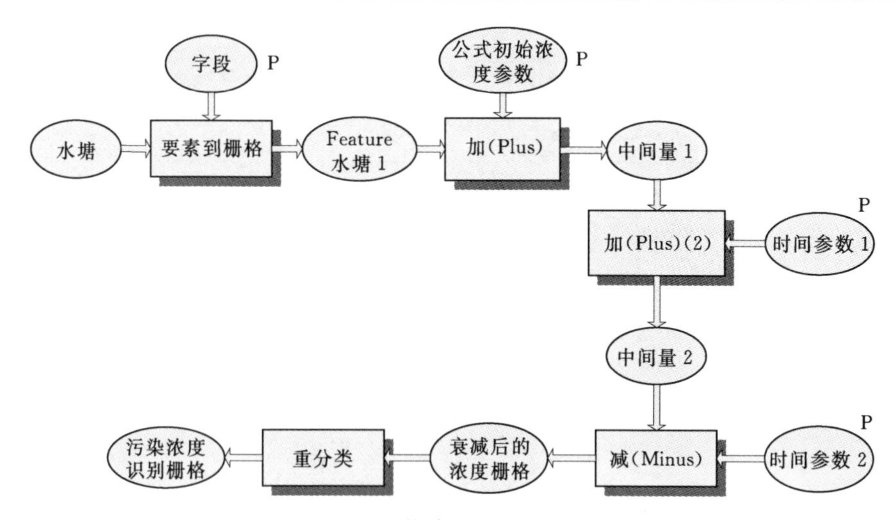

图 3-25 构建识别模型流程图

3）模型参数化。设置模型界面中的“字段”“公式初始浓度参数”“时间参数1”“时间参数 2”为模型参数变量 P，模型的最终流程图如图 3-25 所示。最终的应用界面为“GUI”界面。在此界面中可以根据不同地区，不同的初始条件和边界条件选择“初始浓度参数”和“时间参数”，如图 3-26 所示。

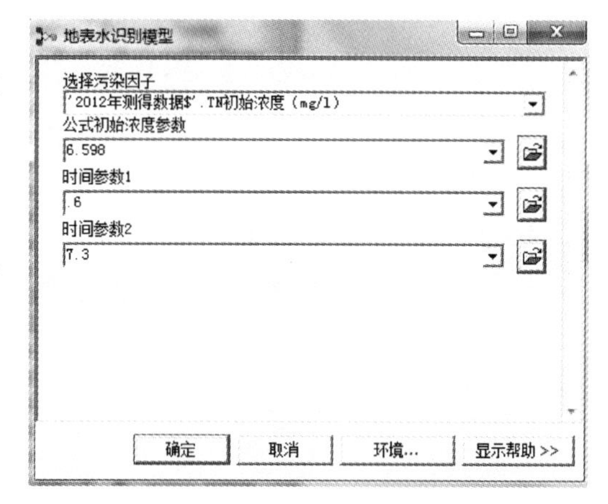

图 3-26 模型参数输入面图

3.4.1.4 模型识别效果

利用已有的第三次试验的数据对模型进行验证，打开“地表衰减模型”应用界面，调整“公式初始浓度参数”，使其符合衰减拟合函数的初始值，运行此模型，得到 7d 后的衰减浓度为 4.00mg/L，识别效果如图 3-27 所示。

结果表明，经过 7d 在水塘中衰减后，实验地块 3 的氮污染因子浓度值为 4.01mg/L，超过了Ⅴ类水质指标的规定值，所以识别为第 6 等级，模型中深色标注。

利用 Spss19.0 软件对实测的数据与模型模拟的数据进行比较，如表 3-7 所示。通过试验模拟与实例验证，比较由模拟模型计算后的污染因子的衰减浓度与实测的衰减后的浓度，结果表明两者对于识别标准的识别结果是一致的。

3.4.1.5 水质标准的导入及污染因子提取

水质标准的导入。将村镇饮用水源污染因子对应水质标准输入到系统中，地表水水质标准采用 GB 3838，地下水水质标准采用 GB/T 14848。

污染因子的提取。将村镇饮用水源地内衰减后的污染因子浓度与村镇饮用水源水质标准比较，筛选污染源的污染因子浓度。利用属性表中的“通过属性选择”，构建 SQL 语言来实现，如图 3-28 所示。

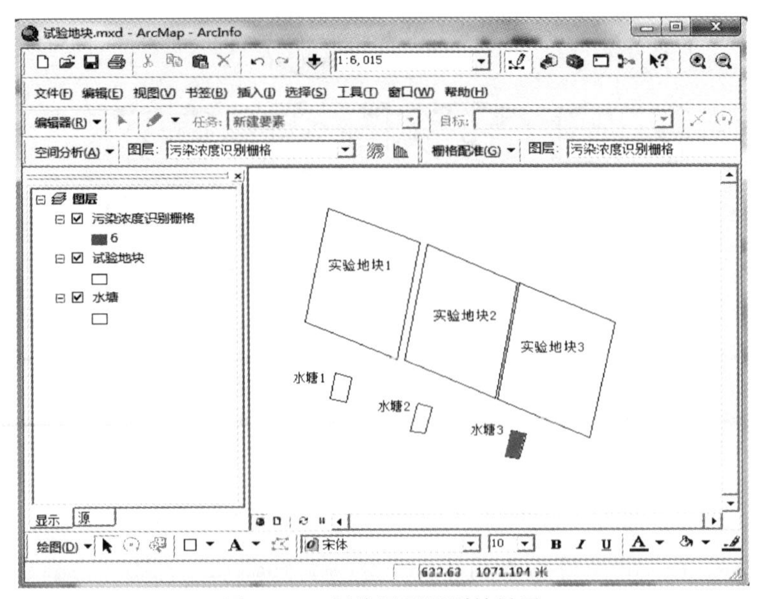

图 3-27　污染因子识别效果图

表 3-7　　**实测与模拟差值表**　　单位：mg/L

序号	第三次实测	第三次模拟	差值 $\|\Delta y\|$
1	19.12	19.02	0.10
2	14.75	13.52	1.23
3	9.33	9.21	0.12
4	6.13	6.11	0.02
5	4.56	4.21	0.35
6	4.15	3.51	0.64
7	4.13	4.01	0.12

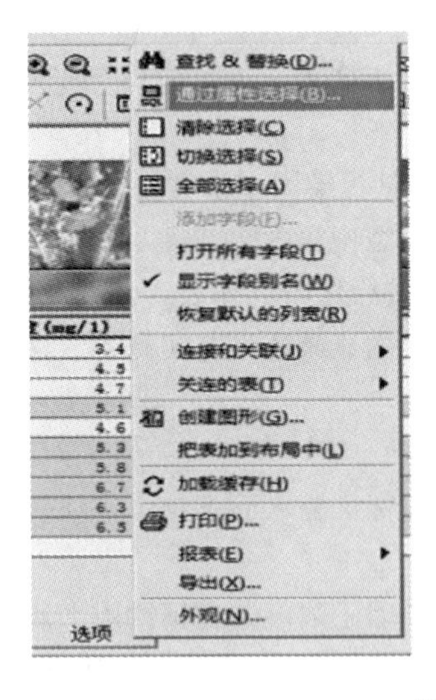

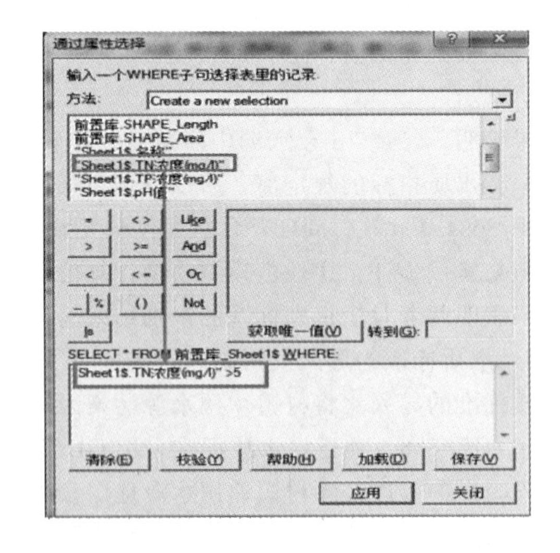

图 3-28　污染因子的提取

氮污染因子的提取过程。以安基山水库前置库为例，说明氮污染因子的提取过程。

前置库中氮污染因子的衰减主要是植被吸收和随时间的增加而氧化分解、渗透的过程。首先将衰减曲线 $y=-0.0139x^2-0.4851x+3.7462$ 输入到模型构建器中；然后将模型中的“要素到栅格”“栅格函数叠加”和“重分类”图框生成变量；再将“前置库要素图层”“字段”“输入常数值 2”“输入常数值−0.4851”“输入常数值−0.0139”“输入常数值 3.7462”“Extent”和“重分类（2）”图框生成“参数模型”。图 3-29 为模型参数化过程。

打开工具箱“前置库氮衰减”，点击“模型”，打开其图形用户界面，如图 3-30 所示，最后选择“运行全部模型”。运行结果如图 3-31 所示。

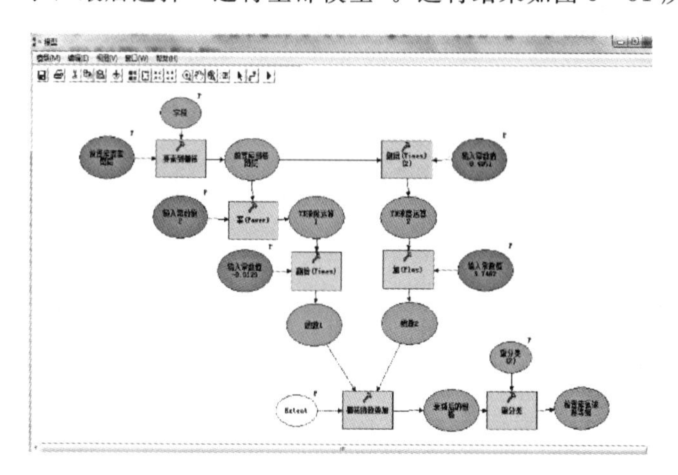

图 3-29 模型参数化过程

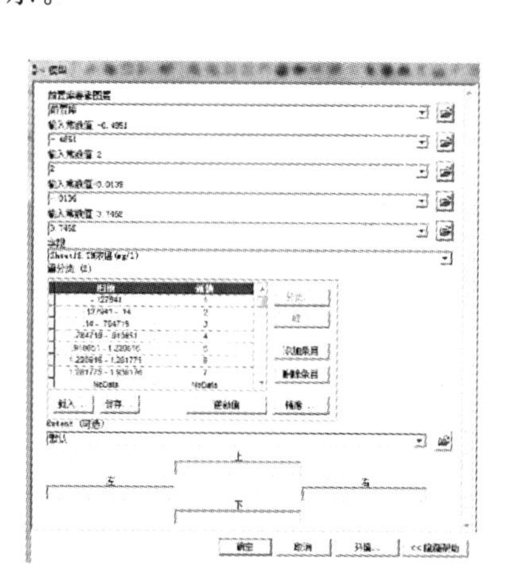

图 3-30 安基山水库前置库氮衰减模型参数的输入

3.4.2 地下水污染因子识别

地下水也是村镇饮用水源的重要组成部分，但不合理的抽取利用和周围环境的污染使地下水污染日益严重。在村镇饮用水源地保护区内外，农业种植使用的化肥农药中未经作物吸收利用的部分通过降雨、灌溉淋溶入渗等方式，进入浅层地下水和土壤水中，造成对地下水源的污染。相关研究表明，在 0～4m 土层中硝态氮已有大量积累，硝态氮成为地下水污染的主要污染来源，经过灌溉和降雨的淋溶过程使得氮素产生深层渗漏从而污染地下水源。

3.4.2.1 污染因子识别对象

村镇地下水源的补给区很多都毗邻农田，农田土壤中由于大量的施用化肥导致氮素不断积累，经过降雨和农田的灌溉会在土壤土层中淋溶进而产生深层渗漏，从而到达地下水源补给层，对地下水产生污染。因此，地下水污染因子的识别对象是经过土壤深层渗漏到达地下水源补给层时水体中硝态氮的浓度。

村镇地下水源地污染因子识别依据，即相关的评价依据，主要参照标准是目前我国的 GB/T 14848—93《地下水质量标准》，本节主要根据以人体健康基准值为依据划分的Ⅲ类水和以农业、工业用水要求为依据划分的Ⅳ类水为主要评价依据，见表 3-8。

图3-31　安基山水库前置库氮污染因子的识别

表3-8　　**地下水硝态氮指标**　　单位：mg/L

项　　目	Ⅰ类	Ⅱ类	Ⅲ类	Ⅳ类	Ⅴ类
硝酸盐（以N计）	≤2.0	≤5.0	≤20.0	≤30.0	>30
⋮					

3.4.2.2　污染因子识别方法

硝态氮是村镇地下水源地的主要污染因子，基于作物多年正常耕种期内，多年平均降水的条件下，以硝态氮为例研究其在不同土壤中的淋溶规律。利用ArcGIS的“归一化加权叠加”功能和“模型构建器”构建污染因子识别模型，对经过土壤深层渗漏后的硝态氮浓度进行识别，分级显示其对地下水的污染程度，为后续的相关工作提供决策支持。

3.4.2.3　污染因子识别步骤

为快速有效地识别地下水中的硝态氮污染因子，基于有关影响土壤水中氮素垂直迁移因素的大量文献分析，基本确定施肥量和土壤类型对硝态氮深层渗漏的影响较大，其中施肥量为主要影响因素。

加载基础数据，新建工具箱。加载村镇饮用水源地卫星图片和地下饮用水源专题图层。在工具集中执行“新的工具箱”命令并重命名为“地下饮用水源污染识别模型”，并在工具箱中新建模型，设置模型属性。

编辑模型。打开“地下饮用水源污染识别模型”，进入模型“Model Builder”编辑窗口，依次添加数据、变量和“Arc Toolbox”空间处理工具，进行相应连接。其中“重分类”按照表3-9进行。加权叠加的等级对应的硝态氮的浓度范围如表3-10和表3-11所示。模型构建器流程如图3-32所示。

表 3-9　重 分 类 表

旧值	新值	旧值	新值
75～150	1	301～375	4
151～225	2	376～500	5
226～300	3	—	—

表 3-10　归一化因子等级表

分级	栅格权重	
	肥料用量/(kg/hm²)（80%）	土壤类型（20%）
1	75～150	黏土
2	151～225	壤土
3	226～300	潮土
4	301～375	沙土
5	376～500	—

表 3-11　加权叠加的结果分析表

等级	对应浓度/(mg/L)	等级	对应浓度/(mg/L)
1	0.78～4.00	4	42.0～90.0
2	4.00～30.0	5	90.0～120.0
3	30.0～42.0		

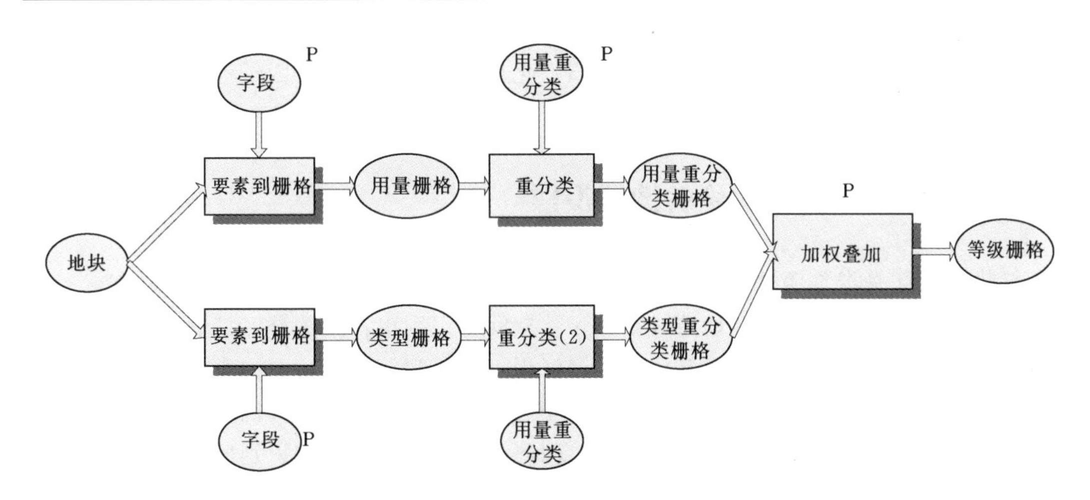

图 3-32　ArcGIS 中模型流程图

模型的参数化。在模型构建器流程图中，设置“要素到栅格”的“字段”变量，“用量重分类”，“类型重分类”变量。最终的“GUI”应用界面如图 3-33 所示。

3.4.2.4　模型识别效果

在工具集中双击“地下水污染等级识别”，打开模型的“GUI”应用界面，按照重分类表中的分类设置“用量重分类”和“类型重分类”，运行模型，得到地下水硝态氮污染因子识别效果图，如图 3-34 所示。

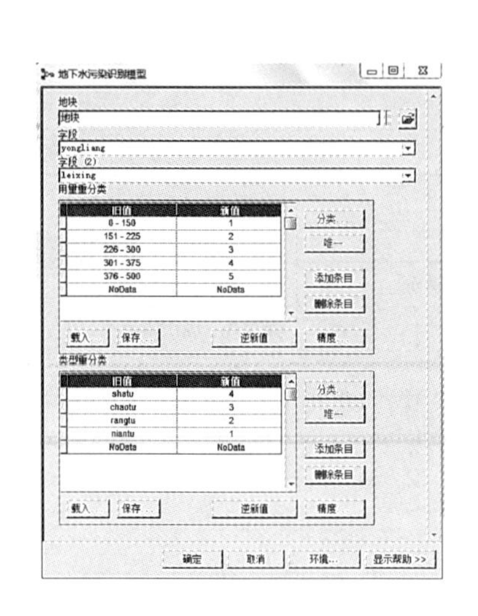

图 3-33　模型应用界面

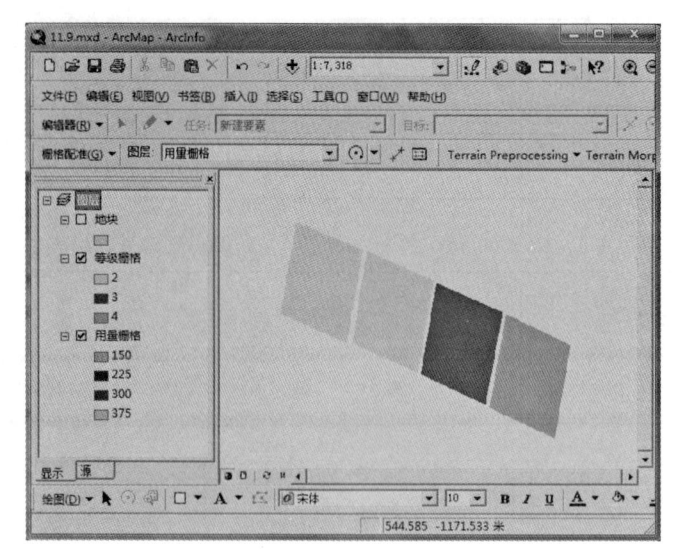

图 3-34　识别效果图

结果表明，经过深层渗漏（达到 100cm 处）后四个实验区内到达地下水补给区时硝态氮浓度的等级分别为 2 级、2 级、3 级、4 级，结合表 3 加权叠加的结果分析表可知，对应的硝态氮浓度分别在 4.00～30.0mg/L、30.0～42.0mg/L 和 42.0～90.0mg/L，则地块 1、2、3 等级为不大于Ⅳ级，而地块 4 等级不小于Ⅴ级。其中不小于Ⅴ级为地下水严重污染地区，即此处渗漏的水对地下水源不给造成严重污染。

通过实例应用该模型，经过识别模型归一化加权叠加后的污染因子等级和实测的污染因子等级的结果是一致的。

3.5　村镇饮用水源地污染关键区识别

污染关键区是指水源地集水区中污染物输出较多的区域，可在人类活动、气候、水文、地形等因素作用下对水源地造成影响。从空间上识别出污染关键区是进行村镇饮用水源地保护和污染防控的基础。通常污染关键区识别采用间接的方法，即通过评价水源地污染因子浓度识别污染关键区，其识别结果依赖污染源的强度和空间属性，然而应用现有的监测手段难以获取大尺度的污染分布数据，因此，有必要研究直接识别村镇饮用水源地污染关键区的方法。

本研究以安基山村镇饮用水源地 2011 年污染情况为背景，提出村镇饮用水源地污染关键区直接识别方法。基于遥感影像分类技术，以遥感卫星影像资料解译和人工校核相结合的方法，提取整个集水区内的居民区、农田、养殖场、矿山等土地利用类区域；由于污染物随降雨径流迁移，应用 ArcGIS 软件中水文分析工具进行水源地子区域划分；基于土地利用方式产生的污染源强系数，应用指数超标法根据化学需氧量、氨氮、总氮、总磷等污染因子贡献率确定各类污染源污染影响程度，通过比较子集水区污染浓度与地表水环境指标值的大小直接识别饮用水源地污染关键区。

3.5.1 子集水区划分

基于水源地数字高程模型数据资料，利用ArcGIS水文分析工具确定安基山饮用水源地集水区范围，选用子集水区划分工具结合实际情况将安基山水源地集水区划分为19个子集水区，子集水区划分结果如图3-35所示，各子集水区污染源属性见表3-12。

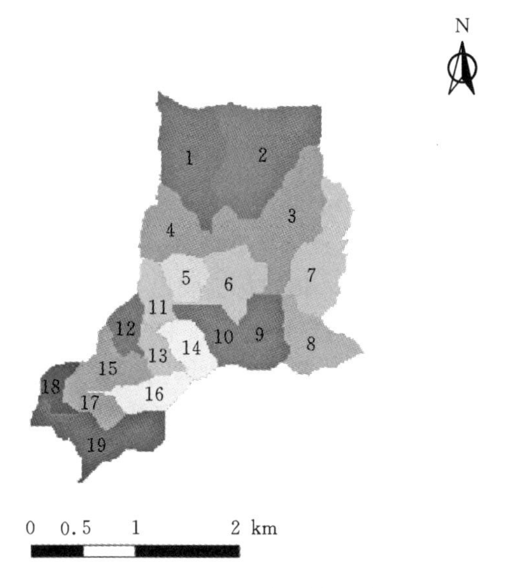

图3-35 子集水区划分结果

3.5.2 源强系数转化

基山安基山水库水源地类型，村镇饮用水源地中强度较高的污染源有农田径流、养殖污水、矿山径流和农村生活。计算各类污染源源强系数时以化学需氧量、氨氮、总氮和总磷作为主要污染因子。考虑土地利用类型和各类污染源源强系数单位不同，为便于衡量水源地污染源污染负荷，对于农田、农村居民区、矿山土地利用类型产生的污染源源强系数转化为相应单位利用面积的年污染物源强系数。

表3-12 各子集水区污染源属性表 单位：m^2

子集水区	农村居民区	农田	矿山	子集水区面积
1	50967	189803	0	1546200
2	6860	261736	2022	2032200
3	9359	260692	58435	1535400
4	24339	232663	5400	1228500
5	20085	147234	16562	444600
6	95149	328846	45678	815400
7	25363	314027	6077	1242000
8	0	43073	65866	853200
9	2048	51680	131643	804600
10	0	16856	189476	530100
11	38791	972	115491	448200
12	8018	117318	15522	369000
13	452	22806	33938	336600
14	0	0	99148	515700
15	44233	94419	0	629100
16	0	4020	0	531900
17	8119	28646	3093	421200
18	29446	60819	0	314100
19	37209	102482	71624	114200

1. 农村生活污染源强系数

参考国家环保局污染源调查数据，江苏省农村人均污染物排放量化学需氧量、氨氮、总氮和总磷分别为 16.4g/d、4.0g/d、5.0g/d 和 0.44g/d。根据农村人均居住面积将源强系数进行转化，安基山水源地单位村镇居住面积的年化学需氧量、氨氮、总氮和总磷排放量分别为 98.4g/(m^2 · a)、24g/(m^2 · a)、30g/(m^2 · a)、2.64g/(m^2 · a)。

2. 农田径流污染源强系数

根据标准农田知每亩农田径流源强系数排放量化学需氧量、氨氮、总氮和总磷分别为 10kg/a、2kg/a、3.16kg/a 和 1.06kg/a。调查安基山地区土地坡度 25°以下、主要农作物类型为水稻、土壤类型为壤土、化肥施用量为每亩 25～30kg、年降雨量为 1064mm，得到安基山水源地集水区农田径流排放的化学需氧量、氨氮、总氮和总磷污染源强系数分别为 13.5g/(m^2 · a)、2.7g/(m^2 · a)、4.27g/(m^2 · a) 和 1.42g/(m^2 · a)。

3. 矿山径流污染源强系数

根据标准矿山企业（含固体废物）年径流污染物流失量，得到化学需氧量、氨氮、总氮和总磷分别为 80t/a、2t/a、3.4t/a 和 0.2t/a。调查安基山地区矿山所处地形为丘陵、矿山面积 10km^2 以下、年降雨量为 1064mm，得到安基山水源地单位矿山面积的化学需氧量、氨氮、总氮和总磷源强系数分别为 14g/(m^2 · a)、0.35g/(m^2 · a)、0.6 g/(m^2 · a) 和 0.035g/(m^2 · a)。

4. 分散畜禽养殖污染源强系数

分散式畜禽养殖污染源源强系数折合成猪计算，每头猪化学需氧量、氨氮、总氮和总磷分别为 50g/d、10g/d、20.98g/d 和 3.61g/d。依据农村人均散养畜禽养殖数目和农村人均居住面积进行转化，可得安基山水源地化学需氧量、氨氮、总氮和总磷的源强系数分别为 12.5g/(m^2 · a)、2.5g/(m^2 · a)、5.25g/(m^2 · a) 和 0.9g/(m^2 · a)。

3.5.3　计算污染因子权重

在综合评价中，被评价单元是一个多维物元，其各特征值对物元的影响作用各不相同，应根据各特征的作用大小分别给予不同的权值，以综合考虑影响程度。目前权重的确定方法很多，如指数超标法、主成分分析法、因子分析法等。因本书研究水源地污染情况，考虑污染较严重的指标应占有较大的权重，故选择指数超标法计算污染因子权重。

指数超标法采用的评价因子是化学需氧量、氨氮、总氮和总磷污染因子，评价标准是 GB 3838—2002《地表水环境质量标准》。各污染因子权重计算公式如下：

$$\omega_i = \frac{\mu_i / \overline{S}_i}{\sum_{i=1}^{n} \mu_i / \overline{S}_i} \tag{3-1}$$

$$\overline{S}_i = \frac{\sum_{j=1}^{5} S_{ij}}{5} \tag{3-2}$$

式中　ω_i——污染因子权重；

μ_i——污染因子的系数均值，可由污染因子年源强系数均值除以年降雨量求得；

$\overline{S}_i$——污染因子各级标准均值，计算采用地表水环境质量标准 GB 3838—2002 Ⅰ～Ⅴ类水标准限值；

n——污染因子总个数。计算结果见表 3-13。

表 3-13　　污染因子权值　　单位：g/(m² · a)

污染因子	年源强系数均值	污染因子系数均值	标准平均值	权值
化学需氧量	34.6	32.52	24	0.042
氨氮	7.388	6.94	1.03	0.208
总氮	10.03	9.43	1.04	0.28
总磷	1.249	1.17	0.077	0.47

3.5.4　计算污染影响程度

由化学需氧量、氨氮、总氮和总磷污染因子权值，可计算出某种土地利用区域的污染影响程度，计算公式如下：

$$U_i = \sum_{j=1}^{4} T_{ij}\omega_j \tag{3-3}$$

式中　U_i——某种土地利用区域的污染影响程度；

T_{ij}——对应污染因子（化学需氧量、氨氮、总氮、总磷）年污染源强系数；

ω_j——污染因子权值。计算结果见表 3-14。

表 3-14　　污染影响程度　　单位：g/(m² · a)

项　　目	化学需氧量	氨氮	总氮	总磷	污染影响程度
农村生活	98.4	24	30	2.64	18.77
农田径流	13.5	2.7	4.27	1.42	2.99
矿山径流	14	0.35	0.6	0.035	0.85
分散式畜禽养殖	12.5	2.5	5.25	0.9	2.94

3.5.5　污染关键区识别方法

水源地内各类土地利用方式形成不同污染负荷的污染源，以安基山村镇饮用水源地19个子集水区为单元，根据各类污染源污染影响程度，比较各子集水区污染浓度与地表水环境指标值的大小直接识别出污染关键区。

3.5.5.1　识别指标计算

根据南京市江宁区年降雨量得出子集水区污染浓度 W，见表 3-15。查南京市水资源公报知 2011 年年降雨量为 1064mm。以子集水区污染程度 M 表示饮用水源地各类污染源的综合影响，污染程度按式（3-4）计算，计算结果见表 3-15。即

$$M_j = \sum_{i=1}^{19} U_i P_{ij} \tag{3-4}$$

式中　M_j——污染程度；

j——1～19 子集水区；

U_i——污染源污染影响程度；

P_{ij}——子集水区内污染源土地利用面积。

表 3-15　　安基山水库子集水区污染状况分析

子集水区	W_j/(g/L)	M_j/(g/a)
1	5.8	1673982
2	2.7	933605
3	3.6	1032402
4	5.5	1228843
5	9.1	890381
6	13.7	3087461
7	6.5	1495048
8	1.2	184530
9	1.9	310326
10	1.6	210581
11	7.1	942431
12	7.2	538108
13	1.4	106723
14	0.8	83805
15	4.2	1242479
16	0.1	12026
17	1.3	264523
18	4.5	821030
19	3.6	1174695

3.5.5.2　污染关键区识别

根据污染因子权值将地表水环境标准值化学需氧量、氨氮、总氮和总磷转化为地表水环境指标值，以Ⅲ类、Ⅳ类和Ⅴ类水的指标值为界限划分成4个等级，分别为正常区、一般污染关键区、次污染关键区、污染关键区。将各子集水区污染浓度 W 与地表水环境指标值相比较，可得出水源地2011年各子集水区污染等级，识别数据见表3-16、表3-17。

表 3-16　　地表水环境指标值　　单位：mg/L

项　　目	Ⅲ类水	Ⅳ类水	Ⅴ类水
化学需氧量	20	30	40
氨氮	1	1.5	2
总氮（湖、库）	1	1.5	2
总磷（湖、库）	0.05	0.1	0.2
地表水环境指标值	1.35	2.04	2.75

表 3-17　　污染关键区识别结果

项目	正常区	一般污染关键区	次污染关键区	污染关键区
地表水环境值指标/(mg/L)	0～1.35	1.35～2.04	2.04～2.75	≥2.75
子集水区	8、14、16、17	9、10、13	2	1、3、4、5、6、7、11、12、15、18、19

3.5.5.3 识别结果

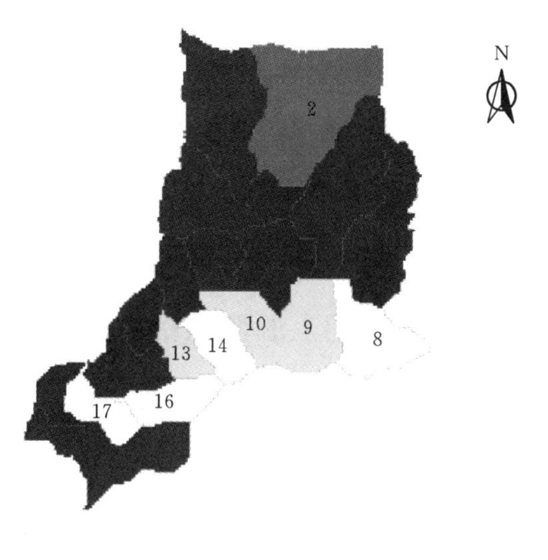

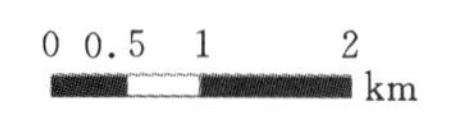

图 3-36 污染等级区

通过比较子集水区污染浓度与地表水环境指标值的大小划分水源地污染等级区，进而直接识别饮用水源地污染关键区，划分结果为：正常区是子集水区 8、14、16 和 17；一般污染关键区是子集水区 9、10 和 13；次污染关键区是子集水区 2；污染关键区是子集水区 1、3、4、5、6、7、11、12、15、18 和 19。其中，污染关键区中子集水区 5、6、11 和 12 污染更为严重。污染等级如图 3-36 所示。

通过污染关键区识别结果得出安基山水源地污染等级分布状况，结合比较污染等级区图 3-36、安基山水源地土地利用类型图 3-23和子集水区污染源土地利用情况表 3-12 得知：污染关键区有 11 个子集水区，其分布位置主要集中在水源地中部和西南部，分析原因知此区域有大量的农村居民区和农田分布，农村民居区包含农村生活污染和分散式畜禽养殖污染，农村生活和农田径流是污染强度较高的污染源，对水源地的污染贡献最大；污染较轻的等级是正常区 4 个子集水区，一般污染关键区 3 个子集水区，其分布位置主要集中在水源地北部、东北部和东南部，部分区域虽然含有少量矿山径流污染，但是该区域土地利用方式均以林地为主，污染极少。

3.5.6 结果分析

研究以安基山水库水源地为例，根据水源地土地利用类型及属性，划分 19 个子集水区。通过实地调查安基山水源地基本资料，对各类污染源的源强系数进行修正，调整污染因子权重，确定各类污染源的污染影响程度，并计算各子集水区的污染程度和污染浓度，将 19 个子集水区污染浓度值与修正后的地表水环境指标值进行比较，识别出 11 个污染该水源地的污染关键区。

本研究基于各类污染源源强系数，采用指数超标法综合考虑各污染因子影响，以地表水Ⅲ类、Ⅳ类和Ⅴ类水的污染因子指标值为界限值进行污染关键区识别。与其他方法相比，具有评价结果客观、识别界限明确、识别区域广等特点。

我国村镇饮用水源地污染源和污染因子不同，通过修正水源地各类污染源的源强系数和调整污染因子权重可识别出不同类型和不同时间的水源地污染关键区，从而有重点和有目标地对污染高负荷区进行治理。

该方法适用于各类村镇饮用水源地污染因子及污染关键区的识别。但在识别过程中仅仅是考虑各类污染源的排污能力，未考虑污染因子在排放和运移过程中各种净化作用所引起的衰减，故各子集水区污染浓度将偏大，存在一定的局限性。对此可在识别过程中逐步考虑污染因子的衰减影响，完善此识别方法。

第4章 村镇饮用水源污染监测与预警

4.1 村镇饮用水源监测指标研究

4.1.1 监测指标选择的基本原则

（1）水源水质监测指标应能全面反映水源水质状况，体现当地水源的实际情况和特点，能说明水源主要有害物质的种类和浓度，以及该水源作为饮用水水源存在的问题。

（2）为降低水质监测成本，同时又能及时掌握水质变化动态，水质监测采用在线自动监测与实验室分析相结合的方法。定期采集水样进行全面的实验室水质分析，日常在线监测部分主要水质指标。本节主要确定实验室分析法应监测的水质指标和监测方法。在线自动监测指标及监测方法见4.5小节。

（3）在采用实验室分析法时，为确保监测数据的代表性、可比性、准确性和完整性，应采取现场采样、样品运输到实验室分析的质量保证措施，每批样品有现场空白样，10%的平行样、10%的加标样、10%的质控样。

（4）水源水质应符合GB 3838《地表水环境质量标准》或GB/T 14848《地下水环境质量标准》的规定。水样采集、保存和水质检验方法应符合GB/T 5750《生活饮用水标准检验方法》的规定。水质检验也可采用国家质量监督部门、卫生部门认可的简便设备和方法。

（5）水源水质检验记录应真实、完整、清晰，并应及时归档、统一管理。水源的水质检验结果，应按当地主管部门的要求定期上报。

（6）供水单位应根据水源类型、水源水质和供水规模建立水质化验室，配备相应的水质检测设备和检验人员，对水源水进行水质检验。供水单位应根据有关要求接受卫生部门监督检查。供水单位不能检验的水质指标项目，应委托经技术监督检验机构认证合格的检验机构进行检验。

4.1.2 监测指标选择

参考GB 3838《地表水环境质量标准》或GB/T 14848《地下水环境质量标准》，根据文献研究和调研，窖池型饮用水水源基本监测指标应包括：总大肠菌群、细菌总数、氨氮、亚硝酸盐、浑浊度、pH值；河流型饮用水水源基本监测指标应包括：粪大肠菌群、铁、锰、氟化物、pH值、高锰酸盐指数；湖库型饮用水水源基本监测指标应包括：总氮、总磷、高锰酸盐指数、透明度、氨氮、叶绿素；地下饮用水水源基本监测指标应包括：总硬度、总大肠菌群、氟化物、硝酸盐、细菌总数、氨氮。

若饮用水源所属地区存在特殊或典型的污染源，则应将该类污染源可能产生的污染物质纳入监测指标中。

4.1.3 水质分析方法

（1）国家水质标准分析方法。国家水质标准分析方法是环境污染纠纷法定的仲裁方法，环境执法的依据，也是进行监测方法开发研究中作为比对的基准方法。

（2）统一分析方法。有些项目的监测分析方法上尚不够成熟，但这些项目又急需监测，因此经过研究作为统一方法予以推广，在不断的监测过程中得到验证并不断完善，最终上升为国家标准方法。

（3）等效方法。与上述（1）、（2）方法在灵敏度、精密度、准确度方面具有可比性的分析方法称为等效方法。这些方法可能是一些新方法、新技术，发展前景广阔，可鼓励有条件的单位先使用，推动监测技术的进步。但在使用前，必须经过相关方法验证和对比实验，证明其与标准方法的作用是等效的。

4.2 村镇饮用水源监测方法研究

4.2.1 基本要求

（1）实际工作中，在监测工作初期并且缺乏参考资料时，应增加监测采样的次数，积累一定经验和监测数据并掌握变化规律后，可适当减少监测频率。

（2）应注意温度、季节、潮汐或人为污染的时间特征以及可能引起的水质变化，使监测资料能全面正确反映水质实际水平。

（3）当检验结果超出水质指标限值时，应立即提请卫生或环保等有检测资质的检验机构进行复测，增加检验频率。水质检验结果连续超标时，应查明原因，及时采取措施解决，必要时应启动供水应急预案。

（4）当发生突发事件监测时，监测人员应携带必要的简易快速检测器材和采样器材及安全防护装备尽快赶赴现场。根据事故现场的具体情况立即布点采样，利用快速检测手段或送回实验室进行分析。根据检测结果，确定污染程度和可能污染的范围并提出处理处置建议，及时上报有关部门。在事故发生后为掌握污染程度、范围及变化趋势，应进行跟踪监测，直至水体环境恢复正常。

4.2.2 河流水监测频率与方法

4.2.2.1 监测断面

1. 采样断面类型

（1）背景断面。是指为评价某一完整水系的污染程度，未受到人类生活及生产活动的影响，能提供水质背景值的断面。

（2）对照断面。反映进入农村饮用水源水质的初始情况。一般布设在进入农村居民排污口的上游，基本不受本地区污染影响之处。

（3）控制断面。反映本地区排放的废弃物对水源水质的影响。设在排污口的下游、污染物与水源能较充分混合处。根据污染的具体情况，设置一至数个断面。

（4）消减断面。反映水源流域对污染物的稀释净化情况。设在控制断面的下游，主要污染物浓度有显著下降处。

2. 采样断面布设

（1）村镇、农田面源污染和畜禽养殖河段或沟段，应布设对照断面、控制断面和消减断面。

（2）污染严重的河段或沟段可根据排污口分布及排污状况，设置若干控制断面，控制的排污量不得小于本河段或沟段总量的 80%。

（3）本河段内有较大支流汇入时，应在汇合点支流上游处，及充分混合后的干流下游处布设断面。水网地区应按常年主导流向设置断面；有多个叉路时应设置在较大干流上，控制径流量不得少于总径流量的 80%。

（4）水质稳定或污染源对水体无明显影响的河段或沟段，可只布设一个控制断面。

（5）河流或溪沟背景断面可设置在上游接近河流、溪沟源头处，或未受人类活动明显影响的河段。

（6）水文地质或地球化学异常河段或沟段，应在上、下游分别设置断面。

（7）供水水源地、水生生物保护区以及水源型地方病发病区、水土流失严重区应设置断面。

（8）供水水源保护区上、下游 500～1000m 处应布设对照断面。

（9）一级保护区、二级保护区和准保护区的交接面处应分别布设采样断面。

（10）供水水源取水口处应设置扇形或弧形采样断面。

4.2.2.2　监测频次

采样频次和时间的确定应符合以下要求：

（1）重要干流和设有重点基本站的河流，采样频次每年不得少于 12 次，每月中旬采样。

（2）一般中小河流基本站采样频次每年不得少于 6 次，丰、平、枯水期各 2 次。

（3）流经村镇或污染较为严重的河段或沟段，采样频次每年不得少于 12 次，每月采样 1 次。在污染河段或沟段有季节差异时，采样频次和时间可按污染季节和非污染季节适当调整，但全年监测不得少于 12 次。

（4）供水水源地等重要水域采样频次每年不得少于 12 次，采样时间根据具体要求确定。

（5）河流或溪沟水系的背景断面每年采样 3 次，丰、平、枯水期各 1 次，交通不便处可酌情减少，但不得少于每年 1 次。

4.2.2.3　样品采集

1. 采样器

采样器应有足够强度，且使用灵活、方便可靠，与水样接触部分应采用惰性材料，如不锈钢、聚四氟乙烯等制成。采样器在使用前，应先用洗涤剂洗去油污，用自来水冲净，再用 10%盐酸洗刷，自来水冲净后备用。

在对水源进行样品采集时，应根据当地实际情况选择不同类型的水质采样器。

（1）直立式采样器。适用于水流平缓的河流、溪沟的水样采集。

（2）横式采样器。与铅鱼联用，适用于山区水深流急的河流、溪沟的水样采集。

（3）有机玻璃采水器。由桶体、带轴的两个半圆上盖和活动底板等组成，主要用于水生生物样品的采集，也适用于除细菌指标与油类以外水质样品的采集。

（4）自动采样器。利用定时关启的电动采样泵抽取水样，或利用进水面与表层水面的水位差产生的压力采样，或可随流速变化自动按比例采样等。此类采样器适用于采集时间或空间混合积分样，但不适宜于石油类、pH值、溶解氧、水温等项目的测定。

2. 采样方式

（1）涉水采样。适用于水深较浅的水体。

（2）桥梁采样。适用于有桥梁的采样断面。

（3）缆道采样。适用于山区流速较快的河流。

4.2.2.4 测定方法

（1）水量监测。对河流水的监测采取流量测验，采用流速仪法，详见SL 365—2007《水资源水量监测技术导则》。

（2）水质监测。监测项目见4.1.2小节，水质分析方法见4.1.3小节。对集中式供水水源可采取在线监测技术，以便实现水质的实时连续监测和远程监控，及时掌握水源的水质状况，预警预报重大或流域性水质污染事故。

4.2.3 湖库水监测频率与方法

4.2.3.1 监测断面

1. 采样断面的布设

湖泊、水库、塘坝采样断面按以下要求设置：

（1）供水水源取水口处应布设扇形或弧形采样断面。

（2）在湖泊、水库、塘坝主要入口应布设采样断面；一级保护区、二级保护区和准保护区的交接面处应分别布设采样断面。

（3）在湖泊、水库、塘坝主要出入口、中心区、滞流区、饮用水源地、鱼类产卵区和游览区等应设置断面。

（4）主要排污口处，视其污染物扩散情况在下游100～1000m处设置1～5条断面或半断面。

（5）峡谷型水库，应在水库上游、中游、近坝区及库层与主要库湾回水区布设采样断面。

（6）湖泊、水库、塘坝无明显功能分区，可采用网格法均匀布设，网格大小依湖、库面积而定。

（7）其采样断面应与断面附近水流方向垂直。

2. 采样垂线的布设方法与要求

（1）主要出入口上游、下游和主要的排污口下游断面，其采样垂线应按有关要求进行布设。

（2）湖泊、水库、塘坝的中心，滞流区的各断面，可视湖泊、水库、塘坝大小水面宽窄，沿水流方向适当布设1～5条采样垂线。小型库塘水源监测可以采用网格法设置监测垂线，网格大小依库塘面积而定。监测垂线上采样点的布设一般与河流的规定相同，但对有可能出现温度分层现象时，应作水温、溶解氧的探索性试验后再定。

3. 采样点布设

对湖泊、水库、塘坝的水体不同深度处水温及溶解氧等参数进行测定，在取样位置水面以下0.5m处测水温，以下每隔2m水深测一个水温值，如发现两点间温度变化较大时，应在这两点间适当增加几个测点，找到斜温层。

4. 监测方法

监测分析方法按GB 3838《地表水环境质量标准》要求执行。

4.2.3.2 监测频次

库塘采样频率和时间的确定应符合以下要求：

(1) 设有重点基本站或具有向村镇供水功能的湖泊、水库、塘坝，每月采样1次，全年12次。

(2) 一般湖泊、水库、塘坝水质站全年采样3次，丰、平、枯水期各1次。

(3) 污染严重的湖泊、水库、塘坝，全年采样不得少于6次，隔月1次。

4.2.3.3 样品采集

1. 采集水样类型

(1) 瞬时水样。是指在某一特定的时间和地点随机采集分散的水样。采集此水样要求水质比较稳定，瞬时采集水样即有代表性。

(2) 混合水样。是指在某一时段内在同一采样点上以流量、体积、时间为基础，按照已知比例（间歇或连续的）采集多个单独水样，最后经过混合得到的水样。

(3) 综合水样。是指在不同采样点同时（条件不允许时尽可能接近同时）采集的各个瞬时水样经过混合后得到的水样。该水样适用于具有多支河流汇流的地方进行采样。

(4) 等比例混合水样。是指在某一时段内，在同一采样点采集水样量随时间或流量成比例变化，经混合后得到的水样。

(5) 深度综合水样。在某一特定地点，在某一采样线上，从表层到沉积层之间，或者其他规定深度之间，连续或不连续地采集两个或更多的样品，经混合后得到的水样。

(6) 平面综合水样。在某一水面深度的横向面上的不同地点采集的水样进行混合得到的水样。

2. 采样方法

视具体情况而定，水样的采样方法有以下几种：

(1) 定流量采样。当累积水流流量达到某一设定值时进行采样测定。

(2) 流速比例采样。适用于流量与污染物浓度变化较大的水样采集，该方式采样时采集与流速成正比例的水样。

(3) 时间积分采样。适用于采集一定时段内的混合水样。

(4) 深度积分采样。适用于采集沿采样线不同深度的混合水样。

3. 采样方式和器具

塘坝、湖泊、水库等水源采样方式主要有以下三种：

(1) 船只采样。适用于水体较深的塘坝、湖泊、水库。

(2) 涉水采样。适用于水深较浅的水体。

(3) 冰上采样。适用于北方冬季塘坝、湖泊和水库等处水流的采样。

在塘坝、湖泊、水库等水源保护区采集浅层水样时，可选用水桶等进行直接采样；在采集一定深度的水样时，可用直立式或有机玻璃采样器等方式进行采样。

4. 样品采样应注意事项

（1）正式采样前应用采样处水样冲洗采样器2～3次，洗涤废水不能直接倒入水体中，以避免搅起水中悬浮物或把采样器内污染物再次装入采样器。

（2）采样时，应注意避免水面上的浮游物混入采样器。对于具有一定深度的水体采样时，使用深水采样器，将其慢慢放入水中采样，并严格控制好采样深度。

（3）采样时应保证采样点的位置准确，必要时使用定位仪（GPS）定位。

（4）做好“水质采样记录表”，对各样品的采集必须标注详细、清晰，保证采样按时、准确、安全。

（5）采样结束前，应仔细检查，如有遗漏或错误，应立即补采或重采。

（6）如采样现场水体很不均匀，无法采到具有代表性的样品，应记录不均匀情况和实际采样情况，为使用数据者提供参考。

（7）测定石油类、BOD_5、DO、硫化物、粪大肠菌群等项目时要单独采样，另外对要测定油类指标的水样采样时，要避开水面上的浮油，应在水面至水表面下300mm采集柱状水样。

（8）测定溶解氧、生化需氧量和有机污染物等项目时采集的水样必须注满容器，并用水封口。

（9）测定COD、高锰酸盐指数、总氮、总磷时，水样静置30min后，用吸管一次或几次移取水样，吸管进水尖嘴应插至水样表层50mm以下位置，再加保存剂保存。

（10）如果水样中含沉降性固体，则应分离除去，通过静置将已不含沉降性固体但含悬浮性固体的水样移入盛样容器并加以保存。测定水温、pH值、DO、石油类的水样除外。

4.2.3.4 监测项目与测定方法

监测项目见4.1.2小节，水质分析方法见4.1.3小节。

4.2.4 窖池水监测频率与方法

4.2.4.1 监测断面

1. 资料收集

集雨水窖或蓄水池水质监测断面布设前应进行相关基础资料的调查，通过对该地区各种影响因素综合考虑，确定监测断面。需要收集的资料包括以下几点：

（1）收集、汇总有关水文、地质方面的资料和以往的监测资料。

（2）收集区域内基本气象资料，包括降雨量与蒸发量、温度、湿度、主导风向、风速及其他气象特征资料，其中降雨量是影响窖池水水量与水质最为重要的因素，应对其进行重点考虑。

（3）收集该地区地下水位资料，地下水的补给也会对窖池水造成一定影响，另外还应收集水利工程设施和地面水的利用情况、水质现状和污染物来源等。

（4）调查窖池的建筑材料、集水场的形式和结构，利用原土或坡面集水的还要对集水场（面）土壤表层化学成分进行分析。

2. 断面布设

窖池设施一般容积较小，只需在窖池内布设一个断面。对于容积比较大的水池（$500m^3$ 及以上），要在池内布设两个断面进行监测，一个断面布设在检查孔（检查孔一般靠近池壁）附近，一个断面布设在池子中央，如检查孔在中央，应在检查孔两侧选择两个监测断面。

3. 采样线与采样点的布设

窖池一般水位较浅且面积不大，采样点布设一个即可，位置在距水面 0.5～1m 处，视水深酌情考虑，水平位置最好选择在窖池的中间。对于容积比较大的水池（$500m^3$ 及以上），采样点要选择 2～3 个，位置在监测断面距水面以下 0.5～1m 处。

应以村为单位，每个村的监测点不少于 3 个，对于水质复杂的地区还要增加监测点的数量。单村供水或容积在 $500m^3$ 及以上的蓄水池，按一个监测点对待。

4.2.4.2　监测频次

取样时段分为：蓄集雨水结束后 10d、冬季、春季分别采样测定；有条件的地方按地区特点除蓄集雨水结束 10d 监测外，还可在四季进行采样监测。对饮用水源监测点，要求每一采样期采样监测两次，其间隔至少 10d；对于有异常状况出现的窖池应适当增加采样监测次数。

4.2.4.3　样品采集

窖池水水样采集一般采用瞬时采样即可，采样时一般借助水桶即可进行采样，采样时注意以下事项：

（1）正式采样前应用采样处水样冲洗采样器 2～3 次，洗涤废水不能直接倒入水体中，以避免搅起水中悬浮物或把采样器内污染物再次装入采样器。

（2）采样时，应注意避免水面上的浮游物混入采样器。

（3）做好“水质采样记录表”，对各样品的采集必须标注详细、清晰，保证采样按时、准确、安全。

（4）测定溶解氧、生化需氧量和有机污染物等项目时采集的水样必须注满容器，并用水封口。

（5）如果水样中含沉降性固体，则应分离除去，通过静置将已不含沉降性固体但含悬浮性固体的水样移入盛样容器并加以保存。

（6）水样采集完毕后应尽可能地缩短运输时间、尽快分析测定和采取必要的保护措施；有些项目能进行现场测定的则现场进行监测。

4.2.4.4　监测项目及测定方法

监测项目见 4.1.2 小节，水质分析方法见 4.1.3 小节。

4.2.5　地下水监测频率与方法

4.2.5.1　监测井

1. 地下采样井的布设原则

农村地下饮用水水源地水质监测点（断面）的选择应能反映水源地取水口的水质状况。地下饮用水水源地水质监测主要是通过建设长期使用的采样井（监测井）来实现的。地下采样井的布设应遵循以下原则：

（1）能全面反映地下水水资源质量状况，对地下水环境质量进行监视、控制。

（2）根据地下水类型分区与开采强度分区，以主要开采层为主要布设，兼顾深层和自流地下水。

（3）尽量与现有地下水水位观测井网相结合。

（4）采样井布设密度为主要供水区密、一般地区稀；污染严重区密、非污染区稀。

2. 采样井布设方法与要求

（1）平原区（含盆地）采样井布设密度一般为1眼/200km^2，重要水源地可适当加密；山丘区根据需要，选择典型代表区布设采样井。

（2）一般水质监测及污染控制井，根据区域水文地质单元状况，视地下水主要补给来源，可在垂直于地下水流的上游方向，设置1至数个背景值监测井。

（3）监测井建造要根据现场条件和监测目的选择合适的建井类型、材料及成井工艺，并严格按照操作规程进行施工，以确保获取真实、有代表性的样品，为水源地的安全提供可靠的预警信号。

4.2.5.2 监测频次

重点地表监测点（断面）每年监测两次，丰、枯各1次；地下水污染严重的控制井，每季度采样1次；以地下水作生活饮用水源的地区每月采样1次；专用监测井按设置目的与要求确定。

4.2.5.3 样品采集

1. 采集器

地下水水样采集器有自动式与人工式两种类型，自动式用电动泵进行采样，人工式分活塞式与隔膜式；采样器在测井中应能够准确定位，并能取到足够量的代表性水样。

2. 注意事项

（1）采样开始前，先将井中静止地下水抽干，以确保所采集的是新鲜地下水。

（2）采样器放下与提升时动作要轻，避免搅动井水和井底沉积物。

（3）用机井泵采样时，应待管道中的积水排净后再采样。

（4）自流地下水样品应在水流流出处或水流汇集处采集。

（5）应避免靠近井壁取水样。

（6）一个监测井的水样只代表一个含水层的局部情况。

4.2.5.4 监测项目与测定方法

（1）水位、水量监测。地下水水位根据SL 183《地下水监测规范》监测，地下水源地的水量按照水源地的实际开采量来进行监测。

（2）水质监测。监测项目见4.1.2小节，水质分析方法见4.1.3小节。

4.3 村镇饮用水源监测技术

村镇饮用水源有下列特点：

（1）水体容量小，因此相同数量的污染物进入水体后，引起水质变化的幅度更大、时间更短；

(2) 污染物的品种比较多，除了农业、林业和养殖业造成的农药、化肥和除草剂面源污染外，村镇各级企业产生的工业污染、居民生活产生的生活污染和水陆运输交通事故造成的泄漏污染物品种多、频率高；

(3) 村镇饮用水源监测缺乏专业技术人员和运行资金，即使国家投入大量资金配备先进仪器设备和人员培训，但由于人员的综合素质等问题，也难以保证监测技术长期发挥正常作用。很多地方，监测过程不按标准进行，数据的可靠性不能得到有效保证；仪器设备不能定期完成校验，数据的一致性很难得到保障。

上述问题短期内不会有较大改善，因此提出适合我国国情的村镇饮用水源水质监测的技术模式是十分必要的。

首先，针对水体变化快、人员素质参差不齐的特点，选择基于 GPRS 无线通信的远程自动监测技术。随着物联网技术的发展，各种水质传感器与互联网技术高度融合，可靠性大幅提高，生产销售成本下降，过去昂贵的远程自动监测系统，已经可以推广到村镇饮用水源水质监测。包括理化监测和生物毒性监测等在内的全套自动监测系统投资可以控制在 10 万～20 万元，每年人员和耗材费用在 1 万～2 万元；监测频率实现每隔 30～60min 监测一次，平时无需专人值守，监测结果直接发送到监测中心服务器，监测人员经过授权可用智能手机浏览；维护人员只需高中文化，经过 1 周专业培训，每隔 7～28d 维护一次，每次维护时间不超过 1h。

其次，针对污染物品种多的特点，同时采用理化监测和生物毒性监测的联合监测模式。理化监测除了选用水温、溶解氧、pH 值、电导率和浊度等传统的电学、光学和电化学传感器外，还增加了基于多波长的浊度与紫外吸收集成传感器，不仅能迅速监测酸、碱、盐等无机污染物，而且能准确监测不饱和烃、芳香族等有机污染物。生物毒性监测利用水生生物的异常行为，综合反映水体污染物对生物的急性和慢性毒性，能更广泛、更合理地评价污染状况。

斑马鱼、大型蚤和发光细菌是目前国内外监测水质最常用标准生物，并有相应的国际和国内水质监测标准可循。

基于 GPRS 物联网技术的水质理化和生物毒性联合自动监测模式，是最适合我国村镇饮用水源水质监测的技术模式。物联网技术实际上为传感器技术和互联网技术的融合。互联网技术的软硬件技术已经非常成熟，成本很透明。而现有水质传感器性能稳定但价格昂贵；性能不稳定的但价格低廉，很难满足村镇饮用水源水质自动监测的要求。

研制性能稳定、价格合理、维护简便的水质监测传感器是村镇饮用水源水质监测的重要任务。

4.3.1　基于紫外吸收理化传感器的水质监测模式

水质理化传感器采用电学、光学和电化学等方法，把水质理化指标转换成电流或者电压信号，便于被数据采集模块转换成数字信号，进一步完成信号处理、分析、存储和通信。目前，水质自动监测系统优先选用水温、溶解氧、pH 值、电导率和浊度五种反映水质指标的理化传感器，号称“五参数传感器”。根据具体需要，再适当增加氰离子、氟离子、氯离子、氨氮等反映单项指标的传感器。

从浊度传感器和紫外吸收传感器的原理与结构可以看出，两者存在着关联，测量紫外吸收时必须扣除浊度的影响，因此可将两者集成为一体，提高可靠性，降低制造成本。根据这种思路，研制了基于多波长的浊度与紫外吸收集成传感器，如图 4－1 所示，以取代独立的浊度传感器和紫外吸收传感器。

集成传感器包含：样品池、635nm 红光光源、520nm 绿光光源、470nm 蓝光光源、254nm 紫外光源、光敏二极管 A、光敏二极管 B。

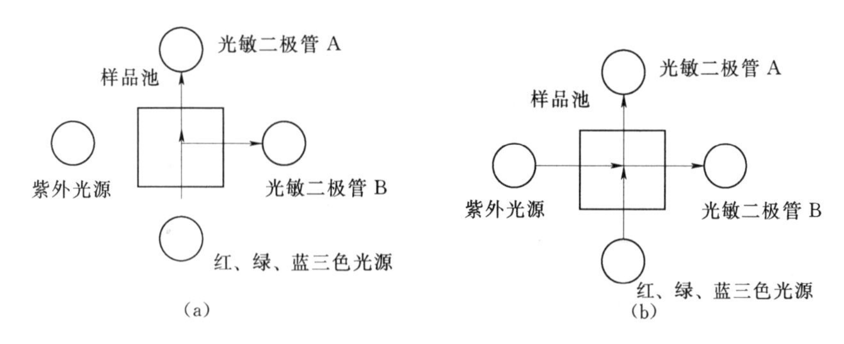

图 4－1　浊度与紫外吸收集成传感器原理图

测量时，依次打开 635nm 红光光源、520nm 绿光光源、470nm 蓝光光源、254nm 紫外光源。如图 4－1 所示（左），红、绿、蓝三色光源产生的单一波长可见光射入被测水体样品池，光敏二极管 A、光敏二极管 B 分别测出透射光与 90°散射光的光强。如图 4－1 所示（右），紫外光源产生的单一波长紫外射入被测水体样品池，光敏二极管 B、光敏二极管 A 分别测出透射光与 90°散射光的光强。

根据测出的 635nm、520nm、470nm、254nm 四种波长的透射光与 90°散射光的光强，可以求出浊度和紫外吸光度：在四种波长中，选择一种透射光光强最大的波长，该波长的吸光度 A_{min} 最小，该波长 90°散射光光强 I_{max} 最大，最能代表悬浮颗粒产生的浊度，可溶性物质引起的干扰最小。

A_{min} 可以认为是悬浮颗粒造成的，紫外吸光度 $UVA=A_{254}-A_{min}$，这样就扣除了悬浮颗粒的影响。

浊度与紫外吸收集成传感器（见图 4－2）的创新表现在：①样品池合用，减小了结构产生的误差；②将光敏管从 4 个减少到 2 个，结构更紧凑；③采用吸光度 A_{min} 最小的波长，能避免可溶性物质吸光度的影响，更准确地计算出浊度和紫外吸光度。如果增加更多的波长，效果会更好。

图 4－2　浊度与紫外吸收集成传感器

4.3.2　斑马鱼及大型蚤兼容型生物毒性水质监测模式

4.3.2.1　生物毒性监测技术

在现有的饮用水源水质监测技术中，主要采用理化监测技术，其优点是快速、准确、可靠，误报率低；但缺点是监测指标较少，不能反映水质状况的全貌，许多重大污染事故发生时，不能及时被监测到，漏报率高。单一的理化监测技术已不能满足村镇饮水安全的需要。

针对这种弊端，增加生物毒性监测技术是完全有必要的，也是有可能的。生物毒性监测技术的历史悠久，人们通过观察水生生物的异常行为和突然死亡，可以推测饮用水源是否受到毒性物质的污染。目前，斑马鱼、大型蚤和发光细菌是检测水质的标准生物，并有相应的国际标准和国家标准。分别为 ISO 73461—3《水质—物质对淡水鱼（斑马鱼）急性致死毒性的测定》、ISO 6341—1982《水质—大型蚤运动抑制的测定》、ISO 11348—2007《水质—水样对弧菌类光发射抑制影响的测定（发光细菌试验）》；GB/T 13267—91《水质物质对淡水鱼（斑马鱼）急性毒性测定方法》、GB/T 13266—91《水质物质对蚤类（大型蚤）急性毒性测定方法》、GB/T 15441—1995《水质急性毒性的测定方法，发光细菌法》。三种标准生物对参考毒物重铬酸钾（$K_2Cr_2O_7$）的半数抑制浓度 EC_{50}，见表 4-1。

表 4-1　　三种标准生物对 $K_2Cr_2O_7$ 的 EC_{50}

标准生物	斑马鱼	大型蚤	发光细菌
试验时间	24h	24h	20min
EC_{50}/(mg/L)	约 200	约 1	约 1
重现性	较好	好	不好
成本	较低	低	高

生物毒性监测属于毒理学方法，是综合监测，具有广谱性，漏报率低。但由于生物的种类不同、个体差异，所以试验的重现性比理化监测要差很多，误报率很高。

4.3.2.2　基于斑马鱼垂直游泳的生物毒性监测技术

斑马鱼（Brachydanio rerio）属于鲤科短担尼鱼属，起源于南亚印度的科罗曼德尔（Coromandel）海岸，生活在急流中，是一种常见的热带鱼。斑马鱼体型纤细，成鱼体长 30～40mm，很少超过 45mm。鱼体呈圆柱形，在银白色的鱼体上有 7～9 条深蓝色水平条纹，这些条纹延伸至尾鳍和臀鳍。背部呈橄榄绿色，雄性数量较雌性少，带有金黄色光泽。雌性更偏呈银白色，产卵前腹部特别膨胀。雌鱼每次产卵约 300 粒，最多可达千粒，3 个月鱼性成熟，体长可达 3.5mm 左右。

斑马鱼是一种脊椎动物，与人类基因同源性高达 85%，其信号传导通路与人类基本近似，生物结构和生理功能与哺乳动物高度相似，具有饲养成本低、体积小、发育周期短、体外受精、透明易观察、单次产卵数较高等特点。目前的生命科学研究中，人、小鼠和斑马鱼是三种主要的模式脊椎动物。斑马鱼之所以备受关注，是因为它是世界公认的新兴的模式脊椎动物。

斑马鱼对水质要求不高，可以忍受较宽的温度、酸碱度及水的硬度，水温在 15～40℃、pH 值在 6.0～8.0、总硬度高达 300mg/L（以 $CaCO_3$ 计），斑马鱼仍能正常生活。

20 世纪 70 年代末，国外开始用斑马鱼进行急性毒性研究；90 年代初，开始用于急、慢性联合毒性实验。近几年，国外以斑马鱼及转基因斑马鱼为动物模型进行的生态毒理研究与检测技术日趋成熟。

在规定的试验条件下，将斑马鱼放入等比级数浓度的参考毒物重铬酸钾（$K_2Cr_2O_7$）溶液中饲养，测定斑马鱼染毒 24h 鱼群在等比级数浓度下的死亡率，建立死亡率与 $K_2Cr_2O_7$ 浓度的回归关系，并求出死亡率为 50%时 $K_2Cr_2O_7$ 浓度 LC_{50}，以检测本次试验用鱼对毒物的敏感度。24h LC_{50}必须在200～400mg/L之间。

将敏感度合格的斑马鱼放入被测水体饲养，测定24h鱼群死亡率，可以判断水体是否存在毒性污染物。污染物的毒性可以换算成 $K_2Cr_2O_7$ 浓度来表示。

如果鱼群死亡率超过20%时，同时水温、溶解氧、pH值、电导、浊度和紫外吸收6个理化参数发生显著变化，即可发出预警；死亡率超过50%，理化参数即使不发生显著变化，也应立即发出报警，并采集水样，筛查毒物种类，测定毒物浓度。

斑马鱼染毒后，中毒症状有一个逐渐发展的过程。在死亡之前，会出现行为异常现象，如游泳行为或呼吸行为的抑制或者躁狂。采用电磁、声波、光学等非接触方法可以检测出行为异常，更早地觉察水质异常变化。

斑马鱼生性喜爱游动，可以将其游动行为分解成水平游泳和垂直游泳。鱼类行为学认为水平游泳难度小，只需要鱼体、尾鳍运动即可；垂直游泳难度大，需要鱼体、胸鳍、腹鳍、臀鳍、尾鳍的协调运动。

实验表明，随着毒物浓度升高，染毒斑马鱼垂直穿梭次数逐渐减少，且存在剂量效应关系。例如，染 $K_2Cr_2O_7$ 24h后，1min内10条斑马鱼垂直穿梭次数逐渐减少，见表4-2。

表4-2　　斑马鱼染 $K_2Cr_2O_7$ 24h 1min内垂直穿梭次数与浓度关系

$K_2Cr_2O_7$ 浓度	对照	20mg/L	26mg/L	34mg/L	45mg/L
垂直穿梭次数	58	31	28	16	10

如果以垂直游泳行为被抑制50%表示显著中毒，那么斑马鱼对染 $K_2Cr_2O_7$ 24h EC_{50}低于26mg/L，比用半致死浓度24h LC_{50}表示显著中毒，灵敏度明显提高。

课题组采用遮光计数法检测斑马鱼垂直游泳异常行为，遮光计数法原理见图4-3，斑马鱼游泳时遮挡光线的次数，会被单片机记录。

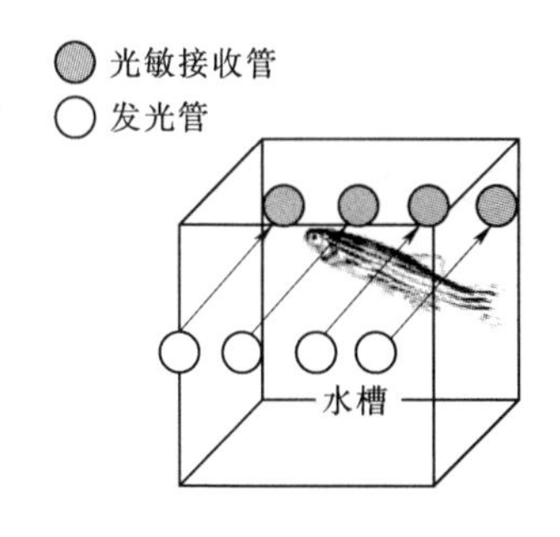

图4-3　遮光计数法原理图

图4-4　斑马鱼垂直游泳行为监测装置

如图4-4所示，斑马鱼游泳行为监测装置由内外两层构成，内层为有机玻璃板做成透明试验水槽，容积为1.8L（150mm×150mm×80mm），放置10条斑马鱼，有进水口和出水口，通过水泵进行水体交换。外层为PVC板做成的暗箱，右侧面有进水孔和出水孔，上部设置了两排 LED 白光照明灯，前后两侧面中部安装了红外 LED 发光二极管和红外光敏二极管。被测水体从进水口流进透明试验水槽、从出水孔流出水槽，加快水体交换，属于流水试验，也容易控制水温与溶解氧。上部白光照明灯模拟自然光，每天早晨 6：00 开始渐明，下午 20：00 渐暗模拟着自然光的变化，不打乱鱼类的自然节律。

前侧面中部安装了红外 LED 发光二极管、后侧面中部安装了红外光敏二极管，形成一道水平方向的线阵光栅栏。当斑马鱼垂直游泳时，会穿越线阵光栅栏，遮挡红外光束，光敏二极管阻值升高，输出高电平，产生一个脉冲。单片机收集 1min 脉冲数，经存储、编码，发送给监测中心服务器。

当斑马鱼中毒症状加重时，垂直游泳穿越光栅栏次数明显减少。

4.3.2.3　基于大型蚤趋光性的生物毒性监测技术

大型蚤（Daphnia magna）属于节肢动物门、甲壳动物纲、腮足亚纲、双甲目、枝角亚目、蚤科，见图 4-5。蚤类广泛分布在淡水中，海水中种类较少。据调查，中国共有淡水蚤类 136 种。蚤类是水体中初级生产者（藻类）和消费者（如鱼类）之间的中间环节，能滤食水中碎屑和菌类，对水体自净起着重要作用，同时又是鱼类的天然饵料。蚤类繁殖快，生活周期短，培养简便，对许多毒物敏感，因此世界各国广泛使用蚤类进行水生生态毒理学研究。大型蚤是国际标准 ISO 6341—1982《水质—大型水蚤活动抑制的测定》和国家标准 GB/T 13266《水质物质对蚤类（大型蚤）急性毒性测定方法》规定的标准试验动物。

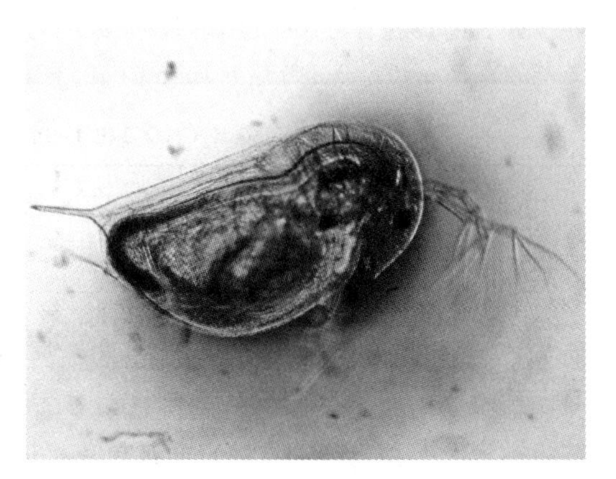

图 4-5　大型蚤

大型蚤是蚤科中个体最大的，雌蚤最大体长可达 6mm，刚产下的幼蚤体长也有 0.8～1.0mm，生殖量多。

在规定的试验条件下，将大型蚤放入等比级数浓度的参考毒物重铬酸钾（$K_2Cr_2O_7$）溶液中饲养，测定大型蚤染毒 24h 蚤群在等比级数浓度下的运动抑制率，建立运动抑制率与 $K_2Cr_2O_7$ 浓度的回归关系，并求出死亡率为 50%时 $K_2Cr_2O_7$ 浓度 EC_{50}，以检测本次试验用蚤对毒物的敏感度。24h EC_{50}必须在 0.5～1.2mg/L 之间。

大型蚤运动能力很强，主要运动器官是第二触角。大型蚤有明显的趋光性，实验证明，趋光性与毒物浓度呈负相关，毒物浓度上升，趋光性下降。例如，染 $K_2Cr_2O_7$ 8h 后，20 只大型蚤趋光性逐渐减少，见表 4-3。

表 4-3　大型蚤染 $K_2Cr_2O_7$ 8h 趋光性与浓度关系

$K_2Cr_2O_7$ 浓度	对照	0.09mg/L	0.16mg/L	0.28mg/L	0.51mg/L
趋光性	62%	58%	46%	29%	23%

可见，如果以大型蚤趋光性被抑制 50%表示显著中毒，那么大型蚤对染 $K_2Cr_2O_7$ 8h EC_{50} 低于 0.28mg/L，高于以运动抑制率为中毒标志的灵敏度，更明显高于斑马鱼以垂直游泳行为被抑制为中毒标志的灵敏度，响应速度也明显提高。

本研究采用遮光计数法检测大型蚤趋光性被抑制率，得到比斑马鱼垂直游泳行为被抑制率高近 100 倍的监测灵敏度。

图 4-6　大型蚤趋光性监测装置

如图 4-6 所示，大型蚤趋光性监测装置由内外两层构成，内层为有机玻璃板做成透明试验水槽，容积为 100mL（100mm×50mm×20mm），放置 20 个大型蚤，有进水口和出水口，通过水泵进行水体交换。外层为 PVC 板做成的暗箱，上、下、中部有进水孔和出水孔，上、下部两侧设置了一排 LED 白光照明灯，前后两侧面中部安装了红外 LED 发光二极管和红外光敏二极管。被测水体从进水口流进透明试验水槽、从出水孔流出透明试验水槽，加快透明试验水槽水体交换，属于流水试验，也容易控制水温与溶解氧。每天早晨 6：00 至下午 20：00，每隔 30min 监测 1 次趋光性。

前侧面中部安装了红外 LED 发光二极管、后侧面中部安装了红外光敏二极管，形成交错的两道水平方向的线阵光栅栏。当大型蚤上下游泳时，会穿越线阵光栅栏，遮挡红外光束，光敏二极管阻值升高，输出高电平，产生一个脉冲。单片机收集 3min 脉冲数，经存储、编码，发送给监测中心服务器。

每次监测时，先打开下部白光照明灯，引诱大型蚤趋光向下运动，这段时间单片机不计数；然后再打开上部白光照明灯，引诱大型蚤趋光向上运动，这段时间单片机计数。

当大型蚤中毒症状加重时，趋光穿越光栅栏次数明显减少，可以用趋光性被抑制 50%表示显著中毒。

4.3.2.4　斑马鱼及大型蚤兼容型水质生物毒性监测技术模式

斑马鱼和大型蚤都是国际和国家规定的水质急性毒性试验标准动物，但是各有自己的优势和劣势：斑马鱼适应能力强、寿命长、维护周期为 1 个月，但是每条价格在 1 元左右，繁育要求高，对毒物的灵敏度低，响应速度慢，更适合慢性毒性监测；大型蚤适应能力差、寿命短、维护周期为 1 周，但是每只价格在 0.1 元左右，繁育要求低，对毒物的灵敏度高，响应速度快，更适合急性毒性监测。

将斑马鱼和大型蚤同时作为水质毒性试验动物，将达到适应能力、寿命、维护周期、价格、繁育要求、灵敏度、响应速度的高低搭配、快慢结合，提高了监测的效果，而成本增加在可以接受的范围内。

斑马鱼和大型蚤毒性试验的标准毒物都是重铬酸钾（$K_2Cr_2O_7$），毒性大小都是用与游泳有关的运动抑制率表示，检测手段都是遮光计数法，可以用同一套完整的软硬件完成测量与控制。因此，完全可以合并为一种经济实用的水质生物毒性监测技术新模式，满足面广量大的村镇饮用水源水质监测的需求。

4.3.2.5　讨论

（1）生物毒性不管用死亡率或行为抑制率表示，都需要用参考毒物检测试验动物的灵敏度。现在的试验都是在实验室按照标准试验条件进行的，但是在应用中被测水体的环境因素不可能与标准试验条件完全一致。事实上，试验动物的灵敏度和污染物的化学性质都是随环境因素变化的，两者变化的速度、方向是否同步有待深入研究，这会直接影响现场监测结果的可信度。

（2）饮用水源的天然水体中，同时存在多种无机、有机物质和生物活体，表现出的生物毒性是直观的、综合的指标。研究多种物质同时存在时的联合毒性已经成为环境毒理学的主要任务，然而多种物质的组合方式千变万化，试验的工作量是非常庞大。

本项目重点研究了重铬酸钾与柠檬酸对斑马鱼的联合毒性，发现为协同效应。目前，在治理六价铬污染的土壤时，一般采用高浓度的柠檬酸淋洗，淋洗废液不加回收，进入饮用水源后将引起急性、慢性中毒。如果用含低浓度的六价铬水源水制造饮料，六价铬可能会与添加的柠檬酸协同，增大生物毒性。

实验中，采用多种溶液配制试剂以测试毒性反应。采用曝气自来水、冷开水、纯净水、蒸馏水分别配制的重铬酸钾对数浓度溶液，研究对大型蚤的毒性，发现用纯净水、蒸馏水分别配制的重铬酸钾对数浓度溶液的毒性比用曝气自来水、冷开水分别配制的重铬酸钾对数浓度溶液的毒性大。重新用纯净水、蒸馏水先加入一定比例的氯化钙、硫酸镁、碳酸氢钠、氯化钾，再配制重铬酸钾对数浓度溶液，试验发现毒性降低，与曝气自来水、冷开水接近。由此可以断定，曝气自来水、冷开水中某些矿物质，可以降低六价铬的毒性。

（3）村镇饮用水源污染物种类相对稳定，每种特征污染物应该有对应的理化指标群，通过大量积累数据，找出“指纹”，也能推测污染物及其毒性。

4.3.3　理化和生物毒性联合监测模式

联合采用理化监测技术和生物毒性监测技术，将达到取长补短、优势互补的效果。因此有条件时，村镇饮用水源水质监测尽量采用理化和生物毒性联合监测模式，减小漏报率、误报率，将水污染风险降低到不产生群体急性中毒的范围以内。综合考虑村镇经济、技术条件，宜优先采用包含紫外吸收的理化和包含斑马鱼及大型蚤生物毒性的联合监测技术模式。

借助物联网技术、新能源技术，将供电、水样采集、数据采集、存储、计算、通信和显示等软硬件高度合并，形成设计、制造、安装、维护等环节的标准化，降低成本，提高可靠性。

4.3.3.1　联合监测模式的模块分类

根据现场安装、使用和维护具体要求，可以把联合监测模式分解成6种模块。

模块1：理化传感器模块

包含水温传感器、溶解氧传感器、pH值传感器、电导传感器、自主研发的浊度与紫外吸收集成传感器，可以监测全部无机污染物和部分有机污染物。

模块2：生物毒性传感器模块

包含斑马鱼垂直游泳行为监测装置和大型蚤趋光性监测装置，可以对饮用水源实现急性和慢性毒性监测，尽早发现理化指标正常、但生物毒性很大的有机物污染物，特别是农药和除草剂。

模块3：无线通信遥测模块（GPRS RTU）

GPRS技术是一种成熟的无线通信模式，RTU指遥测终端单元。将GPRS与单片机技术结合，可以构建具有模拟量采集、计数、继电器控制、数据上传服务器功能的遥测单元，见图4－7。

图4－7　GPRSRTU模块

模块4：太阳能供电模块

太阳能供电模块包含太阳能电池板、控制器和免维护蓄电池，可以自发电，无需交流供电，节能又环保。

太阳能供电模块又分为10W的小功率模块、450W的大功率模块。小功率模块内置于监测浮标内；大功率模块外置于浮标外，专门提供水样加热或制冷，保证斑马鱼和大型蚤在严寒和酷暑都能处在相对稳定的环境中，见图4－8。

图4－8　10W的小功率太阳能供电模块

模块 5：浮体模块

浮体模块分为小型浮标和大型浮箱两种。分别为：

（1）小型浮标为理化传感器模块、生物毒性传感器模块、GPRSRTU 模块、10W 太阳能供电模块提供安装空间，并提供足够的浮力和锚链固定力。

（2）大型浮箱（见图 4－9）为 450W 的大功率太阳能供电模块，提供足够的浮力和锚链固定力，作为独立的模块供用户选配。

图 4－9　2m×1.5m 大型可拆卸浮体模块

模块 6：机柜模块

图 4－10　170mm×70mm×40mm 标准机柜

机柜为高 170mm、宽 70mm、深 40mm 的标准喷漆铁柜，内置触摸屏工控机、样水槽、采水泵、冲洗泵、冲洗喷头、手动开关、时间继电器、半导体加热制冷装置等（见图 4－10）。

触摸屏工控机可以接受 GPRSRTU 模块上传数据，并经过存储、计算，最终显示监测结果，特别适合无线网络未覆盖地区。

采水泵连续不断地将水源水经过滤，泵入样水槽，样水槽中安装了理化传感器模块、生物毒性传感器模块、485 总线 RTU 模块，每隔 30min 完成 1 次理化监测和生物毒性监测，并将数据上传到触摸屏工控机。

时间继电器控制采水泵开停。冲洗泵由手动开关操纵控制，每周维护时启动，向冲洗喷头提供清洁水，冲洗理化传感器表面积存的污垢。

半导体加热制冷装置交流电供电，对水样提供加热或制冷。

4.3.3.2 联合监测模式的模块组合

6种模块可以进行3种组合。主要为以下几点：

(1) 小型浮标组合：如图4-11所示，由小型浮标、理化传感器模块、生物毒性传感器模块、GPRS RTU模块、10W的小功率太阳能供电模块组成，是一个独立完整的水质联合监测单元，适用于直接监测饮用水源原位水质。维护特别困难、无重大毒性污染发生过的测点可以不选生物毒性传感器模块。

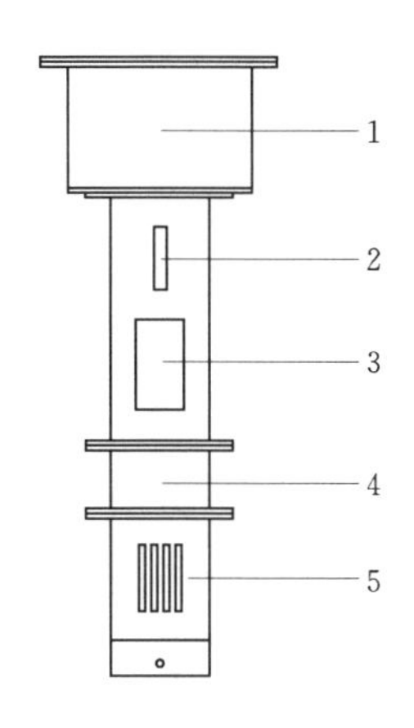

图4-11 小型浮标组合结构图
1—测控仪器舱；2—大型蚤趋光性监测舱；3—斑马鱼游泳行为监测舱；4—理化仪器舱；5—理化传感器舱

(2) 小型浮标加大型浮箱组合：由小型浮标、大型浮箱、理化传感器模块、生物毒性传感器模块、GPRSRTU模块、10W的小功率太阳能供电模块、450W的大功率太阳能供电模块组成，可以保证生物毒性传感器模块在严寒和酷暑正常运行。

(3) 机柜组合：由机柜、理化传感器模块、生物毒性传感器模块、485总线RTU模块组成。机柜组合安装于水厂进水泵房内，供电可靠、维护方便，无需配备船舶。

4.4 村镇饮用水源地安全评价

评价指标体系包含目标层、准则层、指标层这3个层次。目标层反映的是各子系统综合运行的最终效果，是安全评价结果的高度总结和直观表达。准则层包括水量安全、水质安全、生态安全、工程管理、应急能力5个方面，是村镇饮用水水源地安全评价的一级指标。指标层则是结合研究区域实际情况选取的具体评价指标，更深入的揭示水源地安全状况，即村镇饮用水水源地安全评价的二级指标。村镇饮用水源地安全评价指标体系如图4-12所示。

综合考虑各评价指标的具体特点，以及单因子评价法、综合指数评价法、营养评分法、加权求和法以及德尔菲法等各方法的适用性，形成集成评价方法体系图4-13，对村镇饮用水水源地安全进行评价。

4.4.1 水量安全评价

水源地水量安全主要体现为水源地产水能力和供给能力满足设计要求。参考《城市饮用水水源地安全状况评价技术细则》确定的水量指标和相应的安全标准来评价村镇饮用水源地水量的安全状况。

4.4.1.1 评价指标

1. 地表水饮用水水源地水量评价指标

(1) 来水保证率。通过枯水年来水量保证率来体现，河流按枯水年来水量保证率计算，为现状水平年枯水流量/设计枯水流量×100%，湖泊按枯水年来水量保证率计算，为现状水平年枯水年来水量/设计枯水年来水量×100%计算。

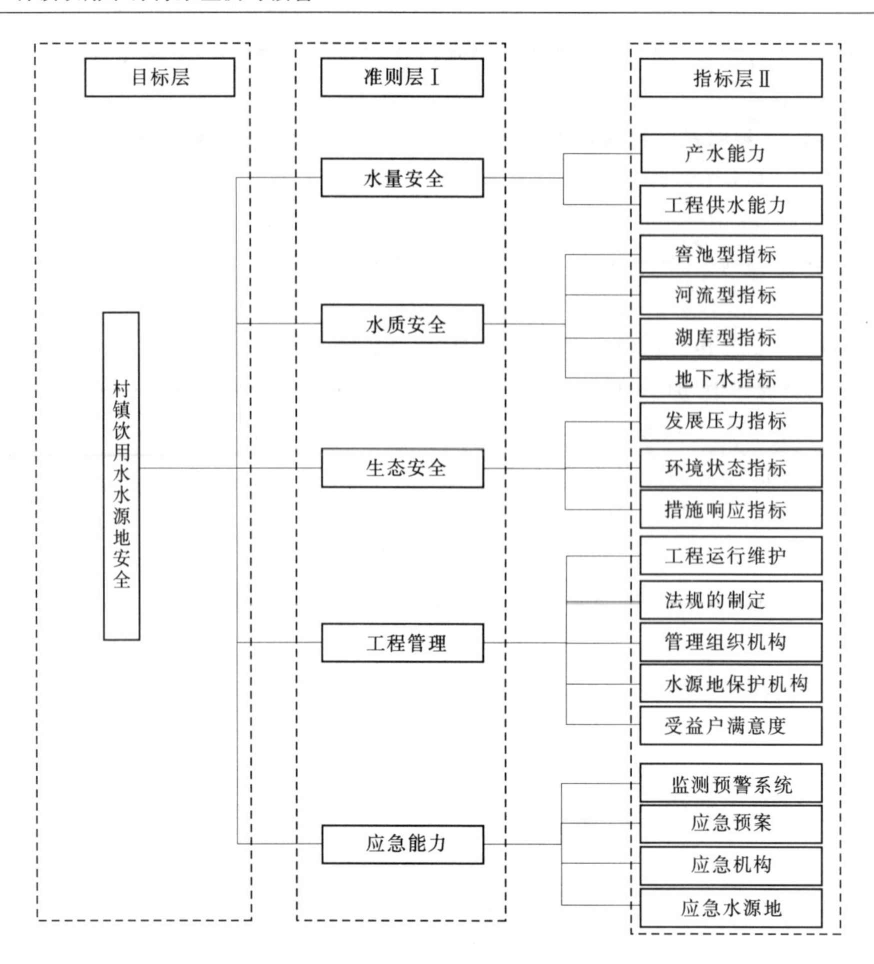

图 4-12　评价指标基本框架

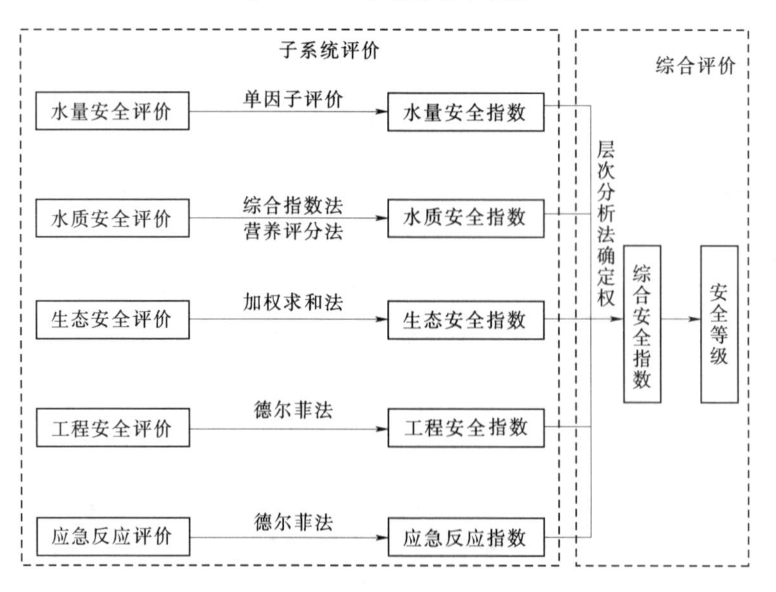

图 4-13　评价方法基本框架

（2）供水能力。供水能力按现状综合生活供水量/设计综合生活供水量×100%计算。

2. 地下水饮用水水源地水量评价指标

（1）地下水开采率。地下水开采率按实际开采量/可开采量计算。

（2）供水能力。与地表水相同。

地表水饮用水水源地水量评价指标指数及标准，见表4-4，地下水饮用水水源地水量评价指标指数及标准，见表4-5。

表4-4　地表水饮用水水源地水量评价指标指数及标准

评价指标	评价分数及标准				
来水保证率/%	≥97	≥95	≥90	≥85	<85
供水能力/%	≥95	≥90	≥80	≥70	<70
水量安全指数	1	2	3	4	5

表4-5　地下饮用水水源地水量评价指标指数及标准

评价指标	评价分数及标准				
地下水开采率/%	<85	≤100	≤115	≤130	>130
供水能力/%	≥95	≥90	≥80	≥70	<70
水量安全指数	1	2	3	4	5

4.4.1.2　评价方法

采用单因子评价法，利用公式计算各单项指标值，根据指标值对照表4-4、表4-5查出相应的安全指数，选择安全级数最高的项目作为评价结果，即对最差赋全权。指标分为1级、2级、3级、4级、5级安全指数，水量安全指数为4级、5级时，水源地的水量评价为不安全。

4.4.2　水质安全评价

根据最新发布的关于饮用水水质标准GB 5749《生活饮用水卫生标准》中对生活饮用水水源水质卫生要求，采用地表水为生活饮用水水源时水源水质应符合GB 3838《地表水环境质量标准》要求；采用地下水为生活饮用水水源时水源水质应符合GB 14848《地下水质量标准》要求。

4.4.2.1　评价指标

窖池型、河流型、湖库型水源水质参照GB 3838《地表水环境质量标准》，地下水水源水质参照GB/T 14848《地下水质量标准》进行评价，这两个标准参考水域功能和人体健康基准值，将大部分水环境质量标准值分为五类，村镇饮用水水源地水质应达到Ⅲ类标准。具体评价指标见4.1.2节。

由于我国幅员辽阔，即使同种类型水源地所处具体环境也千差万别，水源地周边生态、生产和生活等特定影响因素不可忽视，本书研究以几种重污染行业特征污染因子为参考，实际评价时因地制宜，从参考指标中适量的选择所需指标。具体指标如下：

（1）若评价区经济以农业为主，可考虑pH值、COD、BOD_5、硫化物、氟化物、挥发性酚、氰化物、砷、氨氮、磷酸盐、有机氮、有机磷；

（2）若评价区内有黑色金属矿山，可考虑铜、铅、锌、镉汞、六价铬；

(3) 若评价区内有金属冶炼项目，可考虑 COD、硫化物、氟化物、挥发性酚、氰化物、石油类；

(4) 若评价区内有煤矿项目，可考虑 COD、BOD_5、溶解氧、砷、悬浮物、硫化物；

(5) 若评价区内有石油开发项目，可考虑 COD、BOD_5、悬浮物、硫化物、挥发性酚、氰化物、石油类、苯类、多环芳烃；

(6) 若评价区内有化学矿开采项目，可考虑 pH 值、悬浮物、硫化物、氟化物、砷；

(7) 若评价区内有食品工业，可考虑 COD、BOD_5、溶解氧、挥发性酚、大肠杆菌；

(8) 若评价区内有制药业，可考虑 pH 值、COD、BOD_5、石油类、硝基苯类、硝基酚类；

(9) 若评价区内有纺织及印染业，可考虑挥发性酚、硫化物、苯胺类、色度、六价铬；

(10) 若评价区内有造纸业，可考虑 pH 值、COD、BOD_5、水温、挥发性酚、硫化物、铅、汞、木质素等。

湖库型水源地相关指标及标准限值列于表 4-6，湖库型水源富营养化指标及标准见表 4-7。

表 4-6　　湖库型饮用水水源地水质标准限值　　单位：mg/L

评价指标			Ⅰ类	Ⅱ类	Ⅲ类	Ⅳ类	Ⅴ类
pH 值			6.5～9.5				
一般污染项目	氨氮	≤	0.15	0.5	1.0	1.5	2.0
	挥发酚类	≤	0.002	0.002	0.005	0.01	0.1
	溶解氧	≥	7.5	6	5	3	2
	铁	≤	0.5				
毒理污染项目	硝酸盐	≤	20				
	氟化物	≤	1.0	1.0	1.2	1.5	1.5

表 4-7　　湖库型水源富营养化指标及标准

营养状况	评分值	叶绿素 a /(mg/m^3)	总磷 /(mg/m^3)	总氮 /(mg/m^3)	高锰酸盐指数 /(mg/L)	透明度 /m
贫营养	10	0.5	1.0	20	0.15	10.0
	20	1.0	4.0	50	0.4	5.0
中营养	30	2.0	10	100	1.0	3.0
	40	4.0	25	300	2.0	1.5
富营养	50	10.0	50	500	4.0	1.0
	60	26.0	100	1000	8.0	0.50
	70	64.0	200	2000	10.0	0.40
	80	160.0	600	6000	25.0	0.30
	90	400.0	900	9000	40.0	0.20
	100	1000.0	1300	16000	60.0	0.12

4.4.2.2 评价方法

对水源地水质进行评价时，可将指标分为一般污染物（微生物指标、感官性状和一般化学指标）和毒理污染物，这样根据指标性质进行分类更符合实际，另外，如果是湖库型饮用水水源地则需要额外增加富营养化评价。主要计算方法如下。

1. 一般污染物评价

(1) 单项指标指数计算。当评价指标 i 的监测值 C_i 处于评价标准某一级别区间 C_{is} 和 C_{is+1} 范围内时，该评价指标的指数计算公式为：

$$I_i=\left(\frac{C_i-C_{is}}{C_{is+1}-C_{is}}\right)+I_{is} \tag{4-1}$$

式中 C_i——指标 i 的实测浓度；

C_{is}——指标 i 的 s 级标准浓度；

C_{is+1}——指标 i 的 $s+1$ 级标准浓度；

I_{is}——指标 i 的 s 级标准指数值。

说明：1) 当标准中有两级或多级标准相同时，单项指标指数按下列公式：

$$I_i=\left(\frac{C_i-C_{is}}{C_{is+1}-C_{is}}\right)\times m+I_{is} \tag{4-2}$$

式中 m——相同标准的个数。

2) 当标准中只给出了目标值时，如果该指标未检测出来，则评价指数 1；如监测值小于所给标准，则评价指数 2；如监测值大于所给标准，则评价指数 5。

3) 当 $C_i<C_{is1}$ 时，$s=1$；当 $C_i>C_{is5}$ 时，$s=5$。

(2) 综合指数计算。采用最差 6 项指数进行算术平均确定评价指数，即：

$$GPI=\frac{1}{n}\sum_{i=1}^{n}I_i \quad (i=1,2,\cdots,n) \tag{4-3}$$

式中 n——参与评价的指标数；

I_i——单项指标指数；

GPI——一般污染指数，范围为 0～5。

(3) 评价类别确定。

1) 当 $0<GPI\leqslant 1$ 时，水质安全指数为 1；

2) 当 $1<GPI\leqslant 2$ 时，水质安全指数为 2；

3) 当 $2<GPI\leqslant 3$ 时，水质安全指数为 3；

4) 当 $3<GPI\leqslant 4$ 时，水质安全指数为 4；

5) 当 $4<GPI\leqslant 5$ 时，水质安全指数为 5。

2. 毒理项目评价

毒理项目的单项指数计算可参考一般污染项目评价，在计算综合指数时分为两种情况：

(1) 若指标值在 GB 5749《生活饮用水卫生标准》限值范围内，则毒理项目指数 (TI) 取各单项指数中的最大值，即采用最差项目赋全权的方法直接令其中最差项指数作为毒理评价结果。

(2) 只要有任一毒理项目超过标准限值，则可以不用考虑其他方面的指标，水质安全指数取 5、水源地综合安全指数取 5，同时直接得出水源地不安全的结论。

3. 富营养化评价

(1) 单项营养指标评分值。将指标值和评分值都对应地分成了 9 个区间，若指标值刚好是区间临界值，则可直接参考表格取其对应的评分值；若指标值在区间内，则可采用相邻点内插法将指标值进行标准化处理，公式如下：

$$\frac{x-x_{min}}{x_{max}-x_{min}}=\frac{y-y_{min}}{y_{max}-y_{min}}\text{(正效应)} \tag{4-4}$$

$$\frac{x_{max}-x}{x_{max}-x_{min}}=\frac{y-y_{min}}{y_{max}-y_{min}}\text{(负效应)} \tag{4-5}$$

式中　x——各营养指标原始监测值；

y——单项评分值；

x_{min}、x_{max}——各营养指标对应的区间最小标准值和最大标准值；

y_{min}、y_{max}——与指标值区间对应的评分值区间最小和最大值。

（2）权重的确定。参考中国环境监测总站发布的《湖泊（水库）富营养化评价方法及分级技术规定》中提供的营养化指标的权重确定方法，以叶绿素 a（chla）作为基准参数，与其他参数之间的相关关系 r_{ij} 及 r_{ij}^2，见表 4-8。计算公式为：

$$W_j=\frac{r_{ij}^2}{\sum_{j=1}^{m}r_{ij}^2} \tag{4-6}$$

式中　r_{ij}——第 j 种参数与基准参数 chla 的相关系数；

m——评价参数的个数；

W_j——第 j 种参数的相关权重。

表 4-8　湖泊（水库）部分参数与叶绿素 a 的相关关系 r_{ij} 及 r_{ij}^2 值

参数	叶绿素 a（chla）	总磷（TP）	总氮（TN）	透明度（SD）	高锰酸钾指数（COD_{Mn}）
r_{ij}	1	0.84	0.82	−0.83	0.83
r_{ij}^2	1	0.7056	0.6724	0.6889	0.6889
权重	0.267	0.188	0.179	0.183	0.183

（3）富营养指数，即

$$Y=\sum_{j=1}^{m}[W_j\times y(j)]$$

式中　Y——综合营养评分值；

W_j——第 j 种参数的营养状态指数的相关权重；

$y(j)$——代表第 j 种参数的营养评分值。

通过上述公式计算得到综合营养评分值，并对照表 4-9 即可得到营养指数。

表 4-9　富营养化指数对照表

富营养指数	1	2	3	4	5
营养状况	贫营养	中营养		富营养	
综合分值	≤20	≤40	≤50	≤60	≤100

4. 水源地水质综合评价

在毒理项目未超过标准限值的情况下，采用单因子评价法，选择一般污染指数、毒理指数、富营养指数中最高的项目指数作为评价结果，即对最差赋全权，若不是湖库型水源地可不考虑富营养化指数。综合指数分为1级、2级、3级、4级、5级，当水质安全指数大于3时，水源地的水质评价为不安全。

4.4.3 生态安全评价

4.4.3.1 评价指标及标准

参考经济合作开发组织（OECD）和联合国环境规划署（UNEP）共同提出的压力—状态—响应（P—S—R）模型，此模型概念依据即人类活动对环境产生了压力（P），改变了环境状况（状态S），社会对这些变化做出相应的应对措施（响应R）。其中，压力是指人类活动和经济发展对水源地生态环境造成的负荷，状态是指水源地的生态系统稳定性、水源涵养能力和环境质量状况等，响应指针对村镇水源地生态环境状态人为采取的污染防治措施。

（1）发展压力指标。①人均GDP：计量经济水平与经济总量的关系，GDP/保护区内人数；②人均耕地面积：耕地面积指水田面积与旱地面积之和；

（2）环境状态指标。①植被覆盖率：水源保护区内的植被覆盖面积占保护区总面积的百分比，（林木面积＋草地面积＋农田面积）/土地面积；②物种多样性指数：群落物种丰富度，体现物种种类量和物种的个体量关系，利用Margalef指数进行计算；③水土流失指数：单位面积土壤流失量，公式为：

$$D=(S-1)/\ln N$$

式中 R——多样性指数；

S——种群数量；

N——个体总数。

（3）措施响应指标：①排放污水处理率：污废水排放达标量占总排放量的百分率；②化肥农药利用率：作物吸收施入土壤中的肥料的有效养分数量占所施肥料有效养分量的百分比。

目标值赋值参考国家或行业标准及相关研究，根据国际公认的一些指标值和各种标准，再参考近年来我国社会人口和经济发展状况，确定了生态环境标准，见表4-10。

表4-10 生态安全评价指标及目标值

Ⅱ级指标	Ⅲ级指标	单位	目标值	效应
压力P	人均GDP	万元	国家平均	负
	人均耕地面积	亩	国家红线	正
状态S	植被覆盖率	%	100	正
	物种多样性指数	无量纲	相关文献	正
	水土流失指数	t/(km·a)	轻度侵蚀	负
响应R	污水处理率	%	100	正
	化肥农药利用率	%	100	正

4.4.3.2 评价方法

1. 指标值归一化处理

采用安全效应法将指标值进行归一化处理，即对生态安全有利的指标称为正效应指标，不利的指标称为负效应值标。

(1) 对于正效应指标（指标的数值越大生态越安全），即：

$$X_i = D_r / D_r \tag{4-7}$$

当 $D_r > D_t$ 时，X_i 取 1；

(2) 对于负效应指标（指标数值越小生态越安全），即：

$$X_t = 1-(D_r / D_r) \tag{4-8}$$

当 $D_r > D_t$ 时，X_i 取 0。

式中 D_r——指标数据值；

D_t——目标值；

X_i——指标归一化值。

2. 确定权重

采用 1～9 标度法构造成对比较矩阵，生成 n 阶判断矩阵 $B_{n\times n}$，并计算其最大特征值 λ_{max} 和其对应的特征向量，将特征向量归一化后即可得到该层次各因素的权重值。

具体步骤有如下几点：

(1) 建立层次结构。将问题所含的要素进行分组，把每一组作为一个层，按照目标层、准则层以及指标层的形式排列起来，采用如图 4-14 所示层次结构表示层次结构关系。其中 A 为评价对象，B 层指标为针对评价对象 A 的Ⅰ级评价指标，C 层指标为针对评价对象 B 的Ⅱ级评价指标。

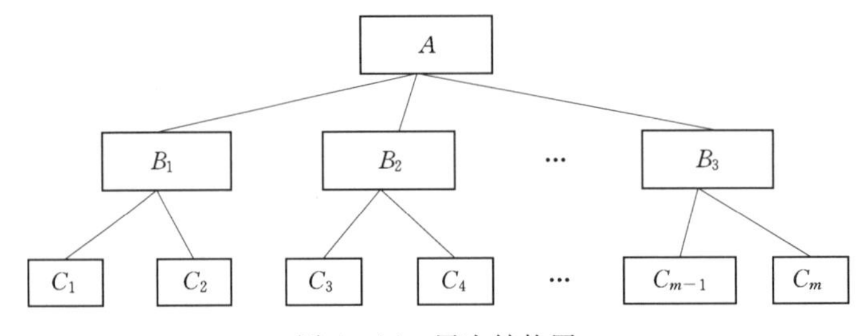

图 4-14 层次结构图

(2) 构造判断矩阵。判断矩阵表示对应上一层的某个元素，本层元素的相对重要性，假定上一层 A 中元素与下一层次 B 中元素 B_1，B_2，…，B_n 有联系，建立 B_1，B_2，…，B_n 两两比较的判断矩阵，记为 B，形式见表 4-11。

表 4-11 判断矩阵 B_i

B_i	B_1	B_2	…	B_j	…	B_n
B_1	b_{11}	b_{12}	…	b_{1j}	…	b_{1n}
B_2	b_{21}	b_{22}	…	b_{2j}	…	b_{2n}
⋮	⋮	⋮	⋮	⋮	⋮	⋮
B_i	b_{i1}	b_{i2}	…	b_{ij}	…	b_{im}
⋮	⋮	⋮	⋮	⋮	⋮	⋮
B_m	b_{n1}	b_{n2}	…	b_{nj}	…	b_{mn}

矩阵 B 中的元素 b_{ij} 表示相对于 A_r 来说，B_i 与 B_j 的相对重要程度。满足如下条件：

$$b_{ij}>0, b_{ij}=1/b_{ji}, b_{ij}=1 \quad (i=j)$$

其中，$i=1, 2, \cdots, n$；$j=1, 2, \cdots, n$。

给判断矩阵中的元素赋值时，通常采用 1～9 级标度法，见表 4-12。

表 4-12　　判断矩阵元素的标度及含义

标度 b_{ij}	含　义	标度 b_{ij}	含　义
1	b_i 与 b_j 具有等同重要性	2，4，6，8	2，4，6，8 分别表示相邻判断 1—3，3—5，5—7，7—9 的中值
3	b_i 比 b_j 稍微重要		
5	b_i 比 b_j 明显重要	倒数	表示 b_i 与 b_j 比较得 b_{ij}，则 b_j 与 b_i 得 $b_{ji}=1/b_{ij}$
7	b_i 比 b_j 强烈重要		
9	b_i 比 b_j 极端重要		

（3）权重。

首先，计算判断矩阵 B 的最大特征值 λ_{max} 和相应的特征向量 U，即求解

$$BU=\lambda_{max}U \tag{4-9}$$

则 λ_{max} 所对应的特征向量 U 即为各指标的重要性，进行归一化处理后，即为各评价指标相应的权重：

$$W=(W_1, W_2, \cdots, W_n)^T \tag{4-10}$$

3. 生态安全指数

生态安全计算值表征生态安全度，值越大，安全度越高。水源地生态安全评价采用加乘复合方法，则指标的安全值计算公式：

$$R=\sum_{i=1}^{n} X_i W_i \tag{4-11}$$

式中　W_i——第 i 项指标的权重值；

X_i——第 i 个指标归一化值；

R——生态安全值。

将生态安全值对照生态安全指数表（见表 4-13）进行标准化处理即可得到生态安全评价指数值。

表 4-13　　生 态 安 全 指 数

生态安全指数	1	2	3	4	5
安全值范围	≥0.9	≥0.85	≥0.75	≥0.6	<0.6

4.4.4 工程管理评价

1. 评价指标

（1）工程运行及维护：配套设施完备性及运行维护情况，体现管理核心。

（2）法规的制定和执行：《饮用水水源保护区管理条例》完善性和执行力度，体现管理制度。

（3）管理及组织机构：管理队伍专业素质及部门间合作，体现管理机构综合素质。

（4）水源地保护机制：包括考核惩罚机制、补偿机制、长效机制等，体现管理机制。

（5）受益户满意度：水源地安全最终都反映在受益者的感受中，体现管理效果。

2. 评价方法

组织相关专业的专家组成评审组，对评价指标进行打分。工程管理安全总分值 0～100 分，60 分及格，各指标所占分值比例是：工程运行及维护 30 分、法规的制定和执行 20 分、管理及组织机构 20 分、水源地保护机制 20 分、受益户满意度 10 分。

具体步骤如下：

（1）每位专家根据表 4－14 中提供的评价依据并结合自身经验对各单项指标进行打分；

（2）统计每位专家打出的各单项分值，并求出平均值；

（3）将各单项平均值累加，即可得到的总分值；

（4）参考表 4－15 将总分值进行标准化处理，得到工程管理评价指数。

表 4－14　　工程管理评价指标及依据

评价指标	评价依据
工程运行及维护（0～30） 本项分数累加制	饮水工程配套设施完善程度，0～10 分； 饮水工程运行是否能维持良好的状态，0～10 分； 是否有定期检查和维护，0～5 分； 管护队伍专业素质水平，0～5 分
法规制定和执行（0～15） 本项分数累加制	《管理条例》是否制定，0 或 5 分； 《管理条例》是否系统和完善，0～5 分； 执行的力度和适度，0～5 分
管理及组织机构（0～20） 本项分数累加制	各级管理主体明确，0～5 分； 管理部门职能清晰，0～5 分； 各部门之间能协调合作，0～10 分
水源地保护机制（0～20） 本项分数累加制	各级保护区是否已划定并经政府批准，0～8 分； 各项保护机制完善，0～12 分（包括补偿机制、水价机制、激励机制、监督机制，每项 0～3 分）
受益户满意度（0～15） 本项分数选项制	受益户调查满意度分为：很满意、基本满意、不满意。 很满意人数超过被调查总数 2/3，10～15 分； 很满意、基本满意人数之和超过被调查总数 2/3，5～10 分； 不满意人数超过被调查总数 1/3，0～5 分

表 4－15　　标准化对照表

分数值	100～90	89～80	79～60	59～40	39～0
指数值	1	2	3	4	5

4.4.5　应急能力评价

1. 评价指标

（1）监测预警系统：监测系统、预警系统的建设，体现的是对突发事故事前的水文、水质、气象及相关信息的监控，信息分析、处理及发布信号等工作。

（2）应急预案：应急预案指突发性水污染事件或安全事故发生时的应急方案，包括管理、指挥、救援计划等。

(3) 应急机构设置：各部门职能划分、信息交流、工作协调情况，反映事故发生中应急处置能力。

(4) 应急水源地：应急水源地安全状况及能否及时启用，反映事后恢复能力；应急水源地是各大中城市在遭遇特枯年或连续干旱年以及突发污染事故情况下，为保障供水安全建立的储备水源。

其中，工程管理指标和应急能力指标都属于定性指标，因此采用专家对安全程度打分的方式来代替计算公式。

2. 评价方法

水源地应急能力评价与工程管理评价同样难以定量描述，因此也采用德尔菲法进行评价，具体步骤及标准化可参考工程管理评价，评价指标及依据见表4-16。

表4-16 应急能力评价指标及依据

评价指标	评价依据
监测预警系统（0～40） 本项分数累加制	监测能力（包括对水文、气象各项数据的监测），0～10分； 动态监测系统自动化水平（自动监测/人为监测/无监测），0～10分； 信息分析和处理能力（包括污染来源、污染途径、污染物行为过程、污染发展趋势），0～10分； 预警系统准确灵敏程度，0～10分
应急预案（0～20） 本项分数累加制	是否已制定应急预案，0或5分； 应急预案完善程度，0～5分； 应急预案实施条件（技术、物资、人员、制度等保障），0～10分
应急机构（0～25） 本项分数累加制	应急部门反应速度和处置突发事故是否及时，0～10分； 各部门信息交流是否顺畅，0～7分； 各应急部门工作协调性，0～8分
应急水源地（0～15） 本项分数累加制	应急水源地的安全程度，0～8分； 启用应急水源地方便程度，0～7分

4.4.6 水源地安全综合评价

1. 综合指数

统计各Ⅰ级指标指数（水量安全指数、水质安全指数、生态安全指数、工程管理指数、应急能力指数），并运用层次分析法进行加权求和即可得到综合指数。但是，当水量不能满足饮水需求或者水体中出现有毒污染物危害到人民群众身体健康时执行“一票否决制”，即使其他指标安全性再高，也无法保障水源地的安全。综合指数的计算见公式为：

$$ESP=\begin{cases}\sum f_i w_i & (f_{水量}\leqslant 3, TI\leqslant \text{标准限值}) \\ 5 & (f_{水量}>3, TI>\text{标准限值})\end{cases}$$

式中 TI——毒理指数

f_i——Ⅰ级指数值，范围在0～5之间；

w_i——各Ⅰ级指标权，范围在0～1之间；

ESP——综合指数，ESP越小，安全度越高；反之安全度越低。

2. 评价结果

参照《全国城市饮用水水源地安全状况评价技术细则》中城市饮用水水源地安全评价，村镇饮用水水源地安全评价也以安全性指数 1、2、3、4、5 五级表达，即取不小于实际 ESP 值的最小整数，取值范围即 1、2、3、4、5 这五个值。对应于安全状况的五个等级。对饮用水水源地安全状况等级的判别可以参考表 4-17 中五个指数级别分别对应的水源地安全状态。

表 4-17　　评价结果表述

等级	安全状态	安全描述	典型水源地
1	非常安全	水源地各方面情况良好，无污染也无风险，是绝佳的饮用水水源地	源头水、国家自然保护区
2	比较安全	水源地环境现状良好，污染较少且危害不大，存在环境风险较低且不紧急，各方面安全保障措施较完善，是较好的饮用水水源地	集中式生活饮用水地表水源地一级保护区、珍稀水生生物栖息地、鱼虾类产卵场
3	基本安全	水源地污染轻、风险低，通过综合整治完全可以安全供水的水源地，各方面安全保障措施完善，经过适当处理可以作为饮用水水源地	集中式生活饮用水地表水源地二级保护区、鱼虾类越冬场、洄游通道、水产养殖区等渔业水域及游泳区
4	不安全	水源地存在明显的污染和风险，各方面安全保障措施不完善，一旦受到破坏，恢复能力也越差，不适合作为饮用水水源地	一般工业用水区，人体非直接接触的娱乐用水区以及农业用水区
5	极不安全	水源地水环境现状差，污染严重且存在较高的环境风险，缺乏有效的安全保证措施，难以安全供水的水源地，不宜饮用	农业用水区及一般景观要求水域

4.4.7　评价方法应用

1. 龙王山水库饮用水源地基本情况

龙王山水库位于江苏省盱眙县中部丘陵山区维桥河中游，属于淮河流域，集水面积 196.60km²。龙王山水库工程于 1973 年 11 月开工兴建，1976 年 5 月建成，是一座以防洪、灌溉、城镇供水为主，结合水产养殖等综合利用的中型水库。总库容 9099 万 m³，兴利库容 3748 万 m³。设计洪水重现期为 50 年，校核洪水重现期为 1000 年。水库设计灌溉农田 13.40 万亩，实际灌溉面积为 10.00 万亩。1994 年淮河发生特大水污染后，龙王山水库成为盱眙城区主要集中供水水源地。水库日供水能力 5 万 m³，年供水量达 1600 万 m³。

水库枢纽主要建筑物有以下几点：

（1）大坝一座：大坝为均质土坝，坝顶道路为混凝土路面，坝长 2650m，坝顶宽约 6.50m，坝顶高程 37.30m 左右，最大坝高 18.00m；

（2）溢洪闸一座：溢洪闸位于大坝东侧，为三孔溢洪闸，单孔净宽 8.00m，总净宽 24.00m，驼峰堰型，堰顶高程 29.50m，配备 3 扇 8m×4.5m 平面钢闸门，3 台 2×100kN 双吊点卷扬式启闭机。最大泄洪流量为 553.00m³/s；

（3）涵洞两座：东、西灌溉输水涵洞两座，均为钢筋混凝土箱涵，断面尺寸为 1.55m×1.55m，设计流量为 6.00m³/s，配备 100kN 螺杆启闭机和铸铁闸门。西涵洞进水口为钢筋混凝土竖井式结构，涵洞底板面高程 27.30m；东涵洞进水口为浆砌块石结构，涵洞底板面高程 27.20m；

(4) 电灌站两座：龙王山电灌站总装机容量 5 台×155kW，设计提水流量 2.75m^3/s；范楼电灌站总装机容量为 3 台×165kW，设计提水流量 1.95m^3/s；

(5) 自来水取水口一座：1995 年建成自来水取水口一处，设计流量 0.60m^3/s，日供水能力 5 万 m^3，年供水量约 1600 万 m^3。

2. 水量安全评价

通过调查龙王山水库资料，得到表 4-18 中的水量数据，并结合以下两个公式分别进行计算：

(1) 来水保证率：枯水年来水量保证率＝现状水平年枯水年来水量/设计枯水年来水量×100％＝4000/4000×100％＝100％；

(2) 供水能力：工程供水能力＝现状综合生活供水量/设计综合生活供水量×100％＝3400/(7800－4200－2200/365)＝95％。

将计算结果对照表 4-19 可知，来水保证率和供水能力两者安全指数均为 1，则水量安全指数为 1，评价结果见表 4-20。

表 4-18　水量相关数据

序　号	名　称	数　据
1	现状综合生活供水量	3400 万 m^3/t
2	水源设计供水量	7800 万 m^3/t
3	设计工业供水量	4200 万 m^3/t
4	设计农业供水量	2200 万 m^3/a
5	现状水平年枯水年来水量	约 4000 万 m^3
6	设计枯水年来水量	约 4000 万 m^3

表 4-19　水量指数及标准

评价指标	评价分数数及标准				
来水保证率/％	≥97	≥95	≥90	≥85	<85
供水能力/％	≥95	≥90	≥80	≥70	<70
水量安全指数	1	2	3	4	5

表 4-20　水量安全状况

评价指标	指标值	指数值	水量安全指数
来水保证率/％	100	1	1
供水能力/％	95	1	

3. 水质安全评价

结合龙王山水库相关水文资料，通过分析得到本文选取的评价指标，一般污染项目：pH 值、氨氮、挥发酚类、溶解氧、铁；毒理项目：硝酸盐、氟化物；富营养项目：叶绿素 a、COD、高锰酸钾指数、总磷、总氮、透明度。

数据来源：统计 2013 年龙王山水库评价指标的全年监测值，令各项监测指标的全年平均监测值为指标值 C_i，并通过查询表 4-3、表 4-4 得到 C_{is} 和 C_{is+1} 以及 I_s 和 I_{s+1}，见表 4-21，表中各字母符号意义与 4.4 节相同。

表 4-21　　水质监测指标及标准

评价指标		平均监测值 C_i	标准值区间	
			值区间 $C_{is}\sim C_{is+1}$	级区间 $I_s\sim I_{s+1}$
一般污染项目	pH 值	7.9	6.5～9.5	整体区间
	氨氮	0.41mg/L	0.15～0.5	Ⅰ～Ⅱ
	挥发酚类	0.001mg/L	0～0.002	Ⅰ
	溶解氧	9.10mg/L	≤7.5	Ⅰ
	铁	0.05mg/L	0.5	目标值
毒理污染项目	硝酸盐	1.06mg/L	20	目标值
	氟化物	0.52mg/L	0～1	Ⅰ
富营养项目	chla	23.50mg/m³	10～26	50～60
	TP	81.00mg/m³	50～100	50～60
	TN	314.00mg/m³	300～500	40～50
	透明度	1.08m	1.5～1	40～50
	COD_{Mn}	2.20mg/L	2～4	40～50

运用 4.4 节中介绍的评价方法，通过式（4-1）、式（4-2）计算各单项指标指数值或评分值，得出一般污染物指数为 1.65、毒理污染物指数为 2.04、富营养化指数为 2.66，则本评价水质安全指数取三者最差为富营养化指数 2.66，标准化后为 3。各单项指数及评价结果见表 4-22。

表 4-22　　水质安全状况

评价指标		指数/评分值	项目指数	水质安全指数
一般污染项目	pH 值	2.52	1.65	3
	氨氮	1.74		
	挥发酚类	1		
	溶解氧	1		
	铁	2		
毒理污染项目	硝酸盐	2	2	
	氟化物	1		
富营养项目	chla	58.40	2.66（总评分值 49.81）	
	TP	56.20		
	TN	40.70		
	透明度	48.40		
	COD_{Mn}	41.00		

4. 生态安全评价

根据4.4节中所介绍的指标含义和计算公式并结合水源地实际资料得到Ⅲ级指标数据。由于各项生态安全评价指标单位不统一，因此首先运用式（4-7）和式（4-8）将Ⅲ级指标值进行归一化处理，操作过程参考4.4节中有关说明，计算结果如表4-23所示。

运用层次分析法分别确定Ⅲ级指标、Ⅱ级指标的权重值，见表4-24。

表4-23　　生态指标归一化

Ⅲ级指标	指标值	目标值	归一化值
人均GDP/万元	3.40	国家平均：4.20	0.19
人均耕地面积/亩	2.27	国家红线：0.795	1
植被覆盖率/%	87	100	0.87
物种多样性指数/无量纲	7.21	相关文献：10	0.72
水土流失指数/[t/(km·a)]	166	轻度侵蚀：1000	0.83
污水处理率/%	97	100	0.97
化肥农药利用率/%	31	100	0.31

表4-24　　生态指标权重

Ⅱ级指标	权重	Ⅲ级指标	权重
发展压力	0.23	人均GDP	0.33
		人均耕地面积	0.67
环境状态	0.59	植被覆盖率	0.56
		物种多样性指数	0.33
		水土流失指数	0.11
措施响应	0.18	污水处理率	0.50
		化肥农药利用率	0.50

结合4.4节中介绍的评价方法：Ⅲ级指标的归一化值与其权重的加乘结果即为Ⅱ级安全值，Ⅱ级安全值与Ⅱ级指标权重的加乘结果即为Ⅰ级安全值，计算结果见表4-25。通过查询表格4-13，最终得到生态安全指数为3。

表4-25　　生态安全状况

Ⅱ级指标	Ⅱ级安全值	Ⅰ级安全值	生态安全指数
发展压力	0.73	0.76	3
环境状态	0.82		
措施响应	0.64		

5. 工程管理评价

参考4.4节工程管理评价模型，邀请7位专家对龙王山水库工程管理情况进行打分，并填写评分表4-26。本书通过整理各专家评分表，直接将平均值填入表中。

表 4-26　工程管理专家评分表

指标	计分方式	总分	评分要点	分值区间	评分
工程运行及维护	累加	30	饮水工程配套设施完善程度	0～10	8
			饮水工程运行是否能维持良好的状态	0～10	7
			是否有定期检查和维护	0～5	5
			管护队伍专业素质水平	0～5	4
法规制定和执行	累加	15	《管理条例》是否制定	0 或 5	5
			《管理条例》完善程度	0～5	4
			执行的力度和适度	0～5	4
管理及组织机构	累加	20	各级管理主体明确	0～5	4
			管理部门职能清晰	0～5	4
			各部门之间能协调合作	0～10	8
水源地保护机制	累加	20	各级保护区是否已划定并经政府批准	0～8	8
			补偿机制完善程度	0～3	1
			水价机制完善程度	0～3	1
			激励机制完善程度	0～3	0
			监督机制完善程度	0～3	1
受益户满意度	单项	15	受益户调查满意度分为：很满意、基本满意、不满意		
			很满意人数超过被调查总数 2/3	10～15	
			很满意、基本满意人数之和超过被调查总数 2/3	5～10	8
			不满意人数超过被调查总数 1/3	0～5	

根据表 4-26 中说明的计分方式，通过累加制或者单项制得到各项指标的分数值，并根据标准化对照表 4-13 得到工程管理指数为 3，评价结果见表 4-27。

表 4-27　工程管理状况

评价指标	分数值	总分	工程管理指数
工程运行及维护（30）	26	74	3
法规的制定和执行（15）	13		
管理及组织机构（20）	16		
水源地保护机制（20）	11		
受益户满意度（15）	8		

6. 应急能力评价

应急能力评价与工程管理评价步骤一致，应急能力专家评分情况见表 4-28。得到应急能力指数为 3，评价结果见表 4-29。

表 4-28　　应急能力专家评分表

指标	计分方式	总分	评分要点	分值区间	评分
监测预警系统	累加	40	监测能力（包括对水文、气象各项数据的监测）	0～10	10
			动态监测系统自动化水平（自动监测/人为监测/无监测）	0～10	8
			信息分析和处理能力（污染来源、污染途径、污染物行为过程、污染发展趋势）	0～10	7
			预警系统准确灵敏程度	0～10	8
应急预案	累加	20	是否已制定应急预案	0 或 5	5
			应急预案完善程度	0～5	3
			应急预案实施条件（技术、物资、人员、制度等保障）	0～10	7
应急机构	累加	25	应急部门反应速度和处置突发事故是否及时	0～10	7
			各部门信息交流是否顺畅	0～7	5
			各应急部门工作协调性	0～8	5
应急水源地	累加	15	应急水源地的安全程度	0～8	4
			启用应急水源地方便程度	0～7	3

表 4-29　　应 急 能 力 状 况

评价指标	分数值	指数值	应急能力指数
监测预警系统（40）	33	72	3
应急预案（20）	15		
应急机构（25）	17		
应急水源地（15）	7		

7. 综合评价及结果分析

统计各子系统计算结果，即Ⅰ级指标的安全指数值，通过层次分析法确定各Ⅰ级指标权重，运用式（4-15）即可得到龙王山水库安全综合指数为 2.794。龙王山水库主要评价过程及结果见表 4-30。

表 4-30　　水 库 综 合 安 全 状 况

Ⅱ级指标	指数范围	Ⅱ级指数	权重	Ⅰ级指标	指数范围	Ⅰ级指数	权重	评价结果
产水能力	0～5（负效应）	1	0/1	水量安全	1，2，3，4，5（负效应）	1（最差 1）	0.103	综合指数 2.794，安全级别为 3 级，基本安全状态
供水能力		1	1/0					
一般污染项目	0～5（负效应）	1.43	0	水质安全		3（最差 2.66）	0.487	
毒理污染项目		2.04	0					
富营养化项目		2.66	1					
发展压力	0～1（正效应）	0.73	0.23	生态安全		3（安全值 0.76）	0.212	
环境状态		0.82	0.59					
措施响应		0.64	0.18					

续表

Ⅱ级指标	指数范围	Ⅱ级指数	权重	Ⅰ级指标	指数范围	Ⅰ级指数	权重	评价结果
工程运行及维护	0～100（正效应）	26	30	工程管理	1，2，3，4，5（负效应）	3（总分75）	0.107	综合指数2.794，安全级别为3级，基本安全状态
法规制定和执行		13	15					
管理及组织机构		16	20					
水源地保护机制		9	20					
受益户满意度		10	15					
监测预警系统	0～100（正效应）	34	40	应急能力		3（总分74）	0.091	
应急预案		14	20					
应急机构		19	25					
应急水源地		7	15					

结果表明龙王山水库综合安全级别为3级，属于基本安全，水源地污染轻、风险低，是安全的饮用水水源地。其中水量安全等级为1级，非常安全；水质、生态、工程管理、应急能力都处于3级水平，即基本安全状态。

4.5　村镇饮用水源水质及预警系统

4.5.1　系统开发目标及系统构架

4.5.1.1　开发目标及主要功能

选用太阳能水质监测仪，以pH值、溶解氧、温度、浊度、电导率作为监测指标、Socket通信控件为基础编制通信程序完成服务器与数据库的对接，选用Delphi 7.0编程平台开发程序，建立村镇饮用水源水质实时监测及预警系统。该系统通过数据的共享建立了一个面向用户的村镇饮用水安全监测五个指标历史数据的查询系统和水质评价系统，并以此作为水质等级的判断依据构建了预警系统，能够及时地处理突发的水质安全问题，保证居民饮水安全。

系统开发的总体目标：①筛选适合村镇饮用水源地的监测设备；②提供村镇饮用水源地水质动态变化监测平台；③提供水质变化的预测模型及趋势。

系统的主要功能：

（1）村镇饮用水源水质实时监测。水质实时监测系统监测的指标能及时准确地被监测并传递水质基本数据，并运用自动控制，通过计算机软件，将取水、监测、数据存储组成一个完整的自动运行的监测系统。

（2）村镇饮用水源水质数据管理及水质评价。建立水质历史数据的数据库管理系统，能够动态地查询水质指标历史数据；根据水质数据利用权重计算法对水质进行评价，判断水质。

（3）村镇饮用水源水质安全预警。利用BP人工神经网络对监测到的历史数据进行分析和预测，并对预测结果进行分析评价，判断未来水质超标的可能性，如果水质有超标的可能性则发出水质超标信号，并通知相关人员进行处理，避免水质污染加剧。

4.5.1.2 系统结构及主要硬件设施

村镇饮用水源监测及预警系统的开发设计主要分为监测评价及预警两块。监测评价包括对水质指标的实时监测并对水质现状作出评价；预警则为利用历史数据并结合 BP 人工神经网络模型对水质进行预测，当水质未来有变差趋势，并且有超标可能时系统能够及时发出警报，通知相关人员处理突发水质事件，从而保证村镇饮用水的安全。系统的结构设计如图 4-15 所示，系统软件流程图如图 4-16 所示。

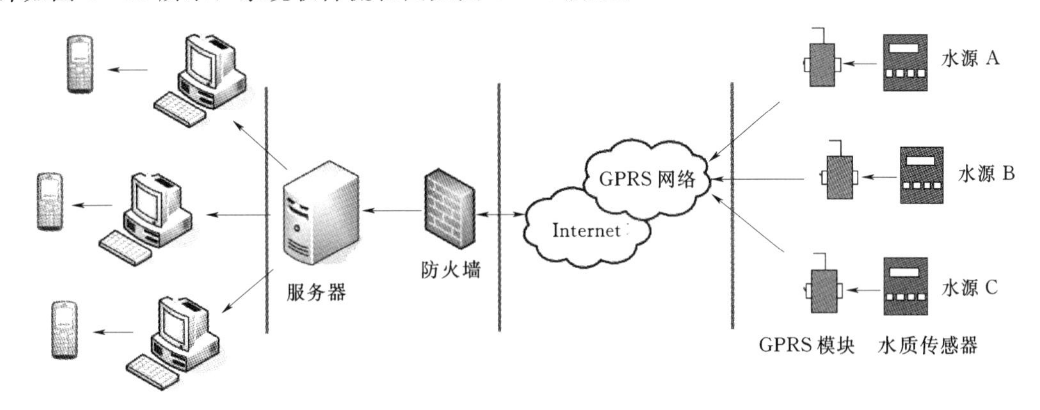

图 4-15 系统结构图

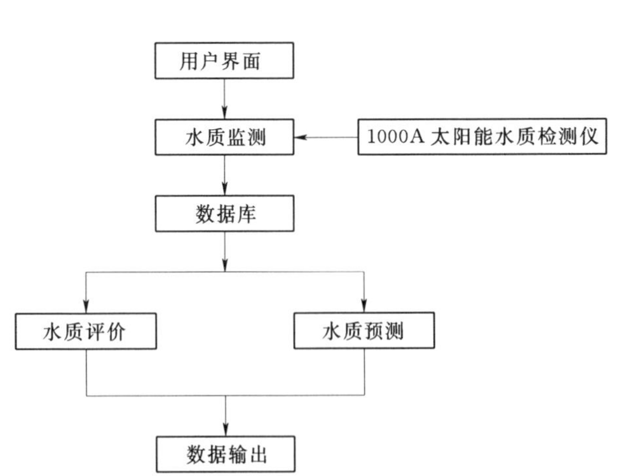

图 4-16 系统软件流程图

图 4-17 1000A 水质在线监测系统

水质传感器选用太阳能在线水质监测仪，见图 4-17，传感器技术参数如表 4-31 所示。该监测仪不仅能够实现对水体中的温度、pH 值、溶解氧、电导率、浊度等参数的实时监测，还具有无线 GPRS 数据传输以及数据处理功能，该仪器在监测到数据后能够在监测终端显示监测到的实时数据，并且通过固定域名方式把数据以 JSON 数据格式发送到指定的服务器，指定的服务器在 Socket 通信协议的基础上，运用通信程序对数据进行接受并保存到 SQL 数据库中。村镇饮用水源水质监测评价及预警系统能够调用 SQL 数据库中的数据，并进行处理，完成该水质监测评价及预警等功能，见图 4-18。

表 4-31　传感器技术参数表

参数种类	技术指标
pH 值	①范围：pH 值 0～14； ②精度：±0.1； ③最大压力：40PSI； ④开机后初始响应时间：3s； ⑤工作温度：－5～＋55℃
溶解氧（DO）	①范围：0～100％饱和 0～8ppm； ②精度：±0.1mg/L； ③最大压力：40PSI； ④开机后初始响应时间：10s； ⑤工作温度：－40～＋55℃； ⑥膜：0.001FEP 聚四氟乙烯（标准）
温度	①范围：－50～＋50℃； ②精度：±0.1℃； ③最大压力：40PSI； ④开机后初始响应时间：5s； ⑤工作温度：－50～＋100℃； ⑥重量：1/2lb（227g）
浊度	①范围：0～50、0～1000NTU； ②精度：0.1NTU； ③方法：浊度计的校正； ④开机后初始响应时间：5s； ⑤工作温度：－10～＋50℃； ⑥最大压力：30PSI； ⑦光源 Infrared LED，（880nm）； ⑧重量：1lb（454g）
电导率	①范围：0～5000，0～10000，0～20000 MicroSiemens（micromhos）per＃＃CM； ②精度：±1％； ③最大压力：40PSI； ④开机后初始响应时间：3s； ⑤工作温度：－40～＋55℃； ⑥温度补偿：2％/℃； ⑦电导材质：316 不锈钢

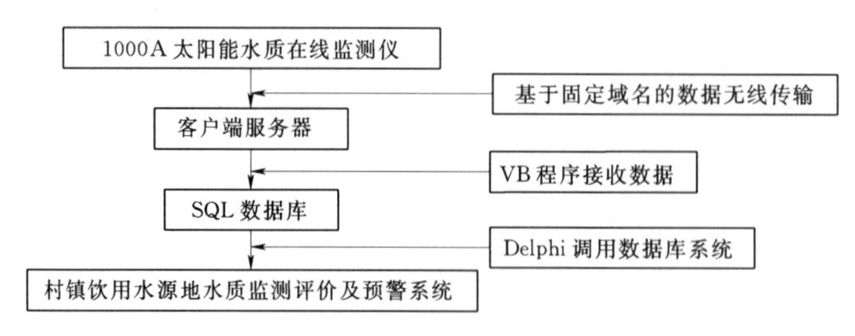

图 4-18　数据传输系统

4.5.1.3　系统功能模块

程序主要通过 Delphi 和服务器数据库的数据交流、Delphi 与 Matlab 的交流以及 Delphi 程序代码的编译，实现了村镇水源地水质数据的监测评价和预警功能。本程序主要由用户登录、实时水质监测评价、历史数据管理、水质预警、用户密码修改五个功能模块组成（见图4-19），程序具有Windows风格，各界面上方均有标题栏，通过标题栏能够实现不同界面之间的切换，符合用户的操作习惯，便于用户操作。

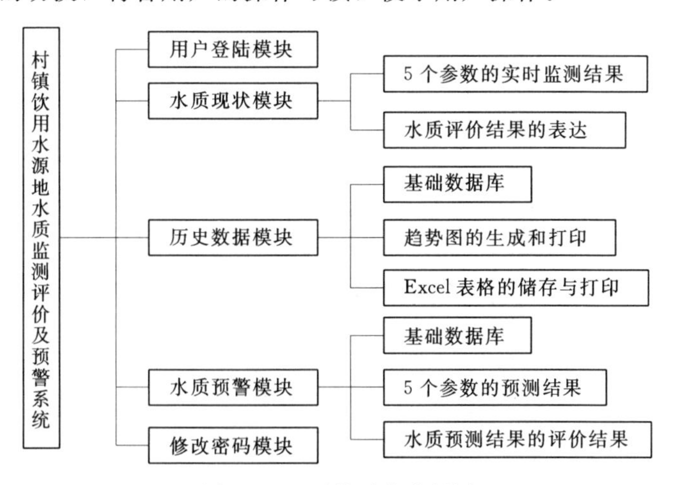

图4-19 系统功能分析图

4.5.2 系统监测指标的确定

村镇饮用水源水质监测评价及预警系统是选择相应的水质指标因子、水质标准、评价方法和预测方法，对水质进行监测、根据水质现状数据做出评定、依据近期数据进行水质预测，对可能产生的水质超标情况进行预判并发出警报，从而为污染的综合治理、预知污染并及时反应提供依据，保证村镇饮用水源水安全。为了客观地评价水环境的水质安全性，大多数水质评价都是不断地增加评价因子的数目，有的甚至监测四十几种指标，这种方法虽然能够得到比较准确可靠的结果，但是监测繁琐，数据处理复杂，远距离操作的可执行性差，而且指标之间的相关性不同，部分指标之间相关性好。因此在这些指标中选取一些相关度不高、经济实用、最具有代表水质状况的几个指标的指标组合体来表征水质质量的好坏是十分关键的。

本系统以温度、酸碱度、溶解氧、浊度、电导率5个指标为监测对象，对村镇饮用水源地水质进行监测评价，在此基础上对水质进行预测并建立预警机制。

根据村镇饮用水源水质监测评价的自身特点，以GB 3838《地表水环境质量标准》为主，参照GB 5749《生活饮用水卫生标准》及相关文献资料，确定本系统4项（温度只用来计算饱和溶解氧浓度，不直接作为评价指标）监测指标达标标准限值见表4-32。

表4-32　村镇饮用水源水质监测评价标准限值

监测指标	优	良	超标
溶解氧/(mg/L)	≥DOS的90%	DOS的60%～DOS的90%	≤DOS的60%
电导率/(μS/cm)	≤800	800～2000	≥2000
温度/℃	人为造成的环境水温变化应限制在：周平均最大温升≤1 周平均最大温降≤2		
浊度/NTU	≤3	3～10	≥10
酸碱度	7～8	6.5～7或8～8.5	<6.5或>8.5

其中：DOS为当前温度下的饱和溶解氧浓度；导电率大小反映水中总溶解固体的多少，可间接反映水的总硬度；饮用水源的酸碱度适宜范围为6.5～8.5，酸碱度越接近上限或下限，水质越差。

村镇饮用水源水质监测评价标准中的优相当于GB 3838《地表水环境质量标准》中的Ⅰ类水标准、相当于GB 3838《地表水环境质量标准》中的Ⅲ类水标准。低于Ⅲ类水标准的水质为超标。

4.5.3　水质评价权重计算法

权重计算法的计算过程可以简单地描述为：各评价因子的等级为良的标准限值记为60分，若评价因子的监测数据超过标准限值，则按照比例减去相应的分数，相反的，若监测结果良好，则应该加上相应的数值，根据计算公式确定水质为优时水质的得分；计算各个评价因子的权重；按照权重计算出水质的总的得分。根据得分确定监测的水体的水质类别。

4.5.3.1　权重的确定方法

计算权重的方法有很多种，根据计算过程、原始数据来源的差异，权重的计算方法分为主观赋权法、客观赋权法和综合赋权法三类。

评价过程中不同专家或者决策分析者对各个评价因子的主观重视程度是有差异的，主观赋权法就是根据这些差异行赋权的方法，主要有Delphi法、专家调查法、层次分析法、序关系分析法等。主观赋权方法既有优点又有缺点，优点是决策分析者可以根据实际情况，合理地分配各个评价因子的权重；缺点主要是主观随意性大，决策者改变时，权重系数会发生很大的变化。

客观赋权法是指单纯利用评价因子的客观信息确定权重的方法，主要有均方差法、超标倍数法、拉开档次法、变异系数法、熵权信息法、简单关联函数法、离差最大化法等。评价矩阵的实际数据即为客观赋权法的原始数据，评价因子权重系数的大小由其对评价方案差异的大小来决定，使系数具有绝对的客观性，但这种方法没有考虑到决策者的主观意愿。

为了综合考虑主客观的影响因素，本书采用综合权重赋值法。

(1) 确定指标的主观权重。根据具体情况，依据实际经验，对各评价指标进行赋权。假设指数个数为n，所得各项评价指标的主观权重为α：

$$\alpha=(\alpha_1,\alpha_2,\cdots,\alpha_n) \tag{4-12}$$

式中　α_i——第i个指标的主观权重，$\sum_{j=1}^{m}\alpha_j=1,\alpha_j\geqslant 0(j=1,2,\cdots,n)$。

(2) 确定指标的客观权重。采用超标倍数法确定客观权重，假设所得的评价指标的客观权重为β：

$$\beta=(\beta_1,\beta_2,\cdots,\beta_n)$$

$$\begin{cases}\beta_i=\dfrac{\eta_i}{\sum\limits_{i=1}^{n}\eta_i}\\ \eta_i=\dfrac{x_i}{s_i}\\ x_i=\dfrac{1}{m}\sum\limits_{j=1}^{m}x_{i,j}\end{cases} \tag{4-13}$$

式中 β_i——第 i 个指标的主观权重，$\sum_{i=1}^{n}\beta_i = 1, \beta_i \geqslant 0 (i = 1, 2, \cdots, n)$；

x_i——第 i 个指标监测值；

$x_{i,j}$——第 i 个指标第 j 个样本监测值；

s_i——第 i 个指标的达标标准值；

m——水样的样本数。

(3) 确定指标的综合权重。假设各项评价指标的综合权重为 W：

$$W = (w_1, w_2, \cdots, w_n)$$

$$w_i = \mu\alpha_i + (1-\mu)\beta_i \tag{4-14}$$

式中 w_i——第 i 个指标的综合权重，$\sum_{j=1}^{n} w_i = 1, \omega_i \geqslant 0 (i = 1, 2, \cdots, n)$；

μ——偏好系数，$0<\mu<1$。

4.5.3.2 各指标得分及综合得分计算方法

对于一般的数值越小，证明水质越好的评价因子，得分计算方法如式（4-15）所示；对于溶解氧而言，数值越大，水质越好，得分计算方法如式（4-16）所示；对于pH值而言，越接近7.5，证明水质越好，得分计算方法如式（4-17）所示。

$$X_i = \begin{cases} \left(1+\dfrac{x_i - s_i}{s_i}\right)\times 60 & (x_i \leqslant s_i) \\ \left(1-\dfrac{x_i - s_i}{s_i}\right)\times 60 & (x_i > s_i) \end{cases} \tag{4-15}$$

$$X_i = \begin{cases} \left(1-\dfrac{x_i - s_i}{s_i}\right)\times 60 & (x_i \leqslant s_i) \\ \left(1+\dfrac{x_i - s_i}{s_i}\right)\times 60 & (x_i > s_i) \end{cases} \tag{4-16}$$

$$X_i = \left(1-\frac{x_i - 7.5}{7.5}\right)\times 69 \tag{4-17}$$

式中 X_i——某评价指标的得分；

其余各符号意义同前。

根据水样各指标得分及综合权重，可计算出水样的综合得分：

$$A = (w_1, w_2, \cdots, w_n)(X_1, X_2, \cdots, X_n)^{\mathrm{T}}$$

4.5.3.3 权重计算法的应用

在本系统中，结合表4-32的水质标准和式（4-15）～式（4-17）的计算方法，得到权重计算结果和水质类别的对应标准如表4-33所示。

表 4-33 水质分级

得分	>91	60～91	<59
水质等级	优	良	超标

以电导率的监测值为1500、浊度监测值为7.0、溶解氧监测值为6.596、pH值监测值为7.9、温度为20℃为例。溶解氧、电导率、浊度、pH值的主客观权重矩阵分别为：

主观权重确定为 $A=(0.5,0.3,0.1,0.1)$

客观权重确定为 $B=(0.607,0.142,0.178,0.073)$

偏好系数 μ 取 0.3，得到评价指标的综合权重矩阵为 $W=(0.575,0.189,0.155,0.081)$

各评价指标得分为 $X=(79,75,78,63.2)^{T}$

综合考虑权重的影响，该组数据最后评价得分为 $(0.575,0.189,0.155,0.081)(79,75,78,63.2)^{T}=76.8$。根据表 4-33 的水质分级标准，水质评价结果为良，与实际情况相吻合。

4.5.4　水质预测 BP 神经网络法

人工神经网络属于黑箱模型，不仅能够实现空间维数的转化，还能实现输入输出之间的非线性映射，输入训练样本后，系统进行学习模拟，得到各个神经元之间的连接权值并存储，使得模拟结果更精确，更符合实际。BP 人工神经网络是指采用 BP 算法进行计算的多层的神经网络模型。BP 人工神经网络由输入层、中间层和输出层三部分组成。中间层即隐含层，可以由一个神经元组成，也可以由多个神经元构成。正向传播过程和反向传播过程一起构成 BP 人工神经网络的学习过程。正向传播过程是指，数据由输入层被传递到隐含层，在隐含层被处理后传向输出层，在传播过程中，每层神经元的状态只受到上层神经元的影响，影响较小。如果在输出层得不到期望的输出，则转入反向传播，将误差信号沿原来的神经元连接路线返回。在误差返回过程中，模型自行逐一修改各层神经元连接的权值。过程不断循环，直到误差信号在允许的范围之内。

在运用 BP 人工神经网络进行水质预测时，如果在 Delphi 中通过直接编译代码的方式实现，则整个过程都比较繁琐，而且容易出现编译错误，也不利于系统的后续维护过程。在 Matlab 中有 BP 人工神经网络的专用函数，只需输入学习、训练以及用于预测的数据，利用 newff()函数创建一个 BP 神经网络，即可用于水质预测，程序简洁、实现过程较为简单。

Newff()函数的格式为：

net=newff(PR,[S1,S2,…,Sn],{TF1,TF2,…,TFn},BTF,BLF,PF)

输入参数说明：

PR 为一个 Rx2 的矩阵用于定义 R 个输入向量的最大值以及最小值；

Si 为第 i 层的神经元个数；

TFi 为第 i 层的传递函数；

BTF 为训练函数；

BLF 为权值/阈值学习函数；

PF 为性能函数。

其中，tansig 函数为传递函数的默认函数；trainlm 函数为训练函数的默认函数；learngdm 函数为权值/阈值学习函数的默认函数；mse 函数为性能函数的默认函数。

程序通过 CreateProcess 函数调用 matlab 实现 BP 人工神经网络预测水质，当使用的预测数据如表 4-34 所示数据时（样本数 40 组），得到如表 4-35 所示的水质预测值。

表 4-34 用于预测的历史数据

溶解氧/(mg/L)	电导率/(μs/cm)	温度/℃	浊度/NTU	pH 值
5.39	205.37	25.02	1.12	7.69
5.28	205.06	25.07	1.21	7.7
5.46	205.89	24.96	1.96	7.68
5.37	206.11	25.14	2.28	7.7
5.41	204.87	24.97	0.67	7.71
5.4	205.59	24.92	1.21	7.74
5.28	205.74	25	1.32	7.72
5.37	205.37	25.04	2.19	7.75
5.36	205.2	25.02	1.16	7.72
5.31	205.06	25.18	0.25	7.75
5.21	205.06	25.06	0.26	7.74
⋮	⋮	⋮	⋮	⋮
5.3	205.35	24.91	0.2	7.75
5.22	205.11	25.09	1.09	7.75
5.32	205.38	24.99	1.12	7.76
5.18	205.89	25.1	0.4	7.75
5.2	205.33	25.14	0.63	7.74
5.38	205.39	24.95	0.55	7.77
5.64	366.94	24.91	1.55	7.74
5.59	205.11	24.93	0.46	7.71
5.53	205.27	24.97	0.3	7.69

表 4-35 预 测 结 果

溶解氧/(mg/L)	电导率/(μs/cm)	温度/℃	浊度/NTU	pH 值
5.34	205.05	24.89	1.09	7.73

4.5.5 水质监测及预警系统

实现村镇饮用水源水质监测评价及预警系统涉及多个学科体系的知识和多种技术。其中采用的主要技术有：数据库技术、程序编译技术。首先利用 VB 编译程序，接收仪器中的 JSON 格式的实时水质数据字符串，并保存到服务器数据库，然后基于可视化的 Delphi 编程语言，调用服务器 SQL 数据库中的水质数据，利用权重计算评价模型对实时水质数据进行分析并评价；利用 BP 人工神经网络模型对历史数据进行分析和预测，并结合权重计算法对预测结果进行分析评价，预测结果及分析评价结论在窗口界面显示，形成一个完整的村镇饮用水源水质监测评价及预警系统。

4.5.5.1 系统开发应用环境

(1) Delphi 编程语言。Delphi 是可视化编程语言，是一个方便、高效、快速的 Win-

dows 应用程序开发工具，Delphi 之所以被广泛应用不仅是因为它的可视化开发环境和面向对象的语言功能，还因为在处理数据和与数据库进行连接时较为方便简洁，而且还能与网络进行连接，实现起来也比较简单。因此，本书选用 Delphi 编程语言，编写系统程序。

（2）SQL 数据库选取。SQL Server 是一个关系数据库管理系统，该系统具有较高的安全性，系统体系结构为客户机/服务器结构，用户界面图形化是 SQL Server 的一大特点，这种改进使用户对数据库的操作更加简单、易懂，多种接口工具使得用户利用 SQL Server 进行程序设计时，选择更加丰富。因为系统良好的伸缩性，可以被多个平台利用来对数据进行存储和处理，支持 Web 技术，用户可以轻松地在 Web 页面发布数据信息。为了保证村镇饮用水源水质监测及预警系统的长远运行及运行效率，本书选用 SQL 数据库为本系统提供数据存储及数据调用的服务。

（3）Delphi 调用 Matlab。Delphi 和 Matlab 是两个具有十分强大的功能的软件，在模型构建、数学计算等方面具有显著的优势。本书研究利用 M 文件的传输以及一些特殊的混合编程技术实现 Delphi 与 Matlab 两个软件之间的连接，使两者的优势得以比较充分地发挥。在本书研究中，利用人工神经网络对水质进行预测的部分由 Delphi 调用 Matlab 的方式实现。实现过程为：数据库管理系统、人机界面以及图形界面等由 Delphi 设计完成，利用 Matlab 的神经网络工具箱构建 BP 人工神经网络模型来实现对水质的预测。

4.5.5.2　数据接收程序

太阳能水质在线监测仪不仅能够实时在线监测数据，还能实现数据的远程传输，为了能够接收并存储仪器监测的实时水质数据，本书研究采用 VB 编程，实现服务器与客户端的对话，完成数据的接收和存储。

程序接收界面如图 4-20 所示。

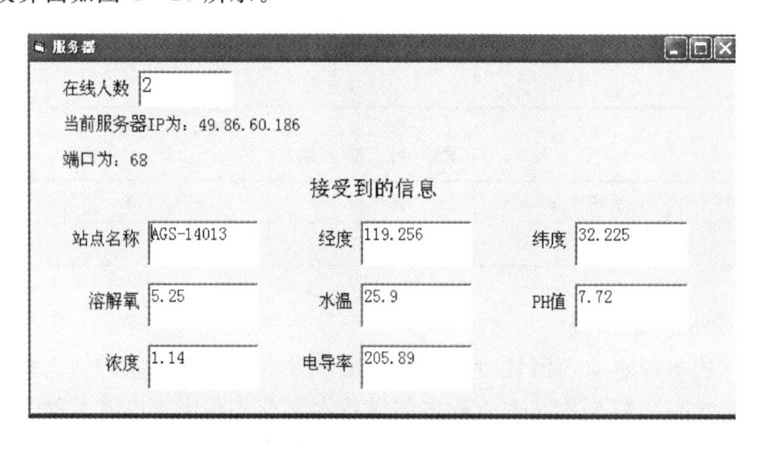

图 4-20　服务器端数据接收程序界面

VB 程序功能实现过程为：首先运用 Winsock 控件，结合相应的语句接收水质在线监测仪发送的数据字符串。

接收到字符串后根据“:”和“,”符号对字符串进行分离，从字符串中截取所需的监测数据并将数据写入相应的 text 控件中。

获取实时监测水质数据后，利用 Adodc 控件实现程序与 SQL 数据库的连接，并将数据写入数据库中对应的列中，便于后续程序调用数据库中的数据。

4.5.5.3 用户登录模块

为了保证系统以及数据的安全、防止水质数据被其他人盗用、避免监测到的数据被人为修改，设置登录界面，并将登录界面设置为程序主界面，程序运行时，首先打开登录界面，登录界面如图 4-21 所示。

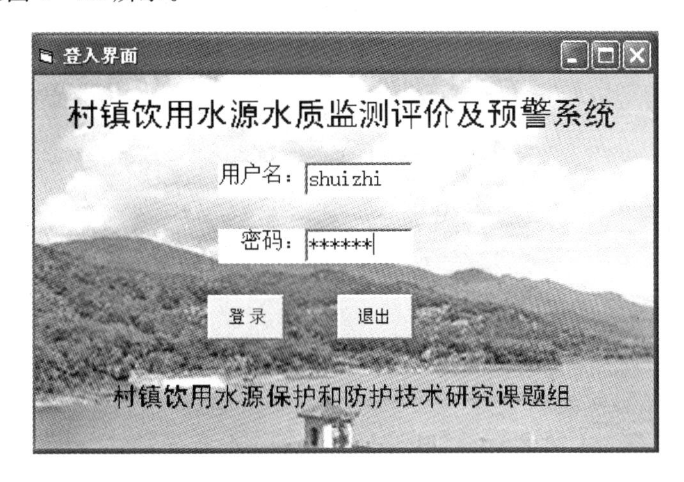

图 4-21 村镇饮用水源水质监测评价及预警系统程序主界面

由于可用的用户名及密码所需的存储容量较小，因此储存在客户端的 access 数据库中，程序模块通过 ADOQuery 控件与 Access 数据库连接，读取用户名及密码信息。

为了提高程序的运行效率，当密码后面的 Tedit 控件内容为空时，“登录”按钮为灰色不可用的状态；为了保证密码的安全性，在进行密码输入时，密码后的 Tedit 控件中显示“*”代替输入的真实密码。

4.5.5.4 实时水质监测评价模块

村镇饮用水源水质监测评价及预警系统的基础是监测评价功能，所以登录成功后进入实时水质监测评价模块。实时水质监测评价模块窗口设计如图 4-22 所示，本模块由 Delphi 基本控件 Tbutton、Tdbedit、Ttimer 等构成。该模块主要实现对实时水质监测数据的查询和显示，并利用权重计算法对查询到的数据进行分析评价，将得到的评价结果显示在窗体中的组件中。

为了实现上述功能，本模块首先利用 ADOQuery 控件与服务器数据库进行连接，获取最新的水质监测数据，然后将对应的项目显示在 label 控件后的 dbedit 中，利用 dbedit 控件显示数据库中的数据，具有代码简单，容易实现的优点。

得到数据后，按照 4.5.3 小节中给出的权重计算法对水质数据进行处理，并给出相应的得分，根据得分确定相应的水质类别，得分和水质类别分别显示在 caption 属性为“水质评价结果”的 GroupBox 的 Tedit 控件中。为了使系统能够高效地运行、方便工作人员的观察，在窗体中设置“指示灯”来表征对综合水质评价结果。水质评价结果为优时，绿色的指示灯亮，水质评价结果为良，则黄色的指示灯亮，若水质评价结果为超标，则红色

图 4-22　水质监测评价模块

的指示灯亮。

ADOQuery 控件连接数据库服务器的设置过程如图 4-23（a）、（b）所示。

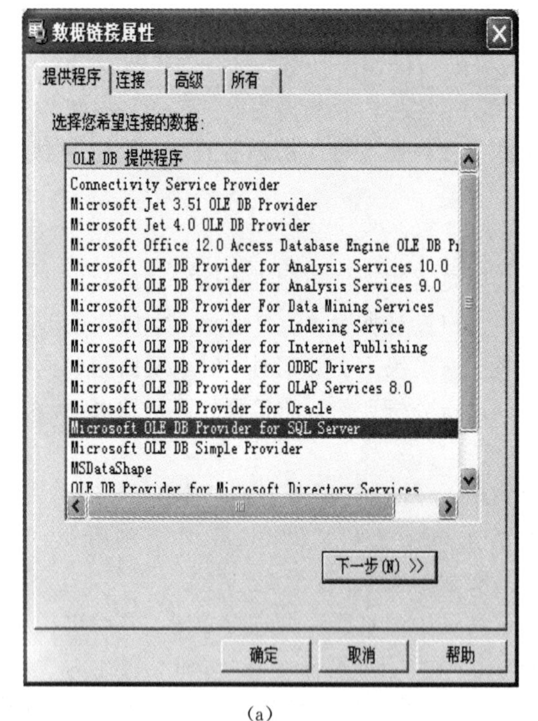

(a)

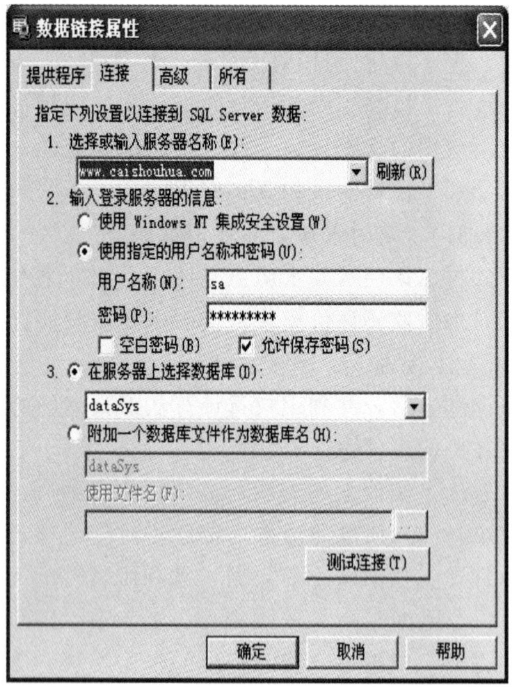

(b)

图 4-23　ADOQuery 控件连接服务器数据库

为了体现本程序的优越性，当水质评价结果为超标时，程序会自动将警报信息以短信的形式发送给相关负责人，并弹出如图 4-24 所示的提示信息窗体，负责人收到短信提示后，应立即实施应急方案，保证水源地和居民饮用水安全。

图 4-24 水质超标弹出窗口

实时水质监测评价模块还添加了 Timer 控件，用来定时更新监测到的数据（更新的频率与仪器监测的频率保持一致）并利用新的数据进行水质评价，保证界面上的数据以及评价结果都是最新的。

Timer 控件的属性设置如图 4-25（a）、（b）所示。

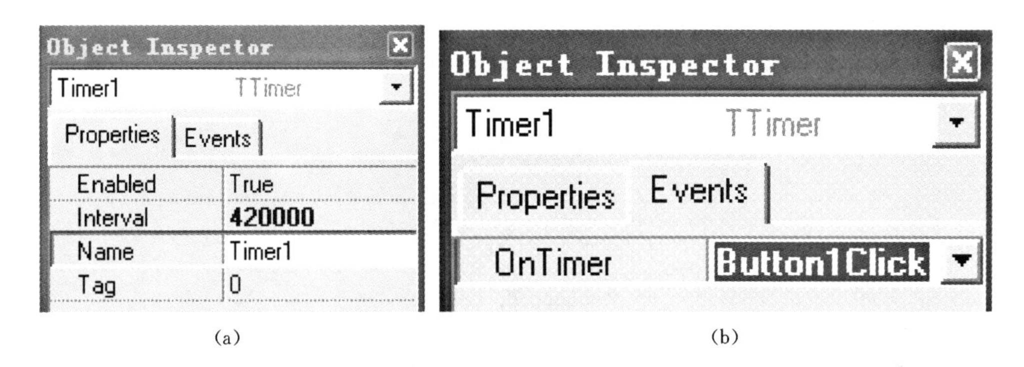

(a)　　(b)

图 4-25 Ttimer 控件属性

在窗口设置“查询”按钮，通过“查询”按钮可以人工更新当前界面的数据，利用此按钮对该系统进行定期调试，防止发生因系统异常而导致污染被忽略的事件。

4.5.5.5 历史数据管理模块

历史数据管理模块，主要是实现对历史数据的查询、导出、形成数据趋势图并打印趋势图等功能。“查询”按钮主要实现对历史水质数据的查询，可以利用 DateTimePicker 控件筛选不同时间段的水质数据，筛选后得到的查询结果通过 DBGrid 控件显示。图 4-26 为点击“查询”按钮后的模块窗口。

只对水质进行实时评价不能满足所有用户的需求，当用户要分析一段时间的水质状况时，还需实现历史数据的导出功能，而对数据进行处理的常用工具为 Excel，因此系统还实现了将数据导出到 Excel 的功能，点击“导入 Excel”按钮时系统将查询到的数据保存到 Excel 中，用户可以根据需要，对 Excel 文件进行存储或打印。这项功能便于对水质数据做进一步处理和对历史数据保存，如图 4-27 所示。

“形成趋势图”按钮利用 Teechart 控件，将查询得到的数据按照评价指标分类并生成

历史数据

水质现状(V)　历史数据(W)　水质预警(X)　修改密码(Y)　退出(Z)

从 2015- 5-14　到 2015- 5-16　查询　导入到excel　形成趋势图　打印趋势图

日期	溶解氧	电导率	温度	浊度	pH
2015-5-14 下午 09:20:00	5.1	206.72	26.87	1.21	7.57
2015-5-14 下午 09:34:00	4.98	382.96	26.73	1.21	7.57
2015-5-14 下午 09:48:00	4.89	206.2	26.77	1.16	7.58
2015-5-14 下午 10:02:00	4.96	206.56	26.66	1.06	7.61
2015-5-14 下午 10:09:00	5.04	206.6	26.71	1.26	7.6
2015-5-14 下午 10:16:00	4.96	206.56	26.69	1.356	7.62
2015-5-14 下午 10:24:00	4.97	206.8	26.91	1.09	7.6
2015-5-14 下午 10:38:00	4.83	207.16	26.78	0.29	7.6
2015-5-14 下午 10:52:00	4.95	206.92	26.71	0.52	7.61
2015-5-14 下午 10:59:00	4.91	206.92	26.71	1.78	7.62
2015-5-14 下午 11:06:00	4.93	206.84	26.81	1.88	7.62
2015-5-14 下午 11:13:00	4.92	207.29	26.71	0.63	7.62
2015-5-14 下午 11:20:00	4.89	206.56	26.77	0.45	7.62
2015-5-14 下午 11:49:00	4.85	207.23	26.71	0.4	7.63
2015-5-14 下午 09:27:00	5.03	206.92	26.62	0.55	7.57
2015-5-14 下午 09:41:00	4.98	400.57	26.63	0.23	7.55
2015-5-14 下午 11:56:00	4.88	207	26.8	1.23	7.62
2015-5-15 上午 12:24:00	4.83	206.74	26.95	1.12	7.64
2015-5-15 上午 12:38:00	4.84	207.13	26.98	1.55	7.63
2015-5-15 上午 12:53:00	4.83	207.13	26.99	1.21	7.62
2015-5-15 上午 01:07:00	4.85	206.2	26.96	0.568	7.64
2015-5-15 上午 01:14:00	4.91	206.72	26.95	0.8	7.65
2016 6 16 上午 01:21:00	4.74	207.05	27.00	0.52	7.04
2015-5-15 上午 01:50:00	4.83	207.08	26.95	1.36	7.64
2015-5-15 上午 01:57:00	4.86	377.91	26.97	0.13	7.63

图 4-26　历史数据管理界面

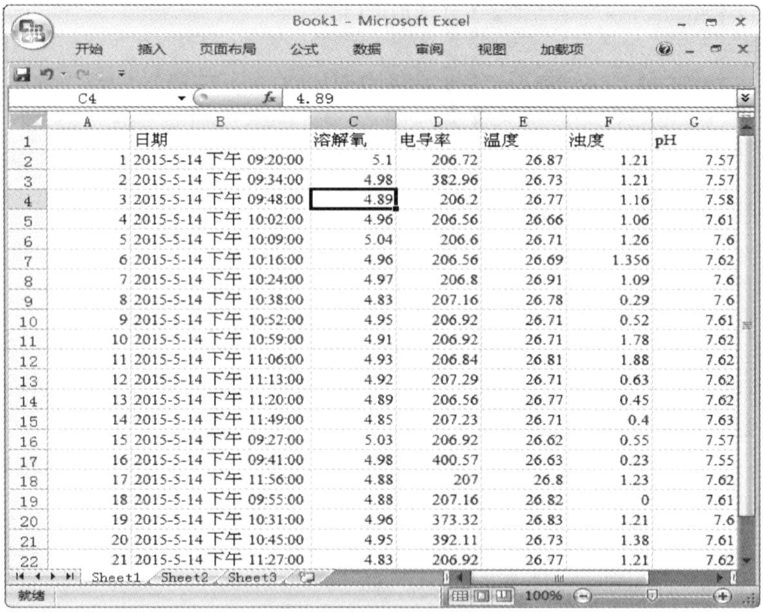

Book1 - Microsoft Excel

开始　插入　页面布局　公式　数据　审阅　视图　加载项

C4　f_x　4.89

	A	B	C	D	E	F	G
1		日期	溶解氧	电导率	温度	浊度	pH
2	1	2015-5-14 下午 09:20:00	5.1	206.72	26.87	1.21	7.57
3	2	2015-5-14 下午 09:34:00	4.98	382.96	26.73	1.21	7.57
4	3	2015-5-14 下午 09:48:00	4.89	206.2	26.77	1.16	7.58
5	4	2015-5-14 下午 10:02:00	4.96	206.56	26.66	1.06	7.61
6	5	2015-5-14 下午 10:09:00	5.04	206.6	26.71	1.26	7.6
7	6	2015-5-14 下午 10:16:00	4.96	206.56	26.69	1.356	7.62
8	7	2015-5-14 下午 10:24:00	4.97	206.8	26.91	1.09	7.6
9	8	2015-5-14 下午 10:38:00	4.83	207.16	26.78	0.29	7.6
10	9	2015-5-14 下午 10:52:00	4.95	206.92	26.71	0.52	7.61
11	10	2015-5-14 下午 10:59:00	4.91	206.92	26.71	1.78	7.62
12	11	2015-5-14 下午 11:06:00	4.93	206.84	26.81	1.88	7.62
13	12	2015-5-14 下午 11:13:00	4.92	207.29	26.71	0.63	7.62
14	13	2015-5-14 下午 11:20:00	4.89	206.56	26.77	0.45	7.62
15	14	2015-5-14 下午 11:49:00	4.85	207.23	26.71	0.4	7.63
16	15	2015-5-14 下午 09:27:00	5.03	206.92	26.62	0.55	7.57
17	16	2015-5-14 下午 09:41:00	4.98	400.57	26.63	0.23	7.55
18	17	2015-5-14 下午 11:56:00	4.88	207	26.8	1.23	7.62
19	18	2015-5-14 下午 09:55:00	4.88	207.16	26.82	0	7.61
20	19	2015-5-14 下午 10:31:00	4.96	373.32	26.83	1.21	7.6
21	20	2015-5-14 下午 10:45:00	4.95	392.11	26.73	1.38	7.61
22	21	2015-5-14 下午 11:27:00	4.83	206.92	26.77	1.21	7.62

Sheet1　Sheet2　Sheet3

就绪　100%

图 4-27　数据导入 Excel

相应的趋势图，趋势图能直观地反应水质的变化情况，便于我们发现规律并依据规律对村镇饮用水源地进行管理，溶解氧趋势图如图 4-28 所示。

系统还具有打印趋势图的功能，能够实现将趋势图打印为 pdf 格式进行保存的功能。单击“打印趋势图”按钮后程序的运行结果如图 4-29 所示。

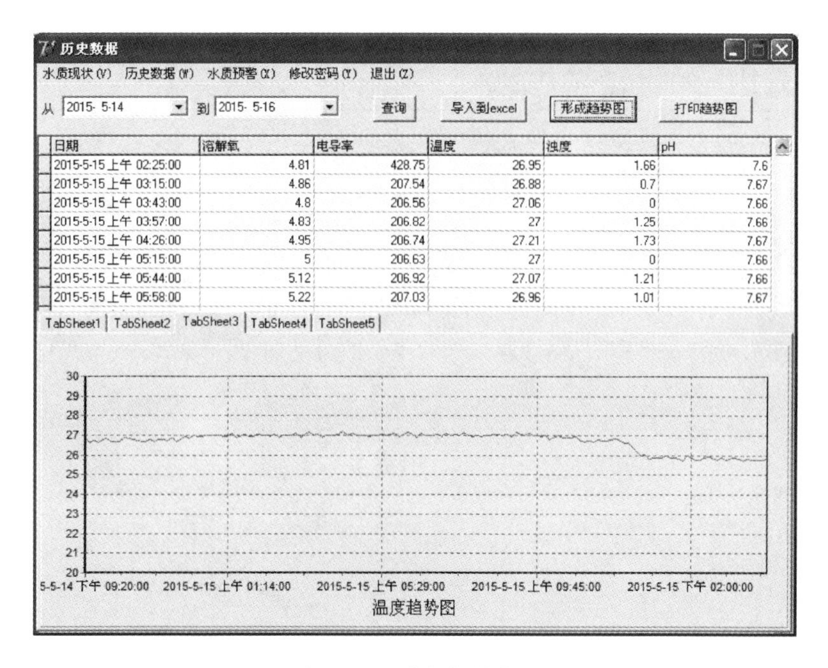

图 4-28　溶解氧趋势图

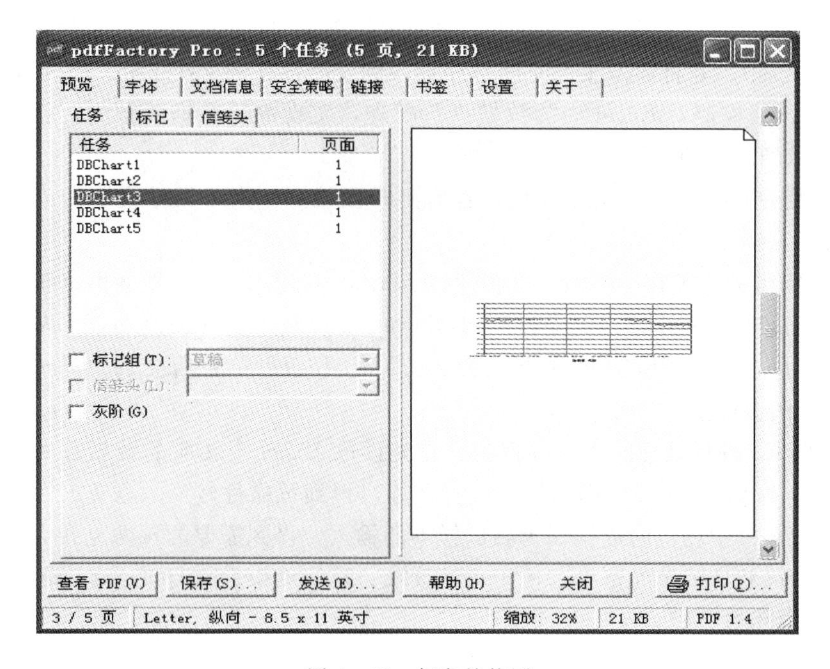

图 4-29　打印趋势图

4.5.5.6　水质预警模块

水质预警模块界面见图 4-30，本界面主要实现对水质的预测功能。运用 BP 人工神经网络模型对近期的水质数据进行处理，得到水质预测结果，并利用得到的预测结果进行分析处理，得到水质预测结果的评价结果，并显示在当前界面中。

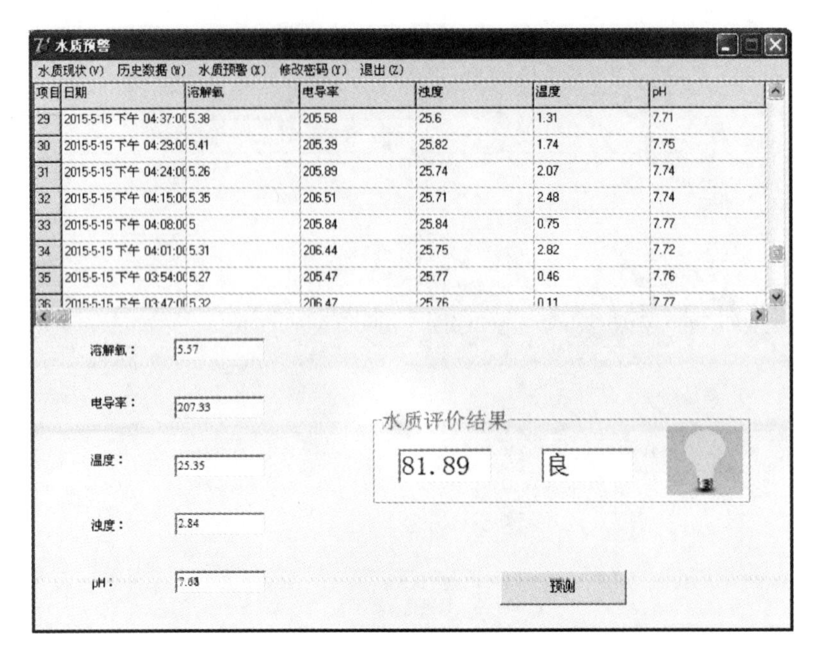

图 4－30　水质预警模块界面

该界面的具体实现过程为：首先将数据库中最近 40 次监测到的历史数据输出到界面的 DBGrid 控件中，并将数据按照时间顺序导入到已经存在的 Excel 中，结合 Matlab 根据 BP 人工神经网络模型对 Excel 中的数据进行处理，实现水质数据的预测，将得到的预测水质数据显示到对应的 Edit 控件中。

预测时段一般取 20～30min 为宜，若监测时段较短，则可根据设定的间隔读取历史数据。

Matlab 自带的人工神经网络工具箱使得 Matlab 利用 BP 人工神经网络模型实现水质预测的过程比较容易实现，因此通过调用 Matlab 实现对水质的预测功能。从可行性的角度出发，选用 4.5.4 节中的第一种调用方案。Matlab 运行结束后会自动退出，减少对电脑 CPU 内存的占用。

利用 Matlab 进行处理的实现过程为：首先读取 Excel 中相应的数据作为学习样本的输入和输出，对 BP 人工神经网络模型进行训练，得到可靠性较高、误差较小的模型，然后再次读取 Excel 中相应的数据作为测试样本的输入，得到需要的预测结果，并将预测结果显示在 Excel 相应的单元格中，便于程序读取。运行结束后执行“quit”语句退出 Matlab，减少对内存的占用。

将进行预测的 M 文件放在 Matlab 工作路径文件夹中，并命名为 startup.m，设置之后，打开 Matlab 快捷方式，则自动运行该文件，进行水质预测。

Delphi 调用外部应用程序的函数主要有三种：WinExec()、ShellExecute()、CreateProcess()，利用本书设计的程序进行水质预警的过程中，需要等待 Matlab 运行结束后，利用预测得到的结果进行下一步的分析评价过程，因此在调用外部应用程序 Matlab 时，选用 CreateProcess 函数进行。

Matlab 运行结束并退出后，Delphi 读取 Excel 相应单元格中的预测数据，写入窗体中相应的 Tedit 控件中，并及时关闭 Excel 程序。

实现水质预测过程后，为了确定水质预测结果，程序结合权重计算方法对预测结果进行评价，得到的评价结果（具体得分和综合评价结果）显示在水质后面的 Tedit 控件中，“指示灯”根据不同的水质类别显示相应的颜色，指示灯颜色说明及其变化规律与实时水质监测评价界面相同。若水质评价结果为超标，程序会自动将警报信息以短信的形式发送给相关负责人，并弹出如图 4-31 所示的提示信息窗体，以便及时对水质进行进一步监测，发现并排除污染源，避免村镇饮用水源地受到污染，影响村民的饮水安全。

图 4-31 水质超标弹出窗口

在本界面有一个 Timer 控件用于定时更新当前界面的数据，控件的属性设置与 4.3.3 中的设置相同，该控件的使用使得预测的结果更加及时、准确、可靠，避免出现水质超标漏报的现象。

4.5.5.7 用户密码修改模块

为了保证用户的需要和系统的安全，本系统提供密码修改的功能，用户可以根据需要定期修改密码，用户密码修改界面见图 4-32。其中用户需输入正确的原密码，并且两次输入的新密码应该相同，否则会提示用户重新输入，密码修改界面的新旧密码也用“*”代替真实数字。

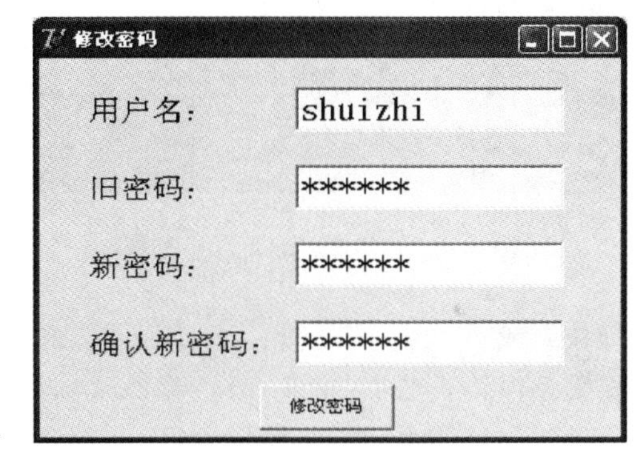

图 4-32 密码修改界面

4.6 示范工程

本示范工程位于江苏省扬州市仪征月塘水库，以水质理化和生物毒性联合监测预警模式为主要示范内容。该水库位于扬州市仪征月塘镇境内的胥浦河上游，属长江流域。水库始建于 1958 年，目前集水面积达到 35.5km^2，总库容 1816 万 m^3，最大蓄水面积 440hm^2。月塘水库是仪征最大的水库，也是扬州境内唯一的一座中型水库。月塘水库是仪征月塘镇居民饮用水和仪征市区备用饮用水水源地。目前，月塘水库周边无工业污染源排入，主要接纳流域的农业面源污染物，包括农药、化肥施用后未被作物吸收的部分，随地表径流流失进入水体，以及利用水面进行水产养殖产生的排泄物进入水体。2012—2014年，仪征月塘水库主要项目监测结果统计见表 4－36，现状水质属于Ⅱ类。

表 4－36　2012—2014 年仪征月塘水库主要项目监测结果统计表　单位：mg/L

年度		pH 值	DO	COD_{Mn}	BOD_5	氨氮	石油类
2012	平均值	7.59	9.5	3.3	2.2	0.09	0.01
	最劣值	8.47	7.6	4.2	2.3	0.16	0.01
2013	平均值	7.82	8.6	3.8	2.0	0.11	0.01
	最劣值	8.31	7.0	4.3	2.1	0.24	0.01
2014	平均值	7.86	8.7	3.2	2.0	0.08	0.01
	最劣值	8.79	7.2	4.1	2.3	0.16	0.01

图 4－33　仪征月塘水库平面图

从平面图可以看出，水库最南面是拦河大坝，坝长 1125m，坝高 17m，坝顶高程 36.5m。上游分为东、西两汊，东汊比西汊大许多。大坝东侧有 1 座 5 孔泄洪闸。泄洪闸东边是备用饮用水水源取水泵站。

如图 4－33 所示，在取水泵房来水前 30m、东汊末端、西汊末端设置 3 个监测点。每个监测点选用小型浮标加大型浮箱的模块组合，包括有：由小型浮标、大型浮箱、理化传感器模块、生物毒性传感器模块、GPRSRTU 模块、10W 的小功率太阳能供电模块、450W 的大功率太阳能供电模块组成。

大型浮箱长 2m、宽 1.5m、高 0.4m，可提供 1000kg 浮力，四个角各用 1 个铁锚固定，铁锚与浮箱之间用多股尼龙绳牵引，容许浮箱随水位上下升降。450W 的大功率太阳能供电模块，有 3 块 150W 大功率太阳能电池板、1 节 12V 200Ah 免维护铅酸电池、12V50A 控制器、电池板支架、半导体加热制冷模块，冷热水泵、输水管组成，可以保证生物毒性传感器模块在严寒和酷暑正常运行。小型浮标固定于大型浮箱南侧，内部包括有：理化传感器模块、生物毒性传感器模块、GPRSRTU 模块、10W 的小功率太阳能供电模块，本身就是一个独立完整的水质联合监测单元。

每天早晨 6：00 至晚上 20：00，在 14h 内，每隔 30min 采集水质 6 个理化数据和 2 个生物毒性数据，并将监测数据上传至服务器，监测全过程耗时 5min。晚上 20：00 至早晨 6：00，不采集数据，让斑马鱼和大型蚤保持自然节律。每个监测点每周需要维护 1 次，主要任务是检查设备完好、冲洗理化传感器、更换斑马鱼和大型蚤。每次需要 1～2 人，乘机动船往返码头与监测点。码头在取水泵站旁边。机动船应该为硬质材料（木材或玻璃钢）制造，不能选择充气式，以防被铁丝或树枝划破，威胁安全。2014 年 1—12 月，仪征月塘水库主要项目监测结果统计见表 4－37。

表 4-37 2014年1—12月仪征月塘水库主要项目监测结果统计表 单位：mg/L

监测日期	pH值	DO	COD_{Mn}	BOD_5	氨氮	石油类
2014.1	7.21	10.1	3.6	2.1	0.08	0.01
2014.2	7.40	9.8	4.3	2.0	0.09	0.01
2014.3	7.61	10.9	3.6	2.3	0.19	0.01
2014.4	7.86	10.2	3.3	2.0	0.09	0.01
2014.5	7.01	9.8	3.0	2.0	0.06	0.01
2014.6	8.34	9.3	3.1	2.1	0.09	0.01
2014.7	7.16	9.1	3.0	2.2	0.06	0.01
2014.8	7.89	7.6	3.2	2.1	0.06	0.01
2014.9	7.96	9.5	3.2	2.0	0.05	0.01
2014.10	7.86	9.6	3.3	2.1	0.08	0.01
2014.11	7.56	9.8	3.2	2.1	0.10	0.01
2015.12	7.64	9.8	3.4	2.2	0.08	0.01
平均值	7.63	9.63	3.4	2.1	0.09	0.01
最劣值	8.34	7.6	4.3	2.3	0.19	0.01

第5章 村镇饮用水源保护技术模式

5.1 村镇饮用水源保护区划分

5.1.1 基本要求

(1) 为便于开展日常环境管理工作，依据保护区划分的原则，结合水源保护区（范围）内的地形、地标、地物特点，最终确定各级保护区或保护范围的界线。

(2) 充分利用具有永久性的明显标志，如分水岭、行政区界线、公路、铁路、桥梁、河流汊口、输电线、通信线等标示保护区界线。

(3) 最终确定的各级保护区或保护范围坐标红线图、表，作为政府部门审批的依据，也作为国土规划、环保部门土地开发审批的依据。

(4) 划分饮用水水源保护区，应编制正式的技术文件。

5.1.2 划分原则

(1) 考虑不同水源地的实际情况，结合当地条件，包括水源地位置、水文、气象、地质、水文地质、地形、水污染类型、污染特性、污染源分布、水源地规模、水量需求和社会经济状况等，因地制宜，选择技术指标与划分方法。

(2) 区分水源类型，针对河流型、湖泊型、水库型和地下水型等不同类型饮用水水源的特点，综合考虑影响饮用水水源水质、水量的各种因素划分饮用水水源保护区（范围）。

(3) 水量、水质保护并重，在供应规划水量时，水源保护区（范围）的水质能满足相应的标准。

(4) 划定的水源保护区（范围），应防止水源地附近人类活动对水源的直接影响。

(5) 应足以使所选定的主要污染物在向取水点输移过程中衰减到所期望的浓度水平。

(6) 在确保饮用水不受污染的前提下，划定的水源保护区（范围）应尽可能小。

(7) 水源保护区（范围）的划分应力求简单明确，既便于供水单位管理，又便于公众参与饮用水水源保护区（范围）的监督。

5.1.3 水源保护区水质要求

5.1.3.1 地表水水源保护区水质要求

(1) 饮用水地表水源一级保护区或保护范围的水质基本项目限值不应低于 GB 3838《地表水环境质量标准》Ⅱ类标准，且补充项目和特定项目应满足该标准规定的限值要求。

(2) 饮用水地表水水源二级保护区的水质基本项目限值不应低于 GB 3838《地表水环境质量标准》Ⅲ类标准，并保证流入一级保护区的水质满足一级保护区水质标准的要求。

(3) 饮用水地表水源准保护区的水质标准应保证流入二级保护区的水质满足二级保护

区水质标准的要求。

5.1.3.2 地下水水源保护区水质要求

饮用水地下水源保护区（包括一级、二级和准保护区）或保护范围水质各项指标不应低于 GB/T 14848《地下水质量标准》Ⅲ类标准。

5.1.4 地表水型饮用水水源保护区划分

5.1.4.1 饮用水地表水水源分类

饮用水地表水水源按水体的存在形式可分为河流、湖泊、水库等；按河流的特征可分为一般河流、感潮河段；按湖泊、水库规模的大小可将湖库型饮用水水源地进行分类，见表 5－1。

表 5－1　　湖库型饮用水水源地分类表

水源地类型		水源地类型	
水库	小型，$V<0.1$ 亿 m^3	湖泊	小型，$S<100km^2$
	中型，0.1 亿 $m^3\leqslant V<1.0$ 亿 m^3		大中型，$S\geqslant100km^2$
	大型，$V\geqslant1.0$ 亿 m^3		

注　V 为水库总库容；S 为湖泊水面积。

5.1.4.2 地表水水源保护区划分方法

饮用水地表水水源保护区应包括一定面积的水域和陆域。若水源地所在水功能区为单一功能的饮用水功能区，应将饮用水功能区全部水域划为水源保护区，且不再设置准保护区。

饮用水地表水水源保护区划分可采用经验法、模型计算法确定。在技术条件有限的情况下，可采用类比经验方法确定保护区范围，但应进行跟踪验证监测，若发现划分结果不合理，应及时调整。

5.1.4.3 河流型饮用水水源保护区划分

参照 HJ/T 338《饮用水水源保护区划分技术规范》的规定，采用类比经验方法对河流型保护区进行划分，见表 5－2。

表 5－2　　河流型饮用水水源保护区划分

范围		一级保护区	二级保护区	准保护区
水域范围	一般河流	长度：取水口上游不小于1000m，下游不小于100m； 宽度：为5年一遇洪水所能淹没的区域；通航河道按规定的航道边界线到取水口一侧范围	长度：从一级保护区的上游边界向上游延伸不小于2000m，下游侧外边界距一级保护区边界不小于200m； 宽度：从一级保护区水域向外扩张到10年一遇洪水所能淹没的区域，有防洪堤的河段，为防洪堤内的水域宽度	当需要设置准保护区时，可参照二级保护区的划分方法确定准保护区范围
	感潮河段	长度：取水口上下游两侧范围相当，且不小于1000m； 宽度：与一般河流型相同	长度：二级保护区上游侧外边界到一级保护区上游侧边界的距离大于潮汐落潮最大下泄距离；下游侧范围应视具体河流水流状况确定； 宽度：与一般河流型相同	

续表

范围	一级保护区	二级保护区	准保护区
陆域范围	陆域沿岸长度不小于相应的一级保护区水域长度；陆域沿岸纵深与河岸的水平距离不少于50m，且取水口到岸边的水域范围与陆域沿岸纵深范围之和不小于100m	陆域沿岸长度不小于二级保护区水域长度，沿岸纵深范围不小于1000m	当需要设置准保护区时，可参照二级保护区的划分方法确定准保护区范围

5.1.4.4 湖库型饮用水水源保护区划分

参照HJ/T 338《饮用水水源保护区划分技术规范》的规定，采用类比经验方法对湖泊、水库型饮用水水源保护区进行划分，见表5-3。

表5-3 湖泊、水库饮用水水源保护区划分

范围	一级保护区	二级保护区	准保护区
水域范围	小型水库和单一供水功能的湖泊、水库：正常水位线以下的全部水域面积； 小型湖泊、中型水库：取水口半径300m范围内的区域	小型湖泊、中型水库：一级保护区边界外的水域面积、山脊线以内的流域	必要时，可以在二级保护区以外的汇水区域设定准保护区
陆域范围	小型湖泊、中小型水库：取水口侧正常水位线以上200m范围内的陆域或一定高程线以下的陆域，但不超过流域分水岭范围	小型水库：上游整个流域（一级保护区陆域外区域）； 小型湖泊：一级保护区以外水平距离2000m区域，但不超过流域分水岭范围	

5.1.5 规模化地下水型饮用水水源保护区划分

5.1.5.1 地下水水源分类

地下水水源地按含水层介质类型可分为孔隙水、裂隙水和岩溶水；按埋藏条件可分为浅层地下水、潜水和承压水；按开采规模可分为大、中、小型水源地，小型水源地开采量小于等于10000m^3。

5.1.5.2 地下水水源保护区划分方法

地下水水源保护区的划分应在调查和收集水源地所处的介质类型、埋藏条件、水源地开采状况（包括开采井水位、水量、水质观测数据）以及地下水污染状况（包括污染源、污染途径）等资料的基础上，选择适合的划分方法。饮用水潜水水源地保护区应划定一级、二级和准保护区，饮用水承压水水源地一般情况下只划定一级保护区。饮用水地下水源保护区划分可采用经验值、经验公式等方法确定，并应符合下列要求：

（1）中小型孔隙水潜水型水源地保护区划分半径经验值法。根据当地水文地质条件，中小型孔隙水潜水型水源地保护区划分可按表5-4取值。

（2）中小型水源地保护区划分半径经验公式法。中小型水源地保护区划分可按保护区

半径计算经验公式计算。

表 5-4　　孔隙水潜水型水源地保护区范围经验值

介质类型	一级保护区半径 R/m	二级保护区半径 R/m
细砂	30～50	300～500
中砂	50～100	500～1000
粗砂	100～200	1000～2000
砾石	200～500	2000～5000
卵石	500～1000	5000～10000

注　二级保护区半径是以一级保护区边界为起算点。

$$R=\alpha\times K\times I\times T/n \tag{5-1}$$

式中　R——保护区半径，m；

α——安全系数，一般取 1.5；

K——含水层渗透系数，m/d；

I——水力坡度（为漏斗范围内的水力平均坡度）；

T——污染物水平迁移时间，d；

n——有效孔隙度。

当计算结果低于表 5-4 所列经验值时，应以经验值上限为准。地下水水源保护区（范围）划定后应进行跟踪验证监测，当发现划分结果不合理时，应及时调整。

5.1.5.3　孔隙水水源保护区划分

孔隙水潜水型、承压水型水源保护区的划分应符合表 5-5 的规定。

表 5-5　　孔隙水水源保护区划分

类型	一级保护区	二级保护区	准保护区
孔隙水潜水型	采用经验公式法、经验值法确定保护区半径	划分方法同一级保护区	将水源补给区和径流区划为准保护区
孔隙水承压水型	划定上部潜水的一级保护区作为承压水型水源地的一级保护区，划定方法同孔隙水潜水型	一般不设	必要时将水源补给区划为准保护区

5.1.5.4　裂隙水水源保护区划分

裂隙水按成因类型不同分为风化裂隙水、成岩裂隙水和构造裂隙水，按水文地质条件分为潜水、承压水，裂隙水需要考虑裂隙介质的各向异性。

裂隙饮用水水源保护区的划分采用经验公式法确定保护区半径，风化裂隙水水源保护区的划分应符合表 5-6 的规定，成岩裂隙水水源保护区的划分与风化裂隙水水源保护区的划分相同，构造裂隙水水源保护区的划分应符合表 5-7 的规定。

表 5-6　　风化裂隙水水源保护区划分

<table>
<tr><th colspan="2">类　型</th><th>一级保护区</th><th>二级保护区</th><th>准保护区</th></tr>
<tr><td rowspan="2">潜水型</td><td>中小型水源地</td><td>以开采井为中心，按保护区半径计算经验公式计算的距离为半径的圆形区域。一级保护区 T 取 100d</td><td>以开采井为中心，按公式保护区半径计算经验公式计算的距离为半径的圆形区域。二级保护区 T 取 1000d</td><td rowspan="2">必要时将水源补给区和径流区划为准保护区</td></tr>
<tr><td>大型水源地</td><td>以地下水开采井为中心，溶质质点迁移 100d 的距离为半径所圈定的范围作为水源地一级保护区范围</td><td>一级保护区以外，溶质质点迁移 1000d 的距离为半径所圈定的范围作为二级保护区</td></tr>
<tr><td colspan="2">承压水型</td><td>划定上部潜水的一级保护区作为风化裂隙承压型水源地的一级保护区，划定方法需要根据上部潜水的含水介质类型并参考对应介质类型的中小型水源地的划分方法</td><td>不设二级保护区</td><td>必要时将水源补给区划为准保护区</td></tr>
</table>

表 5-7　　构造裂隙水水源保护区划分

<table>
<tr><th colspan="2">类型</th><th>一级保护区</th><th>二级保护区</th><th>准保护区</th></tr>
<tr><td rowspan="2">潜水型</td><td>中小型水源地</td><td>以水源地为中心，利用保护区半径计算经验公式，n 分别取主径流方向和垂直于主径流方向上的有效裂隙率，计算保护区的长度和宽度。T 取 100d</td><td>以水源地为中心，利用保护区半径计算经验公式，n 分别取主径流方向和垂直于主径流方向上的有效裂隙率，计算保护区的长度和宽度。T 取 1000d</td><td rowspan="2">必要时将水源补给区和径流区划为准保护区</td></tr>
<tr><td>大型水源地</td><td>以地下水取水井为中心，溶质质点迁移 100d 的距离为半径所圈定的范围作为一级保护区范围</td><td>一级保护区以外，溶质质点迁移 1000d 的距离为半径所圈定的范围作为二级保护区</td></tr>
<tr><td colspan="2">承压水型</td><td>划定上部潜水的一级保护区作为风化裂隙承压型水源地的一级保护区，划定方法需要根据上部潜水的含水介质类型并参考对应介质类型的中小型水源地的划分方法</td><td>不设二级保护区</td><td>必要时将水源补给区划为准保护区</td></tr>
</table>

5.1.5.5　岩溶水水源保护区划分

根据岩溶含水层溶蚀程度的不同，岩溶水可分为岩溶裂隙网络型、峰林平原强径流带型、溶丘山地网络型、峰丛洼地管道型和断陷盆地构造型 5 类。

岩溶水饮用水源保护区划分应考虑溶蚀裂隙中的管道流与落水洞的集水作用，岩溶裂隙网络型水源保护区划分方法与风化裂隙水相同，峰林平原强径流带型水源保护区划分与构造裂隙水相同，溶丘山地网络型、峰丛洼地管道型、断陷盆地构造型水源保护区划分应符合表 5-8 的规定。具体划分方法应符合 HJ/T 338《饮用水水源保护区划分技术规范》的相关规定。

表 5-8 溶丘山地网络型、峰丛洼地管道型、断陷盆地构造型水源保护区划分

类型	一级保护区	二级保护区	准保护区
溶丘山地网络型 峰丛洼地管道型 断陷盆地构造型	以岩溶管道为轴线，水源地上游不小于1000m，下游不小于100m，两侧宽度按保护区半径计算经验公式计算（若有支流，则支流也要参加计算）。同时，在此类型岩溶水的一级保护区范围内的落水洞处也宜划分为一级保护区，划分方法是以落水洞为圆心，按保护区半径计算经验公式计算的距离为半径（T 值为100d）的圆形区域，通过落水洞的地表河流按河流型水源地一级保护区划分方法划定	不设二级保护区	必要时将水源补给区划为准保护区

5.1.6 小型集中式和分散式饮用水水源地保护范围划分

5.1.6.1 小型集中式饮用水水源地保护范围划分

供水规模为1000m^3/d以下至20m^3/d以上或供水人口在10000人以下至200人以上的小型集中式饮用水水源（包括现用、备用和规划水源），应根据当地实际情况，划分水源地保护范围，设置饮用水水源保护标志，并应符合下列规定：

（1）地下水型。饮用水地下水型水源地保护范围宜为取水口周边30～50m，岩溶水水源地保护范围宜为取水口周边50～100m；当采用引泉供水时，根据实际情况，可把泉水周边50m及上游100m处划为水源地保护范围；单独设立的蓄水池，其周边的保护范围宜为30m。

（2）河流型。饮用水河流型水源地保护范围宜为取水口上游不小于100m，下游不小于50m。沿岸陆域纵深与河岸的水平距离不小于30m；条件受限的地方可将取水口上游50m、下游30m以及陆域纵深30m的区域作为保护范围；当采用明渠引蓄灌溉水供水时，应有防渗和卫生防护措施，水源地保护范围视供水规模宜为取水口周边30～50m；单独设立的蓄水构筑物，其周边的保护范围宜为10～30m。

（3）湖库型。饮用水湖库型水源地水域保护范围宜为取水口半径100m的区域，单一供水功能的湖库应为正常水位线以下的全部水域面积；陆域为正常水位线以上50m范围内的区域，但不超过流域分水岭范围。

5.1.6.2 分散式饮用水水源地保护范围划分

供水规模在20m^3/d及以下或供水人口在200人以下的分散式饮用水水源（或小型集中式饮用水水源）的保护范围，应符合下列规定：

（1）雨水集蓄饮用水宜采用屋顶集雨，为保证水质，应摒弃初期降雨或设初雨自动弃流装置；引水设施、水窖（池）周边的保护范围应根据实际情况确定，但不应小于10m。

（2）在山丘区修建的公共集雨设施，应选择无污染的清洁小流域，其集流场、蓄水池等供水设施周边的保护范围应根据实际情况确定，但不应小于10m。

（3）单户集雨供水集流面宜采用屋顶或在居住地附近无污染的地方建人工硬化集流面，其供水设施应在技术指导下由用户自行保护。

（4）分散式供水井周边的保护范围不应小于10m；单户供水井应在技术指导下由用户自行保护。

（5）当采用小型一体化净水设备时，其周边的保护范围不应小于10m。

5.2　村镇饮用水源保护模式构建

针对村镇饮用水源溶解态、固态、悬移态等类型的污染物，在污染因子的迁移路径上，根据路径上的地形地貌等因素筛选相应的污染防控技术。在 ArcGIS 中建立了基于饮用水源保护和污染防控技术的污染因子浓度衰减曲线的模拟模型，应用该模型筛选饮用水源保护措施和优选污染防控技术参数，构建村镇饮用水源地保护与污染防控技术方案和相应的技术参数。

水源保护与污染防控技术主要有农田有机种植、人工湿地、植物篱、侧渗缓冲带、生态沟渠、氧化塘、前置库、生态河岸带、水陆交错带、拦污装置、净化设施等技术，按照图5-1的技术方案筛选流程选择技术组合方案。针对村镇饮用水源的污染特征，进行了水源集水区稻—草轮作有机种植模式、水源集水区废弃矿场生态恢复模式、水源前置库生物链系统构建保护模式的试验研究。

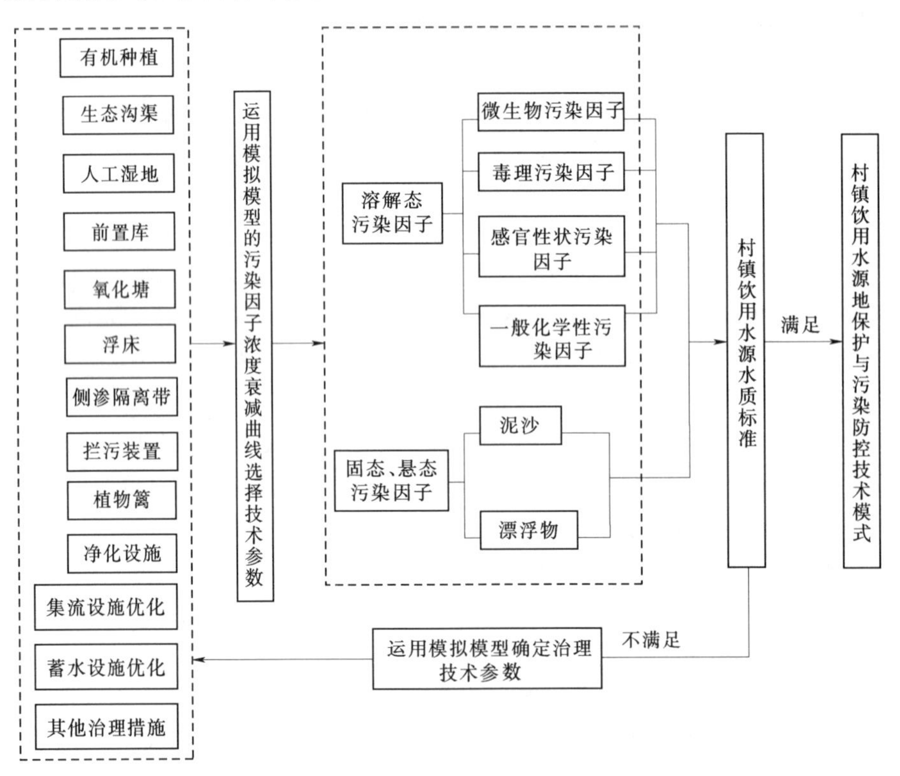

图5-1　村镇饮用水源保护模式构建

5.2.1　保护技术模拟模型

运用 ArcGIS 中的模型构建器（Model Builder）构建村镇饮用水源保护技术模拟模型，包括保护方案模型和识别模型两个子模型。基于该模拟模型，能够模拟保护模式对污染因子的净化去除规律，实现村镇饮用水源保护方案技术参数的优选。

通过右键点击工具集“Arc Toolbox”，在右键菜单中执行“新的工具箱”命令，将新建工具箱重命名，保护方案子模型（如“前置库模型”）创建完成，再通过模型构建器设置相应参数，其构建和应用过程与5.2节介绍的识别模型构建基本相同。图5-2、图5-3分别为创建的保护方案子模型和识别子模型。

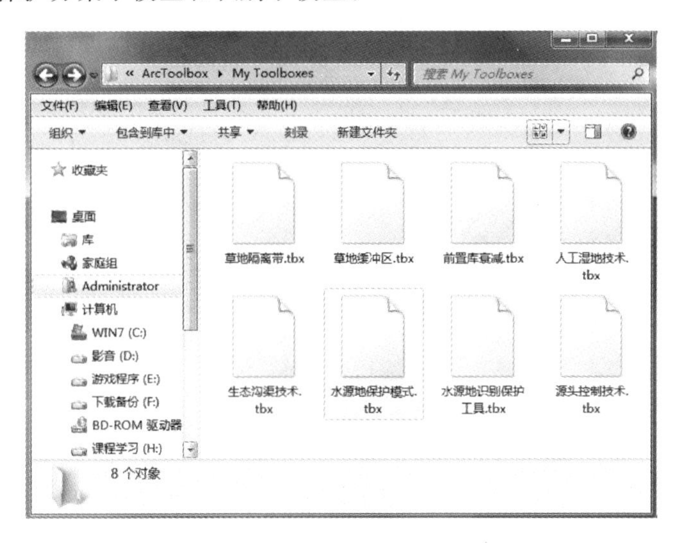

图5-2 保护方案模型

5.2.2 生态缓冲带技术模拟模型

在村镇饮用水源地陆域，选择生态缓冲带为例研究陆域防控技术模型的构建方法。在农田周围布置生态缓冲带，拦截来自农田地表径流、壤中流的污染物并控制水土流失，生态缓冲带搭配草本植物、灌木和乔木，在闲置土地尽可能增加缓冲带的宽度和连续性。选择适用范围较广的高羊茅草为研究对象，找出氮素污染因子去除率随草地缓冲带距离的变化规律，如图5-4所示。

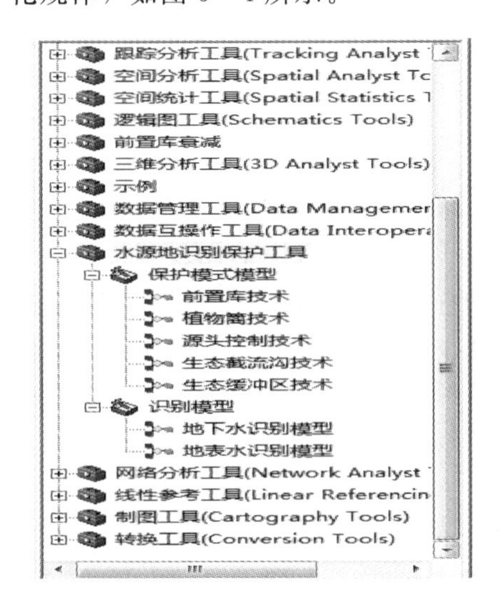

图5-3 识别模型

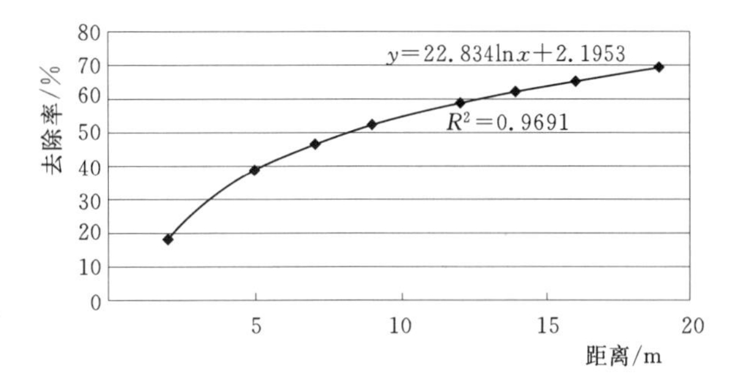

图5-4 草地缓冲带氮素去除率随距离变化图

按照 5.2 节中构建识别模型的方法将去除率随草地缓冲区的距离变化的曲线编辑到模型构建器中，并储存到工具集中，生态缓冲带技术模型创建完成。其流程如图 5-5、图 5-6所示。应用该模型时，只需输入目标去除率，即可优选出合适的缓冲带宽度。

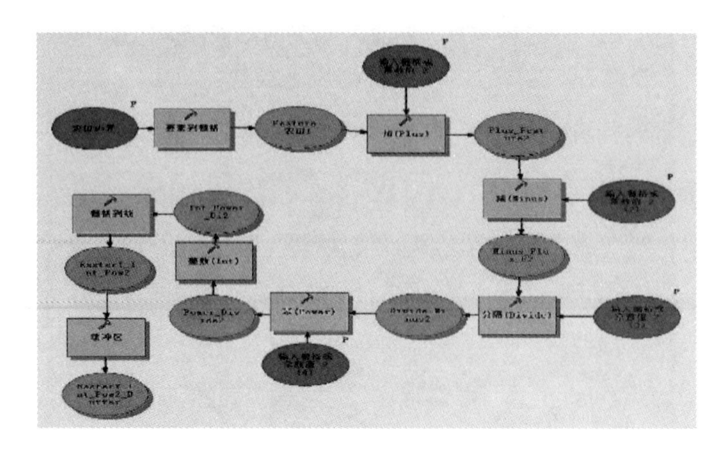

图 5-5　草地缓冲区模型的构建

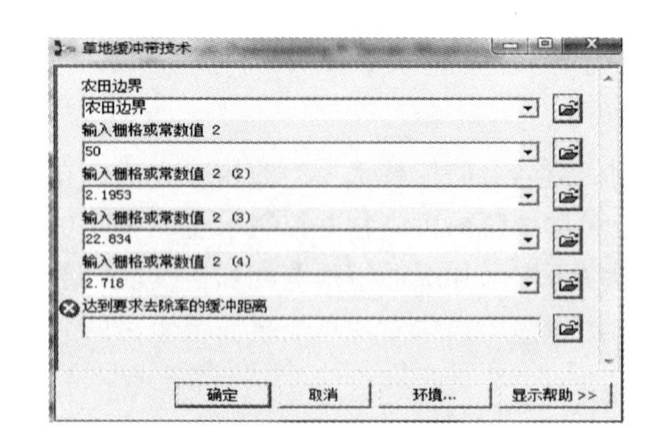

图 5-6　草地缓冲区模型应用界面

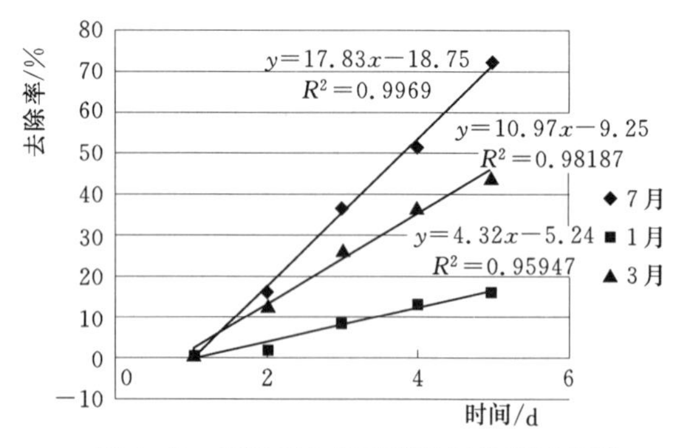

图 5-7　前置库中氮素随时间的衰减规律

5.2.3　前置库技术模拟模型

在村镇饮用水源地水域，选择前置库为例研究水源防控技术模型的构建方法。在污染物进入水体或者水源地前，设置前置库，用于截留进入主体水库的泥沙和溶解态污染物。能够存储在设计水平年的降雨下产生的径流量，通过延长其水力停留时间，经物理、生物作用净化后，排入村镇饮用水体或水源地。为反应水源地保护模式具有一定时空性的特点，选择太湖流域宜兴境内某一前置库在 1 月、3 月和 7 月内，前置库中氮素去除率随时间的变化规律作为研究对象。分析 3 个月氮素随时间的衰减曲线，如图 5-7 所示。

前置库技术模型的构建与上述类似，根据 3 个不同的月份前置库中氮素的衰减规律，通过调整参数，构建不同月份前置库技术模型，其流程如图 5-8、图 5-9 所示。应用该模型时，只需输入目标氮素浓度，即可优选出合适的水力停留时间，从而为设计前置库的库容提供关键参数。

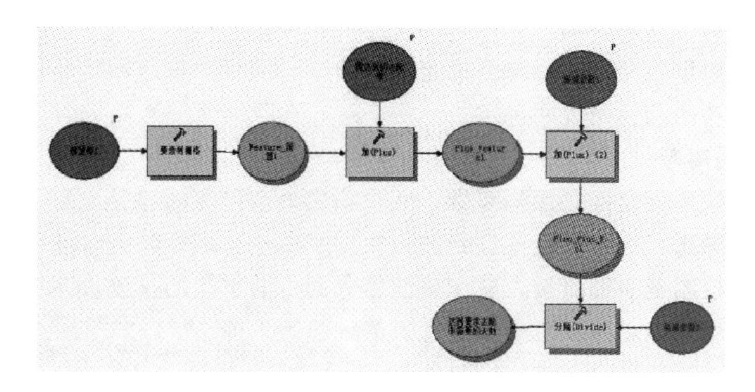

图 5-8 前置库技术模型的构建图

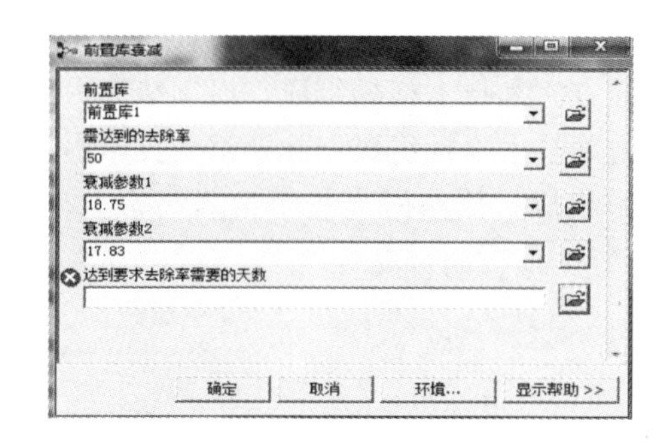

图 5-9 前置库模型流程图

5.3 水源集水区稻—草轮作有机种植模式

5.3.1 基本原理

水源集水区稻—草轮作有机种植模式不同于常规的水稻种植模式和常规的有机水稻种植模式，本模式侧重研究低面源污染且经济效益较高的稻—草轮作有机种植技术。

5.3.1.1 绿肥

稻田冬季种植紫云英作为绿肥，种植时间根据当地节气确定，来年插秧前 15d，将紫云英翻压沤制 10d 后耙田，作为水稻基肥。紫云英含有丰富的氮、磷、钾、硒等元素，紫云英绿肥含氮量 0.48%、含磷量 0.11%、含钾量 0.24%左右。水稻生长需要的氮、磷、钾等养分主要通过种植、施用绿肥中获得。紫云英绿肥除了含氮、磷、钾等养分较高之外还有良好的改土作用，含有机质丰富，改良土壤团粒结构，降低雨滴击溅侵蚀，减少降雨径流中颗粒态和溶解态氮、磷等污染物浓度。经过持续冬种紫云英绿肥并辅以适当豆饼或菜籽饼，可使有机稻田亩均产量达到 300kg 以上。

采用稻田秧苗间隙田间覆盖，减少杂草的光合作用，抑制杂草生长，利用有益微生物进行病虫害防治。水田秧前平整土地，插秧后秧苗挺直时，每公顷覆盖约 3.5t 左右稻壳，进行淹水处理，防止杂草早期萌发和生长；后期对少量杂草进行人工除草。

5.1.1.2 诱虫灯

使用特制的光源将害虫引诱至杀虫网附近，通过高压电击方式将其杀灭，防治水稻害虫稻螟、叶蝉、稻二化螟、稻三化螟、稻飞虱、稻纵卷叶螟等害虫。诱虫灯的使用，既能大幅减少农药使用量，又能实现降低虫害种群数量、减少虫口基数的目的，诱虫灯的田间布置方法按照其功率和使用说明确定。

5.1.1.3　侧渗隔离带

稻田种植区域外侧设置侧渗隔离带，减少稻田地表径流的养分流失，防止稻田氮、磷等面源污染通过降雨径流和渗流迁移到村镇饮用水源地。侧渗隔离带种植的植物可吸收土壤水中的养分，控制地表径流量，减少稻田养分向下游水体的排放量。现场试验表明，草地隔离带随宽度增加，总氮、总磷及硝态氮浓度显著下降。

5.3.2　技术流程

稻—草轮作有机种植模式由有机水稻种植栽培技术、沤制绿肥技术、除草杀虫技术、侧渗隔离技术等组成（见图5-10）。有机水稻种植栽培由有机水稻选种、育苗、整地、田间管理、稻草还田处理等方法和技术指标组成；沤制绿肥由紫云英种植时间、选种、育种、田间管理、施肥、沤肥等技术指标组成；除草杀虫技术由田间杂草防治、诱虫灯的使用与维护、水稻防病等措施组成；侧渗隔离技术由隔离带宽度及生态田埂的尺寸等指标组成。

图5-10　稻—草轮作有机种植模式

5.3.2.1 适用范围

种植区域位于村镇饮用水源地集水区，严禁在保护区、准保护区和缓冲区内进行种植。选择空气清新、水质纯净、土壤未受污染、土质肥沃、稻种优良的区域，保护和建立周围生物多样性环境。水土条件符合以下要求：①土壤环境质量符合 GB 15648 中的二级标准；②必须采取洁水灌溉，不能用生活污水、工业用水等不符合灌溉标准的水源灌溉，水田灌溉水质符合 GB 5084 的规定。

5.3.2.2 水稻育苗技术

在品种选择方面，应选择经过认证达标、同时经过转换的种子，连续两年的有机栽培获得有机稻种。

种子处理。盘育秧每亩用芽籽 4kg。晴天中午晒种 2～3d，进行杀菌并提高种子活力。用 50kg 水加 10kg 过筛黄泥搅拌成浆，放入稻种后，捞出好籽进行清洗。

常规催芽。用常温水浸种 5～6d，捞出后放在 30℃环境下破胸，在 80%种子露白时温度降至 25℃催芽，芽出齐后晾 4～6h 后进行播种。若温汤浸种催芽，将种子放入 53℃水中提温半个小时，然后进行常规催芽。

置床及播种。选择塘泥或山根腐殖土做盘土，过 6～8mm 筛。翻深 10～15cm 后整平压实。选择有机肥与床土比例是 1∶(5～10) 配制盘土，过 6～8mm 筛；将白醋用水稀释到 pH 值达到 3 左右，用酸化水浇在拌盘土上，使土的 pH 值达到 4.5～5.5。先将置床浇水饱和后摆盘，然后浇透水。气温 5～6℃播种。育苗每盘播芽籽 0.1kg，将种子压入土后再覆土，最后覆上地膜。

稻秧苗床管理。出苗前保持 20～28℃温度，苗出齐达到顶膜时揭开地膜。当土变干时喷水，喷水时间在早揭膜后和晚扣膜前，每次浇透，结合浇水使用 2～3 次 pH 值 5 左右白醋稀释的水，保持土的酸性。出苗撤膜后晴朗高温时进行通风炼苗；1.5 叶前小通风、两端和背风面通风；1.5～2.5 叶期两侧适当通风；2.5 叶后加大通风量，室内温度在 25℃左右，日均气温在 12℃以上时，通风炼苗并逐步揭膜。浇水时喷洒有机肥浸出液 1～3 次。

5.3.2.3 整地插秧

采用机械整地，高低差 10cm 内，基肥以“稻—草”轮作种植的紫云英、稻草还田、自制放线菌菌肥等为主，施用饼肥、商品有机肥等为辅。

插秧前 12～15d，进行浅水泡田；干晒田促进草种萌发，5～7d 杂草出芽后，进行第二次泡田水耙地除草；然后排水保持田间湿润状态，继续促进杂草出芽，插秧前 1～2d 进行第三次泡田和第二次水耙地。

5.3.2.4 田间管理

水层管理。始终保持田间一定水层，防止杂草生长。在插秧至返青结束，浅灌控制在 4cm 左右。分蘖期，浅水促蘖，浅灌水深至 4cm 左右。分蘖期末，灌水深至 12cm 左右。拔节孕穗至抽穗扬花期，灌水深至 8cm 左右。灌浆腊熟期，采用间歇灌水。在腊熟末期排水晒田。

追肥。追拔节肥、穗粒肥各一次无污染的商品有机肥或施用饼肥，每次 150kg/亩。按各种肥源的营养含量计算，水稻全生育期共提供氮 10kg/亩、磷 6kg/亩、钾 7kg/亩左右。

病虫害防治。大型害虫采用杀虫灯诱杀，小型害虫采用黄板诱杀。利用害虫的趋光、趋波特性，选用对害虫有极强诱杀作用的光源与波长，引诱害虫扑灯，并通过高压电网杀死害虫，这是一种先进实用工具，具有投入少、见效快且无水环境污染的优点。杀虫灯辐射半径控制在80m以内；安装高度为1.0～1.5m；高压电网每3～5d清刷一次并清理集虫袋。在稻田害虫发生高峰期间，每天每灯诱虫可高达0.5～1kg。频振式杀虫灯能非常好地捕杀水稻大螟、二化螟、三化螟等螟虫，对稻纵卷叶螟、稻苞虫有明显的控制效果，对稻飞虱等有一定的作用，但还不能代替用药防治。

及时用草木灰及炉渣补充土壤中硅的含量，有效预防稻瘟病、细菌性褐斑病及胡麻斑等病害。根据田间害虫的发生情况，及时采用苏云金杆菌、苦参碱等生物杀虫剂进行防治。水稻纹枯病、稻瘟病等病害发生，可利用井冈霉素、春雷霉素等生物农药进行防治。

杂草防治。稻壳覆盖，插秧后秧苗挺直时，每亩覆盖300～500kg稻壳，同时进行淹水处理；稻草覆盖，插秧后秧苗挺直时，秧苗行间覆盖稻草压草；田间管理时进行人工除草。

5.3.2.5　稻草还田处理

在水稻人工收割或机械收割后，将稻草全部或大部分粉碎，配套大型灭茬机深翻，覆盖，便于稻草吸收水分和加速腐解。

稻草还田量以300kg/亩为宜，稻草直接还田，应适量施用豆饼、菜籽饼等调节碳氮比。腐熟还田，稻草在田头堆沤腐熟。制作堆肥是解决有机肥料来源的又一重要手段，通过堆肥发酵可使有机肥料充分腐熟，杀灭病虫，达到无虫、无害化处理的目的。稻草还田的耕地深度应随着稻草还田量及连续还田年份的增加而加深，耕深控制在25cm以上。

5.3.2.6　绿肥种植及沤制

(1) 选种。紫云英播种前晒种一天，按2：1比例用细沙与种子混合，洒水后装在袋中反复摇晃，擦破种皮并浸种过夜，晾干水分后每亩用钙镁磷肥5kg拌种。

(2) 播种。根据当地节气，紫云英的播种时间在10月中、下旬为宜，每亩播种量为1.5～2kg。

(3) 田间管理与施肥。紫云英没浸种的应有薄水层，田间每隔2.5m左右开沟，畦宽2.5m，沟深25cm，沟宽10cm，清沟排水、防止渍害。冬至前在雨后撒施草木灰400～500kg，田面铺薄层稻草，保湿并防止霜冻。

(4) 绿肥沤制。紫云英盛花至结荚初期每亩鲜草量可达2000kg。还田的紫云英可适当早翻，翻犁时每亩加入20kg生石灰，使其充分腐烂并中和酸性。在盛花期早稻种植前15d左右翻犁沤肥。翻压深度15～17cm，翻压方式有干耕和水耕两种，干耕利用圆盘犁或反转旋耕机进行，耕深15cm，5d后犁垡晒白即灌浅水耙田。水耕要求将紫云英埋得更深，完全翻压。在水稻栽插前进行耙田，使得绿肥与土壤混合。

5.3.2.7　侧渗隔离带布置

稻田周围建立草地隔离带，隔离带宽度根据可利用荒废土地范围确定，尽可能增加草地隔离带宽度。

草地隔离带两侧边缘建立生态田埂，田埂高度30cm、缺口底高20cm左右，缺口宽度30cm左右，拦蓄农田降雨径流和土壤水侧渗，减少农田面源污染直接流入下游村镇饮用水源。

5.3.3 技术特点

与常规水稻种植模式相比，稻—草轮作有机种植模式不施用化肥、农药等化学制剂，种植沤制绿肥，循环利用秸秆等农业废弃物，根治村镇饮用水源地集水区农田面源污染。

与常规水稻有机种植模式相比，本模式不施用未经处理的厩肥，防止磷、重金属、细菌、抗生素、激素的超标。常规有机种植模式施用厩肥，施用厩肥通常导致磷、重金属、细菌、抗生素、激素等超标，而磷、重金属、细菌、抗生素、激素等污染物通过地表径流和地下水溶质迁移进入村镇饮用水源地。

水田周围建立的侧渗草地隔离带和生态田埂，随着草地隔离带宽度增加，土壤水中氮、磷等含量显著下降。

5.3.4 示范工程

5.3.4.1 示范工程概况

示范地点位于江苏省镇江市句容市后白镇林梅村南岗头西南侧，该地区属北亚热带季风气候，常年平均降水量为1018.6mm，常年平均气温为15.1℃，常年无霜期为229d，土壤为水稻土，pH值5.5～6.5，温、光、水比较协调，灌溉排水系统完善，池塘密布，该区域是典型的水稻种植区水土自然环境。示范区位于经济比较发达的长三角地区，当地长期种植常规水稻、油菜、小麦等作物，随着经济发展和消费水平提高，高品质的有机食品特别是有机水稻市场需求逐渐增加。示范区具有良好的常规水稻和有机水稻生产条件，适合于进行水源集水区稻—草轮作有机种植模式试验示范。基于Google earth卫星影像的试验示范区地理位置标识和地貌特征。

5.3.4.2 示范内容

通过示范稻—草轮作有机种植模式，试验水稻生产环节不施用化肥、农药、杀虫剂、除草剂等化学制剂，及防止重金属、细菌、抗生素、激素等污染的技术模式，观测稻—草轮作有机种植保护模式与常规水稻种植模式的田间排水总氮、总磷等含量及单位种植面积上的产量、产出情况，为村镇饮用水源地集水区推广应用稻—草轮作有机种植保护模式提供生态效益与经济效益评价分析的依据，见图5-11。

5.3.4.3 稻—草轮作有机种植模式

水稻种植。选用“越光”有机稻种，选择晴天中午晒种3d，用清水催芽后播种。5月25日采用软盘育秧、通用机械插秧种植方法，栽后5d施1次米糠，每亩覆盖400kg，施用前对稻田进行灌水，水深控制在10cm左右，田间灌深水维持25d以上。

活棵期10cm深水除草后，在插秧至返青结束，浅灌控制在5cm；在分蘖期，浅水促蘖，浅灌水深至5cm。在分蘖期末，灌水深至12cm；在拔节孕穗至抽穗扬花期，灌水深至8cm。在灌浆腊熟期，采用间歇灌水；在腊熟末期排水晒田；中后期灌溉管理基本上是

图 5-11　稻—草轮作有机种植模式示范内容

(a) 种植紫云英就地翻压；(b) 不施用化肥、厩肥；(c) 物理除草、杀虫

上水后待自然落干前再上水。

绿肥种植。基肥以“稻—草”轮作种植的紫云英、稻草还田为主；追拔节肥、穗粒肥各施用一次无污染的饼肥，每次 150kg/亩。采用收割机收获，同时将稻草切割粉碎返田，将返田稻草均匀摊铺稻田，覆盖保护紫云英幼苗安全越冬。绿肥紫云英播种日期为 9 月 15 日，播种量 2.5kg/亩。紫云英结荚初期翻耕，这时鲜草产量高、腐熟快；反转旋耕机进行，耕深 15cm，耕翻 3d 后灌水。安装频振式杀虫灯诱杀稻田趋光性害虫，杀虫灯安装呈棋盘状布局，安装高度 1.3m，每天晚上 18：00 左右开灯，第二天早上 6：00 关灯。

稻—草轮作有机种植模式田间布置。为了能够获得稻—草轮作有机种植保护模式田间排水水质状况，选择在中间有池塘的田块作为稻—草轮作有机种植保护模式试验示范田块（见图 5-12），稻—草轮作有机种植保护模式的田间排水全部排入该池塘（31°49′30.62″北，119°11′13.75″东），而其他排水无法进入，池塘周围南侧田埂排水出口、灌溉渠道等田间布置概化见图 5-13。

图 5-12　稻—草轮作有机种植模式田间排水池塘图

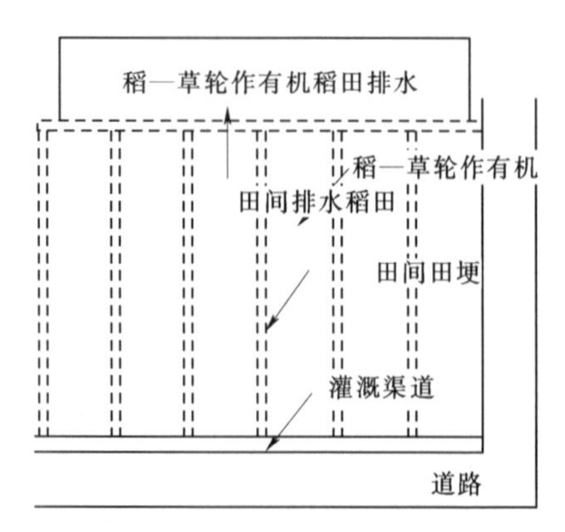

图 5-13　田间布置图

5.3.4.4 水稻常规种植模式

示范区内存在水稻常规种植模式，采用施用化肥、农药、杀虫剂、除草剂等常规种植管理方法。化肥施用量为：氮肥施用量 14kg/亩，磷肥 4kg/亩，钾肥 5kg/亩；氮肥基肥占 40%，蘖肥占 30%，穗肥占 30%；磷肥全部基施；钾肥基肥为 60%、穗肥为 40%。

为了能获得水稻常规种植模式的田间排水水质状况，选择池塘（31°49′45.37″北，119°11′4.62″东）周围都种植常规水稻作为水稻常规种植试验示范田块，常规种植模式的田间排水全部排入该池塘（见图 5-14），而其他排水无法进入，池塘周围南侧田埂排水出口、灌溉渠道等田间布置概化图见图 5-15。

图 5-14 常规种植模式田间排水池塘图

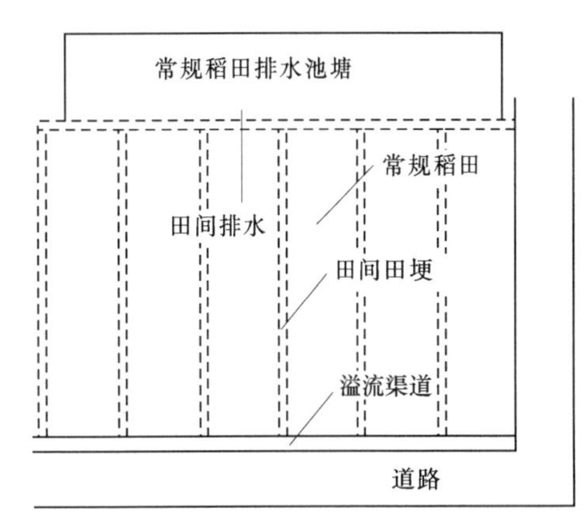

图 5-15 常规种植模式田间布置图

5.3.4.5 侧渗隔离带布置方式

在常规水稻种植模式田块一侧布置侧渗隔离带（狗牙根），侧渗隔离带宽度 20m（图 5-16），试验示范布置结构见图 5-17。

图 5-16 常规种植田块侧渗隔离带

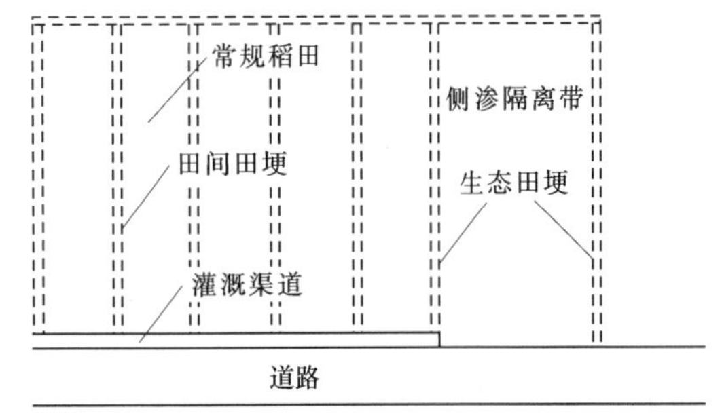

图 5-17 侧渗隔离带布置图

5.3.5 应用效果

5.3.5.1 普通水稻种植总氮、总磷变化

采样分析 2013 年和 2014 年普通水稻池塘中的总氮、总磷浓度，2013 年和 2014 年普通稻田都是采用稻—麦轮作种植模式，两年的施肥方式、施肥量、灌溉制度不变，监测到

普通水稻池塘中的总氮、总磷浓度没有明显的趋势性变化。

5.3.5.2 稻—草轮作有机种植与常规有机种植总氮、总磷比较

稻—草轮作有机种植实验区2013年以前采用常规有机种植，2014年采用稻—草轮作有机种植，采样分析稻—草轮作有机稻田池塘（2014年）和常规有机种植池塘（2013年）中的总氮、总磷浓度，结果表明2014年稻—草轮作有机稻田池塘总氮浓度比2013年常规有机稻田平均降低了45.7%，见图5-18；2014年稻—草轮作有机稻田池塘总磷浓度比2013年常规有机稻田平均降低了50.1%，见图5-19。

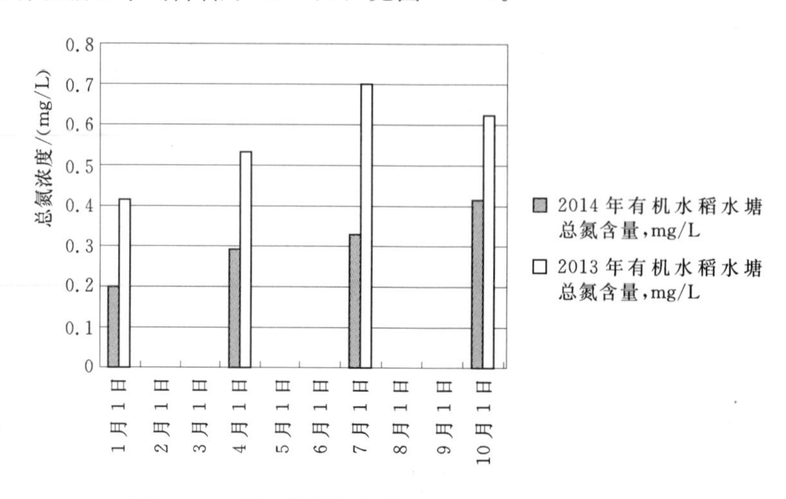

图5-18 稻—草轮作与常规有机种植池塘总氮浓度

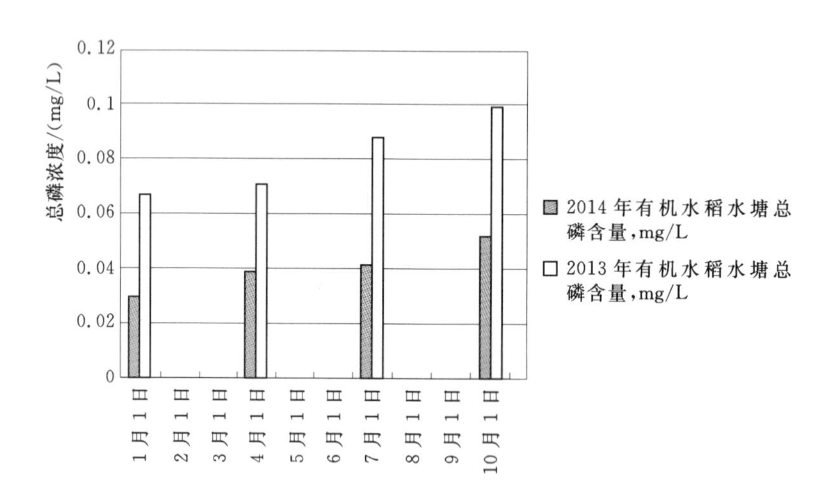

图5-19 稻—草轮作与常规有机种植池塘总磷浓度

5.3.5.3 侧渗隔离带对氮、磷去除率

在离稻田边界的距离分别为0m、1.1m、2.1m、3.1m、4.1m、5.1m处地面下30cm处取土样，测定土样总氮、总磷、硝态氮含量，见表5-9。侧渗隔离带（狗牙根）净化污染物的能力用去除率表示，不同距离（或缓冲带宽度）处的狗牙根对总氮（TN）、总磷（TP）、硝态氮的去除率见表5-10。

表 5－9　　污染因子浓度

距离/m	总氮/(g/kg)	总磷/(g/kg)	硝态氮/(g/kg)
0	0.6089	0.4357	0.1387
1.1	0.532	0.1931	0.1143
2.1	0.3848	0.061	0.0938
3.1	0.2496	0.0135	0.0882
4.1	0.1753	0.0111	0.0312
5.1	0.1632	0.0108	0.0218

表 5－10　　侧渗隔离带（狗牙根）净化能力

距离/m	1.1	2.1	3.1	4.1	5.1
总氮去除率/%	12.63	36.80	59.01	71.21	73.20
总磷去除率/%	60.27	86.00	97.36	97.27	97.64
硝态氮去除率/%	10.38	39.58	61.64	77.51	84.28

拟合侧渗隔离带（狗牙根）总氮、总磷和硝态氮污染因子去除率随距离的变化情况，得到狗牙根对总氮、总磷和硝态氮的去除率与距离的拟合方程：总氮 $y=42.059\ln x+8.4366$，相关度 $R^2=0.9837$；总磷 $y=25.02\ln x+62.643$，相关度 $R^2=0.8841$；硝态氮 $y=49.684\ln x+4.9065$，相关度 $R^2=0.9961$。由此可知，狗牙根隔离带随宽度增加，总氮、总磷及硝态氮浓度显著下降。

5.3.5.4 结果分析

稻—草轮作有机种植模式不施用化肥，防止了施用化肥造成的氮、磷在农田中的富集和流失。该模式也不施用厩肥，源头上杜绝常规有机种植模式施用厩肥中过量的磷、重金属、细菌、抗生素、激素等污染。不施用杀虫剂和化学除草剂，防止了除草剂产生的面源污染。利用有益微生物进行病虫害防治，通过诱虫灯等方法诱杀害虫，防止了杀虫剂产生的面源污染。

经过冬种紫云英绿肥，可使该类型土壤提高有机稻田产量达到每亩 350kg 以上，市场销售价格在 20 元/kg 以上；常规水稻产量通常为每亩 500kg 左右，市场销售价格在 2.5 元/g左右，稻—草轮作有机种植的经济效益显著高于常规水稻。在保障国家粮食安全的前提下，结合当地自然水土环境、农业生产技术和居民消费水平等实际情况，采取适宜农艺措施尽可能提高有机水稻产量，选择稻—草轮作有机种植模式在村镇饮用水源地集水区推广应用，经济效益和水土环境保护效益显著。

侧渗隔离带不同宽度（狗牙根）对总氮、总磷、硝态氮的去除率范围为 12.63%～73.2%、60.27%～97.64%、10.38%～84.28%，狗牙根隔离带随宽度增加，总氮、总磷及硝态氮浓度显著下降，距离水田近的地方比距离水田远的地方去除率变化更快。

5.4　水源集水区废弃矿场生态恢复模式

5.4.1　基本原理

5.4.1.1　露采矿山废弃地分类

矿山废弃地整治的关键是在正确评价废弃地类型和特征的基础上进行植被的恢复与重建，进而使生态系统实现自行恢复并达到良性循环，防止水土流失和各种有害物质进入村镇饮用水源。采矿废弃地主要类型：由剥离的表土、开采的废石堆积形成的废石堆废弃地；随着矿物开采形成的采空区；矿物剩余物形成的尾矿废弃地；采矿作业面、矿山辅助建筑物和道路交通等废弃的土地。

5.4.1.2　生态恢复原理

露采矿山废弃地中缺乏氮、磷、钾等营养元素，自然恢复需要很长时间，须通过人为方式帮助恢复。土壤作为植物根系生长的主要介质，其物理化学性质和有机质等营养状况是生态恢复成功与否的关键。因此通过客土覆盖、挂网固定、施加有机质等方法强化植物根系生长的介质。

利用土壤学原理和生态学原理恢复废弃矿区的生态环境，主要措施包括在废弃矿区岩石陡坡种植藤蔓植物，岩石缓坡边坡采用挂网客土喷播和草包技术，土质边坡采用直接播种技术，平地覆绿直接种植灌草技术，实现水源集水区废弃矿场的生态恢复。

(1) 土壤学原理。不同植物对生长土壤厚度的要求不同，客土中有机质、肥料、保水剂等具有比一般土壤优良的保水及保肥性，决定喷播厚度主要有以下三个因素，即边坡稳定性、年降雨量和坡度等。除土壤厚度外，植物对土壤的理化性质也有相应的要求。一般情况，土壤过酸或过碱都不利于植物生长；土壤过疏、过密，或团粒化程度低，都会影响植物生长。因此，在客土材料的选择和配比时要考虑这些因素。

(2) 生态学原理。植物群落的稳定生长具备以下基本特征：能适应当地的气候、土壤条件，乔、灌、草有机结合，分布合理；能自我繁衍与生态功能强。因此，进行客土喷播覆绿，选择植物时要遵从生态学原理，尽可能采用土著植物种类，并模拟自然植物群落，在空间上做到乔、灌、草合理配置。

5.4.2　技术流程

缓坡边坡采用挂网客土喷播技术，客土基材，由稻壳、熟土、保水剂等配制而成。主要流程包括：边坡清理、沟道布置（截、排水沟布置）（见图 5-20）、客土配置（见图 5-21）、边坡挂网（见图 5-22）、客土喷播、喷水覆盖（见图 5-23）、藤蔓陡坡种植（见图 5-24）等。

5.4.2.1　边坡清理

清除坡面杂物及松动岩块，修整坡面使得作业面平整，保障土壤基质厚度均匀。对于光滑岩面，在坡面上开凿横向槽，增加坡面粗糙度，使客土对坡面的附着力加大，防止客土滑落。

5.4.2.2　沟道布置

坡面排水系统的设置直接关系到坡面植被的生长环境，对于长、大边坡，坡顶、坡脚

图 5-20　截排水沟及喷灌系统布置

图 5-21　客土配置

图 5-22　边坡挂网

图 5-23　喷水覆盖

图 5-24　藤蔓陡坡种植

以及平台均需要设置排水沟。并根据坡长和坡面积汇水形成的水流量大小考虑是否设置坡面截流沟。坡面截流沟及排水沟布置、综横断面参数计算按照 GB 51018—2014《水土保持工程设计规范》要求执行。

5.4.2.3　客土配制

基材由稻壳、熟土、有机质等组成；先将附近农田熟土（客土）过 8mm 筛，然后按稻壳、熟土 1∶1 比例混合而成。

5.4.2.4　边坡挂网

采用六边形双扭结镀锌铁丝网，网目边长 5cm。根据坡面岩性破碎、起伏程度，选择适当的铆钉长度固定铁丝网，铆钉采用 B18 的主铆钉和 B12 辅铆钉，长度分别为 120cm 和 80cm 左右。主铆钉按纵横向间距 1.5m、辅助钉按纵横向间距 1m 间距，即每相邻两主铆钉间有 4 根辅助钉。

按照自上而下的顺序在坡面上打入铆钉，进行挂网铺设，相邻两卷镀锌铁丝网用铁丝捆扎连接，网间交接处要求有 20cm 以上的重叠。铁丝网应伸出坡顶 50cm。

5.4.2.5　客土喷播

自上而下分两次进行喷播，第一次喷播 5cm 厚，大约 30min 后，待客土稳定后再进行第二次喷播 5cm 厚度。在岩性破碎、硬坡段适当增加喷层厚度 3～5cm。

5.4.2.6　喷水覆盖

客土喷播完毕后覆盖无纺布，防止强降雨对喷播客土表面产生雨滴击溅侵蚀和坡面径流冲刷侵蚀，减少地表水蒸发量，做到保土保水。适度喷水达到土壤田间持水量，喷水保持土壤湿润。当幼苗植株长到4cm时揭去无纺布。

5.4.2.7 陡坡种植藤蔓

岩石裸露的陡坡复土无法保持，利用爬山虎等藤蔓植物攀爬、匍匐、垂吊的特性，它以茎卷须产生吸盘吸附岩体后又产生气生根扎入岩隙，附着向上攀爬，以浓密的枝叶覆盖坡面而达到植被覆盖的目的。

5.4.2.8 缓土坡种植灌草

铺草皮护坡绿化。将人工培育的生长优良健壮的草坪，用平板铲或起草机铲起，运至待防护、绿化的路基坡面，按照一定的规格要求重新铺植，使边坡迅速形成草坪的护坡绿化，并保持草皮生长的适宜水分。

5.4.3 技术特点

针对不同坡度和表面特征，采用相应的生态恢复措施，防止矿区裸露表面水土流失，固结表土，增强边坡的稳定性。本模式施工机械化程度高，施工速度快，后期无需过多养护，生态恢复可持续。客土为植物根系生长提供了良好条件，能够优化配置植物群落的空间比例，实现在空间上草、灌、乔合理配置，实现废弃矿区治理的工程措施与生态措施的有机结合。按照《水土保持工程设计规范》对当地降雨径流特征进行分析，选定设计代表年后设计截流沟及相应的断面尺寸。应用本技术，能够基本消除保护区废弃矿区可能引起的崩塌、泥石流、滑坡等导致的饮用水源地淤积和污染问题。

5.4.4 应用效果

经过对安基山水库废弃矿区生态恢复前后的现场原型观测，应用该模式能够将破坏的矿区环境恢复成动态平衡的本地生态系统，原地表覆盖度20%，由于当地降雨较多和空气湿润，治理后地表覆盖度超过80%，一年后基本消除土壤流失（见图5-25）。

水源地采矿区原状 → 岩石边坡挂网客上 → 一年后生态恢复状况

图5-25 安基山水库废弃矿区生态恢复过程

5.5 水源前置库生物链系统构建保护模式

5.5.1 基本原理

前置库是指水系支流入水口前修建一定规模的小型水域，支流河道或其他来水首先蓄存在此水域内，在前置库设置构建一系列水净化措施，经过沉淀、过滤等物理、化学、生物过程，在一定的水力停留时间后，再排入村镇饮用水源水体。

面源污染进入饮用水体，将直接威胁水源地保护区的水质。在利用水系支流进入村镇饮用水源入口适宜地形处设立前置库，能够有效减少集水区来水的有机污染负荷，且无需占用农田。此外，从水系上游到下游构建生态河道，使得径流中的氮、磷浓度逐渐降低，在水库始端修建一个或多个子库相连强化净化效果。通过逐级过滤沉淀，延长水力停留时间，促进水中泥沙沉降和营养盐的吸收。

前置库中的水生植物形成生物格栅，拦截、沉淀地表径流中的颗粒态泥沙，消减溶解态氮、磷及其他有机污染物。水生鱼类捕食硅藻、金藻、隐藻和部分甲藻、裸藻及大部分绿藻、蓝藻。河蚌、螺蛳食物包括水生高等植物、藻类、细菌和小型动物及其死亡后的尸体。河蚌、螺蛳从两个方面改善水质：将藻类等浮游植物和悬浮物吞食消化；将部分未吞食的浮游植物以过滤物的形式排出体外，而且水体中悬浮物质颗粒浓度越大，河蚌的过滤量越大，使水中的悬浮物沉降到水底土壤中，起到改善水质的作用。

5.5.2 技术流程

5.5.2.1 前置库结构

前置库主要由地表径流收集、沉降与拦截、完整生态链系统、设有拦污栅、溢流口的拦水坝等部分组成，图 5-26 为前置库的技术流程。

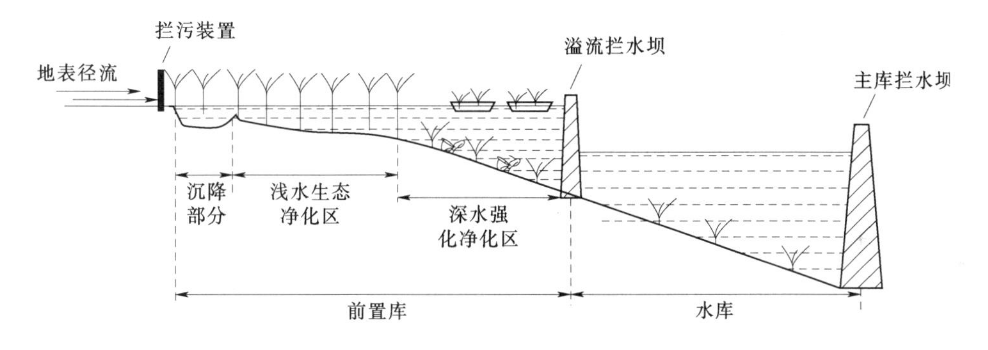

图 5-26 水源前置库生物链系统构建保护模式工艺流程

地表径流收集。建设或改造截流沟、排水沟，结合生态沟渠技术，收集地表径流并进行容积调蓄。

沉降与拦截。河道构建生态河床湿地，包括浅水净化区和深水净化区，浅水生态净化区是砾石床的人工湿地生态处理系统，沉降带出水以潜流方式进入砾石和植物根系组成的具有渗水能力的基质层，深水区包括漂浮床以及其他高效人工强化净化措施。

完整生态链系统。水生植物，形成生物格栅，包括漂浮植物（小叶浮萍等）、挺水植物（芦苇、外水芹、慈姑等）、沉水植物（菹草、莲藕、菱角等）；水生动物包括鱼类、河蚌、螺蛳等（见图 5-27）。

溢流拦水坝。构筑拦水坝，在拦水坝顶部设有溢流口，在溢流口出口处设置拦污栅。

5.5.2.2 前置库设置

前置库设置分为以下几点：

图 5-27　河蚌、螺蛳强化净化前置库

(1) 前置库选址。利用流入水源的河道、沟渠、水塘、洼地因地制宜构建前置库。

(2) 前置库植物。选取当地常见土著水生植物，包括漂浮植物、沉水植物、浮叶植物和挺水植物，筛选高效控污植物。挺水植物包括：芦苇、美人蕉、香蒲、黄花鸢尾、慈姑、水葱、梭鱼草、千屈菜、菖蒲、再力花、灯芯草、泽泻、花叶芦竹和大皇冠草等。漂浮植物包括浮萍等。浮叶植物包括：睡莲、红菱、荇菜、水蕨、大聚草等。沉水植物包括：金鱼藻、狐尾藻和菹草等。

(3) 前置库动物。选取鱼类、河蚌、螺蛳等当地土著水生动物。鲢鱼、鳙鱼是典型滤食性鱼类；河蚌可采取笼式挂养和底播两种方式投放，河蚌具有食量大、易捕捞等特点，因此可通过捕捞投放的河蚌移除水体中的营养盐和污染物，达到净化水质的效果。

(4) 前置库库容。充分利用地形，使前置库库容尽可能大，增加径流的水力停留时间。

(5) 溢流口。溢流口宽度和高度尺寸按照宽顶堰或薄壁堰计算设计过水流量。

设计前置库还要考虑光照、温度、水力参数、水深、滞水时间、污染负荷大小等因子。

定期清理前置库的底泥和腐败的植物。为便于村镇饮用水源管理维护，防止前置库暴溢，设置导流或溢流系统，根据水源地地形条件，可将常规前置库透水坝改为具有溢流口、拦污栅的拦水坝的溢流系统。

5.5.2.3　前置库选址

以安基山水库为例，给出优选前置库设置地点的方法。在前置库的设计之前必须考虑库前集水区，即确定前置库能收集的上游集流部分。安基山水库水源地周围面积大、地形复杂且存在多个小集水区。利用 ArcGIS 以数字高程模型为数据源，确定每个集水区域的位置和大小以及集水点位置，在集水点附近布设前置库，能最有效地收集和净化降水。

汇水线和集水点的确定。利用 ArcGIS 提取安基山一级保护区内的汇水线和集水点，具体流程如图 5-28 所示。

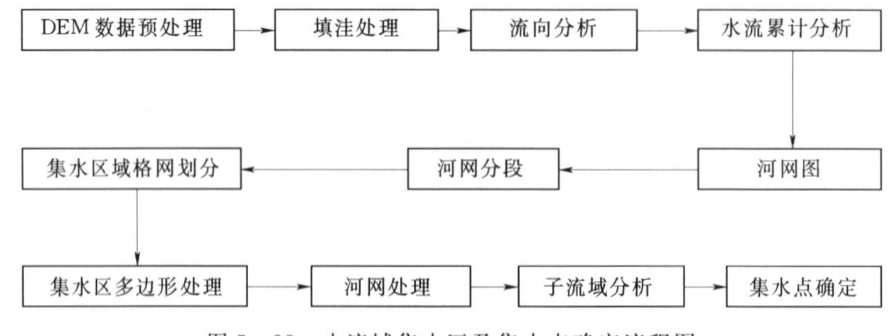

图 5-28　小流域集水区及集水点确定流程图

前置库设置点的确定。根据汇水线范围及集水点位置，以自然条件为基础，选择此区域的天然库塘设置前置库。集水点处建立引流设施，达到入库径流的最大化，安基山水库上的前置库最优设置点，见图5-29。

图5-29　前置库位置确定图

5.5.3 技术特点

在水源地内的湖泊和水库入水口前修建一定规模的前置库，具有拦截储蓄径流、沉淀过滤水中污染物，减缓富营养化，改善水质的作用。水源前置库生物链系统构建保护模式具有以下特点。

前置库具有简单实用、效果好、易维护、造价低等特点。透水坝可用具有拦污栅、溢流口的挡水坝，或具有拦污栅、溢流涵洞口的挡水坝，坝上可作为道路、桥梁等公共设施共用，做到物尽其用。

常规前置库中通常大量种植水草等植物，投放鱼类、河蚌、螺蛳较少。尽管水生植物的种植能有效消减氮磷等物质，但缺乏完整生态链会导致前置库水体的抗逆性及净化效率降低。因此，试验研究建立完整的生态链系统，在种植高效控污的水生植物的同时，投放具有生态和经济价值的鱼类，河蚌等当地水生动物。

村镇饮用水源地前置库通过地理信息系统选择集水流域适宜于建设前置库的地形和地址，比常规方法快捷方便。

5.5.4 应用效果

以安基山水库前置库为研究对象，评价完整生态链前置库的应用效果。定期监测有生态链和无生态链前置库中的水质，结果表明，有生态链前置库总氮含量显著低于无生态链前置库总氮含量，见图5-30。由于有生态链前置库水生植物密度较高，没有定期清理腐败植物，产生磷释放，导致有生态链前置库中总磷含量高于无生态链前置库总磷含量，此外，有生态链前置库上游居住少量村民，生活污水中含磷洗衣下水的排放是造成磷含量较高的原因之一，见图5-31。有生态链前置库总氮比无生态链前置库平均浓度低42.6%，总磷高出26.2%。此外，有生态链前置库中的氮浓度也低于村镇饮用水源水厂取水口处。

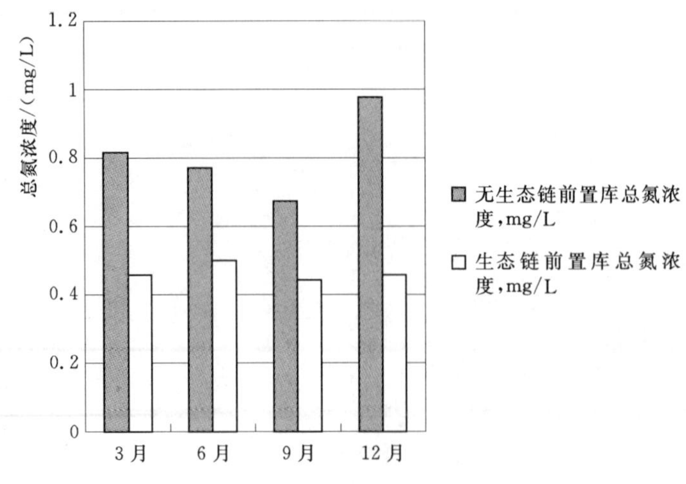

图5-30 有无生态链前置库中总氮浓度

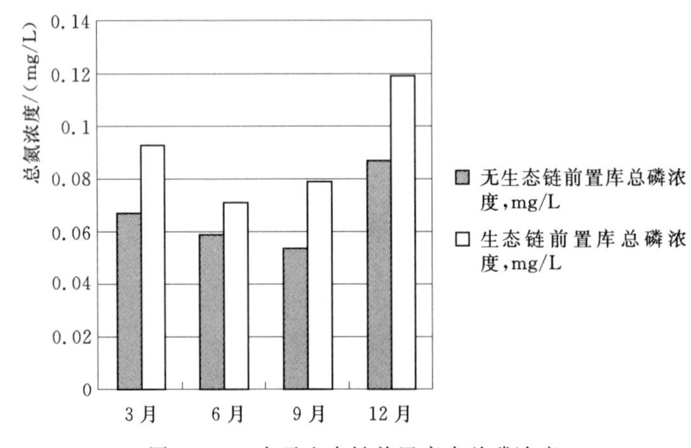

图5-31 有无生态链前置库中总磷浓度

在前置库管理过程中，定期清理有生态链前置库中的腐烂植物，或适当投放少量草鱼，控制植物过度生长，同时降低居民生活污水直接排放，有利于更好地发挥前置库功能。

第6章　村镇饮用水源近岸污染防控技术

近岸区域是水、陆物质交换剧烈的地方，也是水源地污染防控的最后防线。做好近岸污染防控，对村镇饮用水源地保护作用重大。本文从街面径流净化、生态护岸、生活污水以及地下水净化等方面开展村镇饮用水源近岸污染防控工作。

6.1　过滤沟雨水径流净化技术

6.1.1　概述

街面雨水径流污染物。新农村建设，在改善村镇环境面貌的同时，也增大了村镇地区的径流系数，径流总量增大，洪峰流量提高，洪峰时间提前，径流水质变差，径流中污染物浓度大幅提高。雨水径流把街面的污染物输送到水源地，给村镇水源地保护造成了越来越大的压力。

生活垃圾、生活污水、畜禽养殖粪便和农作物秸秆等的无序堆放、乱排，使得村镇街面污染物大量积存。街面污染物的连续排放，使得每场雨的径流污染物浓度都很高。据监测数据，村镇径流中污染物均值分别为 COD_{Cr}、714mg/L，SS、2396mg/L，TN、25.52mg/L，TP、3.63mg/L。

因此，开发村镇街面径流净化技术，以消减进入水源地的污染物负荷量，对于村镇水源地保护具有重要意义。

国内外街面雨水径流净化方法主要是从污染物源头进行控制。从源头消减污染物的发生量，是水源地保护的根本之策。实施生活污水达标排放、畜禽养殖粪便及生活垃圾处理等措施，是减少村镇街面污染物的有效办法。

实践表明，实施生活污水收集和集中污水处理厂处理的模式，可有效减少污染负荷；对于难于集中收集的分散农户生活污水，实施具有深度净化功能的净化槽处理、土壤渗滤措施，以消减农户生活污水污染负荷量；在农户推广沼气技术，对于减少畜禽养殖粪便、生活垃圾的排放量也发挥了很好的作用。

径流量消减和径流净化是处理街面径流的有效措施。下垫面硬化造成的雨水径流量及洪峰的加大，使得街面积存的污染物被冲刷到水源地中。因此，采取措施减少径流量和洪峰，也是减少受纳水体污染的有效途径。主要措施有增加透水地面、雨水储留利用、植物截留沟渠等设施。径流净化。径流污染物进入受纳水体之前的净化措施，主要有沉淀池、湿地、接触氧化过滤沟及泥沙分离设施等。

根据我国农村建设的发展水平、生活习惯、地理位置及自然降尘等因素，在短期内减少街面污染物，消减径流量的难度较大。因此，开发适合我国农村现状的径流净化技术，十分必要。

本研究以陶粒过滤沟和泥沙分离器（见图 6－1）为主要手段，对农村街道雨水径流进行净化。

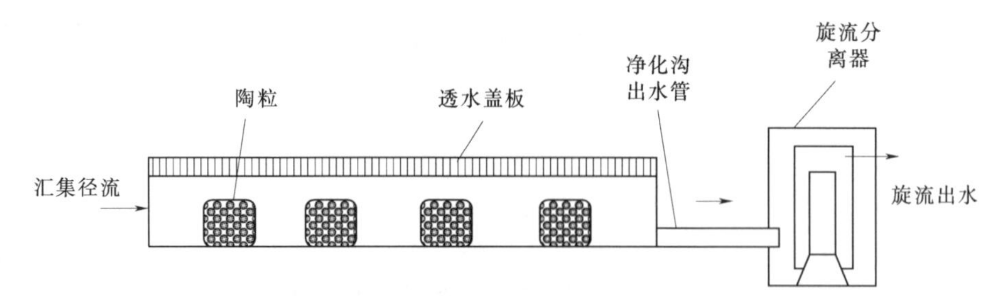

图 6－1　陶粒过滤沟和泥沙分离器示意图

6.1.2　研究内容和方法

示范工程选在天津北部农村（见图 6－2）。该村地面硬化率 90％以上。一年重现期日降雨量为 45.7mm，全村无排水管网，雨水及生活污水沿街面流淌，最后进入村内水塘。雨天，街道雨水径流汪汪，晴天，路面污水流淌（见图 6－3）。

图 6－2　路面径流和污水

图 6－3　过滤沟及汇水区布置

在水塘入口上游街道路侧布设过滤沟（见图 6－4 和图 6－6）。使汇流的污染物得到净化，在沟内隔空填充粒径 3～5mm 的陶粒和火山岩滤料，填充高度为 30cm。

净化沟断面尺寸：宽 0.4m，深 0.5m，断面积 0.2m^2；渠长 38m；过滤沟的汇水区长 340m，宽 186m，北高南低，比降 0.01。涉及 100 个农户、400 人左右。

为把雨水径流中携带的泥沙进行净化，在净化沟出水口出布设了旋流泥沙分离器（见图 6－5 和图 6－6）。

降雨时，汇水面的径流进入净化沟，经旋流泥沙分离器，把泥沙沉淀在分离器底部，使雨水径流得以净化。

图 6-4 过滤沟

图 6-5 泥沙分离器

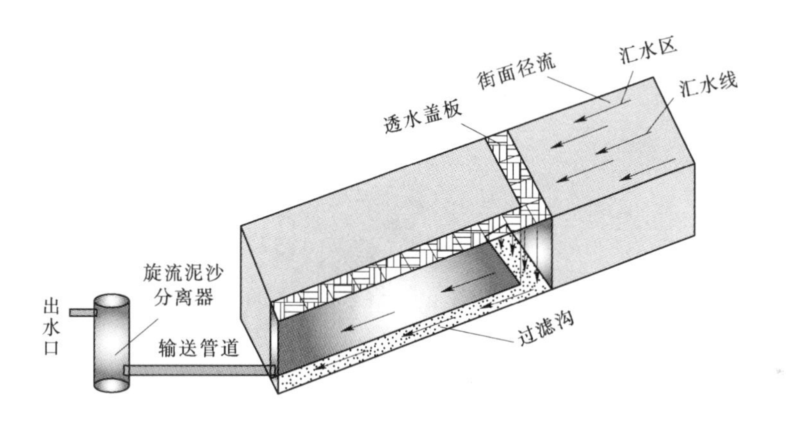

图 6-6 街侧面净化沟和旋流泥沙分离器

分离器原理如图 6-7 所示。径流在分离器内形成快速旋转的流态。泥沙颗粒物在旋转离心力和内部导流筒的作用下，沉积底部，清水沿导流筒上升，通过出水口排出。

无雨天，净化沟内的污水为农户跑冒滴漏的生活污水。流量为约 $6m^3/d$。污水净化沟槽的停留时间 14h 左右。

一年重现期降雨时，沟内最大流量可达到 $1m^3/s$。

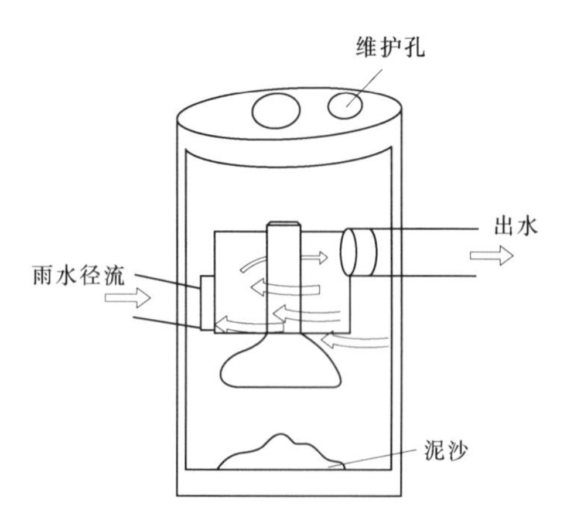

图 6-7 旋流泥沙分离器原理示意图

6.1.3 净化效果

无雨天，净化沟对生活污水的净化效果，

如表 6－1 所示，为 45d 水质监测的平均值。

表 6－1　　无雨天，净化沟对生活污水的净化效果　　单位：mg/L

位置 \ 水质参数	TSS	COD	TN	NH_4-N	TP
入口	934	135	35	28	3.2
出口	140	45	16.8	9.2	1.7
去除率/%	85	64	52	67	46

6.2　植草生态袋护岸技术

6.2.1　概述

水源地岸边发挥着保持池体形状、污染物拦截和连接水体、陆地生态通道的重要功能。如图 6－8 所示，自然岸边为水体中的鱼类提供了生活和产卵场所，为水中昆虫和底栖生物提供了生命循环所必须的水体和岸边环境。然而，为了景观及防止岸边侵蚀的目的，过分人工化、硬质化的水边区域，使得岸边的生态功能衰退，进而影响到水体生态系统的健康。

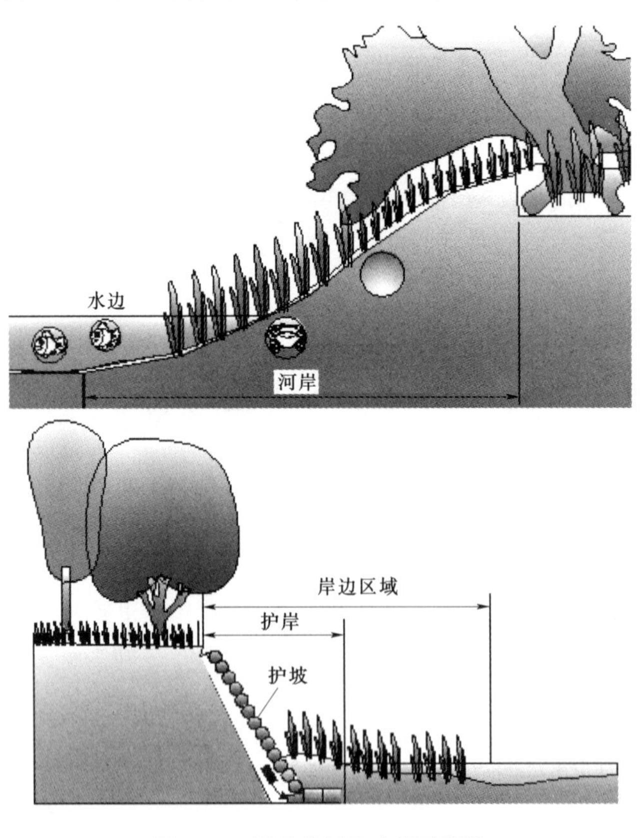

图 6－8　岸边分区及功能示意图

近年来，在满足景观、岸边强度的前提下，国内外开发出了多种生态护岸方法。主要有植草、树木护岸、木桩、竹桩及插柳护岸、石材护岸、人工材料护岸等技术。生态护岸要满足防洪、排涝美观性、经济合理、实用等方面的要求。本组研究人员，在洋河水库，利用棕榈纤维垫进行了岸边植被恢复护岸的实验工作。

该法适用于沙、岩石岸边（见图6-9）的植被恢复。在岸坡上铺展棕榈纤维垫，把拌有不同比例植物种子（配比及用量见表6-2）的干沙土均匀撒种在棕榈纤维垫上并进行振捣，以确保植物种子进入到棕榈纤维垫的纤维空隙中。然后再铺撒5cm厚的普通农地表土将种子覆盖保墒。将直径3cm、长度40cm的柳枝底端截成45°斜界面，将其置于硫酸铁浓度为1%的溶液中浸泡一昼夜，以利生根。将处理好的柳枝锤入预计栽插的位置。柳枝栽插间隔为50cm。在水位线以上3m长范围内的斜坡上栽种芦苇和蒲草。把剪成15cm长的芦苇秆插入至棕榈纤维垫下面的土层中，行间距为20cm。同样的方法把蒲草根插入。

图6-9 库边带岩石、沙砾基底

表6-2 各种草籽配比及用量

草种	配比/%	用量/(g/m²)
紫花苜蓿	40	10
红三叶	15	10
高羊茅	10	40
草地早熟禾	10	20
二色胡枝子	5	30
百脉根	10	10
黑麦草	10	30

如图6-10所示，为防止风浪及暴雨径流对近水岸坡土壤的冲刷，在水迹线处布设直径60cm的棕榈纤维卷，用柳活杆、铁丝固定。在纤维卷内提前撒种植物种子、芦苇和蒲草根。

消浪栅施工。为消减波浪对浅水区植物及岸边的冲击强度，在浅水区外围设置了图6-11所示的消浪栅。其结构为在间距2m的水泥桩上，绑固经防锈处理的铁丝网，在迎风浪面用竹板、铁丝贴绑上棕榈纤维垫，以起到消波作用。

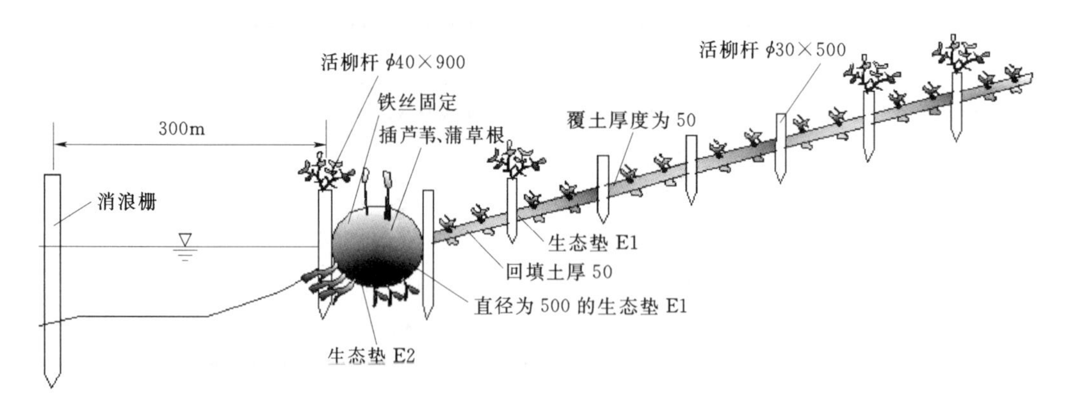

图 6－10　棕榈纤维垫护坡示意图

图 6－11　施工完成时的状况

图 6－12 为施工完成 2 个月后的植被恢复状况。芦苇、苜蓿、红三叶、柳树等长高 60cm 以上。柳枝成活率在 97%左右，扦插芦苇的成活率约 40%，苜蓿、红三叶、高羊茅等的成活率在 75%以上。李氏禾（线草）具有强壮的生命力，不论栽植在水迹线以上的岸坡上还是栽植在水中，其成活率都达 100%。特别是栽植在水中的李氏禾，随着水位的上升茎叶可快速增长保持浮叶状态。李氏禾快速起到保护岸坡，减缓雨水、风浪冲刷的作用。

(a)

(b)

图 6－12　施工完成 2 个月后的岸边植被恢复状况

利用棕榈纤维垫扦插活柳枝的方法可恢复岩石、沙砾基底的库边植物带，形成从水体到岸坡的大型水生植物、湿生植物和陆地植物的连续性配置，扦插柳枝的成活率达到

97%、芦苇的成活率40%、苜蓿、红三叶、高羊茅、李氏禾等的成活率在75%以上。从而实现改善水体的生态系统、保护水质的目的。

图6-13 生态袋固定锁扣

6.2.2 生态袋护岸技术

生态袋是由土工合成材料制成，具有高强度，耐腐蚀，抗UV降解、寿命长，适应环境强，稳固性好、利于植物生长等多种优异性能。装满土的生态袋码砌到边坡坡度很陡的山体外层，生态袋之间用连接扣（见图6-13）相连。生态袋砌好后，可以往其表面播撒植物种子，待长出绿色植物后，植被根系会加强生态袋紧密度和连接强度，形成永久性生态绿色边坡。

其优点为：可以完全替代石头，水泥等材料，大幅度减少工程成本。施工后的边坡具有可植被覆盖的表面，使坡面达到绿化的效果，形成自然生态边坡。这样形成的边坡具有高度透水性，对土壤流失，边坡塌方等具有很强的防护和稳定作用，可成为永久性高稳定自然岸边。

利用生态袋护岸技术，在天津北部农村的水塘实施了生态护岸示范工作。如图6-14(a)所示，为施工后30d的情况。该岸边坡度为1∶1。生态袋内灌装的为当地土壤。灌满的生态袋按层摆，且层与层之间由锁扣材料锁定，以防止其滑动。

(a)

(b)

图6-14 生态袋护岸施工完成后边坡情况

将三叶草、苜蓿和高羊茅等草种，通过在生态袋表面插穴种植的方法进行混合播种。如图 6-14（b）所示，经过 60d 后，种植的植物，将生态袋岸坡全部遮掩。其根系进一步固定了生态袋边坡的稳定性，同时，植物茎叶的覆盖也减小了紫外线对生态袋的照射强度。

该生态袋护岸示范工程，经过了暴雨的冲刷以及水体浸泡的考验，未发生塌陷失稳等现象。证明该技术适合在村镇水源护岸工程中应用。

6.3　污染地下水有机碳源原位添加修复技术

6.3.1　材料与方法

6.3.1.1　研究目的

异养反硝化是生物脱氮的有效方法，主要是指反硝化细菌以有机碳为电子供体，将地下水中的硝酸盐最终转化为 N_2O 或 N_2 的过程。由于该方法具有高效、低耗的特点，在地下水硝酸盐去除方面有很广泛的应用前景。可溶性有机碳作为反硝化微生物的碳源对反硝化效率影响很大，然而大多数地下水中的可溶性有机碳浓度很低，满足不了微生物生长繁殖的需要，因此需要外加碳源。常用的碳源为甲醇、乙醇等液态碳源，但是存在二次污染、费用高等问题。近年来固相碳源引起了人们的普遍关注，而寻找无毒、廉价、高效的固相碳源来代替传统液相碳源成为研究的重点。富含纤维素的天然固态有机物质以及一些可生物降解的人工材料正越来越多地被作为反硝化碳源使用。

当固相碳源用于地下水硝酸盐修复时，一方面要考虑碳源对反硝化的促进作用；另一方面，固相碳源在使用过程中引起的二次污染问题也不容忽视。在先前的研究中，有关碳源对反硝化的影响、反硝化机理的研究较多，而由碳源引起的二次污染问题很少有人考虑。然而，合适的固相碳源既要能维持反硝化的高效进行，又不会对环境造成二次污染，同时，地下水原位修复过程需要长期稳定运行，因此所用的碳源必须能持久的释放有机碳。

我国是一个农业大国，农业废弃物年产量多达 10 亿 t，废弃物堆积和焚烧都会对环境造成严重的危害。大部分农业废弃物属于纤维素类物质。玉米秆中纤维素分子以聚集态排列在一起，组成的晶体结构会阻碍纤维素的降解。而由较短高度分枝的杂多糖链组成的半纤维素，其聚合度较低，比较容易降解成单糖。木质素结构是一种复杂的酚类聚合物，很难分解，无法形成发酵性糖类，它与纤维素和半纤维素交联在一起，降低了纤维素酶与纤维素的接触。本研究选择玉米秆、玉米芯、脱脂棉三种固态物质作为反硝化碳源，研究它们在地下水反硝化过程中的性能，同时研究环境条件对硝酸盐去除率的影响，为地下水硝酸盐去除提供重要的理论依据。

本书首先通过批实验分析不同固相碳源含氮化合物及 COD 的释放量，同时进行反硝化批实验，观察不同碳源对反硝化效果的影响。之后，进一步通过实验模拟地下水环境，研究固相碳源含氮化合物及 COD 的动态释放规律以及微生物的反硝化性能，据此确定最优碳源，同时考察环境因素对反硝化效果的影响。

具体研究内容：

（1）通过对所选碳源（玉米秆、玉米芯、脱脂棉）进行释放批实验，从而确定固相碳源硝酸盐氮、亚硝酸盐氮、氨氮的释放规律，避免造成地下水二次污染，同时研究了固相碳源可溶性有机碳的释放规律。

（2）进行反硝化批实验，分析硝酸盐的去除效果以及反硝化过程中亚硝酸盐氮及氨氮的积累，从而确定最优碳源。

（3）在反硝化批实验的基础上，为了进一步验证碳源的反硝化效果，进行地下水原位净化模拟实验，研究碳源对反硝化的影响，同时考察水力停留时间以及进水硝酸盐浓度对反硝化的影响。

6.3.1.2　实验材料

（1）固相碳源及惰性填料。实验选用玉米秆、玉米芯、脱脂棉为反硝化碳源（见图6-15）。玉米秆、玉米芯取自天津市蓟县的农户农田，植株品种为华农118号，当年成熟植株，将玉米秆和玉米芯分别去除枯叶并剪成2～3cm长的小段。脱脂棉购自曹县华鲁卫生材料有限公司，由纯天然原棉经脱脂、漂白制成，用剪刀将脱脂棉剪成2～3cm的小块。玉米秆、玉米芯、脱脂棉收集后洗净、自然晾干，储藏于干燥箱中。整个实验过程都用同一批材料。地下水原位净化模拟实验中用到的惰性填料是粒径为0.5～1.0mm的沙子，孔隙率为35%。沙子填充前用蒸馏水洗净、自然晾干，储藏于干燥箱中。

将玉米秆和玉米芯分别用3%氢氧化钠溶液和4%的氨水溶液浸泡24h，然后用流水反复冲洗，直到浸泡过玉米秆和玉米芯的水溶液pH值为7.0左右，使其不残留氢氧化钠和氨水。经氢氧化钠溶液和氨水溶液预处理过的玉米秆和玉米芯分别简称氢氧化钠玉米秆、氢氧化钠玉米芯、氨水玉米秆和氨水玉米芯。本书中，采用玉米秆、玉米芯、氢氧化钠玉米秆、氢氧化钠玉米芯、氨水玉米秆、氨水玉米芯和脱脂棉作为静态试验反硝化碳源，并优选出反硝化效果较好的碳源作为地下水原位净化模拟实验的固相碳源。

取一定量的玉米秆、玉米芯、脱脂棉用蒸馏水冲洗干净，自然风干后用粉碎机碾成粉末，之后用元素分析仪（Elementar Vario Micro Cube Elementar Analysensysteme GmbH）分析其成分，成分组成见表6-3。

表6-3　固相碳源成分组成　%

碳源	C	N	H	S
玉米秆	46.93±0.32	2.09±0.20	5.66±0.36	0.67±0.28
玉米芯	47.52±0.45	2.88±0.35	5.67±0.46	0.32±0.24
脱脂棉	47.2122±0.24	0.56±0.24	6.152±0.26	0.12±0.15

（2）实验用水。静态实验用水为合成地下水，硝酸盐浓度为30mg/L、50mg/L、80mg/L、100mg/L、150mg/L，并向其中加入一定量的磷酸二氢钾和磷酸氢二钾，为微生物提供生长所需的磷，N/P=20。新配置的用水pH值在7.0～8.0范围内。

地下水原位净化模拟实验用水是直接抽取天津蓟县地区的地下水，并用KNO_3调整硝酸盐浓度为30mg/L、80mg/L。

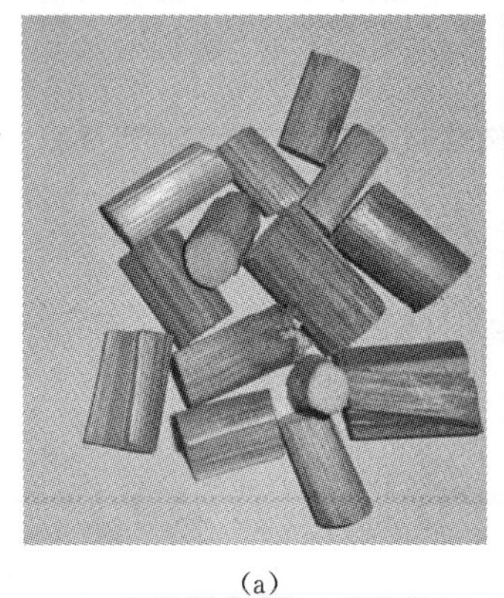
(a)

(b)

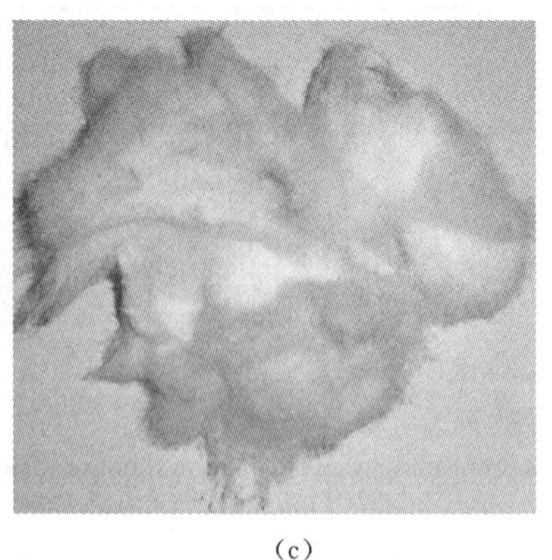
(c)

图6-15　玉米秆、玉米芯、脱脂棉实物
(a) 玉米秆；(b) 玉米芯；(c) 脱脂棉

(3) 接种污泥。实验所用的接种污泥取自北京清河污水处理厂的厌氧污泥池，然后对其进行一个月的反硝化菌富集培养，培养过程中每3d换一次培养液。培养液主要成分为KNO_3(0.37g/L)，$C_6H_{12}O_6$(0.1562g/L)，CH_3OH(320μL/L)，KH_2PO_4(0.044g/L)。污泥富集培养后，混合液污泥浓度(MLSS)和污泥容积指数(SVI)分别为2820mg/L和110mL/g。

(4) 分析方法。本实验中各项水质指标的检测方法，均采用《水和废水监测分析方法》中规定的标准测试方法进行。NO_3-N、NO_2-N、NH_4^+-N和TN采用型号为HACHDR5000的紫外分光光度计测定。高锰酸钾指数采用酸性法测定。元素分析采用型号为EUROEA3000的元素分析仪测定。pH值和DO均采用WTW快速测定仪测定。采用高锰酸钾法测定COD。

水样经0.45μm滤膜过滤后，测定pH值、ORP、DO、NO_3-N、NOZ-N、NH_4^+-N、COD，测定方法依据《水和废水监测分析方法》(第四版)。用扫描式电子显微镜(SEM)观察碳源表面形态变化。

6.3.2　硝酸盐反硝化固相碳源遴选

6.3.2.1　实验方法

1. 固相碳源释放批实验

固相物质作为地下水硝酸盐反硝化碳源时，其本身释放的污染物易于对地下水造成二次污染，因此在选择固相碳源时，需要考虑污染物质的释放。同时，为了满足微生物反硝化的需要，固相碳源需要持久且充足的释放可溶性有机碳。本书通过对所选碳源进行释放批实验，从而确定固相碳源自身硝酸盐氮、亚硝酸盐氮、氨氮的释放规律，从而避免由其本身释放污染物而造成地下水二次污染。同时研究了固相碳源可溶性有机碳的释放规律，本实验采用测定COD的方法来衡量固相碳源释放有机碳的量。

(1) 碳静态释放实验。分别将5g(干重)玉米秆、玉米芯、氢氧化钠玉米秆、氢氧化钠玉米芯、氨水玉米秆、氨水玉米芯和脱脂棉投加到7个500mL的锥形瓶中，之后用压力蒸汽灭菌器(YX-208D)灭菌15min。灭菌后，向每个锥形瓶内加入500mL的蒸馏水。之后用玻璃塞将锥形瓶盖好，放置在 20℃的培养箱中。每隔 2d 取样测定 COD 和 pH 值，并重新换水，以 COD 评价其碳释放性能。

(2) 氮静态释放实验。所用装置与碳静态释放实验相同，每隔 3d 取样测定 NO_3-N、NO_2-N、NH_4^+-N 和 pH 值，不重新换水，分析其释放氮污染物的特性。

2. 反硝化批实验

为了观察玉米秆、玉米芯、氢氧化钠玉米秆、氢氧化钠玉米芯、氨水玉米秆、氨水玉米芯和脱脂棉分别作为固相碳源对反硝化作用的影响，进行反硝化批实验。跟释放批实验相同，反硝化实验在 500mL 的锥形瓶中进行，将 5g 玉米秆、玉米芯、氢氧化钠玉米秆、氢氧化钠玉米芯、氨水玉米秆、氨水玉米芯和脱脂棉分别加入到锥形瓶中，之后用压力蒸汽灭菌器灭菌 15min。灭菌后向锥形瓶中分别加入 450mL 的合成地下水，其硝酸盐浓度为 30mg/L、50mg/L、80mg/L、100mg/L、150mg/L，N/P 为 20 : 1，同时接种入 20mL 的厌氧活性污泥。用玻璃塞将锥形瓶盖好，放置在 20℃ 的培养箱中。每天取样测定 NO_3-N、NO_2-N、NH_4^+-N、pH 值。

3. 反硝化最适条件遴选

(1) 不同 pH 值条件下的反硝化实验。为了观察 pH 值对反硝化作用的影响，进行以氢氧化钠玉米秆为固相碳源的反硝化批实验。实验在 500mL 的锥形瓶中进行，分别称取 5 份氢氧化钠玉米秆（干重 5g）加入到 5 个锥形瓶中，之后用压力蒸汽灭菌器灭菌 15min。灭菌后向锥形瓶中分别加入 450mL 的合成地下水，其硝酸盐浓度为 50mg/L，N/P 为 20 : 1，同时接种入 20mL 的厌氧活性污泥。用玻璃塞将锥形瓶盖好，放置在 20℃的培养箱中。每天取样测定 NO_3-N、NO_2-N、NH_4^+-N、pH 值。

(2) 不同 T 条件下的反硝化实验。为了观察 T 对反硝化作用的影响，进行以氢氧化钠玉米秆为固相碳源的反硝化批实验。实验在 500mL 的锥形瓶中进行，分别称取 4 份氢氧化钠玉米秆（干重 5g）加入到 4 个锥形瓶中，之后用压力蒸汽灭菌器灭菌 15min。灭菌后向锥形瓶中分别加入 450mL 的合成地下水，其硝酸盐浓度为 50mg/L，N/P 为 20 : 1，同时接种入 20mL 的厌氧活性污泥。用玻璃塞将锥形瓶盖好，分别放置在 5℃、15℃、25℃、35℃的培养箱中。每天取样测定 NO_3^--N、NO_2^--N、NH_4^+-N、pH 值。

6.3.2.2 实验结果与讨论

1. 固相碳源释放批实验

(1) 固相碳源 COD 的释放。有机碳是地下水反硝化中的一个主要限制因素，为了保证反硝化的顺利进行，必须有充足的有机碳供微生物利用。本实验通过测定 COD_{Mn} 浓度来表示固相碳源可溶性有机碳的释放情况。

7 种碳源 COD_{Mn} 的释放情况如图 6-16 所示。实验初期，玉米秆、玉米芯、氢氧化钠玉米秆、氢氧化钠玉米芯、氨水玉米秆和氨水玉米芯有大量的 COD 释放，其中氢氧化钠玉米秆的 COD 释放浓度最大为 114.7mg/L，该结果表明玉米秆和玉米芯能释放充足的有机碳供微生物利用，因此可以作为反硝化碳源使用。然而，脱脂棉的 COD 释放量明显比其他 6 中碳源要少很多，最大浓度仅为 7.1mg/L。李国朝等利用玉米芯作为碳源进行了地下水脱氮实验，可将硝酸盐浓度降低到低于 2mg/L。钱家忠等以玉米秆为碳源进行反硝化实验，发现玉米秆是较适合的反硝化碳源，出水硝酸盐浓度可低于 10mg/L。由图

6-16可以发现，实验过程中，玉米秆、玉米芯、氢氧化钠玉米秆、氢氧化钠玉米芯、氨水玉米秆和氨水玉米芯释放的COD浓度快速降低，到第8d时已经低于15mg/L。由这种现象可以推测，玉米秆、玉米芯、氢氧化钠玉米秆、氢氧化钠玉米芯、氨水玉米秆和氨水玉米芯在作为反硝化碳源使用时，初期阶段能释放出大量的有机碳，可以维持反硝化的顺利进行，但是随着时间的推移，由其释放的有机碳越来越少，直到不能满足微生物生长繁殖的需求，引起反硝化效率降低。然而，脱脂棉释放的COD浓度呈现出一个相对稳定的趋势，但是在整个实验过程中浓度相对较低，基本维持在2～8mg/L范围之间，该结果表明脱脂棉是一种非水溶性物质，如果系统中没有微生物存在，自身溶出的有机碳较少。

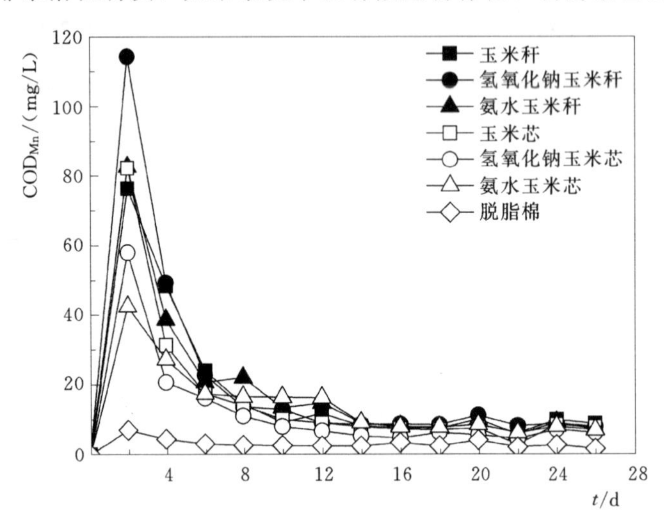

图6-16 碳源释放实验COD_{Mn}浓度变化

实验过程中COD_{Mn}释放总量依次为：NaOH玉米秆＞玉米秆＞氨水玉米秆＞玉米芯＞氨水玉米芯＞NaOH玉米芯＞脱脂棉。由此可以看出，玉米秆COD的释放总量整体比玉米芯COD的释放总量要多，这说明玉米秆比玉米芯更适合作为反硝化碳源。而氢氧化钠玉米秆COD的释放量要比氨水玉米秆和玉米秆的释放量要多，这说明氢氧化钠玉米秆的释碳性能优于玉米秆，其原因是用氢氧化钠溶液对纤维素物质进行预处理，可以去除部分难溶解的半纤维素和木质素，使纤维素发生膨化，降低其结晶度和聚合度，将半纤维素和木质素与纤维素之间的连接键断开，增加其内部表面积使其更易发生水解反应。

（2）固相碳源含氮化合物的释放。在地下水硝酸盐原位修复过程中，需要考虑由碳源引起的二次污染问题，如果固相碳源本身释放的污染物较多，那么在实际应用中就有很大的局限性。本实验着重考察麦秆、锯末、可生物降解塑料含氮化合物的释放情况。图6-17为释放批实验中7种碳源材料硝酸盐氮的释放结果。

由图6-17可见，实验初期，7种碳源均有较高的硝酸盐氮释放量，其中氢氧化钠玉米秆的硝酸盐释放量最多。实验运行前6d，氢氧化钠玉米秆释放的硝酸盐浓度就高达6.35mg/L，而氨水玉米芯硝酸盐的释放量最小浓度为0.6mg/L。随着实验的进行，硝酸盐氮释放量逐渐减少，最后趋于平衡。

图6-18为7种碳源材料亚硝酸盐氮的释放结果。由图可见，实验初期7种碳源均有

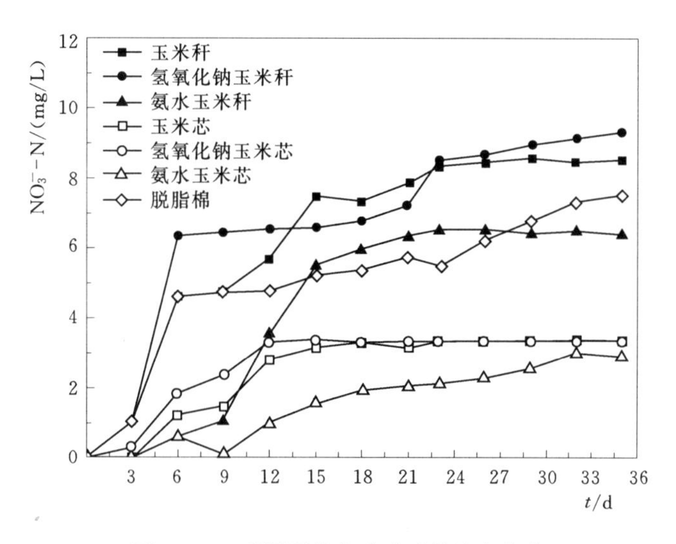

图 6-17 碳源释放实验硝酸盐浓度变化

大量的亚硝酸盐氮释放，其中玉米秆亚硝酸盐氮的释放量最多，脱脂棉亚硝酸盐氮的释放量最少。随着实验的进行，7 种碳源材料亚硝酸盐氮的释放量逐渐减少，最后趋于平衡。玉米秆释放亚硝酸盐氮的浓度高达 0.25mg/L，而脱脂棉释放亚硝酸盐氮的浓度仅为 0.04mg/L。

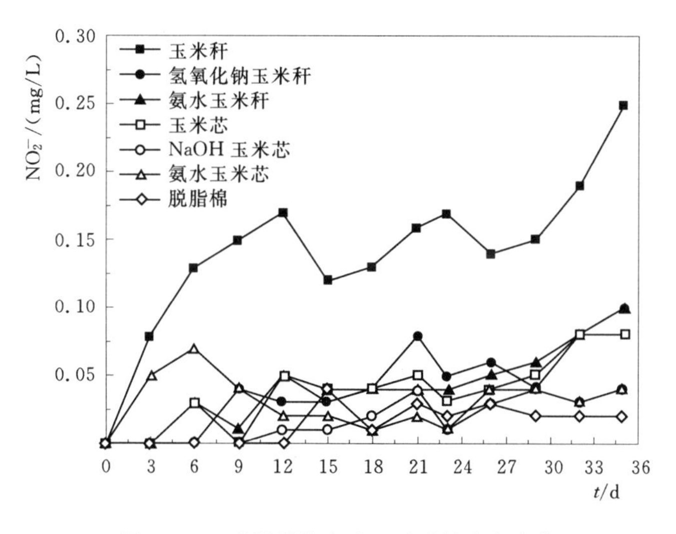

图 6-18 碳源释放实验亚硝酸盐浓度变化

图 6-19 为 7 种碳源材料氨氮的释放结果。由图可见，玉米秆、玉米芯、氢氧化钠玉米秆、氢氧化钠玉米芯、氨水玉米秆和氨水玉米芯在实验过程中有大量氨氮释放，而脱脂棉氨氮的释放量较少。在实验过程中，玉米秆释放的氨氮浓度高达 18.75mg/L，而脱脂棉释放的氨氮最大浓度仅为 0.83mg/L，玉米秆释放的氨氮浓度是脱脂棉释放的氨氮浓度的 10 倍多，同时是氢氧化钠玉米秆释放的氨氮浓度的 4 倍多。随着实验的进行，7 种碳源材料氨氮释放量逐渐减少，最后趋于平衡。

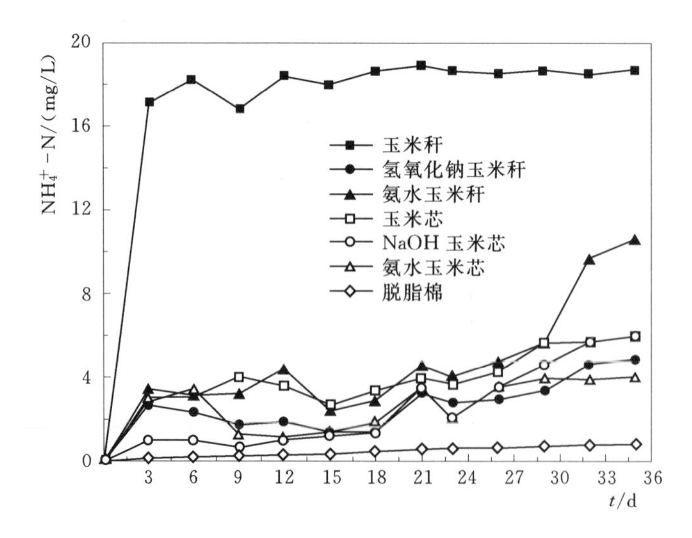

图 6-19 碳源释放实验氨氮浓度变化

由上面的实验结果可见，未处理的玉米秆和玉米芯释放的含氮化合物要高于用碱液预处理过的玉米秆和玉米芯的释放量，其中脱脂棉含氮化合物的释放量最少，其次为氢氧化钠玉米秆。造成这种现象的原因可能是玉米秆和玉米芯本身氮含量比脱脂棉氮含量高，玉米秆和玉米芯氮的含量分别为2.09%和2.88%，而脱脂棉的含氮量仅为0.24%（见表6-3），因此玉米秆和玉米芯含氮化合物的释放量要高于脱脂棉。较大的含氮化合物释放是其作为反硝化碳源的一个缺点，在地下水硝酸盐修复过程中，如果要选用玉米秆和玉米芯作为碳源，在使用之前可进行预处理，将所含的含氮化合物释放掉，这样可以避免由于固相碳源的使用而引起的地下水二次污染。因此，从这方面讲，氢氧化钠玉米秆适合作为地下水硝酸盐生物反硝化修复的固相碳源。

2. 反硝化批实验

为了考察7种碳源材料对反硝化的促进作用，进行反硝化批实验。锥形瓶接种污泥后，进行实验，定期取样分析。根究我国地下水硝酸盐污染程度不同，静态反硝化实验共做3组，分为低、中、高污染浓度进行实验，相对应的将硝酸盐起始浓度分别设置为30mg/L、80mg/L、150mg/L。

(1) 硝酸盐的去除效果。图6-20为进水硝酸盐氮浓度为30mg/L时硝酸盐浓度随时间的变化关系。由图可见，实验所用碳源不同，硝酸盐氮的去除效率也不同。除脱脂棉外的6种碳源，在实验开始4d后，出水硝酸盐氮浓度都由最初的30mg/L降低到低于WHO所规定的限值11.3mg/L。实验进行到第7天时，7种碳源的反硝化效果达到最优，硝酸盐浓度达到最低，均低于4mg/L。随着实验的进行过，硝酸盐浓度出现了升高的现象，这可能是由氨氧化作用引起的，氨氧化细菌能与厌氧异养细菌共存，并将氨氧化成硝酸盐，而且碳源本身也会释放一定量的硝酸盐。其中，氢氧化钠玉米秆为碳源的实验中硝酸盐浓度升高程度最高，这与静态释氮实验的结果相同。在静态释氮实验中，氢氧化钠玉米秆是7种碳源中释放硝酸盐浓度最高的固相碳源。实验开始第7天时，7种碳源的硝酸盐去除率都在93%以上，之后硝酸盐氮去除率逐渐降低，到实验结束时最低的去除率仅

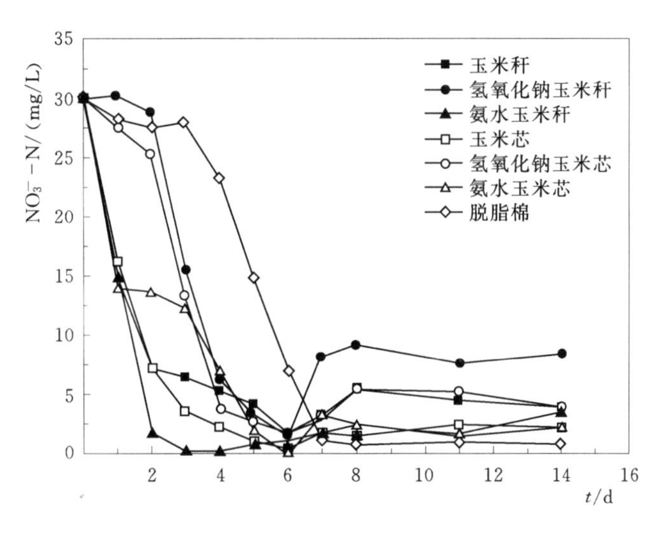

图 6-20 反硝化实验硝酸盐浓度变化

为 71.67%。有机碳不足可能是造成硝酸盐氮去除率降低的原因。Gibert 等研究发现微生物活性有机物中木质素的含量有一定的关系，有机物中木质素含量越低，就越容易被微生物降解，微生物的活性就越高。本实验中玉米秆和玉米芯中含有较多微生物难以降解的木质素，随着实验的进行，释放出的有机碳不能满足微生物的需求，使反硝化不能彻底进行，最终导致了硝酸盐氮去除率的降低。

图 6-21 为进水硝酸盐氮浓度为 80mg/L 时硝酸盐浓度随时间的变化关系。由图可见，7 种不同碳源的反硝化效果有着明显的差异。其中反硝化效果最好的是氢氧化钠玉米秆，在实验开始的前 4d，出水硝酸盐氮浓度都由最初的 80mg/L 降低到 6.75mg/L，去除率达到了 91.56%。除玉米秆外的 6 种碳源，在实验进行到第 8 天时，出水硝酸盐氮浓度都由最初的 30mg/L 降低到低于 8mg/L，去除率均达到了 90%以上。随着实验的进行，

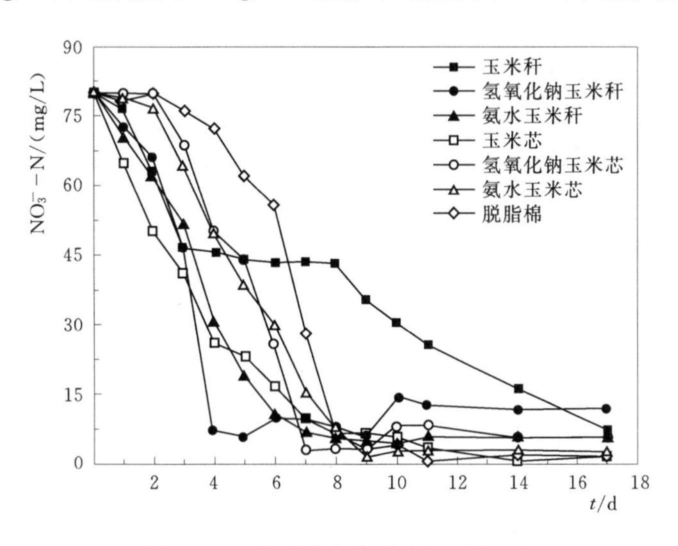

图 6-21 反硝化实验硝酸盐浓度变化

硝酸盐浓度也出现了升高的现象，这与进水硝酸盐浓度为 30mg/L 时的现象一致。其中玉米秆为碳源的反硝化效果最差，最终去除率仅为 91%，这可能是可溶性有机碳不足造成的。由释碳实验可以看出，未处理过的玉米秆释放的可溶性有机碳的量比预处理过的玉米秆释放的可溶性有机碳要少。在本组实验中，与其他 6 种碳源相比，氢氧化钠玉米秆作为反硝化碳源展现出了极大的优势。

图 6－22 为进水硝酸盐氮浓度为 150mg/L 时硝酸盐浓度随时间的变化关系。由图可以看出，7 种碳源材料有着相似的反硝化趋势，但是反硝化效果有差异。实验开始的第 11 天，7 种碳源的反硝化实验中出水硝酸盐氮浓度都由最初的 150mg/L 降低到低于 WHO 所规定的限值 11.3mg/L，去除率均达到 92.5%以上。其中以氢氧化钠玉米秆作为反硝化碳源的实验中硝酸盐的去除效果较好，最大去除率高达 97.17%。随着实验的进行，硝酸盐浓度也出现了略微升高的现象，这与进水硝酸盐浓度为 30mg/L、80mg/L 时的现象一致。

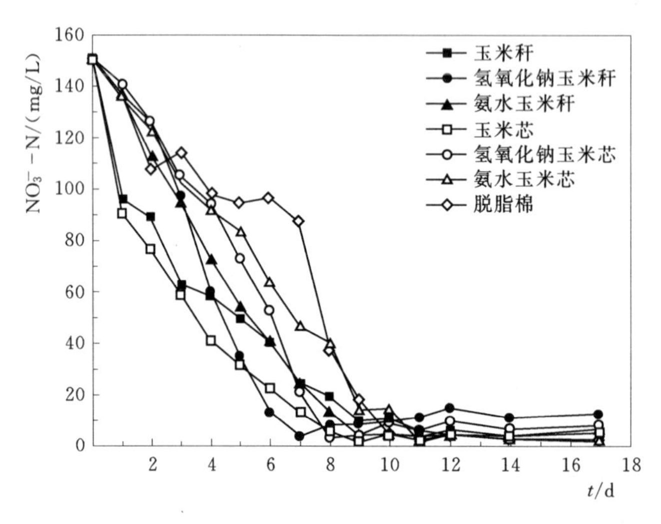

图 6－22　反硝化实验硝酸盐浓度变化

图 6－23 给出了 7 种碳源在不同进水硝酸盐氮的浓度下，硝酸盐的去除率变化情况。从图中可以看出，进水硝酸盐浓度为 30mg/L 时，氨水玉米芯的反硝化效果最好，硝酸盐的去除率接近 100%，硝酸盐几乎完全被还原，而氢氧化钠玉米芯的硝酸盐去除率最低。当进水硝酸盐浓度 80mg/L 时，7 种碳源的硝酸盐去除率依次为：脱脂棉＞玉米芯＞氨水玉米芯＞氢氧化钠玉米芯＞氨水玉米秆＞氢氧化钠玉米秆＞玉米秆。虽然脱脂棉的硝酸盐去除率相对较高，但是脱脂棉的反硝化效率较低，反应时间较其他碳源要长。而氢氧化钠玉米秆的反硝化效率较高，使硝酸盐在相对较短的时间内浓度下降到国家标准规定的限值以下。当进水硝酸盐浓度 150mg/L 时，7 种碳源的反硝化效果没有明显的差异，硝酸盐去除率基本均在 97%以上。

由上面的分析可知，氢氧化钠玉米秆作为反硝化碳源时硝酸盐氮去除效果相对较好，是最适合的地下水硝酸盐原位修复固相碳源。

（2）亚硝酸盐的积累效果。亚硝酸盐作为反硝化过程的中间产物，其毒性要远远高于

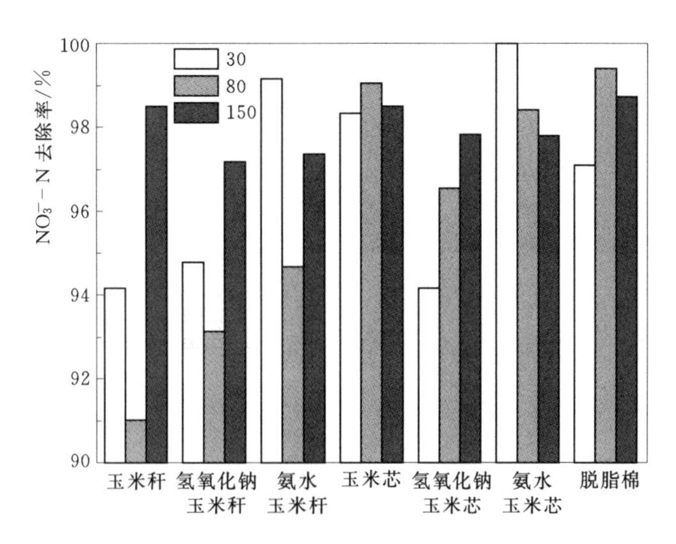

图6-23 不同碳源硝酸盐去除率的变化

硝酸盐，其积累不但对人体健康产生严重威胁，而且会对反硝化菌产生毒害作用，使反硝化过程受到抑制。因此，我国制定的地下水质量标准（GB/T 14848—93）中 NO_2-N的限值要远远低于 NO_3-N的限值。

图6-24、图6-25、图6-26分别为进水硝酸盐氮浓度为30mg/L、80mg/L、150mg/L时亚硝酸盐的积累情况。由图可见，在实验开始阶段，亚硝酸盐氮均有明显的积累，其中玉米秆为碳源的反硝化实验中亚硝酸盐积累最严重。如图6-24所示，实验第2天，以玉米秆为碳源的锥形瓶内亚硝酸盐氮浓度高达21mg/L，氢氧化钠玉米秆为碳源时亚硝酸盐氮浓度为21.1mg/L。随着实验的进行，7种碳源的反硝化试验中亚硝酸盐氮浓度均急剧下降，到第8天时，7种碳源反硝化锥形瓶内亚硝酸盐氮浓度均降低到了0.3mg/L以下。如图6-25所示，当进水硝酸盐浓度为80mg/L时，7种碳源反硝化实验

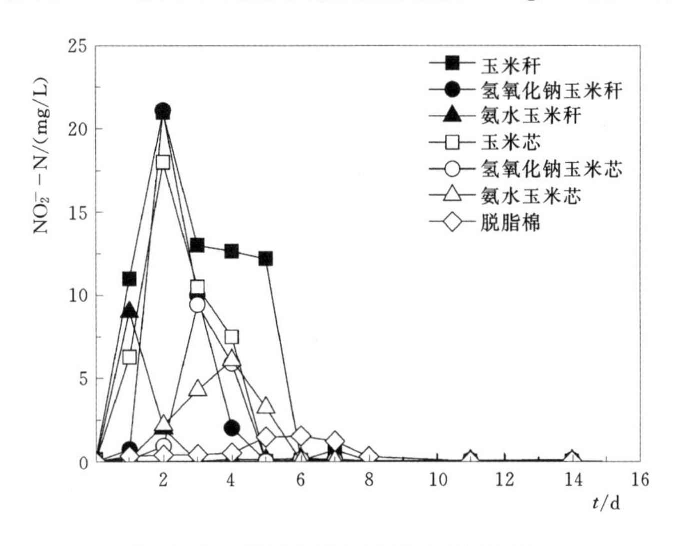

图6-24 反硝化实验亚硝酸盐浓度变化

中亚硝酸盐氮的积累明显对比进水硝酸盐浓度为30mg/L时要严重，而且实验过程中亚硝酸盐浓度出现了起伏的现象。其中，玉米秆为碳源的锥形瓶中亚硝酸盐氮的浓度一直很高，最高达到了48mg/L。如图6-26所示，当进水硝酸盐浓度为150mg/L时，7种碳源反硝化实验中均出现了大量的亚硝酸盐氮积累，亚硝酸盐氮的积累量明显比进水硝酸盐浓度为30mg/L时多。

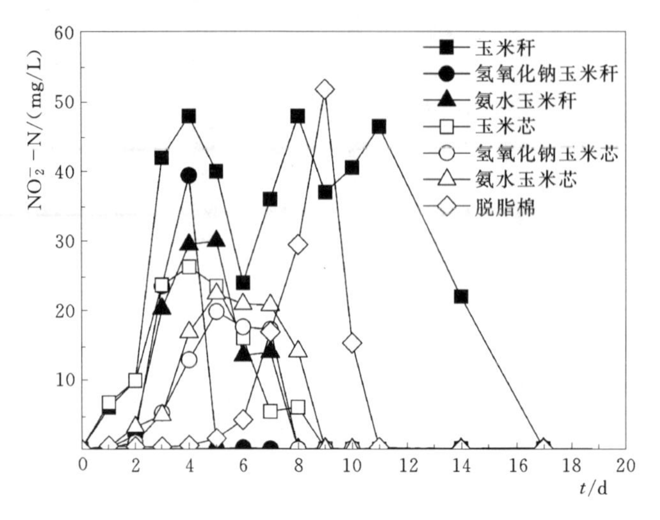

图6-25　反硝化实验亚硝酸盐浓度变化

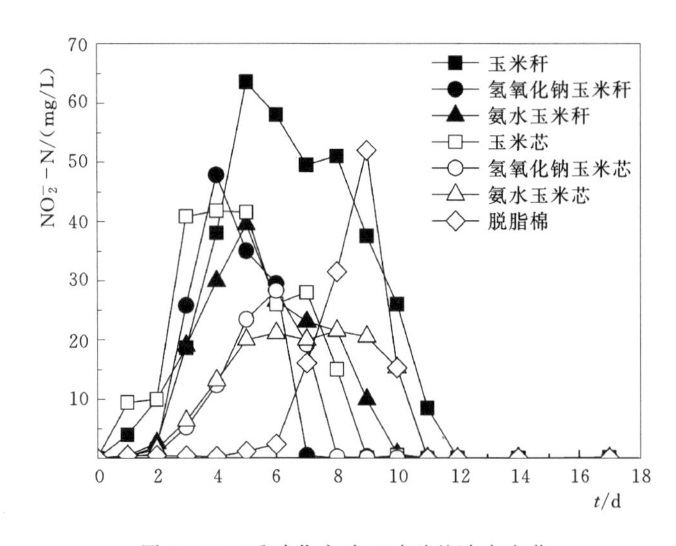

图6-26　反硝化实验亚硝酸盐浓度变化

影响微生物生长速率的因素都能够引起反硝化过程中亚硝酸盐氮的积累，例如碳氮比、碳源类型、磷源、pH值、温度等。田建强等发现碳源类型及C/N比都会对反硝化过程中亚硝酸盐的积累产生影响，以喹啉为单一碳源时，亚硝酸盐氮的最高积累率随着C/N比的提高而降低。另外，微生物种类也会影响亚硝酸盐氮的积累。Blaszczyk发现不同的微生物显示出不同的亚硝酸盐氮积累模式，在相同的生长情况下，脱氮副球菌不积累亚硝酸盐氮，斯氏假单胞菌首先将硝酸盐氮完全转化为亚硝酸盐氮，然后降解亚硝酸盐氮为氮气，铜绿假单胞菌在还原硝酸盐氮的过程中伴随着短暂的亚硝酸盐氮积累。

本研究中，3组实验中实验前半阶段均出现了亚硝酸盐的积累，并且随着硝酸盐初始浓度的递增，亚硝酸盐积累浓度也呈增长趋势。这种现象的原因是亚硝酸盐是反硝化过程中的中间产物，而且高浓度的硝酸盐会抑制亚硝化还原酶的活性，因此会导致亚硝酸盐的积累，之后硝酸盐浓度下降，减少了抑制作用，导致亚硝酸盐浓度下降。3组反硝化实验中，玉米秆和玉米芯的亚硝酸盐积累量明显比预处理过的玉米秆和玉米芯高，其中氢氧化钠玉米秆为碳源的反硝化实验中亚硝酸盐的积累量最少，而且在最短的时间内亚硝酸盐浓度降到最低（0.1mg/L左右）。这说明，氢氧化钠玉米秆是较合适的地下水原位修复固相碳源。

（3）氨氮的积累效果。图6-27、图6-28、图6-29分别为进水硝酸盐氮浓度为30mg/L、80mg/L、150mg/L时氨氮的积累情况。由图看出，不同氮负荷情况下，氨氮的积累情况相差不多。3组实验中，以玉米秆为碳源的反硝化实验中，氨氮的积累最为严重，最多时达到了33.7mg/L，而预处理过的玉米秆和玉米芯为碳源时，氨氮的积累量明显降低，尤其是氢氧化钠玉米秆。实验开始初期，各组反硝化实验中出水氨氮积累浓度较高。随着实验的进行，氨氮浓度快速降低。然而在实验运行后期，3组反硝化实验中各个实验均出现了氨氮上升的情况，这可能是由碳源本身释放的氨氮所造成的，这与释氮实验的结果相一致。实验中氨氮的积累结果表明反硝化过程中发生了硝酸盐异化还原到铵（Dissimilatory Nitrate Reductionto Ammonium，DNRA）过程。自然界中有关硝酸盐的生物氮循环过程有多种，其中包括两种硝酸盐还原途径，其一为反硝化过程：$NO_3^- \rightarrow NO_2^- \rightarrow NO \rightarrow N_2O \rightarrow N_2$；另一条途径为DNRA过程，反应过程如下式，通过该反应硝酸盐氮转化的最终产物并非N_2，而是NH_4^+-N。

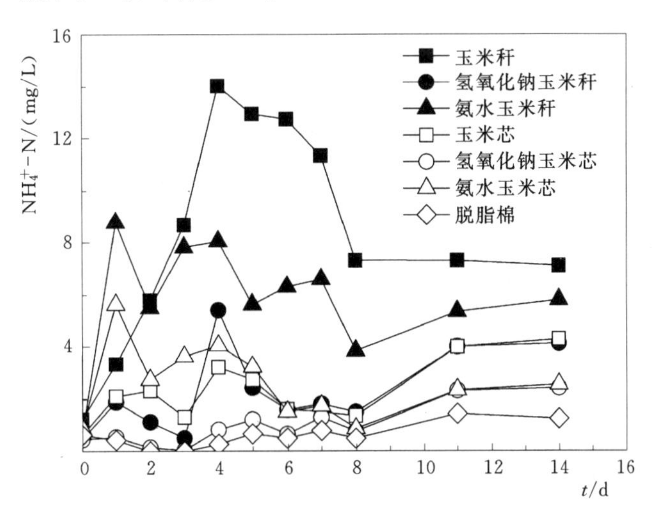

图6-27 反硝化实验亚硝酸盐浓度变化（进水硝酸盐氮浓度为30mg/L）

$$2CH_2O+NO_3^-+2H^+ \longrightarrow NH_4^+ +2CO_2+H_2O$$

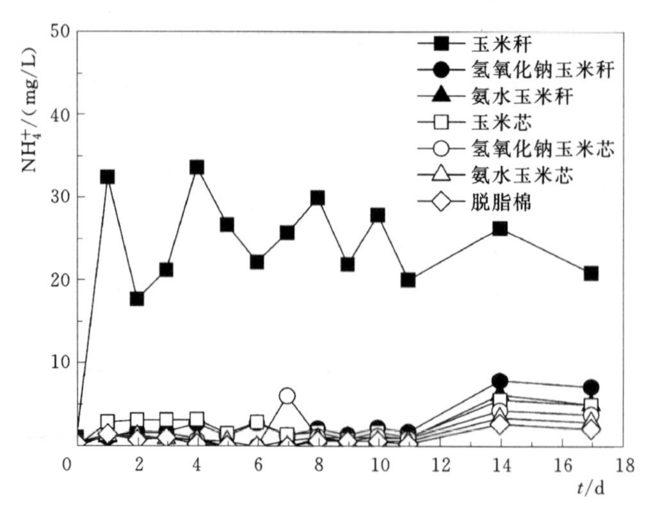

图6-28 反硝化实验亚硝酸盐浓度变化（进水硝酸盐氮浓度为80mg/L）

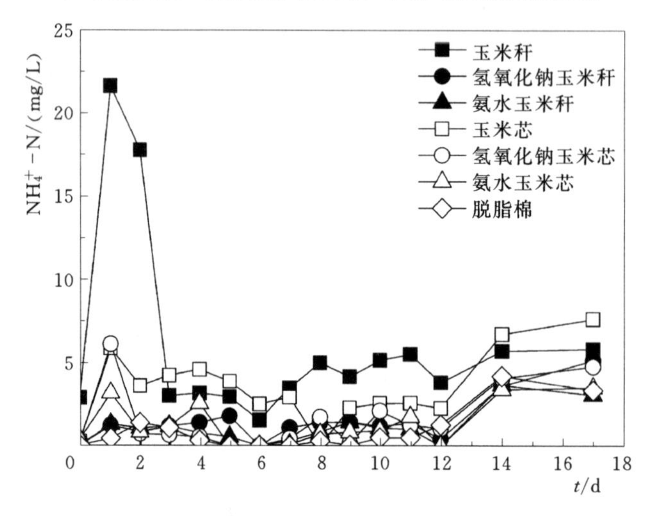

图6-29 反硝化实验亚硝酸盐浓度变化（进水硝酸盐氮浓度为150mg/L）

自然界中DNRA广泛存在，包括专性厌氧菌、兼性厌氧菌、微嗜氧菌和好氧菌等都可使硝酸盐发生DNRA。在硝酸盐的还原过程中DNRA与反硝化相竞争，使硝酸盐被还原成NH_4^+-N而不是N_2，因此在地下水硝酸盐去除过程中，DNRA是一个副反应。环境温度、溶解氧浓度、硝酸盐氮浓度、有机碳浓度及类型等因素决定了环境中是反硝化过程占优势还是DNRA占优势。Akunna等发现以挥发性脂肪酸为电子供体时，硝酸盐的主要还原途径是反硝化反应，而以甘油或葡萄糖作为电子供体时，DNRA途径占优势。

由此可以得出，氢氧化钠玉米秆是较为合适的原位生物反硝化固相碳源。

3. 反硝化最适条件遴选

（1）pH值对反硝化的影响。对于废水厌氧反硝化过程，pH值是一个非常重要的环境条件，其影响主要表现在两个方面：①影响微生物细胞内的电解质平衡，改变细胞内环境的渗透压，直接影响微生物的活性甚至决定其能否存活；②影响溶液中基质或抑制物的浓度，从而间接影响生物体的活性。不同pH值条件对硝态氮还原酶、亚硝态氮还原酶和微生物细胞活性的抑制程度不同，因而对硝态氮的去除率和亚硝态氮的积累率影响也不同。一般情况，活性污泥反硝化系统的最佳 pH 值在 7.5 左右，pH=6.5～9 时硝态氮的去除率将为最佳去除率的 70%左右，超过该范围时硝态氮的去除率将急剧下降。

图 6-30 给出了不同 pH 值条件下硝酸盐的去除情况。从图中可以看出，pH 值为 3.0～7.0 时，出水硝酸盐浓度随 pH 值的增加而减小，当 pH 值为 7.0～11.0 时，出水硝酸盐浓度随 pH 值的增加而增加，故 pH=7.0 时，反硝化效果最好，出水硝酸盐浓度为 0.9mg/L，去除率达到 98.2%。当 pH=3.0 时出水硝酸盐最低浓度为 18.75mg/L，去除率仅为 62.5%，当 pH=11.0 时出水硝酸盐最低浓度为 6.5mg/L，去除率 87%。而当 pH=5.0～9.0 之间时，出水硝酸盐最低浓度均在 1.5mg/L 以下，去除率均在 97%以上。

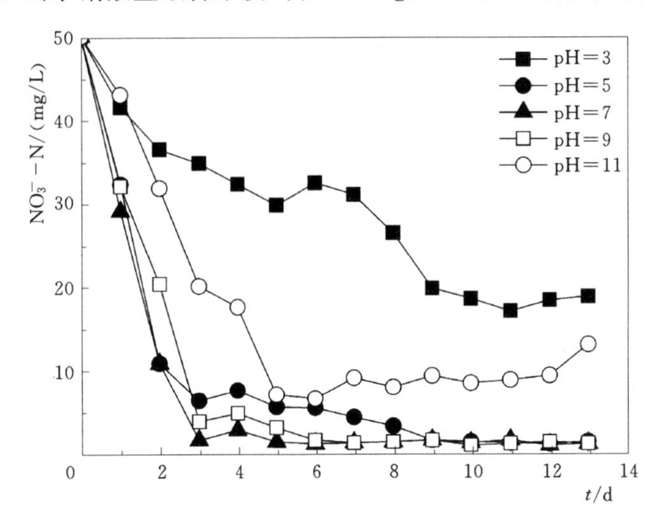

图 6-30 不同 pH 值条件下硝酸盐浓度变化

图 6-31 是 pH 值变化对亚硝酸盐积累情况的影响。从图中可以看出，出水亚硝酸盐氮的积累量随 pH 值的增大而增加。当 pH=3.0 时，出水硝酸盐浓度均在 5.6mg/L 以

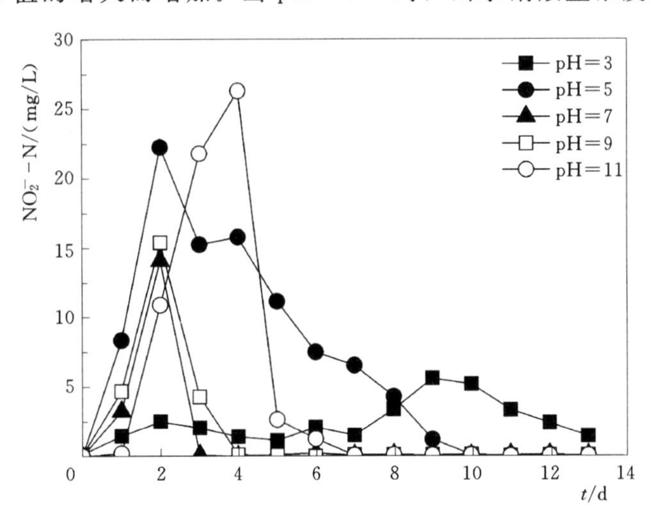

图 6-31 不同 pH 值条件下亚硝酸盐浓度变化

下。而 pH=5.0～9.0 之间时，出水亚硝酸盐氮的最高浓度达到 22.25mg/L。而当 pH=11.0 时，出水亚硝酸盐氮浓度高达 26.3mg/L。随着实验的进行，各组反硝化实验中亚硝酸盐氮浓度逐渐下降，最后稳定在 1.5mg/L 以下。反硝化实验中，亚硝酸盐的积累量随着 pH 值的增加而增加，这说明在碱性条件下的亚硝酸盐的积累比酸性条件下的积累更为严重，说明亚硝酸盐还原酶的活性受碱性条件的影响比受酸性条件的影响更强。

图 6-32 是 pH 值变化对氨氮积累情况的影响。由图可以看出，当 pH 值为 3.0 和 11.0 时，出水中出现了氨氮的大量积累，最高浓度达到 35.45mg/L，并且随着时间的推移，氨氮的积累量呈递增趋势，这说明在强酸和强碱条件下，反硝化作用受到明显的限制，促进了氨氮的积累。当 pH 值为 5.0 和 7.0 时，出水中氨氮也有一定量的积累，但是随着实验的进行，出水氨氮浓度逐渐下降，最终降到 0.1mg/L 以下。当 pH 值为 9.0 时，出水氨氮最高浓度仅为 1.9mg/L，随着实验的进行，氨氮浓度一直维持在 0.1mg/L 以下。

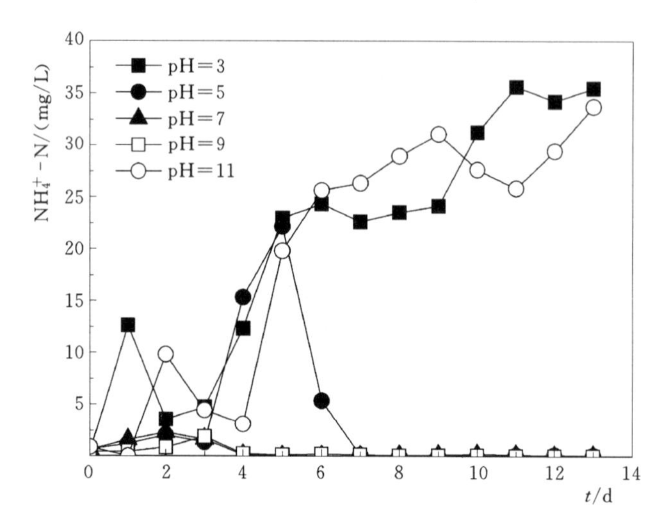

图 6-32　不同 pH 值条件下氨氮浓度变化

大多数的研究表明，反硝化菌最适宜的 pH 值为中性偏碱性，这与我们的研究结果一致。在酸性条件下会使产甲烷菌成为优势菌种，在碱性条件下，亚硝酸盐还原酶的活性受到抑制。地下水环境的 pH 值为 6.95～7.62，适合反硝化微生物的生长。综上所述，反硝化作用的最适 pH 值为 7.0～9.0。

(2) 温度对反硝化的影响。生物反硝化速率受温度的影响较大，原因是温度既影响反硝化细菌的增殖速率又影响反硝化酶的活性。反硝化最合适的温度为 20～35℃，低于 15℃反硝化速率明显降低。

图 6-33 给出了不同温度条件下硝酸盐的去除情况。从图中可以看出，当 T=5℃和 15℃时，出水硝酸盐浓度降低很慢，反硝化进程缓慢。而当 T=25℃和 T=35℃时，在实验进行第 2 天时出水硝酸盐浓度就降到了 10mg/L 以下，最后稳定在 1mg/L 左右。庞朝晖等研究了温度对生物膜反硝化的影响，结果当温度较低（10℃）时，NO_3^--N 的去除效果较差；当温度为 10～30℃时，随着温度的升高 NO_3^--N 的去除效果逐渐提高；温度

为 30℃时 NO_3^- -N 的去除效果最好；当温度超过 30℃时，随着温度的升高 NO_3^- -N 的去除效果逐渐下降。

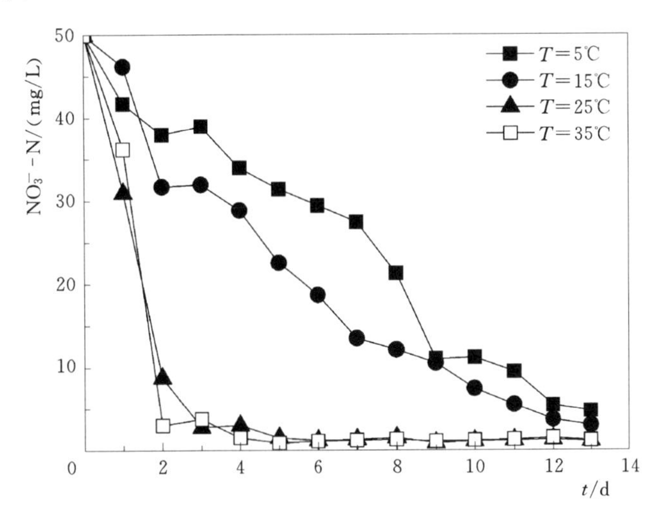

图 6-33 不同 T 条件下硝酸盐浓度变化

图 6-34 是 T 变化对亚硝酸盐积累情况的影响。由图可以看出，当 T=5℃和 T=15℃时，出水中出现了亚硝酸盐氮大量积累的情况，最高亚硝酸盐浓度达到了 19.45mg/L。而当 T=25℃和 T=35℃时，在实验开始 3d 出现亚硝酸盐氮的积累，最高浓度为 13.5mg/L，随着实验的进行，亚硝酸盐浓度急剧下降，最终稳定在 0.1mg/L 以下。这说明，低温条件下，反硝化进程缓慢，促进了亚硝酸氮的积累。

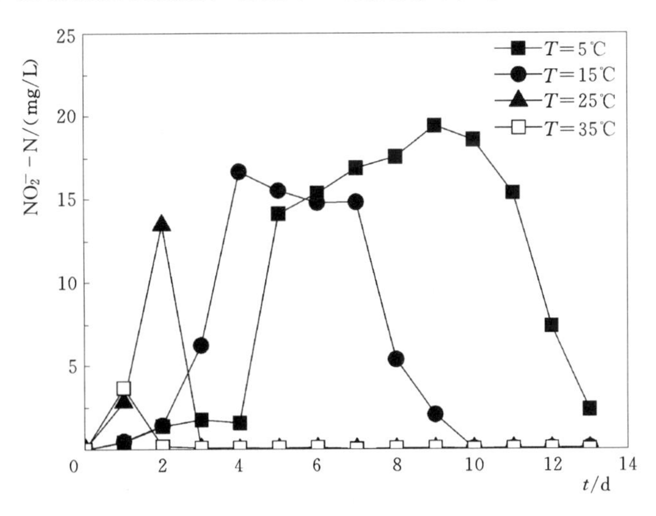

图 6-34 不同温度条件下亚硝酸盐浓度变化

图 6-35 是温度变化对氨氮积累情况的影响。由图可以看出，当 T=5℃和 T=15℃时，出水中出现了氨氮的大量积累，最高浓度达到 18.85mg/L，并且整个实验过程中均出现了氨氮的积累，这说明在低温条件下，反硝化作用受到明显的限制，促进了氨氮的积累。当 T=25℃和 T=35℃时，出水中氨氮也有一定量的积累，但是随着实验的进行，出

水氨氮浓度逐渐下降，最终降到 0.5mg/L 以下。

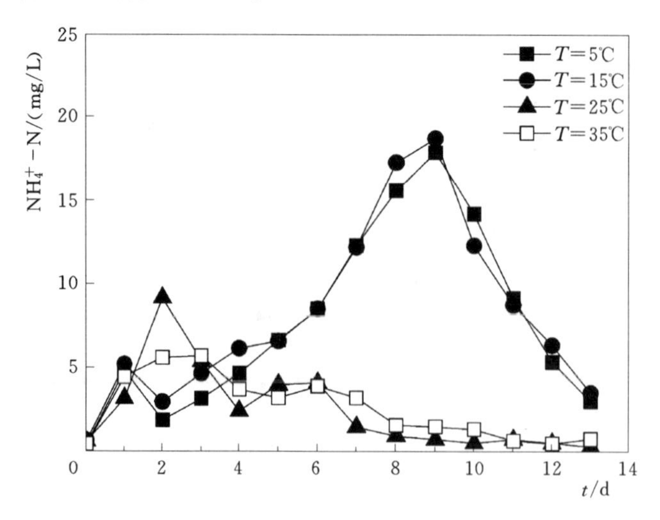

图 6-35　不同 T 条件下氨氮浓度变化

温度对反硝化效果的影响的研究已得出了较为一致的结论，普遍认为在中高温的环境下，反硝化效果良好。该现象的原因是：反硝化细菌大多属于中温型细菌，温度在中温阶段时，随着温度的升高，细菌体内酶的活力旺盛，代谢速度加快；温度过低，细菌体内酶的活力受到抑制，代谢速度较慢，NO_3^- -N 的去除效率低；温度过高会导致细菌体内的酶发生变性，影响反应的顺利进行，NO_3^- -N 的去除效果下降。这与本实验得出的结果相一致。

6.3.2.3　结论

本研究采用玉米秆、氢氧化钠玉米秆、氨水玉米秆、玉米芯、氢氧化钠玉米芯、氨水玉米芯、脱脂棉作为反硝化固相碳源进行实验，通过批实验研究了不同固相碳源含氮化合物及 COD 的释放量，同时进行反硝化批实验，观察在不同初始硝酸盐浓度条件下不同碳源对反硝化效果的影响。之后，进一步研究了 pH 值和 T 对反硝化实验的影响，主要结论如下：

（1）氢氧化钠玉米秆是合适的碳源。通过固相碳源释放批实验发现，氢氧化钠玉米秆 COD 的释放量和持久性均优于其他 6 种碳源。玉米秆和玉米芯释放的含氮化合物要高于脱脂棉的释放量，而未处理的玉米秆和玉米芯释放含氮化合物的量明显高于预处理过的玉米秆和玉米芯，其中释放含氮化合物的量相对较少的是氢氧化钠玉米秆。因此，从这方面讲，在地下水硝酸盐生物修复过程中氢氧化钠玉米秆是合适的碳源。

（2）氢氧化钠玉米秆是最合适的反硝化碳源。由反硝化批实验可知，不同氮负荷条件下，氢氧化钠玉米秆作为反硝化碳源时，硝酸盐氮去除率较高（$>93\%$），亚硝酸盐氮和氨氮的积累量少，是最合适的反硝化碳源。

（3）反硝化进行的最适条件为 pH=7.0、T=25℃。进行以氢氧化钠玉米秆为碳源的反硝化实验，来研究碳源及环境条件对反硝化的影响。由实验结果可知，当 pH 值为 7.0，进水硝酸盐氮浓度为 50mg/L 时，出水硝酸盐氮浓度在 1.0mg/L 左右，硝酸盐氮去除率可达98.2%，反硝化进行彻底。当实验 $T=25℃$，进水硝酸盐氮浓度为50mg/L时，出水硝酸盐氮浓度在1.0mg/L左右，硝酸盐氮去除率可达98.2%。由此可见，反硝化进行的最适 pH=7.0、$T=25℃$。在硝酸盐被高效去除的同时，没有出现亚硝酸盐氮和氨氮的积累情况。

6.3.3 地下水原位净化模拟实验

6.3.3.1 实验方法

地下水流速是地下水原位修复技术应用的一个重要影响因素。地下水的流速一般比较缓慢，为 $n\times10^{-1}\sim n\times10^{-5}$ cm/s（$n=1\sim9$），故本书中设置了原位模拟静态实验和原位模拟动态实验。在原位模拟动态实验中设置水力停留时间为5d、10d和15d。原位模拟静态和动态试验中分别设置两组进水硝酸盐浓度，分别为30mg/L、80mg/L。

1. 原位模拟静态试验

称取2份250g（干重）氢氧化钠玉米秆和1份250g（干重）玉米秆分别放置在不同的PRB反应墙中，向其中一个添加氢氧化钠玉米秆的反应墙和添加玉米秆的反应墙中添加1500mL接种污泥，同时设置一个空白的反应墙作为对照试验。含水层使用粒径为0.5～1.0mm的沙子填充，孔隙率为35%。首先，用自来水对整个实验装置预冲洗5h，以消除沙子本身的影响。实验开始时，将实验用水加注至砂滤层顶面，每个反应槽中约加注112L实验用水，然后保持静止状态。每3d在反应槽的PRB反应区和出水取水样测定 NO_3^--N、NO_2^--N、NH_4^+-N、COD_{Mn}、TN、pH值和DO，以分析静态条件下的反硝化性能。

2. 原位模拟动态试验

原位模拟动态实验采用与静态实验相同的装置，利用配水池和流量计来控制进水流速，分析不同水力停留时间条件下的脱氮效果。利用进水槽进水口的面板式流量计来控制动态模拟实验的水力停留时间，分别设置为5d、10d和15d。考察不同水力停留时间条件下硝酸盐的去除效果。在反应槽的PRB反应区和出水位置每隔一个水力停留时间取样测定 NO_3^--N、NO_2^--N、NH_4^+-N、COD_{Mn}、TN、pH值和DO。

6.3.3.2 实验装置

地下水原位净化模拟实验装置见图6-36。该模拟装置由玻璃钢制成。由配水池、进水槽、含水层介质、PRB反应墙、出水槽和循环水槽等组成。模拟装置为长方体，其规格为160cm×40cm×50cm，有效容积为320L。将配水池抬升到高于模拟装置1m的位置，利用水的势能进水，并在进水槽进水口处安装面板式流量计来调整进水流速，替代蠕动泵来控制进水流速，从而达到节能的效果。PRB反应墙宽度为15cm，设在整个含水介质层的2/3处。在整个装置的外面有一层循环水槽，宽度为5cm，该水槽中的水是直接抽取地下水，循环保温，以确保模拟实验槽温度与地下水温度相一致。整个模拟装置共有4个并排的反应槽组成，可同时启动多组实验，大大节省了实验周期。

6.3.3.3 实验结果与讨论

1. 地下水原位模拟静态实验

（1）反应装置的启动。模拟装置启动初期控制进水硝酸盐浓度为30mg/L左右，温度

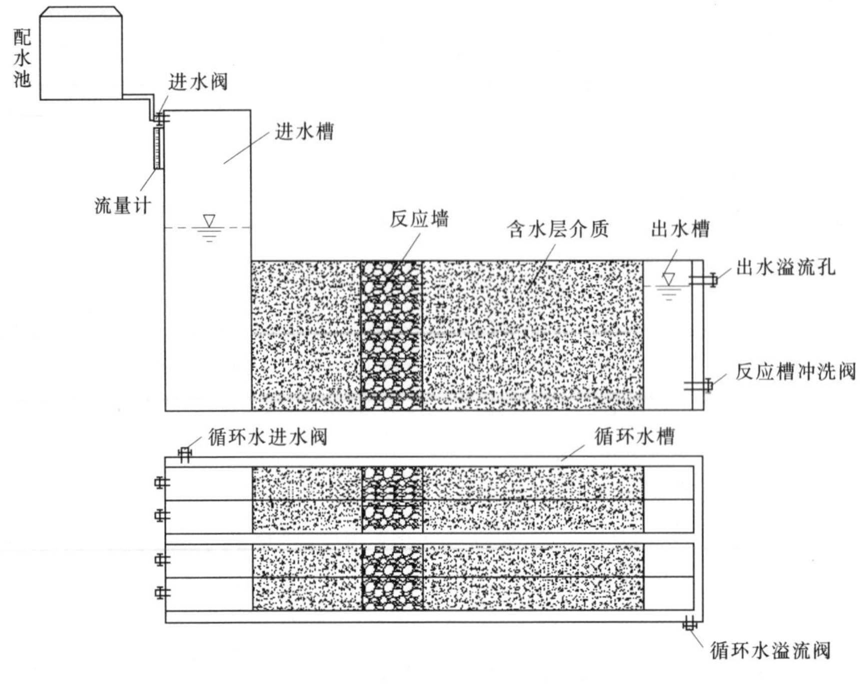

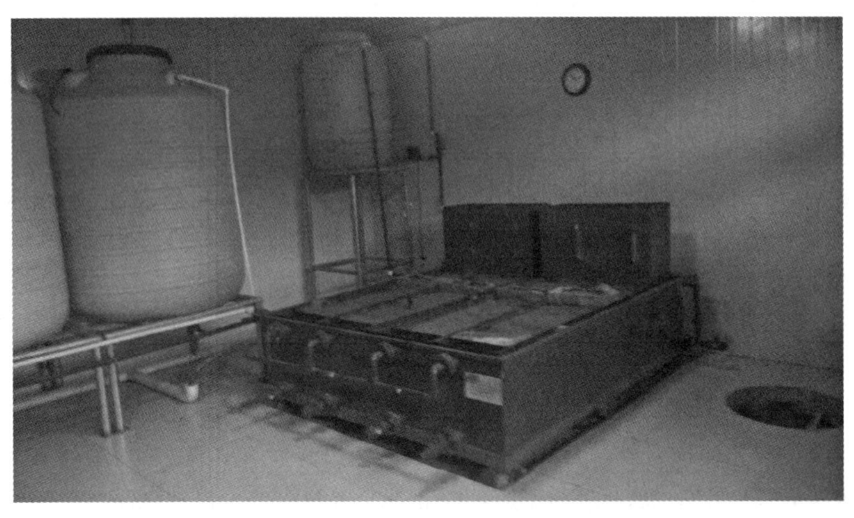

图6-36　地下水原位净化模拟装置

为12℃±2℃左右，pH值为7.0～8.0之间，DO为4.5～5.0mg/L，COD_{Mn}为2.0～3.5mg/L，定期测定出水NO_3^--N、NO_2^--N、TN、TP、DO、COD_{Mn}浓度及pH值变化。原位模拟实验中，RA实验组是在PRB反应墙中填充活性污泥和玉米秆，RB实验组是在PRB反应墙中填充氢氧化钠玉米秆，RC实验组是在PRB反应墙中填充活性污泥和氢氧化钠玉米秆。Wang等研究表明，根据完全反硝化作用的反应式得出C/N（COD/NO_3^--N）理论值为2.86，而实际应用中C/N比大于5时，反硝化作用的效果较好，C/N比最优值一般为5～10。对静态释碳实验数据进行TOC分析，得出氢氧化钠玉米秆释放液中 TOC 占 COD_{Mn} 的 55.7%。根据静态释碳实验得出，单位干重氢氧化钠玉米秆 COD_{Mn} 的总释放量为 71.57mg/g，即单位干重氢氧化钠玉米秆 TOC 的总释放量为 39.86mg/g。而原位净化模拟实验在 PRB 反应区添加 250g 碳源，经过计算可以得出 C/N（COD/NO_3^- -N）约为 10.64，即 TOC/NO_3^- -N 约为 5.93，处在反硝化最佳碳氮比的范围。

鉴于释放实验中玉米秆和氢氧化钠玉米秆有一定浓度含氮化合物的释放，因此，在原位模拟实验中忽略它们的吸附作用对含氮化合物浓度的影响，另外，填充的沙子对硝酸盐氮、亚硝酸盐氮和氨氮的吸附作用很小，因此在长时间的模拟实验中，由填料的吸附作用而造成的对含氮化合物浓度的影响可以忽略，实验只考虑由反硝化作用引起的含氮化合物的变化。

(2) 碳源的影响。图 6-37 为原位模拟静态实验中 NO_3^- -N 浓度随时间的变化关系。由图可见，当进水硝酸盐浓度为 30mg/L 时，两组实验均启动快速，从第 3 天开始，就观察到明显的硝酸盐氮去除。出水硝酸盐氮浓度由 30mg/L 分别降低到 21mg/L（氢氧化钠玉米秆），25.5mg/L（玉米秆）。而 PRB 反应墙中硝酸盐氮去除效果更加明显，由 30mg/L 分别降低到 4.75mg/L（氢氧化钠玉米秆），23.5mg/L（玉米秆）。这说明，以氢氧化钠玉米秆为碳源的反硝化实验比玉米秆启动要快。随着实验的进行，出水硝酸盐氮浓度逐渐下降，直到第 51 天时，出水硝酸盐氮浓度均降到 3.25mg/L，硝酸盐去除率达到 89.6%，微生物反硝化进行的彻底。对比可见，以氢氧化钠玉米秆为碳源时，反硝化效率较高，硝酸盐氮几乎被完全去除，而以玉米秆为碳源时，反硝化效果略差，出水硝酸盐浓度略高于氢氧化钠玉米秆实验组，但是均低于我国生活饮用水卫生标准（GB 5749—2006）限值（10mg/L）。由此可见，氢氧化钠玉米秆和玉米秆均可作为反硝化固相碳源使用，其中氢氧化钠玉米秆效果最好，可达到完全反硝化。

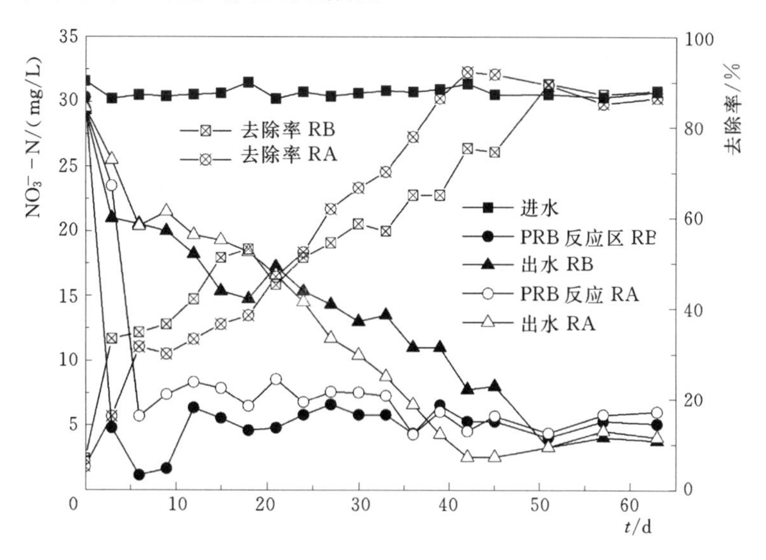

图 6-37 地下水原位静态模拟实验硝酸盐浓度变化

由图 6-38 可见，在硝酸盐被去除的同时，静态模拟实验中 PRB 反应墙和出水中均有亚硝酸盐氮的积累。而PRB反应墙中亚硝酸盐氮的积累明显比出水中要多，但是随着实验的进行，亚硝酸盐氮的浓度大部分都低于0.05mg/L，只有极小情况才能检测到大于0.1mg/L的情况。在反硝化过程中，如果有机碳供应不充足，亚硝酸盐氮易于积累，而有机碳充足时，硝酸盐氮可被完全还原而没有亚硝酸盐氮的积累。本书中出水硝酸盐氮浓度低，且亚硝酸盐氮积累量少，表明此时反硝化模拟实验中环境条件适合，且有充足的有机碳供应，取得了完全反硝化效果，这说明氢氧化钠玉米秆是合适的反硝化碳源。

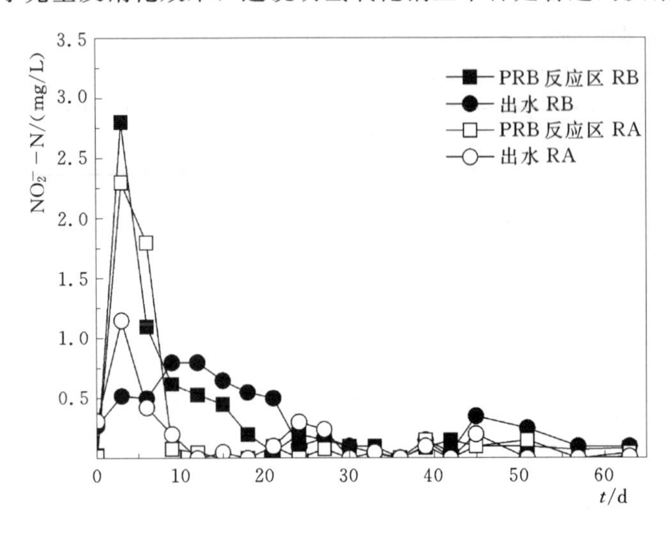

图6-38 地下水原位静态模拟实验亚硝酸盐浓度变化

由图6-39可见，以氢氧化钠玉米秆和玉米秆为碳源时，实验过程均有明显的氨氮积累，实验初期，PRB反应墙和出水中氨氮浓度最高达到了4.98mg/L（玉米秆）和5.58mg/L（氢氧化钠玉米秆）。随着实验的进行，PRB反应墙中氨氮一直保持着较高的浓度，而出水氨氮浓度相对较低，符合我国生活饮用水卫生标准（GB 5749—2006）。由图可见，以玉米秆为碳源的模拟实验中，氨氮浓度均高于以氢氧化钠玉米秆为碳源的实验，因此可以判断，实验中氨氮的积累一部分来自于玉米秆自身的释放，这与释放实验的结果相一致；另一方面来自DNRA过程。环境中有机碳含量高则利于DNRA进行，随着实验的进行，出水COD浓度比前段时间低，较低的COD浓度不利于DNRA进行，使氨氮的积累量变小。同时在微生物存在的条件下，氨氮的释放速率可能变大。因此，为了抑制反应过程氨氮的生成，应对环境条件加以控制，使硝酸盐易于通过反硝化作用被降解为N_2，避免通过DNRA过程被转化成氨氮。

（3）微生物的影响。图6-40为原位模拟静态实验中$NO_3^- - N$浓度随时间的变化关系。由图可见，当进水硝酸盐浓度为30mg/L时，两组实验均启动快速，从第3天开始，就观察到明显的硝酸盐氮去除。这说明，在原位模拟静态实验中活性污泥的添加与否，对实验过程中生物膜的生成没有太大的影响。未添加活性污泥的实验组，在实验开始的第6天，PRB反应墙中硝酸盐浓度就降到了6.4mg/L。随着实验的进行，在第51天时，出水硝酸盐氮浓度由30mg/L分别降低到7mg/L（未添加活性污泥），3.25mg/L（添加活性污泥）。这说明，两组实验的反硝化效果相差不大，在原位模拟实验中可以不添加活性污

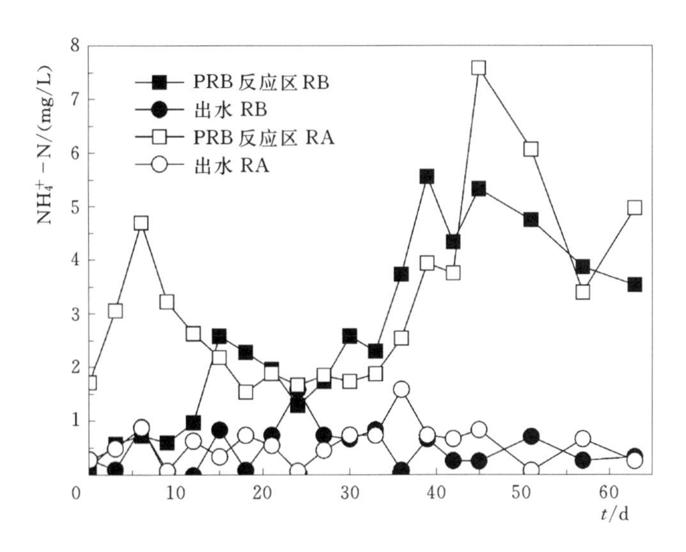

图 6-39 地下水原位静态模拟实验氨氮浓度变化

泥，仅由地下水和碳源本身生成的生物膜就能保证反硝化的进行。两组实验的出水硝酸浓度均低于我国生活饮用水卫生标准（GB 5749—2006）限值（10mg/L）。由此可见，氢氧化钠玉米秆是合适的反硝化固相碳源，可达到完全反硝化。

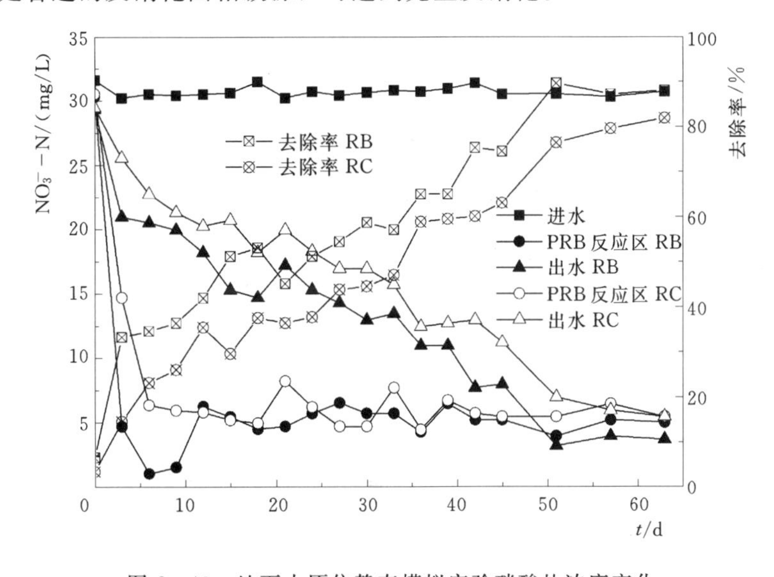

图 6-40 地下水原位静态模拟实验硝酸盐浓度变化

由图 6-41 可见，在硝酸盐被去除的同时，静态模拟实验中 PRB 反应墙和出水中均有亚硝酸盐氮的积累。然而随着实验的进行，亚硝酸盐氮的浓度大部分都低于 0.05mg/L，只有偶尔才能检测到大于 0.1mg/L 的情况，只有未添加活性污泥实验组的出水中亚硝酸盐氮的积累实践较长，但最后也出现了急剧降低的情况。本实验进行后期，两组实验均没有出现亚硝酸盐氮的积累情况，而且出水硝酸盐氮浓度低，表明此时反硝化模拟实验中环境条件适合，且有充足的有机碳供应，取得了完全反硝化效果，这说明氢氧化钠玉米秆是合适的反硝化碳源。

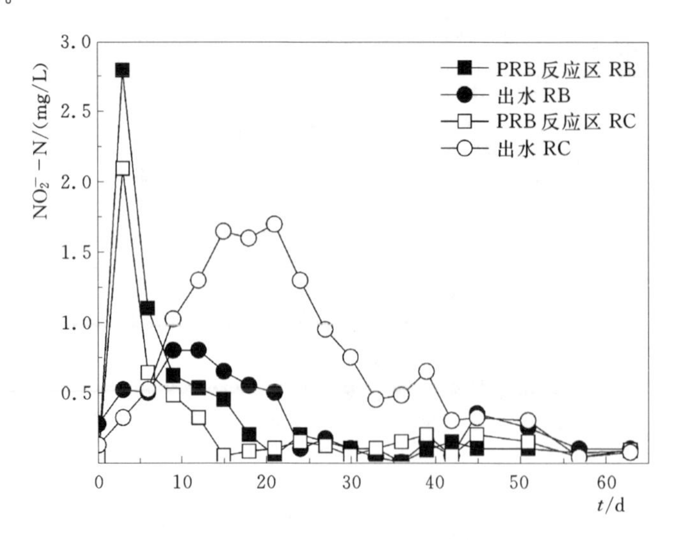

图 6-41　地下水原位静态模拟实验亚硝酸盐浓度变化

由图 6-42 可见，两组实验过程均有明显的氨氮积累，实验初期，PRB 反应墙和出水中氨氮浓度最高达到了 3.05mg/L（未添加活性污泥）和 5.58mg/L（添加活性污泥）。随着实验的进行，PRB 反应墙中氨氮一直保持着较高的浓度，而出水氨氮浓度相对较低，稳定在 0.5mg/L 以下，符合我国生活饮用水卫生标准（GB 5749—2006）。由图可见，两组实验中氨氮的积累情况几乎一致，因此可以判断，原位模拟静态实验中是否添加活性污泥对氨氮的积累影响不大。实验中氨氮的积累一部分可能来自于碳源自身的释放，这与释放实验的结果相一致；另一部分可能来自于 DNRA 过程。

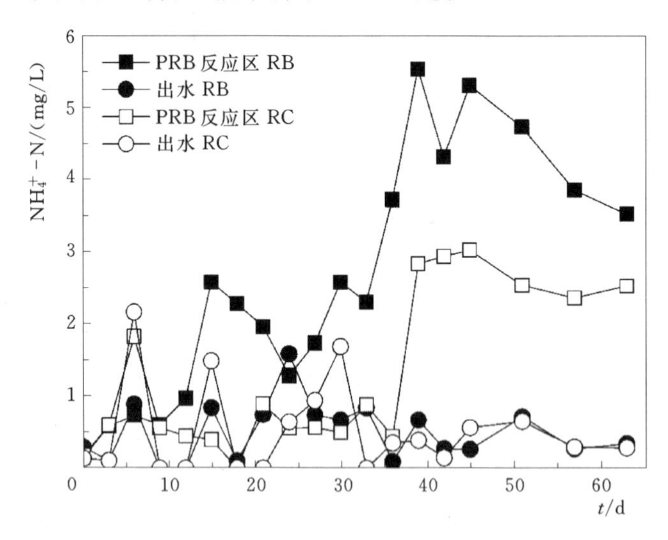

图 6-42　地下水原位静态模拟实验氨氮浓度变化

（4）进水硝酸盐浓度的影响。为了研究进水硝酸盐浓度对反硝化的影响，选择反硝化效果最好的氢氧化钠为碳源进行原位模拟静态实验。图 6-43 为原位模拟静态实验中

NO_3^- -N 浓度随时间的变化关系。由图可见，实验前 63d 进水硝酸盐浓度为 30mg/L，实验启动快速，从第 3 天开始，就观察到明显的硝酸盐氮去除，出水硝酸盐氮浓度由 30mg/L 降低到 21mg/L。而 PRB 反应墙中硝酸盐氮去除效果更加明显，由 30mg/L 降低到 4.75mg/L。随着实验的进行，出水硝酸盐氮浓度逐渐下降，直到第 51 天时，出水硝酸盐氮浓度降到 3.25mg/L，硝酸盐去除率达到 89.6%，微生物反硝化进行的彻底，系统处于稳定状态，反硝化柱内取得完全反硝化效果，说明该实验阶段反硝化柱内有充足的有机碳源，使反硝化能顺利进行。随后调整实验进水硝酸盐浓度为 80mg/L，而出水硝酸盐浓度在第 120 天才降到最低（7mg/L），与进水浓度为 30mg/L 时相比，反硝化效率较慢。可见，当进水硝酸盐浓度过高时对原位模拟反硝化实验有抑制作用，由图可以看出，由于进水硝酸盐浓度增加，使得反应装置内反硝化菌处理负荷增大，进而 C/N 比降低，影响反硝化效果。另一方面，由于进水硝酸盐浓度过大，对微生物有毒害作用，其自身代谢功能受到影响，进而不利于微生物大量繁殖抑制了反硝化的进行。

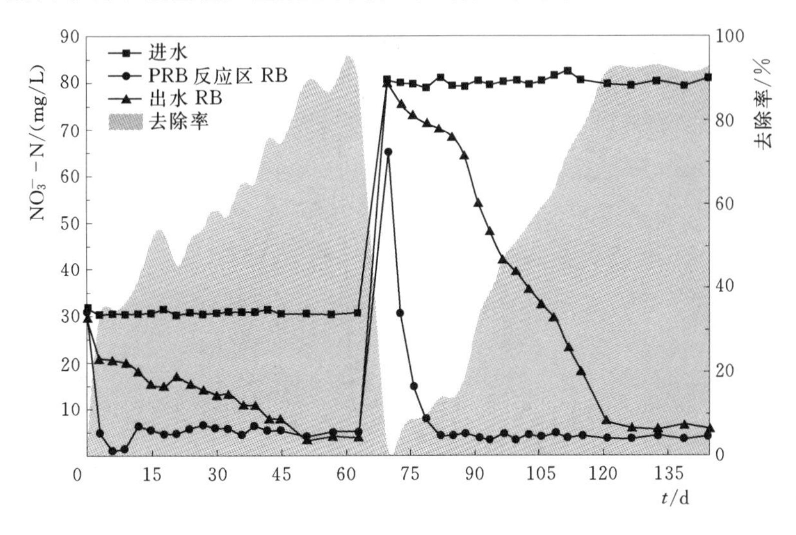

图 6-43 地下水原位静态模拟实验硝酸盐浓度变化

由图 6-44 可见，当进水硝酸盐浓度为 30mg/L 时，在硝酸盐被去除的同时，静态模拟实验中 PRB 反应墙和出水中均有亚硝酸盐氮的积累。然而随着实验的进行，亚硝酸盐氮的浓度大部分都低于 0.05mg/L，只有偶尔才能检测到大于 0.1mg/L 的情况。当调整进水硝酸盐浓度为 80mg/L 时，再次出现了亚硝酸盐氮的积累，然而，随着实验进行，系统逐渐处于稳定运行阶段，出水中的亚硝酸盐氮浓度低于 0.1mg/L。

由图 6-45 可见，当进水硝酸盐浓度为 30mg/L 时，实验过程中有明显的氨氮积累，实验初期，PRB 反应墙和出水中氨氮浓度最高达到了 5.58mg/L。随着实验的进行，PRB 反应墙中氨氮一直保持着较高的浓度，而出水氨氮浓度相对较低，稳定在 0.5mg/L 以下，符合我国生活饮用水卫生标准（GB 5749—2006）。而当调整进水硝酸盐浓度为 80mg/L 时，再次出现了氨氮的积累，随着实验的进行，氨氮浓度逐渐降低，最后趋于平衡。然而随着进水硝酸盐浓度的增加，氨氮的积累量也有所增加，这可能是由于进水硝酸盐氮浓度的增加使硝酸盐的还原利于通过 DNRA 途径进行，最终导致了系统氨氮的积累。

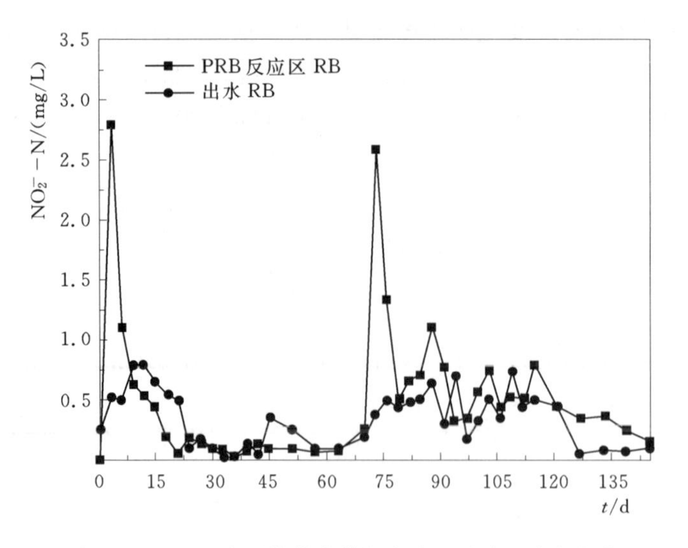

图 6-44　地下水原位静态模拟实验亚硝酸盐浓度变化

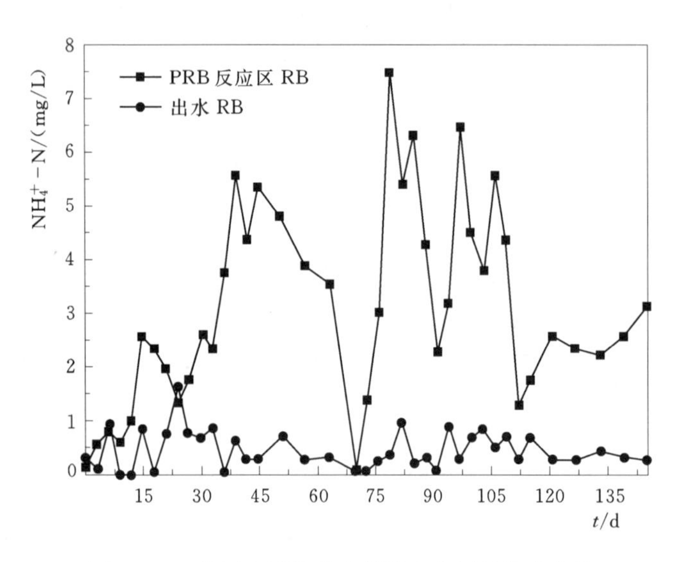

图 6-45　地下水原位静态模拟实验氨氮浓度变化

2. 地下水原位模拟动态试验

(1) 反应装置的启动。模拟装置启动初期控制进水硝酸盐浓度为 30mg/L 左右，温度为 12℃±2℃左右，pH 值为 7.0～8.0 之间，DO 为 4.5～5.0mg/L，COD_{Mn}为 2.0～3.5mg/L，定期测定出水 NO_3^--N、NO_2^--N、TN、TP、DO、COD_{Mn}浓度及 pH 值变化。原位模拟实验中，RA 实验组是在 PRB 反应墙中填充氢氧化钠玉米秆的对照实验组，RB 实验组是在 PRB 反应墙中填充活性污泥和氢氧化钠玉米秆的实验组。利用进水槽进水口的面板式流量计来控制动态模拟实验的水力停留时间，分别设置为 5d、10d 和 15d。

(2) 微生物的影响。图 6-46 为原位模拟动态实验中 NO_3^--N 浓度随时间的变化关系。由图可见，当 HRT 为 5d 和 10d 时，仅加入碳源实验组出水中硝酸盐的去除效果均不理想，当 HRT 调整为 15d 时，出水中硝酸盐的最低浓度分别为 5.15mg/L，去除率为

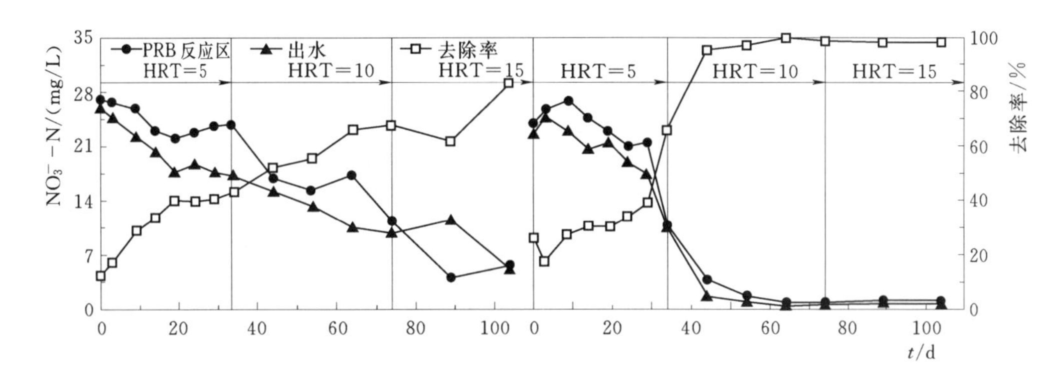

图 6-46 地下水原位动态模拟实验硝酸盐浓度变化

82.8%，这是由于仅加入碳源时生物膜生长比较缓慢，反硝化细菌的数量很少，导致硝酸盐没有得到充分的去除。同时加入碳源和污泥的实验组出水硝酸盐的去除效果明显优于仅加入碳源的实验组，最低浓度分别为 0.15mg/L，去除率分别达到了 99.5%，这是由于同时加入碳源和驯化污泥使得生物膜得以迅速生成，反硝化反应发生较快，当水力停留时间为 10d 时，反硝化效果已经达到了最佳。

由图 6-47 可见，当进水硝酸盐浓度为 30mg/L 时，在硝酸盐被去除的同时，模拟实验中 PRB 反应墙和出水中均有亚硝酸盐氮的积累。仅加碳源实验组和同时加碳源和污泥实验组在实验初期出现了亚硝酸盐的积累，最大积累量达到了 2.05mg/L。随着实验的进行，亚硝酸盐的积累明显下降，实验后期，出水亚硝酸盐仅为 0.002mg/L。两组实验的亚硝酸盐积累量相差无几。

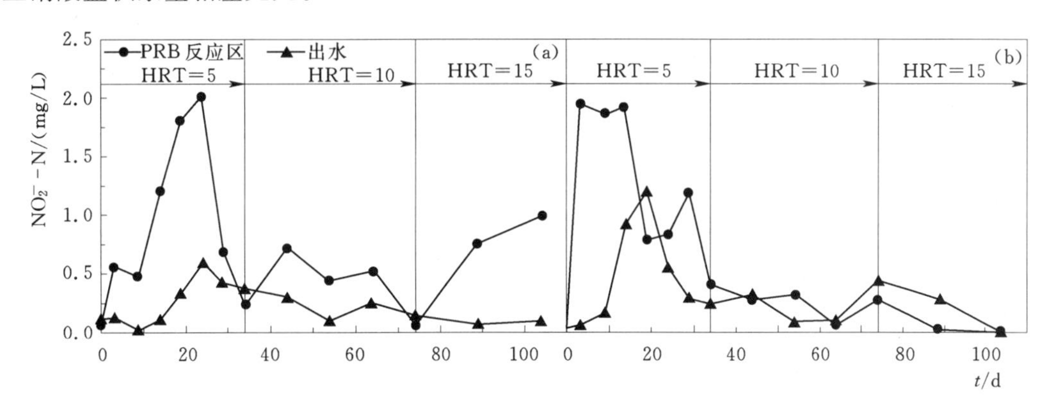

图 6-47 地下水原位动态模拟实验亚硝酸盐浓度变化

由图 6-48 可见，当进水硝酸盐浓度为 30mg/L 时，实验过程中有明显的氨氮积累，实验初期，PRB 反应墙和出水中氨氮浓度最高达到了 0.65mg/L。随着实验的进行，PRB 反应墙中氨氮一直保持着较高的浓度，而出水氨氮浓度相对较低，稳定在 0.158mg/L 左右，符合我国生活饮用水卫生标准（GB 5749—2006）。

（3）水力停留时间（HRT）的影响。图 6-46 为原位模拟动态实验中 NO_3^--N 浓度随时间的变化关系。由图可以得知，反硝化作用效果受 HRT 的影响很大，硝酸盐的去除率随着 HRT 的增加而增加，当 HRT 为 15d 时，反硝化效果与 HRT 为 5d 和 10d 相比

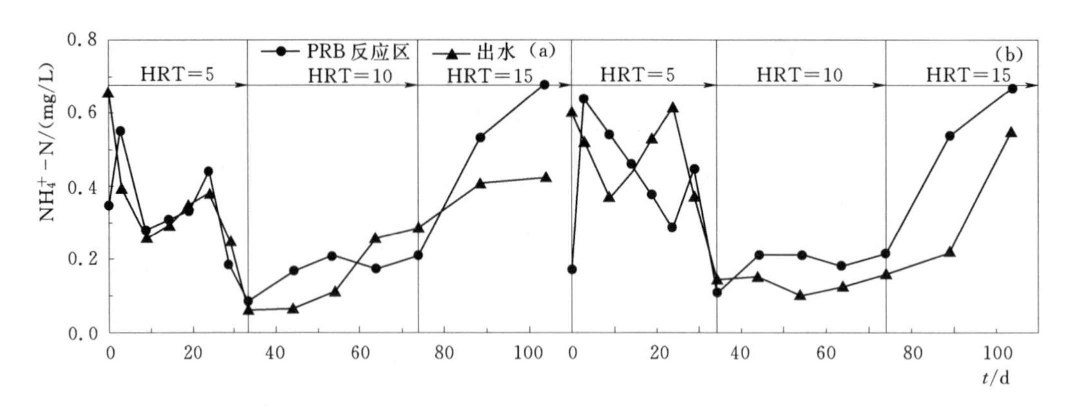

图 6-48　地下水原位动态模拟实验氨氮浓度变化

较，明显要好很多。这是因为 HRT 较短时进水流速会加快，大的水力负荷导致碳源和填料表面难以生成生物膜，细菌也很容易被冲洗，使得细菌、酶和小分子有机碳随水一起排出，导致氮去除率降低。

由图 6-47 可见，硝酸盐被去除的同时出现了亚硝酸盐的积累。在实验初期，HRT 为 5d 时，亚硝酸盐的积累量较大，然后随着实验的进行，逐渐调整 HRT，随着 HRT 的增加，亚硝酸盐的积累量也明显减少，最后当 HRT 为 15d 时，出水亚硝酸盐氮浓度低于 0.1mg/L，符合我国生活饮用水卫生标准（GB 5749—2006）。

由图 6-48 可见，实验过程中有明显的氨氮积累。实验初期 HRT 为 5d 时，PRB 反应墙和出水中氨氮浓度最高达到了 0.65mg/L。随着实验的进行，逐渐调整 HRT，随着 HRT 的增加，PRB 反应墙中氨氮一直保持着较高的浓度，而出水氨氮浓度相对较低，稳定在 0.158mg/L 左右，符合我国生活饮用水卫生标准（GB 5749—2006）。

综上所述，以氢氧化钠玉米秆作为原位动态模拟实验的碳源时，反硝化效果随着水力停留时间的增加而增加，当 HRT 为 15d 时硝酸盐的去除率达到了 99.5%，这说明较长的水力停留时间有利于反硝化的进行。

（4）进水硝酸盐浓度的影响。为了研究进水硝酸盐浓度对反硝化的影响，选择反硝化效果最好的氢氧化钠为碳源进行原位模拟动态实验。图 6-49 为原位模拟动态实验中 NO_3^- -N 浓度随时间的变化关系。由图可见，实验前 104 天进水硝酸盐浓度为 30mg/L，可以观察到明显的硝酸盐氮去除，实验第 45 天时，出水硝酸盐氮浓度由 30mg/L 降低到 5.15mg/L。随着实验的进行，出水硝酸盐氮浓度逐渐下降，硝酸盐去除率最高达到了 99.9%，微生物反硝化进行的彻底，系统处于稳定状态，反硝化柱内取得完全反硝化效果，说明该实验阶段反硝化柱内有充足的有机碳源，使反硝化能顺利进行。随后调整实验进水硝酸盐浓度为 80mg/L，而出水硝酸盐浓度在第 170 天才降到最低（6.57mg/L），与进水浓度为 30mg/L 时相比，反硝化效率较慢。可见，当进水硝酸盐浓度过高时对原位模拟反硝化实验有抑制作用，由图可以看出，由于进水硝酸盐浓度增加，使得反应装置内反硝化菌处理负荷增大，进而 C/N 比降低，影响反硝化效果。另一方面，由于进水硝酸盐浓度过大，对微生物有毒害作用，其自身代谢功能受到影响，进而不利于微生物大量繁殖抑制了反硝化的进行。

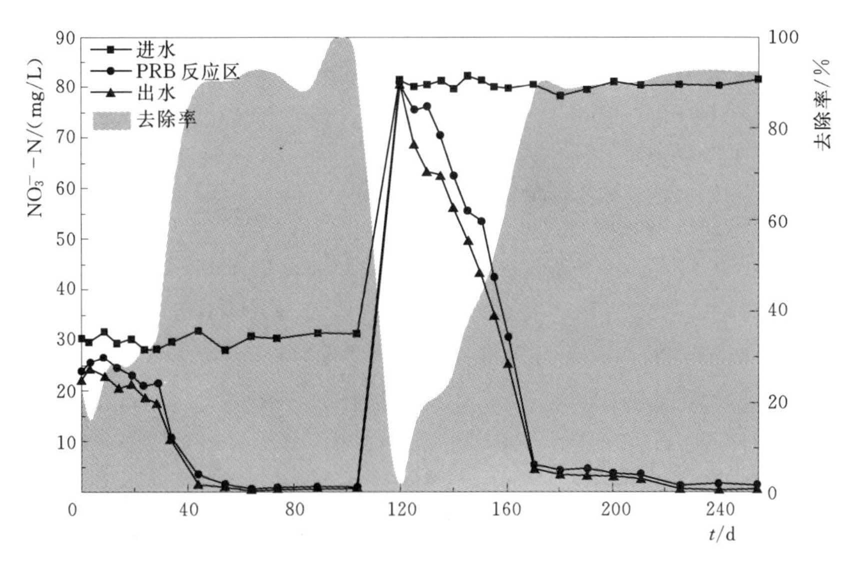

图 6-49 地下水原位动态模拟实验硝酸盐浓度变化

由图 6-50 可见，当进水硝酸盐浓度为 30mg/L 时，在硝酸盐被去除的同时，动态模拟实验中 PRB 反应墙和出水中均有亚硝酸盐氮的积累。然而随着实验的进行，亚硝酸盐氮的浓度大部分都低于 0.5mg/L。当调整进水硝酸盐浓度为 80mg/L 时，再次出现了亚硝酸盐氮的积累，随着实验进行，系统逐渐处于稳定运行阶段，出水中的亚硝酸盐氮浓度低于 0.1mg/L。由图可以看出，随着进水硝酸盐浓度的增加，亚硝酸盐氮的积累量增加，这说明进水硝酸盐浓度较高时容易引起亚硝酸盐的积累。

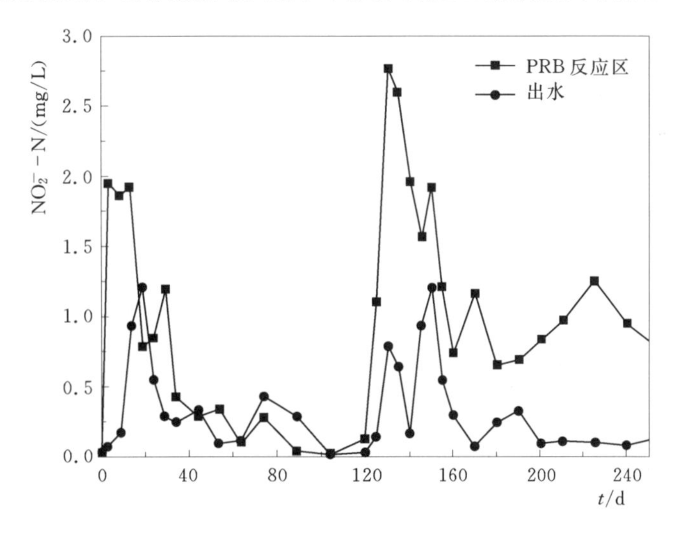

图 6-50 地下水原位动态模拟实验亚硝酸盐浓度变化

由图 6-51 可见，当进水硝酸盐浓度为 30mg/L 时，实验过程中有明显的氨氮积累，实验初期，PRB 反应墙和出水中氨氮浓度最高达到了 0.65mg/L。随着实验的进行，PRB 反应墙中氨氮一直保持着较高的浓度，而出水氨氮浓度相对较低，稳定在 0.5mg/L 以下，符合我国生活饮用水卫生标准（GB 5749—2006）。而当调整进水硝酸盐浓度为 80mg/L

时，再次出现了氨氮的积累，随着实验的进行，氨氮浓度逐渐降低，最后趋于平衡。然而随着进水硝酸盐浓度的增加，氨氮的积累量也有所增加，这可能是由于进水硝酸盐氮浓度的增加使硝酸盐的还原利于通过 DNRA 途径进行，最终导致了系统氨氮的积累。

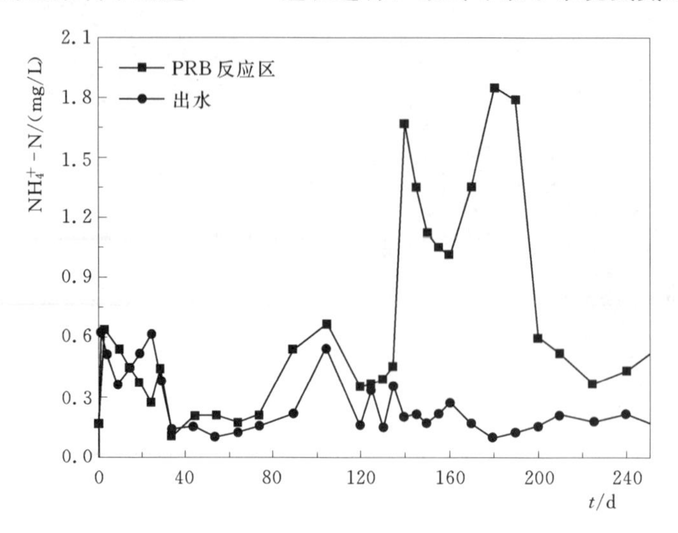

图 6-51　地下水原位动态模拟实验氨氮浓度变化

6.3.3.4　玉米秆表面性状特征分析

为了观察反应前后玉米秆结构的变化，对未经预处理的玉米秆和经 NaOH 溶液预处理的反应前后的玉米秆进行 SEM 扫描。如图 6-52 所示，图 6-52（a）和图 6-52（b）是未处理的玉米秆内部和表面的 SEM 图；图 6-52（c）和图 6-52（d）是经 NaOH 溶液预处理过的玉米秆内部和表面的 SEM 图；图 6-52（e）和图 6-52（f）是经微生物利用之后的 NaOH 玉米秆内部和表面的 SEM 图。

如图 6-52 所示，未经预处理的玉米秆纤维素结构紧密，内部结构呈鳞状排布，表面平整成条状排布，不适宜微生物附着。而经 NaOH 溶液预处理的玉米秆内部和表面结构均遭到了破坏，内部结构更加的紧实，几乎观察不到鳞片状的结构，表面结构出现了长条的纤维束纹理，这说明 NaOH 溶液导致玉米秆中的一部分半纤维素和木质素溶解，使得孔隙尺寸和孔隙度增加，有利于微生物附着生长和利用。微生物利用后的 NaOH 玉米秆中长条状的纤维素明显减少，并出现了大量的片状结构和空隙。其中，片状结构和空隙应该是 NaOH 玉米秆经微生物利用后断裂的纤维素和腐蚀的空洞。这说明 NaOH 玉米秆是适宜的反硝化生物膜载体和固体碳源。

6.3.3.5　结论

本研究采用玉米秆和氢氧化钠玉米秆作为反硝化固相碳源进行实验，通过地下水原位模拟实验模拟地下水环境，研究水力停留时间、微生物、碳源和进水硝酸盐浓度对反硝化的影响，主要结论如下：

（1）通过地下水原位静态模拟实验发现，以氢氧化钠玉米秆作为碳源的反硝化效果优于玉米秆的反硝化效果。而且在静态模拟实验中，未添加活性污泥的实验组也展现了较好的反硝化效果，这说明静态实验中可以不添加活性污泥，仅依靠地下水和碳源本身生成的

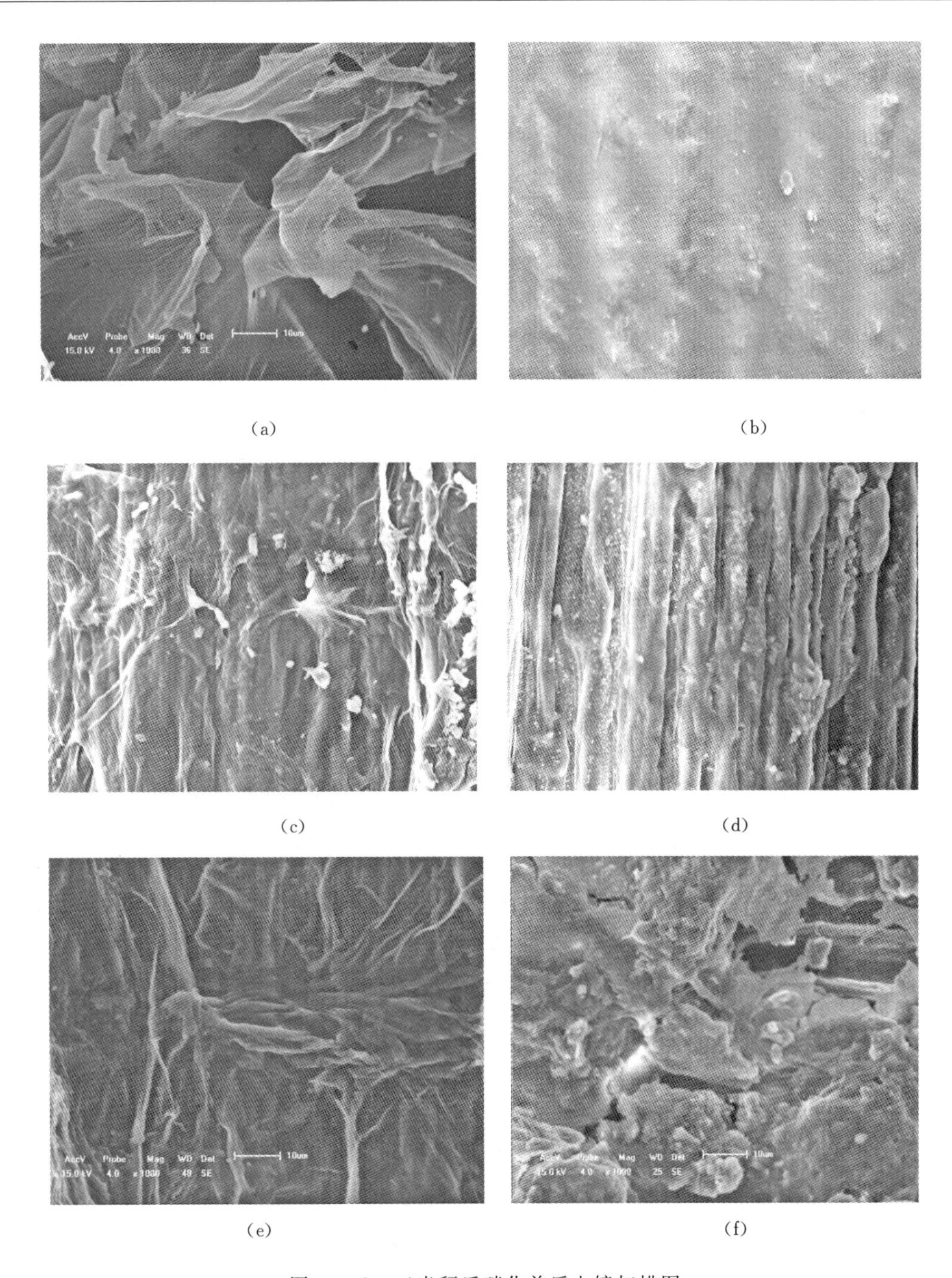

图 6-52　玉米秆反硝化前后电镜扫描图

(a) 未处理的玉米秆内部×1000；(b) 未处理的玉米秆表面×1000；(c) NaOH 玉米秆内部×1000；
(d) NaOH 玉米秆表面×1000；(e) 反应后 NaOH 玉米秆内部×1000；
(f) 反应后 NaOH 玉米秆表面×1000

生物膜就能满足反硝化的进行。随着进水硝酸盐浓度的增加，反效果略有下降，但是出水硝酸盐浓度仍满足生活用水标准，这说明，氢氧化钠玉米秆是合适的反硝化固相碳源。

(2) 通过地下水原位动态模拟实验发现，同时加入氢氧化钠玉米秆和驯化污泥的实验组反硝化效果明显要优于仅加入氢氧化钠玉米秆的实验组，而且反硝化效果随着水力停留时间的增加而增加，当HRT为15d时硝酸盐的去除率分别达到了99.5%，这说明较长的水力停留时间有利于反硝化的进行。

6.3.4　生物慢滤处理水中细菌

生物慢滤水处理技术是集过滤和生物处理为一体的水处理技术，它对污染物的去除是物理吸附和生物化学过程共同作用的结果。慢滤池在运行过程中，上层滤料表面形成一层微生物黏膜，黏膜中的各种细菌、藻类、原生动物以及各种微生物的分泌物，在水的净化过程中形成良性循环食物链，从而有效去除农村饮用水中常见的污染物如悬浮物、细菌、有机物、氨氮、重金属等。慢滤技术能有效去除细菌、大肠杆菌、氨氮、有机物等污染物，其主要作用机制在于慢滤反应器滤床表层微生物黏膜中的物理和生物化学作用。物理作用主要为重力沉降、惯性碰撞、滤料拦截等，而生物作用鉴于其复杂的微生物群落组成，其去除作用机制有待深入研究。

生物慢滤技术诞生于1804年，是由英国的John Gibb在研究高效的水处理技术时发明的，具有滤料因地制宜，无需反冲和投药，运行维护简单，制作成本低的特点。生物慢滤工艺可以在滤料的机械截留作用和微生物的生化作用的共同协作下高效去除微污染水中的常规污染物。与其他工艺相比，慢滤水处理工艺的特点是不用投加任何化学药剂，建造时可就地取材，投资少，运行稳定可靠，管理简单，自耗水量少，制作成本低，几乎可完全去除水中的浊度、有机物、色度、各种致病微生物和病毒等。慢滤被世界上许多国家用来处理微污染水，如在伦敦慢滤池一般都作为自来水处理的最后一项设施，在泰国和印度，慢滤技术也常常被用于当地的农村。

国内许多的研究者对生物慢滤技术进行了研究，取得了很好的效果，并且被广泛地应用在农村地区的给水处理领域。如康永滨、叶燕群、陈安芬研究了将生物慢滤技术和粗滤技术相结合，处理建瓯市农村的微污染水源水，取得了良好的处理效果。周兴智、杨香东将慢滤池应用到宜昌农村进行试点，发现生物慢滤技术水质满足饮用水要求。刘玲花、周怀东、李文奇进一步研究了生物慢滤技术，改进了慢滤的一些基本设计参数，研究了慢滤技术相关的预处理技术。

6.3.4.1　实验用水

根据不同实验目的，分别进行细菌微污染实验和重污染实验，其中在细菌微污染实验中实验进水为地下水原位动态模拟实验的出水，而细菌重污染实验中实验进水为生活污水。GB/T 14848—93《地下水质量标准》规定，Ⅰ类、Ⅱ类、Ⅲ类水中总大肠杆菌不多于3个/L，细菌总数不多于100个/L。Ⅰ类主要反映地下水化学组分的天然低背景含量，适用于各种用途。Ⅱ类主要反映地下水化学组分的天然背景含量，适用于各种用途。Ⅲ类以人体健康基准值为依据，主要适用于集中式生活饮用水水源及工、农业用水。

细菌微污染实验进水水质情况如表6-4所示，根据GB/T 14848—93《地下水质量标准》，实验用水属于Ⅲ类水，根据其主要水质指标，该水源可以作为研究生物慢滤处理细菌的模拟用水。

表 6-4　　地下水原位动态模拟实验出水水质　　单位：个/mL

项目	细菌总数						大肠杆菌		
HRT/d	5	10		15			5	10	15
空白	204	215	192	209	221	216	4	4	0
玉米秆	936	887	947	950	964	892	11	6	0
NaOH 玉米秆	807	821	625	783	840	795	42	10	0
NaOH 玉米秆+污泥	1345	1430	1145	1200	1250	1323	12	3	0

由表可见，地下水原位动态模拟实验出水水质随着水力停留时间的减少而恶化，故本实验中采用水力停留时间为5d时的实验出水作为生物慢滤实验的进水。

生物慢滤的实验用水水质如表 6-5 所示。

表 6-5　　生物慢滤的实验用水水质

实验用水项目	细菌总数/(个/mL)	大肠杆菌/(个/mL)
实验出水	400～650	35～55
生活污水	2.5×10^6 左右	5000 左右

6.3.4.2 实验方法与装置

生物慢滤处理细菌的实验装置如图 6-53所示。

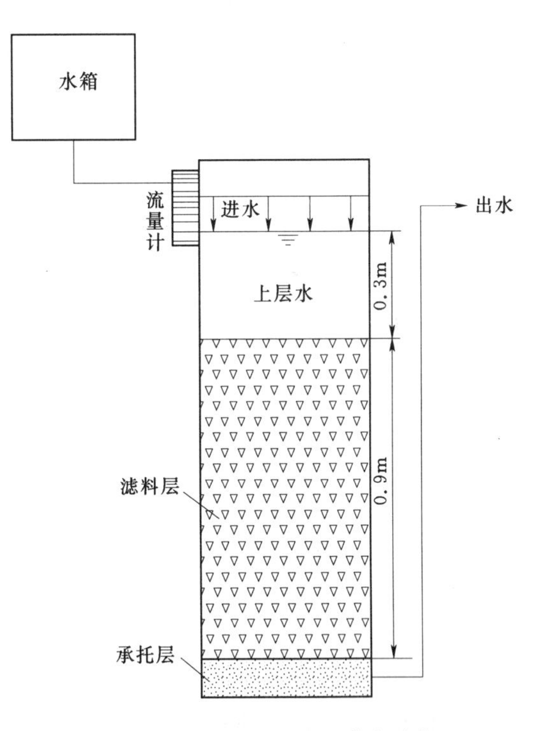

图 6-53　生物慢滤处理细菌实验装置

本实验设计了 3 套相同的生物慢滤实验装置。生物慢滤反应器由有机玻璃管制成，包括进水箱、流量计、生物慢滤反应器（简称反应器）3 个重要组成部分。生物慢滤反应器为本实验的核心部分，有机玻璃柱内径 0.5m，总高度 1.5m。为方便反应器中滤料装填和堵塞后的清洗，用法兰将反应器分成上下两部分。法兰以下装填承托层和滤料层，总设计高度为 1m；法兰以上用于进水和保持上层水位，总设计高度为 0.5m，其中上层水位 0.3m 左右。生物慢滤反应器底部为承托层，总设计高度 0.1m，承托层上部为滤料层，总设计高度 0.9m。水流为下向流，即水自上而下流过滤料层，为保证上层水位的高度，将出水口提升到一定高度固定。由于生物慢滤的滤速较低，一般为 0.1～0.3m/h，故本实验中采用流量计来控制滤速，调整水力停留时间分别为 6h、12h、24h。

生物慢滤反应器填充情况如下：最下层为承托层，用于收集出水和放置滤料流失，装填粒径为4～7mm的陶粒，装填高度为0.1m；其上层为滤料层，装填粒径为1～2mm的石英砂，装填高度为0.9m。

实验开始前先将生物慢滤装置注满水，放置在阳光下静置3d，使滤料层上生长一层生物膜。细菌总数和大肠杆菌均采用3MPetrifilm测试片测定。

6.3.4.3　结果与讨论

1. 细菌微污染实验

细菌微污染实验的实验进水为地下水原位动态模拟实验的出水，该进水中细菌总数为400～650CFU/mL，大肠杆菌数为35～55CFU/mL。图6-54为生物慢滤反应器在3种滤速条件下对细菌总数和大肠杆菌的去除效果比较。

由图6-54可见，生物慢滤去除细菌的能力受滤速的影响。当水力停留时间为6h时，生物慢滤反应器出水细菌总数为100～110CFU/mL，大肠杆菌数为3～7CFU/mL，细菌总数平均去除率可以达到83.0%，而大肠杆菌去除率达到90%。而提高水力停留时间到12h时，出水中的细菌总数降到35～28CFU/mL，去除率也高达95%。进一步提高水力停留时间到24h时，出水细菌总数减少到7～10CFU/mL，去除率更是提高到98.7%。当水力停留时间分别为12h和24h时，出水中均没有检测出大肠杆菌。由此可见，随着滤速的加快，细菌总数和大肠杆菌的去除效果也会随之降低，当水力停留时间为12h时，出水细菌总数和大肠杆菌数就能符合GB/T 14848—93《地下水质量标准》的规定。

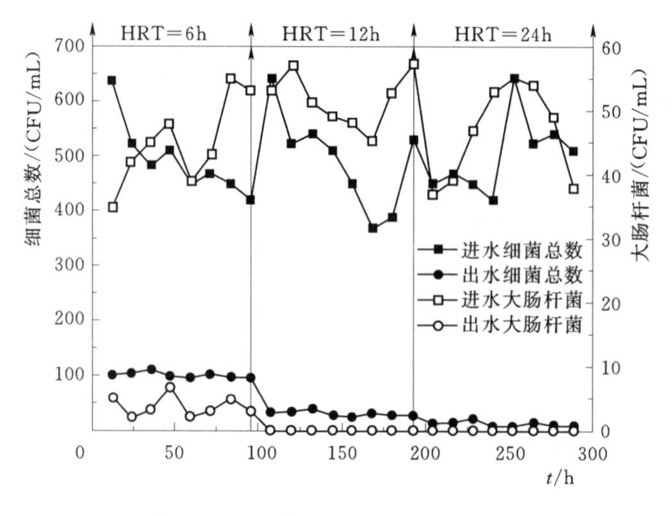

图6-54　细菌微污染实验细菌数变化

2. 细菌重污染实验

细菌重污染实验的实验进水为生活污水，该进水中细菌总数为2.5×10^{6}CFU/mL左右，大肠杆菌数为5000CFU/mL左右。图6-55为生物慢滤反应器在3种滤速条件下对细菌总数和大肠杆菌的去除效果比较。

由图6-54可见，当生物慢滤反应器进水为生活污水时，去除细菌的能力同样也受滤速的影响。当水力停留时间为 6h 时，生物慢滤反应器出水细菌总数为 3000CFU/mL 左右，大肠杆菌数为 350CFU/mL 左右。而提高水力停留时间到 12h 时，出水中的细菌总数降到 500CFU/mL 左右，大肠杆菌数也降为 100CFU/mL 左右。进一步提高水力停留时间到 24h 时，出水细菌总数减少到 90CFU/mL 左右，大肠杆菌数为 5CFU/mL 左右。由此可见，随着滤速的加快，水力停留时间逐渐减小，细菌总数和大肠杆菌的去除效果也会随之降低，当水力停留时间为 24h 时，出水细菌总数和大肠杆菌数基本符合 GB/T 14848—93《地下水质量标准》Ⅲ类水标准。

在生活污水的处理过程中，生物慢滤对细菌总数和大肠杆菌的去除效果非常好，本实验中，生物慢滤对细菌总数和大肠杆菌的去除率均达到了 99%以上。但是出水中细菌总数和大肠杆菌数略有超标，这可能是污水中的细菌数量远远大于饮用水源水中数量的缘故；也可能是滤料粒径过大引起的，滤料的粒径会对生物慢滤的效果产生影响。

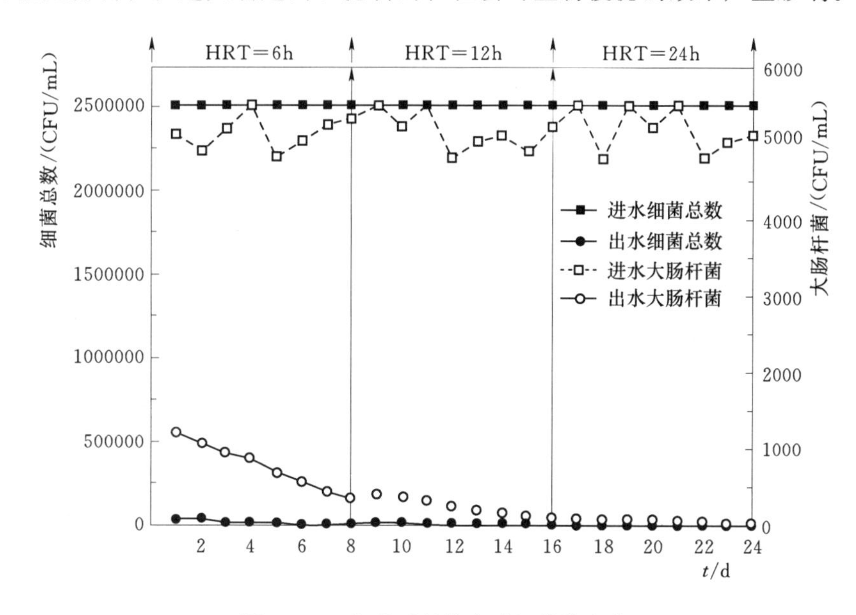

图 6-55 细菌重污染实验细菌数变化

6.3.4.4 结论

本研究通过对地下水原位动态模拟试验出水和生活污水进行生物慢滤实验研究，从而去除水中的细菌总数和大肠杆菌，得出如下结论：

(1) 生物慢滤可以有效地处理细菌微污染地表水和地下水，对细菌总数和大肠杆菌有较好的去除效果。

(2) 在相同细菌负荷条件下，细菌总数和大肠杆菌的去除效果随着水力停留时间的增加而增加，在滤料表面生成稳定生物膜的情况下，水力停留时间为 12h 时，细菌微污染水就能达到较好的处理效果。

(3) 当实验进水为生活污水时，细菌总数和大肠杆菌的去除效果也随着水力停留时间的增加而增加。然而进水细菌负荷过高，使得出水细菌总数和大肠杆菌数略超标，但是细菌的去除率高达 99%以上。

6.3.5　结论和建议

6.3.5.1　结论

本研究主要为了解决地下水硝酸盐原位生物修复过程中碳源不足的问题，选择玉米秆、氢氧化钠玉米秆、氨水玉米秆、玉米芯、氢氧化钠玉米芯、氨水玉米芯和脱脂棉为固相碳源，通过实验分别研究了碳源的释放性能以及对地下水反硝化的促进作用。在此基础上研究氮负荷条件、温度、pH 值等外界条件对反硝化的影响。在此基础上进行地下水原位模拟实验，并讨论进水氮负荷和水力停留时间对反硝化性能的影响。主要结论如下：

（1）通过固相碳源释放批实验发现，氢氧化钠玉米秆 COD 的释放量和持久性均优于其他 6 种碳源。玉米秆和玉米芯释放的含氮化合物要高于脱脂棉的释放量，而未处理的玉米秆和玉米芯释放含氮化合物的量明显高于预处理过的玉米秆和玉米芯，其中释放含氮化合物的量相对较少的是氢氧化钠玉米秆。因此，从这方面讲，在地下水硝酸盐生物修复过程中氢氧化钠玉米秆是合适的碳源。

（2）由反硝化批实验可知，不同氮负荷条件下，氢氧化钠玉米秆作为反硝化碳源时，硝酸盐氮去除率较高（>93%），亚硝酸盐氮和氨氮的积累量少，是最合适的反硝化碳源。

（3）进行以氢氧化钠玉米秆为碳源的反硝化实验，来研究碳源及环境条件对反硝化的影响。由实验结果可知，当 pH 值为 7.0，进水硝酸盐氮浓度为 50mg/L 时，出水硝酸盐氮浓度在 1.0mg/L 左右，硝酸盐氮去除率可达 98.2%，反硝化进行彻底。当实验 $T=25℃$，进水硝酸盐氮浓度为 50mg/L 时，出水硝酸盐氮浓度在 1.0mg/L 左右，硝酸盐氮去除率可达 98.2%。由此可见，反硝化进行的最适 pH=7.0、$T=25℃$。在硝酸盐被高效去除的同时，没有出现亚硝酸盐氮和氨氮的积累情况。

（4）通过地下水原位静态模拟实验发现，以氢氧化钠玉米秆作为碳源的反硝化效果优于玉米秆的反硝化效果。在静态模拟实验中，未添加活性污泥的实验组也展现了较好的反硝化效果，这说明静态实验中可以不添加活性污泥，只地下水和碳源本身生成的生物膜就能满足反硝化的进行。随着进水硝酸盐浓度的增加，反硝化效果略有下降，但是出水硝酸盐浓度仍满足生活用水标准，这说明，氢氧化钠玉米秆是合适的反硝化固相碳源。

（5）通过地下水原位动态模拟实验发现，同时加入氢氧化钠玉米秆和驯化污泥的实验组反硝化效果明显要优于仅加入氢氧化钠玉米秆的实验组，而且反硝化效果随着水力停留时间的增加而增加，当 HRT 为 15d 时硝酸盐的去除率达到了 99.5%，这说明较长的水力停留时间有利于反硝化的进行。

6.3.5.2　建议

地下水硝酸盐原位修复技术有效地避免了异位生物反应器处理操作麻烦、费用高、处理大范围地下水污染能力有限等缺点，是一种很有潜力的地下水硝酸盐修复技术。本书主要针对地下水硝酸盐原位生物修复过程中碳源不足，反硝化效率低的问题，研究了固相碳源、环境条件对反硝化作用的影响。针对在本书中出现的各种问题，提出以下几点建议：

（1）以氢氧化钠玉米秆为地下水原位修复的固相碳源能成功的去除地下水中的硝酸盐，具有良好的应用前景，但是固相碳源的使用年限是保证原位修复工程长久运行的一个关键因素，因此，应尽量选择能够长久释放有机碳的碳源。在以后的研究中，应对碳源的使用年限加以推算。同时应该考虑反映出水水质，在保证硝酸盐去除的同时，应尽量避免地下水有机物二次污染。

（2）反硝化过程中容易产生亚硝酸盐氮及氨氮的积累，因此在以后的研究中，应针对亚硝酸盐氮和氨氮的积累原因进行更全面深入的研究，避免在实际工程应用中有毒副产物的积累。

6.4 铁碳强化两段式滤床生活污水处理技术

6.4.1 研究方法

本研究在化粪池和传统合并净化槽基础上，通过改进设计研发一种厌氧和好氧处理相结合的一体式污水处理系统，并对其性能进行多方面的研究。系统主要有化粪池、过滤池、合并净化槽组成。合并净化槽包括调节槽、厌氧槽、好氧槽、曝气机、泵等组成。化粪池、过滤池、合并净化槽侧壁、底部和顶部为混凝土结构，装置安装在地下。生活污水通过排水管道进入化粪池中，进行简单发酵，去除部分有机物和大部分悬浮物。出水进入过滤池，进行有机物和悬浮物的再去除，并接收净化槽的部分回水。合并净化槽的作用主要是脱氮除磷，过滤池的出水进入调节槽，通过调节槽不仅能控制流量，多余污水回到过滤池，也能起到固液分离的作用，以保证后续污水处理工序的正常运行。厌氧槽中填充火山岩和陶粒等填料，为反硝化微生物提供附着、繁殖场所，便于进行反硝化作用；好氧槽中填充填料，采用曝气机间歇曝气，主要进行硝化反应除去氨氮，以及生物除磷；后面的厌氧槽中填充火山岩和陶粒等填料，进行反硝化反应，除去硝化反应形成的硝酸盐氮和亚硝酸盐氮；最后的厌氧槽中填充自制铁碳填料，主要进行除磷；出水再经过泵回流到好氧槽中进行循环，多余出水通过管道排出。本研究发明一种便宜、高效的除磷填料用于系统，观察系统对总磷的去除情况；通过改变系统的曝气时间、水力停留时间和回流比，观察和研究此系统在能够达到出水符合国家排放标准的前提下的日处理能力和抗冲击能力。

6.4.2 模拟装置制作

为揭示示范基地的装置运行机理，结合当地实际情况，设计小型模拟装置，装置进水水质按化粪池出水水质（见表6-6）设计，出水水质按生活污水一类排放标准（见表6-7）设计。模拟装置如图6-56所示。

表6-6　化粪池出水水质

水质参数	数值进水/(mg/L)	水质参数	数值进水/(mg/L)
pH值	6～9	氨氮（以氮计）	25～65
COD	120～400	总磷	5～20
BOD	40～180	悬浮物	40～220
总氮（以氮计）	40～120		

表6-7 生活污水排放标准

水质参数	标准值	
	一级标准A标准/(mg/L)	一级标准B标准/(mg/L)
pH值	6～9	
COD	50	60
BOD	10	20
总氮（以氮计）	15	20
氨氮（以氮计）	5	8
总磷	0.5	1
悬浮物	10	20

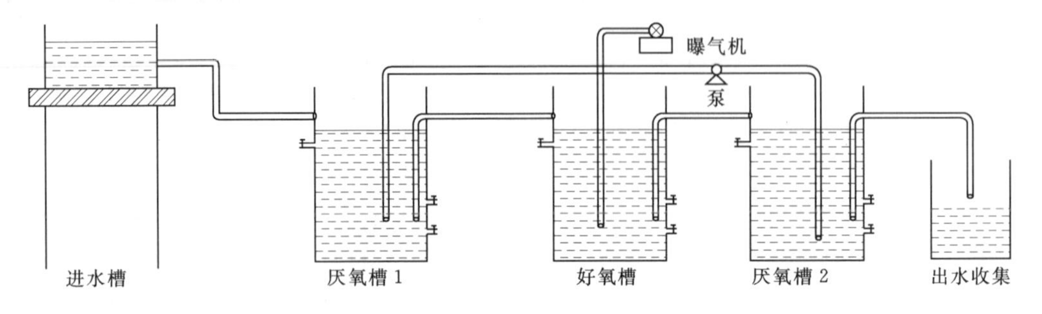

图6-56 模拟装置运行示意图

进水槽的水样取自示范基地的污水处理系统的沉淀池，厌氧槽1和好氧槽中填充火山岩和陶粒填料，厌氧槽2填充自制除磷载体填料，出水进行收集，一部分用于其他实验使用，另一部分用于浇灌花草。污水利用势能进入在厌氧槽1中主要去除有机物，使COD降低，并在填料上附着、繁殖的反硝化微生物作用下进行反硝化作用，除去亚硝酸盐氮；好氧槽采用曝气机间歇曝气，通过调节曝气时间控制溶解氧，主要进行硝化反应除去氨氮，以及生物除磷；厌氧槽2填充自制铁碳填料，进行除磷，还进行反硝化反应，除去硝化反应形成的硝酸盐氮和亚硝酸盐氮；一部分出水再经过泵回流到厌氧槽1中进行循环，多余出水通过容器进行收集。

整套装置架子由角铁焊成，高50cm，进水槽架子高100cm。进水槽由60L聚乙烯桶制成，厌氧槽和好氧槽由PVC管制成，每个槽子容积为12L。曝气机间歇曝气，使用蠕动泵进行回流。装置实物如图6-57、图6-58所示。

图6-57 模拟装置（未运行）

图6-58 模拟装置（运行后）

模拟装置运行后，通过调节不同的运行参数来测定装置的运行效果，该装置通过改变水中溶解氧量、水力停留时间、混合液回流比来测定效果。主要测试指标为COD、氨氮、总氮、总磷等。

采用的水质分析方法依据国家环保局编写的《水和废水检测分析方法（第四版）》，方法见表6-8。

表6-8　水质分析方法　单位：mg/L

分析项目	分析方法	分析项目	分析方法
COD	重铬酸钾法	硝酸盐氮	酚二磺酸光度法
总磷	钼锑抗分光光度法	亚硝酸盐氮	N-(1-萘基) 乙二胺光度法
总氮	过硫酸钾氧化紫外分光光度法	溶解氧	便携式溶氧仪
氨氮	纳氏试剂光度法		

6.4.3 除磷填料制作与测试

6.4.3.1 除磷填料材料的选择

由于该污水处理系统继承了合并净化槽的优点，脱氮效果良好，但本身的除磷效果一般，生物除磷技术在该系统中效果不够理想。因此，本系统拟使用生物除磷和化学除磷技术相结合。

海绵铁（见图6-59）经特定工艺加工而成，具有独特的疏松状结构，比表面积大，铁反应活性强，有很好的生物强化处理效果；聚氨酯泡沫（见图6-60）多孔、稳定易于微生物附着、繁殖；活性炭的加入，与海绵铁构成生物电池除磷的同时去除水中重金属、乳化有机物和其他多种污染物。

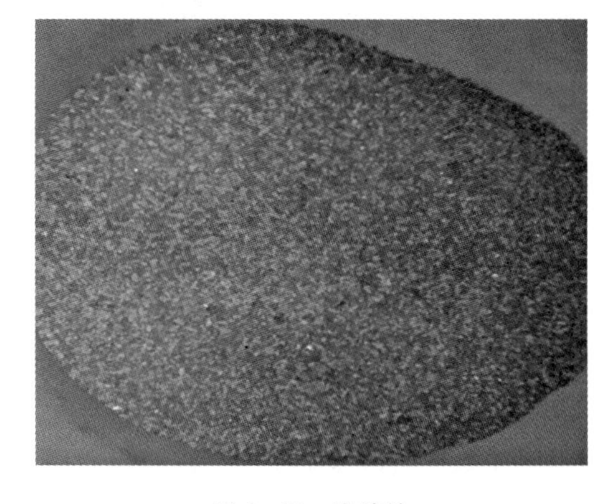

图6-59　海绵铁

图6-60　聚氨酯泡沫

(1) 不同材料对磷的去除效果的影响。选用了氧化铁红、海绵铁、火山岩、陶粒五种材料进行实验。实验先使用配置的含磷溶液，含磷溶液采用磷酸二氢钾配制成，溶液含磷量为1mg/L，空白作对照，每500mL溶液加入2.5g材料，其除磷效果如图6-61所示。

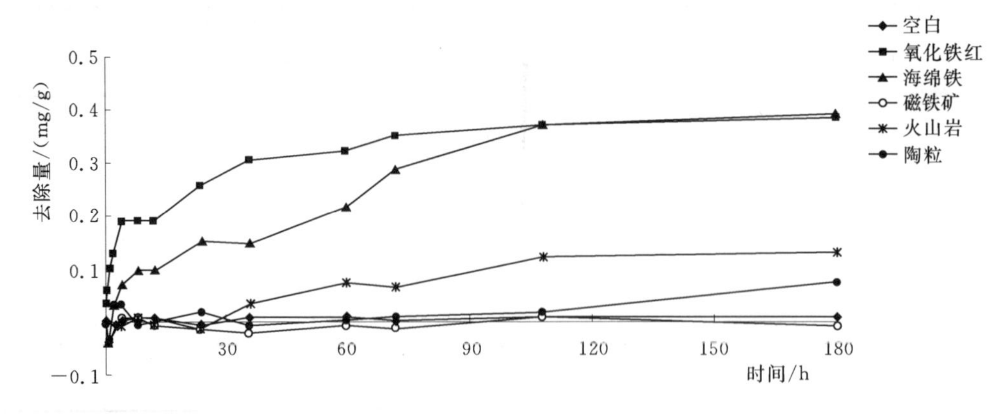

图 6－61　不同材料对含磷溶液除磷效果

从图 6－61 中可以看出，在使用含磷溶液实验时，磁铁矿对磷没有去除作用。陶粒在 100h 之内，对磷的去除量极小，100h 后开始对磷有作用，但效果不太明显。可能因为 100h 时陶粒中含有的与磷发生反应的离子开始反应，但因为含量低而效果不明显。火山岩在 30h 之内，对磷的去除量极小，30h 后开始对磷有作用，但效果不理想。可能原因和陶粒相似。氧化铁红在前 4h 中对磷的去除速率快，4h 之后开始变慢，100h 后由于溶液中磷含量低而反应速率接近稳定。海绵铁在 100h 之内去除量持续上升，100h 后可能由于溶液中磷含量低而开始变慢。氧化铁红和海绵铁除磷机理复杂，造成这种现象的原因有待进一步研究。

实验使用实际生活污水，污水取自实验装置出水，空白作对照，每 500mL 污水中加入 2.5g 材料，其除磷效果如图 6－62 所示。

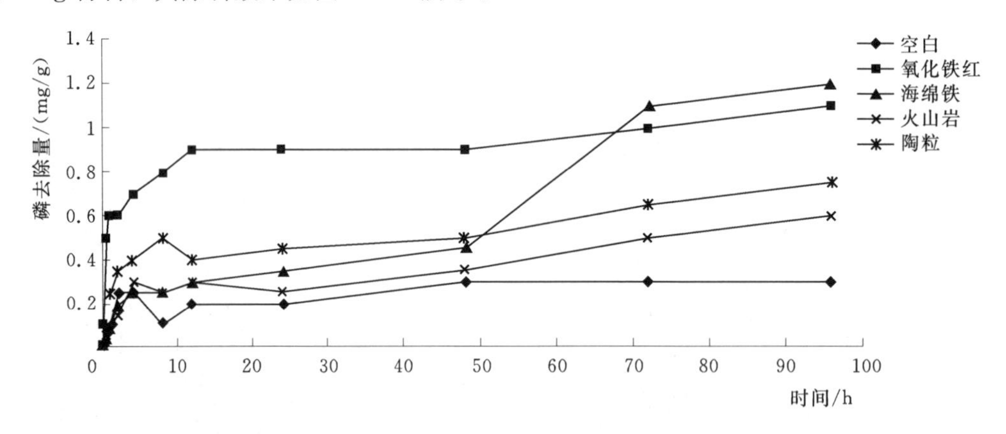

图 6－62　不同材料对污水溶液除磷效果

从图中可以还看出，由于污水中微生物的存在，生物除磷作用得到发挥，所有填料对磷的去除效果均提高。氧化铁红和海绵铁比填料与火山岩的除磷效果好很多。氧化铁红和海绵铁除磷的主要机理是磷酸与氧化铁作用，形成沉淀性物质以及铁离子的絮凝作用。

（2）加入活性炭对磷的去除效果的影响。与氧化铁红相比，海绵铁经特定工艺加工而成，具有独特的疏松状结构，比表面积大，铁反应活性强，有很好的生物强化处理效果，本实验选用海绵铁做除磷填料。但通过实验发现，海绵铁在除磷的过程中又导致水溶液色度的增加。考虑到活性炭具有脱色吸附能力，在海绵铁中加入不同比例的活性炭，其对磷的去除效果的影响如图 6-63 所示。

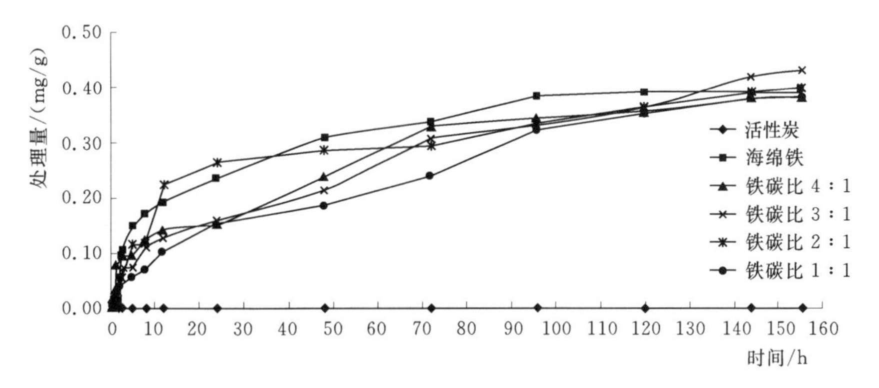

图 6-63　不同铁碳比对磷的去除效果的影响

从图 6-63 中可以看出，单独使用活性炭，其对磷不具有去除作用；加入活性炭，其除磷效果和不加活性炭相比相差不大。而铁碳比为 3：1 时，其处理效果最好，可能是铁与碳在此比例下构成合适的生物电池，通过电化学作用除去一部分磷。

6.4.3.2　除磷填料的优选复合

（1）黏结剂的选用。实验选用海绵铁和活性炭作为制备除磷填料的材料，但这两种材料粒径小，在水溶液中存在易沉、不好固定、与水接触面小等问题。针对这一问题，要选用合适的黏结剂，增大填料粒径，从而解决粒径影响除磷效果的问题。本实验选择聚氨酯泡沫作为黏结剂，因为聚氨酯泡沫多孔、稳定易于微生物附着、繁殖。实验用聚氨酯泡沫做成小球状，相同质量的小球状聚氨酯泡沫方便加入 500mL 配置的含磷溶液和生活污水中，一段时间后，连续测定溶液中的含磷量，结果如图 6-64 所示。

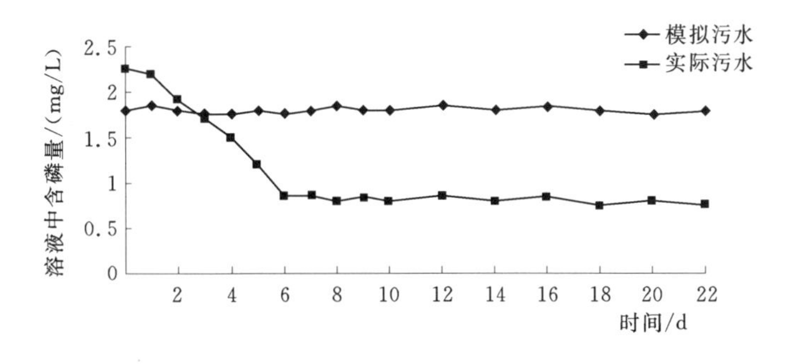

图 6-64　聚氨酯泡沫对生活污水和模拟污水中磷的影响

从图 6-64 中可以看出，小球状聚氨酯泡沫在配置的含磷溶液中对磷不产生作用，而在实际生活污水中却可处理一部分的磷。原因可能是生活污水中的微生物附着在小球状聚氨酯泡沫上，通过微生物作用除磷。

（2）黏结剂与材料的比例。将黏结剂与材料按照不同的比例混合，使用实际生活污水作为使用溶液，加入相同质量不同比例的填料，一段时间后，连续测定溶液中的含磷量，结果如图 6－65 所示。

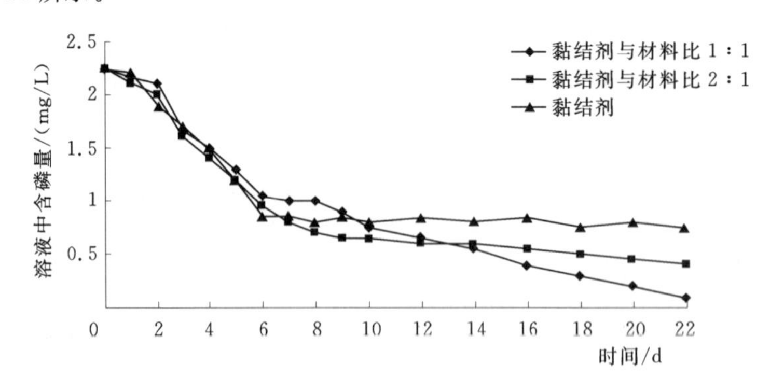

图 6－65 黏结剂与材料比例对污水中磷的影响

黏结剂与材料比例，从图 6－65 中可以看出，开始阶段，黏结剂比例高的填料除磷效果较好，这是因为黏结剂的密度低，相同质量下其比表面积大，附着微生物多，生物除磷效果好。随着时间的增加，黏结剂比例高的填料除磷效果越来越差，因为这一阶段，海绵铁和活性炭成分开始发挥作用，化学除磷开始占主导地位，海绵铁和活性炭比例高的填料除磷效果更好。黏结剂与材料比为 1：2 时，所制造出的填料强度不够，在水中已分散，反而达不到使用黏结剂的效果。可以说，黏结剂与材料比为 1：1 为最佳黏结剂与材料比。

（3）材料中海绵铁与活性炭的比例。加入活性炭可以去除水中的色度，还可以增强海绵铁的除磷效果。但制成小球状时，海绵铁与活性炭的比例还需要考虑。将海绵铁与活性炭按不同比例混合，黏结剂与材料比为 1：1 制成小球状除磷填料。使用实际生活污水作为使用溶液，加入相同质量不同比例的填料。一段时间后，连续测定溶液中的含磷量，结果如图 6－66 所示。

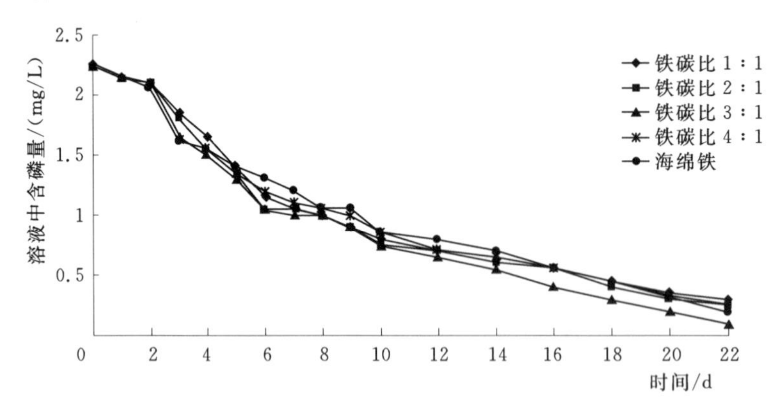

图 6－66 海绵铁与活性炭比例对污水中磷的影响

从图 6－66 中可以看出，海绵铁与活性炭按不同的比例对污水中磷的去除趋势相同。而铁碳比为 3：1 时，其处理效果最好，可能是铁与碳在此比例下构成最合适的生物电池，通过电化学作用除去一部分磷。

（4）优选结果。

1）磁铁矿填料对磷无去除作用，陶粒和火山岩对磷去除一般，海绵铁和氧化铁红对磷去除较好，去除率可达到90%以上。

2）活性炭的加入，不仅可以去除溶液的色度，还可以提高海绵铁的除磷效果。

3）聚氨酯泡沫为黏结剂、海绵铁与活性炭为骨架制作载体填料，海绵铁与活性炭比例为3∶1，黏结剂与材料比例1∶1时制作的填料除磷效果最好。

4）自制载体填料（海绵铁、活性炭与聚氨酯泡沫复合材料）在微生物作用，物理吸附作用、化学絮凝沉淀、电化学等多种共同作用下达到除磷的目的。为了研究其工作原理，测定了溶液中的Fe^{2+}、总Fe含量、氧化还原电位，并对载体上附着的微生物总数进行测定。结果如图6-67所示。

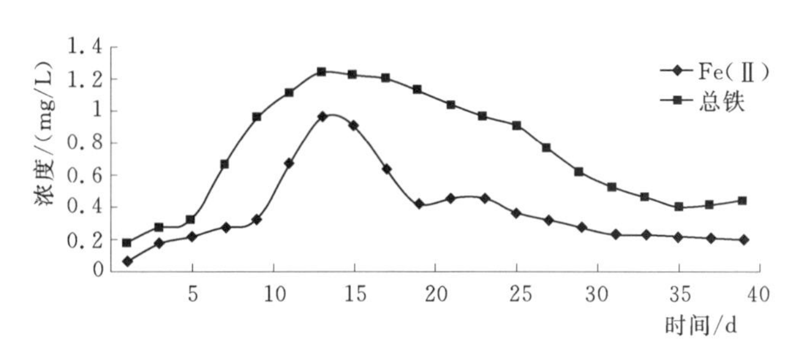

图6-67　溶液中的Fe^{2+}、总Fe含量变化

铁离子持续稳定的溶出，是生物海绵铁高效运行的重要保证，也是铁碳填料除磷的基础。如图所示，Fe(Ⅱ)和总铁浓度先升高再下降，后期则趋于稳定。这主要是因为试验初期填料表面呈裸露状态，在与污水直接接触时，水中的氧化性物质特别是浓度较高的DO会导致强烈的电极反应发生，使Fe(Ⅱ)的产生速度加快，故试验初期的Fe(Ⅱ)和总铁浓度升高；随后Fe(Ⅱ)和其氧化成的Fe(Ⅲ)与水中的磷酸盐发生化学反应，絮凝沉淀形成沉淀物附在填料上，使填料表面生物膜的不断形成和增厚，使到达海绵铁表面的氧化性物质的浓度不断降低，减缓了电极反应的快速进行，故降低了Fe(Ⅱ)和总铁的产生速度，从而导致Fe(Ⅱ)和总铁下降；当水中总磷达到最大去除量时，Fe(Ⅱ)和总铁不再下降而趋于稳定。

填料中的铁和碳发生电化学反应，在阳极生成Fe(Ⅱ)，Fe(Ⅱ)氧化成Fe(Ⅲ)后，一方面会与PO_4^{3-}反应生成$FePO_4$沉淀；另一方面会发生铁腐蚀的一系列次生反应过程，包括铁的氢氧化物、铁盐沉淀的形成以及三价铁的水解和缩合，形成各种形式的复杂沉淀物。Fe^{3+}先溶解和吸水，生成三价水合离子$Fe(H_2O)_6^{3+}$，同时$Fe(H_2O)_6^{3+}$的水解反应引发一系列不同形态单核络合物的形成，进一步缩合形成多核络合物$Fe_n(OH)_m^{(3n-m)+}$（$n>1$，$m\leqslant 3n$），能够迅速有效通过电性中和、吸附架桥以及絮体的卷扫作用使胶体（包括微小的$FePO_4$沉淀）凝聚，再通过沉淀分离达到持续、稳定的除磷效果。

对不同处理前后的海绵铁做SEM分析，结果如图6-68、图6-69所示。

该填料（见图6-70、图6-71）将海绵铁、活性炭、聚氨酯泡沫结合在一起，不仅能克服海绵铁单独作为载体填料时存在的弊端，还能发挥电化学以及有机多孔载体微生物易附着、与铁元素更紧密接触的优势，充分利用微生物作用，物理吸附作用、化学絮凝沉淀、电化学等多种作用达到除磷的目的。

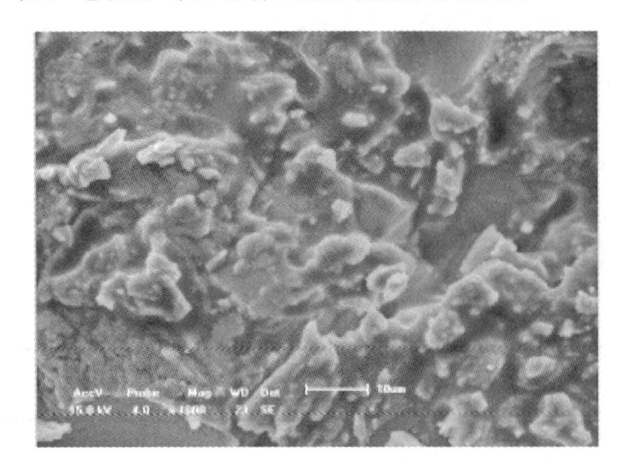

图6-68 使用前铁碳滤料

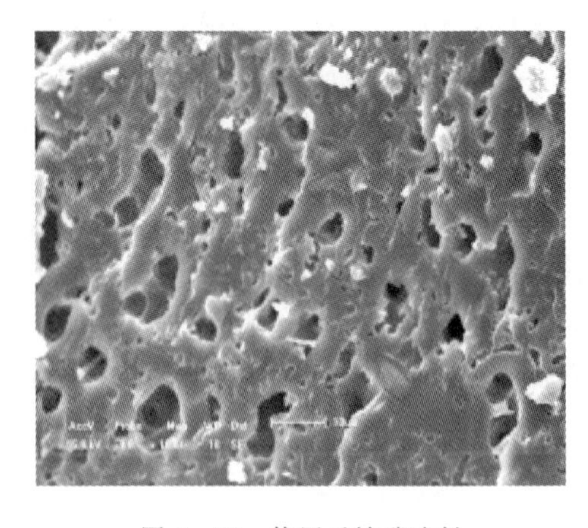

图6-69 使用后铁碳滤料

图6-70 除磷填料

图6-71 模拟装置中使用的除磷填料

6.4.4 效果分析

模拟装置运行后，通过调节不同的运行参数来测定装置的运行效果。通过改变水中溶解氧量、水力停留时间、混合液回流比来测定效果。主要测试指标为COD、氨氮、总氮、总磷等。

6.4.4.1 溶解氧的影响

污水中含有大量的微生物，微生物因其特性不同而对氧气的需求量也不同。污水中COD、氨氮、总氮、总磷的去除是在不同的微生物作用下完成的，可以说溶解氧通过影响水中微生物而影响COD、氨氮、总氮、总磷的去除效率。装置通过时间继电器控制的曝气泵间隔曝气，水中的溶解氧由曝气时间决定，曝气时间为90min内曝气若干分钟，不同曝气时间内溶解氧变化如图6-72所示。

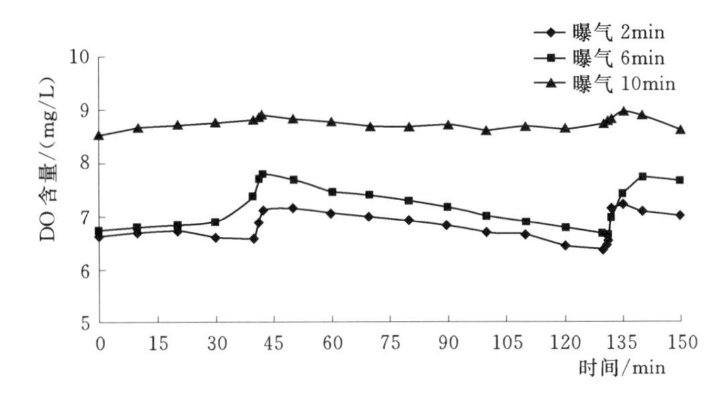

图 6-72 曝气时间对水中溶解氧的影响

从图 6-72 中可以看出，无论曝气时间长短，水中溶解氧的变化趋势一致，曝气时水中溶解氧升高，随着曝气结束，溶解氧又开始降低，并以 90min 为周期变化。实验通过测试不同曝气时间内 COD、氨氮、总氮、总磷的去除率，来确定溶解氧对装置处理效果的影响，结果如图 6-73～图 6-76 所示。

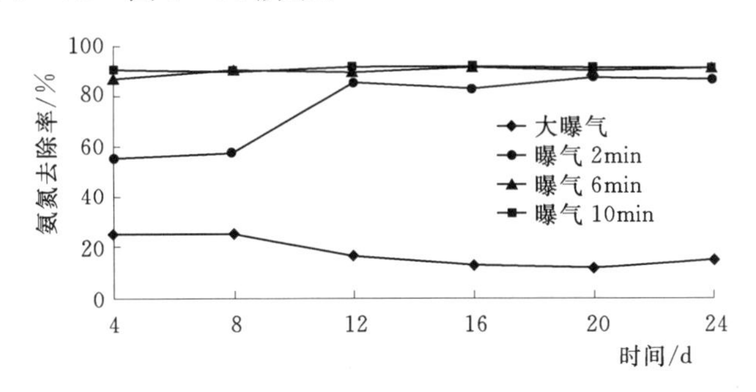

图 6-73 溶解氧对氨氮的影响

从图 6-73 中可以看出，停止曝气时，水中氨氮去除率较低，这是因为氨氮去除是硝化微生物在好氧条件下完成，溶解氧低抑制其硝化反应。随着曝气时间的增加，氨氮去除率开始上升，上升到 90%左右不再随溶解氧的升高而提高，可能因为污水中硝化反应所需要的氧已经饱和，无需提供再多的氧。

从图 6-74 中可以看出，停止曝气时，水中总氮去除率较低、这是因为污水中氨氮为

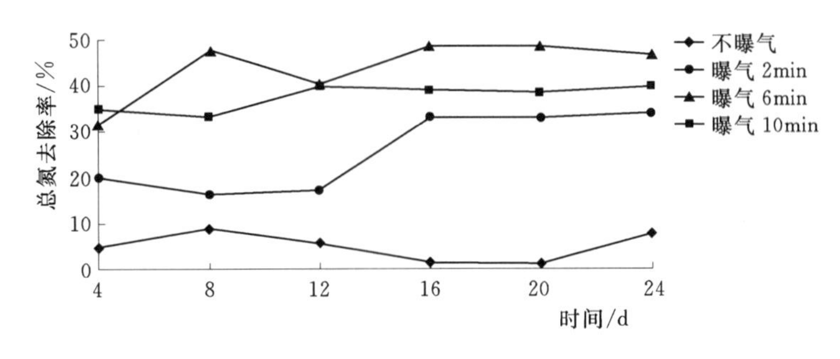

图 6-74 溶解氧对总氮的影响

总氮的主要来源，氨氮去除是硝化微生物在好氧条件下完成，溶解氧过低抑制其硝化反应。随着曝气时间的增加，总氮去除率开始上升，上升到50%左右开始稳定，但随着溶解氧的升高总氮的去除率反而下降，可能因为污水中硝化反应产生硝酸盐和亚硝酸盐，硝酸盐的去除在厌氧条件下进行，过高的溶解氧抑制反硝化作用的进行而导致总氮去除率的下降。

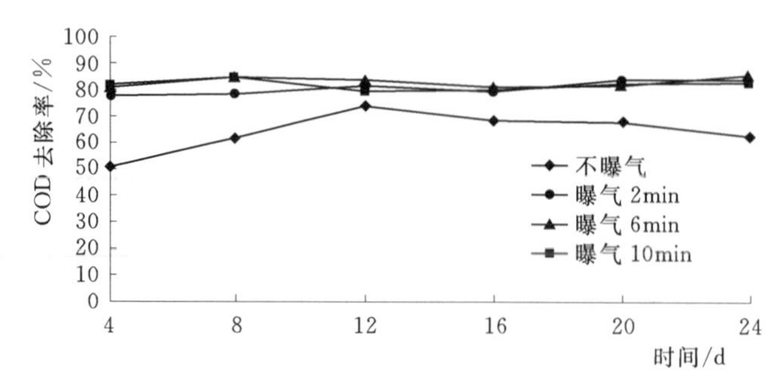

图6-75 溶解氧对COD的影响

从图6-75中可以看出，随着曝气时间的增加，COD去除率开始上升，上升到85%左右，不再随溶解氧的升高而提高，可能因为污水中COD去除所需要的氧已经饱和，无需再提供更多的氧。

图6-76中总磷的测定是在未填入自制铁碳载体填料的情况下测定的。从图6-76中可以看出，随着曝气时间的增加，总磷去除率开始上升，但上升幅度不大，这是由于装置本身的生物除磷作用不佳，这也间接说明铁碳载体填料投加，利用化学法除磷的必要性。

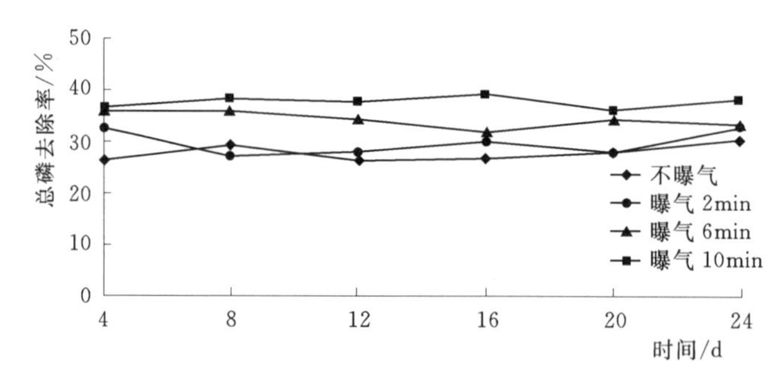

图6-76 溶解氧对总磷的影响

6.4.4.2 氨氮去除效果

氨态氮转化为氮气除去。虽然由生活污水的性质决定进水中氨氮含量波动较大，但随着装置的稳定运行氨氮去除率保持在90%以上，最高可达到94.72%；出水中氨氮浓度稳定，基本上都在5mg/L以下，最低可达到1mg/L。出水水质可达到生活污水一级A排放标准。氨氮去除效果如图6-77所示。

6.4.4.3 总氮去除效果

总氮的去除主要利用微生物的氨化、硝化、反硝化等共同作用下进行的。目前，虽然进水中总氮含量波动较大，但随着装置的稳定运行总氮去除率呈上升趋势，最高可达到

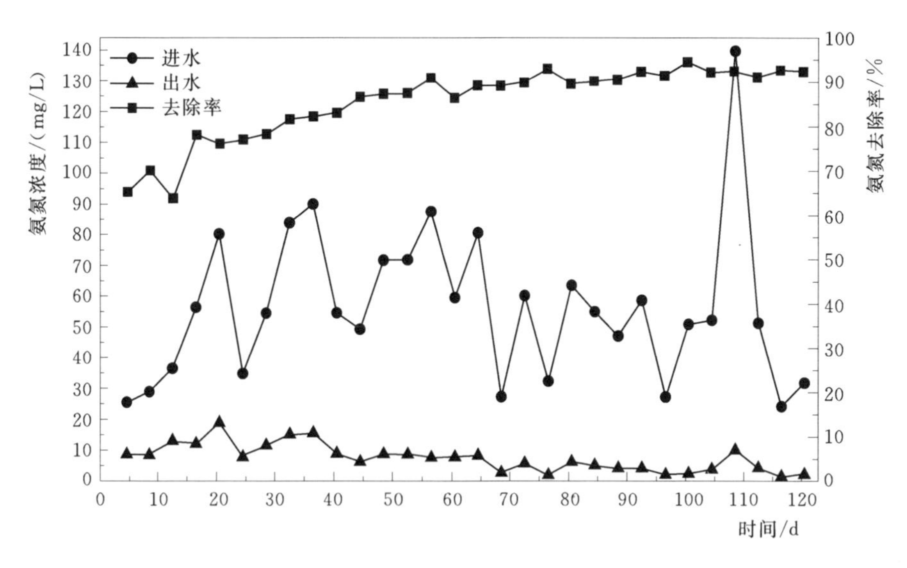

图 6-77 氨氮去除效果

74.66%；出水中氨氮浓度基本上都在 20mg/L 以下，最低可达到 12.8mg/L。出水水质可接近达到生活污水一级 B 排放标准。总氮去除效果如图 6-78 所示。

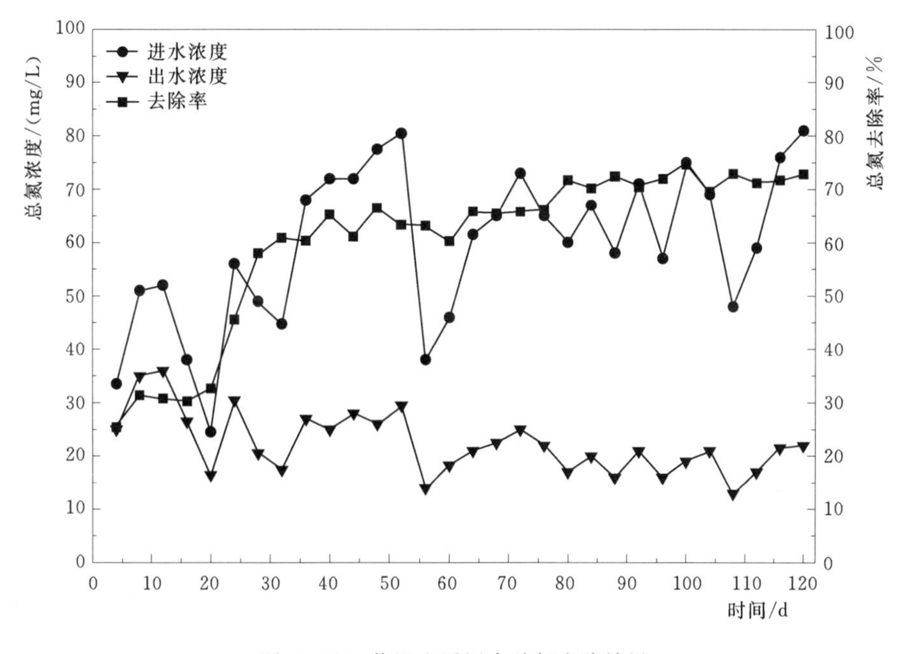

图 6-78 装置生活污水总氮去除效果

6.4.4.4 COD 去除效果

COD 的去除主要利用微生物的新陈代谢作用。在有氧（好氧微生物）或无氧（厌氧微生物）的情况下，微生物将有机物代谢分解，合成新的细胞物质，然后再经过合成细胞形成的菌体的絮凝、沉淀、分离，从而达到去除污水中有机物、净化污水的目的。虽然进水中 COD 含量波动较大，但随着装置的稳定运行 COD 去除率保持在 86.15%～91.48%

之间；出水中COD浓度稳定，基本上都在50mg/L以下，最低可达到12.5mg/L。出水水质可达到生活污水一级A排放标准。COD去除效果如图6-79所示。

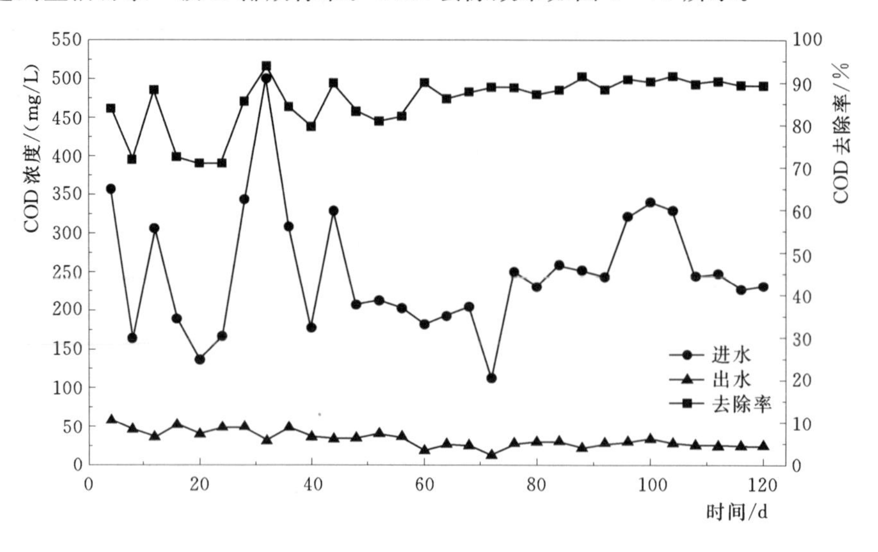

图6-79 污水COD去除效果

6.4.4.5 总磷去除效果

总磷的去除是在微生物作用、物理吸附、化学絮凝、电化学作用共同作用下进行的，其中化学絮凝、电化学作用，起主要作用。自铁碳填料加入后，虽然进水中总氮含量波动较大，但随着装置的稳定运行总磷去除率呈上升趋势，目前最高可达到82%；出水中总磷浓度基本小于1mg/L，最低可达到0.7mg/L。出水水质已达到生活污水一级B排放标准。总磷去除效果如图6-80所示。

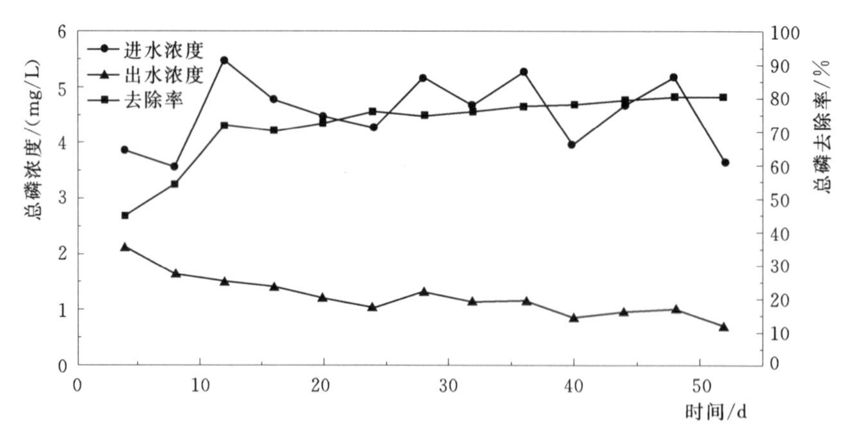

图6-80 装置生活污水总磷去除效果

6.4.5 示范工程

示范工程位于天津市蓟县官庄镇大彩各庄村。大彩各庄村位于蓟县县城西北，毗邻蓟官路，村里有400农户，人口近1700人，人均耕地少，基本无牲畜养殖，污水以厨房炊事、洗涤、沐浴、粪便及其冲洗为主，村中无生活污水集中收集处理系统，大部分村户采用化粪池渗坑处理生活污水，极少数人家将生活污水直接排放。污水无论经过简单处理还是直接排放，都不能满足生活污水排放标准要求。污水横流，影响村容环境；污水渗入地下，对水源产生了污染。因此，探索适合农村生活污水的处理模式，解决农村污水无序排放就显得十分必要。

图 6-81 化粪池渗坑处理设施

图 6-82 直接排放的生活污水

本示范工程参考日本的合并净化槽技术，既保留了化粪池的作用，又加入了净化槽的优点。该系统主要包括化粪池、过滤池、合并净化槽三部分。合并净化槽由调节槽、厌氧槽、好氧槽、曝气机、泵等组成。化粪池、过滤池、合并净化槽侧壁、底部和顶部为混凝土结构，安装在地下，结构示意图如图 6-83 所示。

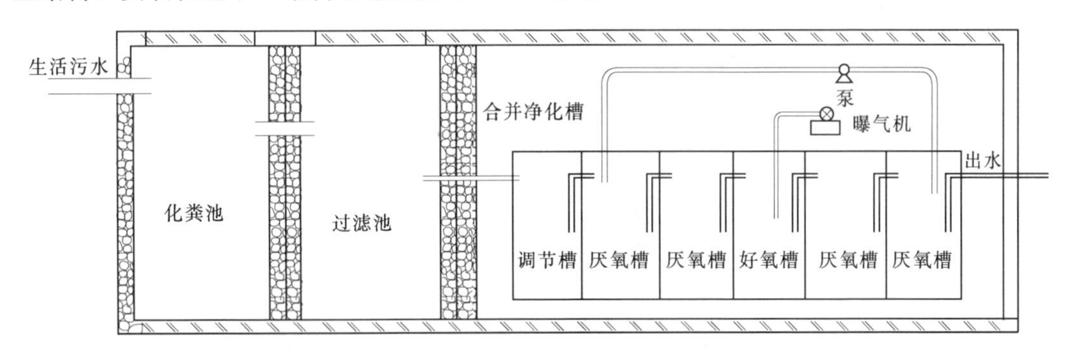

图 6-83 污水净化系统运行示意图

合并净化槽是整套系统的核心，由 6 个槽体做成，槽体体积为 200L，材质为聚乙烯。包括洗涤、沐浴、厨房炊事、粪便及其冲洗等的排水构成的生活污水通过排水管道进入化粪池中，进行简单发酵，去除部分有机物和大部分悬浮物。出水进入过滤池，进行固液分离，对有机物和悬浮物再去除，并接收净化槽的部分回水。合并净化槽的作用主要是去除有机物、色度以及脱氮除磷：过滤池的出水进入调节槽，通过调节槽控制流量，多余的污水通过泵回到过滤池。前两个厌氧槽中填充火山岩和陶粒等填料，为反硝化微生物提供附着、繁殖场所，便于进行反硝化作用；好氧槽中填充填料，采用曝气机间歇曝气，主要进行硝化反应出去氨氮，并且通过生物作用去除一部分磷；第三个厌氧槽厌氧槽中填充火山岩和陶粒等填料，进行反硝化反应，除去硝化反应形成的硝酸盐氮和亚硝酸盐氮；最后的厌氧槽中填充自制铁碳填料，主要进行化学法除磷，并去除一定量的氮；出水再经过泵回流到前边的槽中进行循环，多余出水通过管道排出。

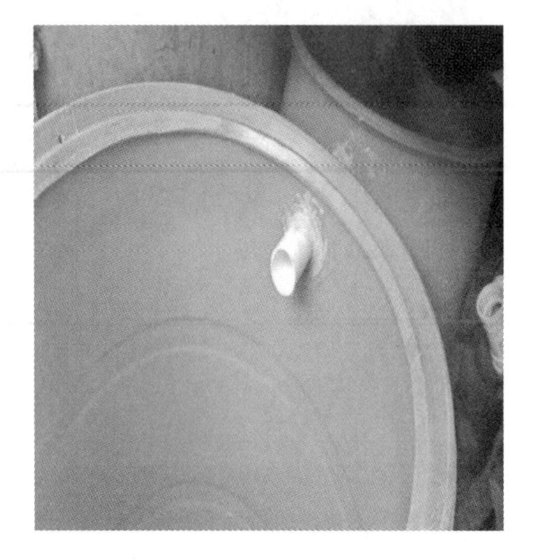

图 6-84　槽体连接

图 6-85　填料装填

图 6-86　运行中的系统

图 6-87　污水处理系统外观

运行效果。表 6-9 为装置运行 120d 污水净化效果的平均值。家庭生活污水水质波动幅度较大，该装置的出水水质比较稳定。表现出良好的抗冲击性。出水水质基本上满足污水排放一级 A 标准。

表 6-9 装置运行净化效果

指 标	COD	T-N	T-P	NH_4-N
进入	350	56	4.2	45
排出	28	12	0.8	5
去除率/%	95	78	80	89

6.5 漂浮物拦截清除技术

6.5.1 水动力变坡式易清理拦污栅

在村镇饮用水源地河道、水库、渠道内使用的常规拦污栅，多为固定框栅结构，由边框、横隔板和栅条构成，可拦截河道内的悬浮物。常规拦污栅的弊端是悬浮物清除问题，常规拦污栅通常固定在河岸两边，栅条间距固定，间距较大时很难拦截小型悬浮物，间距较小时又容易堵塞拦污栅，常规拦污栅运行时悬浮物多悬挂在拦污栅上面，既影响美观，又难于清理。此外，还有一种利用电动装置来自动清理悬浮物的拦污栅，可将悬浮物利用传送带等类似装置传送至垃圾箱，解决了常规拦污栅的悬浮物后期处理问题，但是电动拦污栅浪费能源，且安装维护困难。因此，研发一种既可以随污染物的大小数量变化及时调整栅条间距又便于清理，且不需要额外能源的治污装置是亟待解决的问题。

6.5.1.1 基本原理

针对现有技术的不足，现研发了一种无需电动力、又能有效拦截悬浮物且便于清除的悬浮污染物去除装置，水动力变坡式易清理拦污栅。该装置栅条下段固定于水平插槽的插孔中，通过使用不同高度的上部插孔来改变栅条整体的高度，以适应水面高度的变化。

栅条分为栅条下段、栅条中段和栅条上段三部分，栅条下段与水平线的夹角大于栅条中段与水平线的夹角，水流动力推动渠道内的悬浮物沿栅条向上移动，使得栅条中段聚集的悬浮物较多，栅条中段与水平线的夹角更小，便于悬浮物向上方移动，栅条上段用来拦截分离悬浮物。为了固定栅条下段，优选的，所述水平插槽的插孔为倾斜式结构。

6.5.1.2 结构组成

水动力变坡式易清理拦污栅（见图 6-88），栅条整体结构包括栅条下段、栅条中段和栅条上段，水平插槽上均匀分布有底部插孔，栅条下段固定于底部插孔中，栅条上段分布有上部插孔，固定轴穿过上部插孔，在栅条上段设有螺栓插孔，螺栓插孔垂直穿过上部插孔，固定轴上均匀分布有贯通的固定轴螺栓插孔，螺栓穿过螺栓插孔及固定轴螺栓插孔。

栅条下段与水平线的夹角为 15°～30°，栅条中段与水平线的夹角为 5°～10°，栅条上段垂直于水平面。水平插槽为长方体结构。将栅条下段 1 固定于水平插槽 4 的底部插孔 6 中，固定轴 5 穿过上部插孔 7，螺栓穿过螺栓插孔及固定轴螺栓插孔固定栅条上段 3，通过使用不同高度的上部插孔 7 来改变栅条整体高度。水平插槽 4 固定于水底，固定轴 5 两端固定于水流两岸（见图 6-89）。

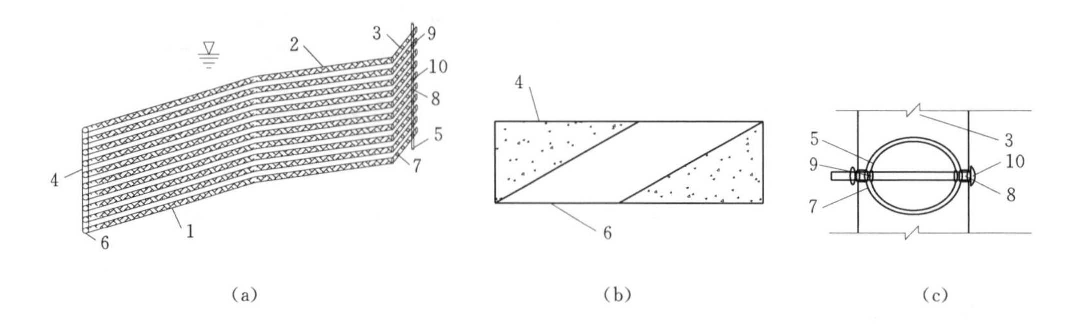

图 6-88　水动力变坡式易清理拦污栅结构示意图

(a) 整体结构示意图；(b) 水平插槽及插孔结构侧视图；(c) 上部插孔及固定结构示意图

1—栅条下段；2—栅条中段；3—栅条上段；4—水平插槽；5—固定轴；6—底部插孔；7—上部插孔；8—螺栓插孔；9—固定轴螺栓插孔；10—螺栓

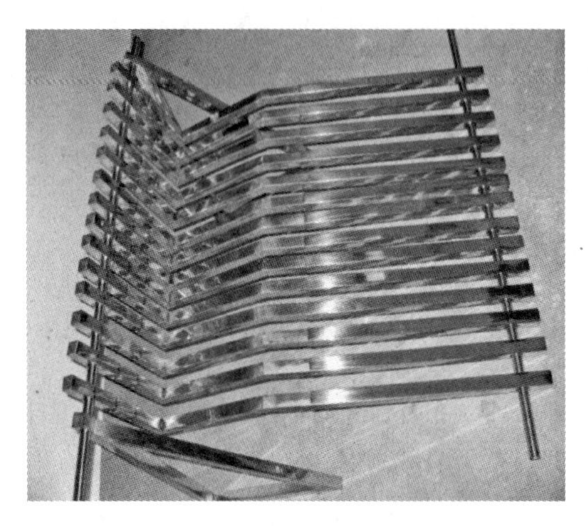

图 6-89　水动力变坡式易清理拦污栅装置

6.5.1.3　设计参数

栅条下段 1 固定于水平插槽 4 的底部插孔 6 中；固定轴 5 穿过栅条上段 3 上的上部插孔 7，螺栓穿过螺栓插孔及固定轴螺栓插孔固定栅条上段 3，通过穿过不同高度的上部插孔 7 来以适应水面高度的变化。

栅条下段与水平线的夹角为 20°，栅条中段与水平线的夹角为 10°，栅条上段垂直于水平面，水流动力推动悬浮物沿栅条下段 1 及栅条中段 2 向上移动，栅条上段 3 垂直于水面，栅条上段 3 拦截悬浮物，防止悬浮物阻塞栅条下段 1 和栅条中段 2。为固定栅条下段 1，水平插槽 4 的底部插孔 6 为倾斜式结构。

需要说明的是，装置尺寸或细部结构应依据河道、渠道等的形状和尺寸进行适应性调整，也可对其在形式上和细节上做出各种变化，但整体结构和原理不变。

6.5.1.4　装置特点

水动力变坡式易清理拦污栅依靠水流动力将悬浮污染物移送至栅条上段，无需其他动力，克服了常规拦污栅污染物淤塞在拦污栅上的弊端，安装方便。

水动力变坡式易清理拦污栅的栅条高度可改变，在水位变化的沟渠中运行稳定。

6.5.1.5　适用范围

适合在村镇饮用水源地河道、水库、渠道内使用。

6.5.1.6　应用效果

根据当地固体污染物形状、大小特征，调节栅条间距，实现对固体污染物有效拦截。试制样机的过程中，调整部件尺寸、材料适应性、部件组装方式等各项工艺；室内模型实验表明（见图 6-90），对小于栅条间距的漂浮物拦截率达 95%以上；装置可以达到专利说明书中的特点，拦污栅条长度可伸缩，栅条密度可调整，适应不同类型的漂浮物拦截要求。村镇饮用水源地河道、渠道存在水流，需要截流、围堰施工后，在水工建筑物内安装应用。

图 6-90 水动力变坡式易清理拦污栅装置

6.5.2 手压翻转式拦污清污装置

目前进入村镇饮用水源的径流大多数没有设置拦污设施，即使有拦污设施也缺乏有效的拦污清污结构。有些拦污栅容易堵塞，难于清理，致使固体污染物无法清理而释放污染，因此研发易清理、好操作的拦污装置十分必要。

6.5.2.1 基本原理

手压翻转式拦污清污装置，由框架下边、两个框架侧边和框架上边组成框架结构，框架上边两端固定在滚动轴承内圈，滚动轴承外圈固定在支架上；活动铰链连接栅条横梁与框架下边，拦污栅条一端固定在栅条横梁上，拦污栅条的另一端依靠在框架上边，密布的拦污栅条组成拦污结构；框架侧边一端穿入手柄中，通过下压手柄，利用杠杆原理旋转拦污栅条拦截的水中悬浮物，当栅条横梁在高处时，悬浮物在自身重力作用下沿着拦污栅条滑落，在悬浮物滑落的下方放置容器，收集滑落的悬浮物，实现了对拦污栅条的清污。耙齿与拦污栅条垂直，在下压手柄时耙齿防止拦截的悬浮物滑落在水中。

手柄为中空管，框架侧边外径小于手柄内径，在准备清除拦污栅条上的悬浮物时，使得框架侧边一端穿入手柄中，当清除完毕后取下手柄。框架下边、框架侧边、框架上边为圆管。

6.5.2.2 结构组成

手压翻转式拦污清污装置（见图 6-91），耙齿 1 的一端固定于栅条横梁 6 上，拦污栅条 7 的一端也固定于栅条横梁 6 上，耙齿 1 与拦污栅条 7 保持垂直，耙齿 1 与拦污栅条 7 的布置密度根据悬浮物大小确定；活动铰链 2 连接栅条横梁 6 与框架下边 3；框架下边 3、2 个框架侧边 4 及框架上边 5 固定组成框架结构；拦污栅条 7 倾斜依靠在框架上边 5 上，框架上边 5 两端穿入并固定在滚动轴承 8 内圈中；滚动轴承 8 外圈固定在支架 10 上。

支架 10 固定于水流两岸，框架下边 3 放于水底，水流从拦污栅条 7 的间隔中流过，水流中悬浮物被拦污栅条 7 拦截。

清除拦污栅条 7 上的悬浮物时，框架侧边 3 一端穿入手柄 9 的空心中，下压手柄，悬浮物从水中被翻转到空中，当栅条横梁 6 移动到空中高处时，拦污栅条 7 上的悬浮物沿着拦污栅条 7 在空中滑落，悬浮物下方事先放置容器，悬浮物落入容器中，实现对拦污栅条 7 的清污。

6.5.2.3 设计参数

在结构和工作原理不变的情况下，根据当地固体污染物形状、大小特征确定栅条间距，根据河道形状、宽度、深度确定框架尺寸。

6.5.2.4 装置特点

无需电动力又能拦截悬浮物且便于污染物清除，克服了常规拦污栅污染物淤塞在拦污

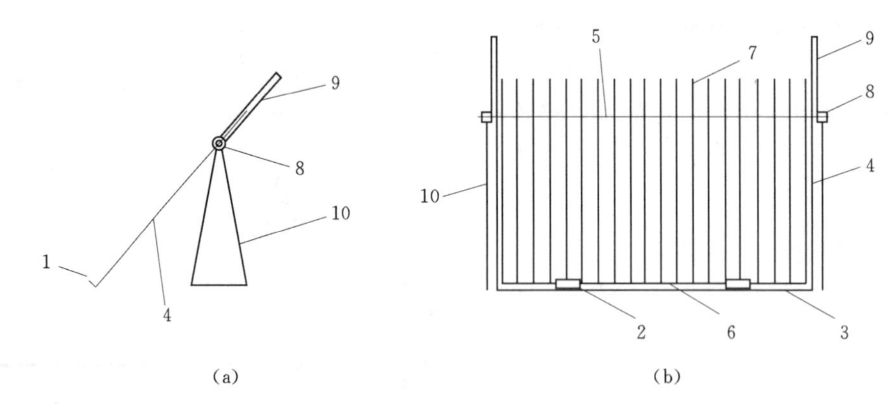

图 6-91　手压翻转式拦污清污装置结构示意图

(a) 侧视图；(b) 正视图

1—耙齿；2—活动铰链；3—框架下边；4—框架侧边；5—框架上边；6—栅条横梁；7—拦污栅条；8—滚动轴承；9—手柄；10—支架

栅上不易清除的弊端。

结构简单，造价成本低，不需要额外能源，安装使用方便。

6.5.2.5　适用范围

适合在村镇饮用水源地河道、水库、渠道内使用。

6.5.2.6　应用效果

如图 6-92 所示是手压翻转式拦污清污装置试制样机的过程，调整栅条尺寸、材料强度、部件组装方式等各项工艺；室内模型实验表明，对小于栅条间距的漂浮物拦截率达95%以上，装置可以实现专利说明书中的特点。村镇饮用水源地河道、渠道存在水流，需要截流、围堰施工后，在水工建筑物内安装应用。

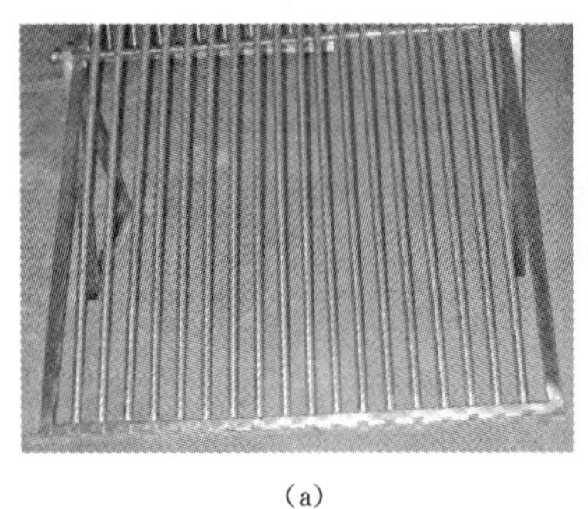

(a)

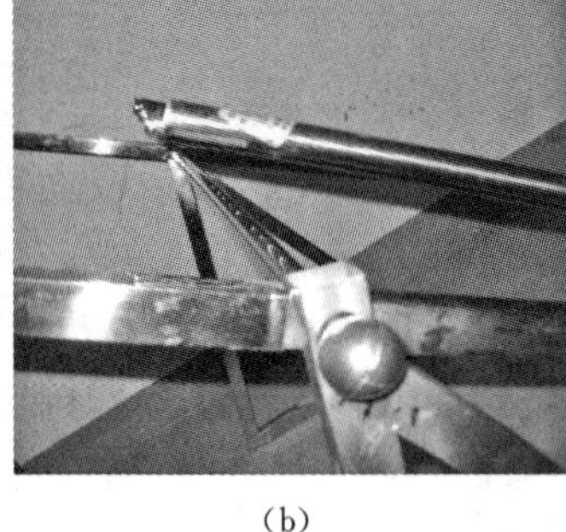

(b)

(c)

图 6-92　手压翻转式拦污清污装置

(a) 底部设有污染物防滑落结构；(b) 杠杆翻转结构；(c) 实施翻转

6.5.3　水动力水位自适应易清理拦污装置

流入村镇饮用水源内的固体污染物包括泥沙和其他固体漂浮物，这些污染物随着水体水位的变化不断改变悬浮位置，现有的固定式拦污栅难以拦截这类污染物。很多村镇饮用水源地集水区域是山丘区，区域内包括林地、草地、农田、居民区、工矿、交通等，林地、草地产生枯萎杂草、树枝、树叶等漂浮物污染，农田产生作物秸秆、塑料地膜、农药瓶等，居民区、工矿、交通产生生活垃圾等固体废弃物，将随着降雨径流等外力进入水源。这些固体废弃物含氮、磷、钾、钙、镁、有机质及大量有毒元素，在水中产生长期的污染释放过程，是村镇饮用水源内污染源。因此，研发一种能够随着河道水位自动调节拦污位置的装置具有十分重要的意义。

6.5.3.1 基本原理

为适应水位变化，本装置设置了一个浮箱，该浮箱的浮力使得上部栅条水平部分与水面齐平，当水位升高时，滑动环沿滑动轴向上移动，将上部栅条的倾斜部分从下部栅条中拉出，从而增加栅条长度；当水位下降时，重力的作用使得滑动环沿滑动轴向下移动，将上部栅条倾斜部分压入下部栅条内，从而缩短栅条长度，保持了上部栅条水平部分齐平于水面，从而适应水位的变动。

6.5.3.2 结构组成

水动力水位自适应易清理拦污装置［见图 6－93（a)］，下部栅条插入底部插槽的圆弧形插孔中，上部栅条垂直部分穿入上部插槽的圆弧形插孔中，螺孔设置在上部插槽的侧面，螺栓旋入螺孔中固定上部栅条。上部栅条插入下部栅条中组成倾斜于水平面的拦污栅条，从而构成一个整体结构。悬浮污染物随着水流运动，沿着下部栅条和上部栅条的倾斜部分往上运动，到达上部栅条的水平部分，并由上部栅条的垂直部分拦截，水平部分存放污染物便于收集。

上部插槽的一侧固定有浮箱，使得本装置能够适应水位的变动。底部插槽与上部插槽均设有多圆弧连接的圆弧形插孔。当水中悬浮物体积较小时，可适当增加栅条数量以减少栅条间距；当水中悬浮物体积较大时，可适当增加栅条间距。

为防止滑动轴和滑动环内部进水，滑动轴外部设有折叠式防水套，防水套与上部栅条底端外部和下部栅条底端内部组成防水空间，滑动轴在防水空间内。

为使滑动环沿滑动轴滑动，滑动轴表面设有平行于滑动轴轴线方向的通气槽，以便于防水套与上部栅条底端外部和下部栅条底端内部组成的防水空间内的空气排出和吸入（见图 6－93)。

6.5.3.3 设计参数

水动力水位自适应易清理拦污装置的设计可根据当地固体污染物形状、大小特征确定栅条间距，根据河道形状、宽度、深度确定栅条尺寸。

6.5.3.4 装置特点

(1) 依靠水流动力将悬浮物推送至上部栅条的水平部分，无需其他动力，克服了常规拦污栅污染物淤塞的弊端。

(2) 栅条间距可根据污染物体积自行调整，有效拦截污染物。

(3) 栅条长度可随水位变化，在水位变化的沟渠中运行稳定。

6.5.3.5 适用范围

适合在村镇饮用水源地河道、水库、渠道内使用。

6.5.3.6 应用效果

如图 6－94 所示，所研发的设备在测试过程中，调整部件尺寸、材料适应性、部件组

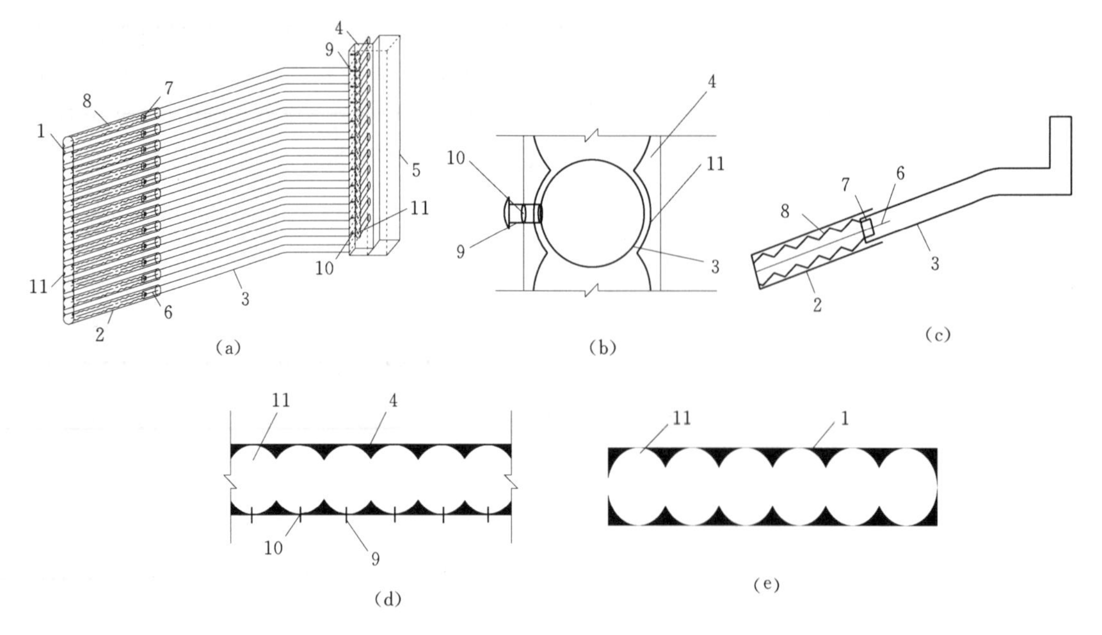

图6-93 水动力水位自适应易清理拦污装置结构示意图

(a) 整体结构示意图；(b) 上部插槽的局部示意图；(c) 下部栅条、上部栅条及内部结构剖面示意图；(d) 上部插槽结构俯视示意图；(e) 底部插槽结构俯视示意图

1—底部插槽；2—下部栅条；3—上部栅条；4—上部插槽；5—浮箱；6—滑动轴；7—滑动环；8—防水套；9—螺栓；10—螺孔；11—圆弧形插孔

装方式等各项工艺；室内模型实验表明，对小于栅条间距的漂浮物拦截率达95%以上；装置可以达到专利说明书中的特点，拦污栅条长度可伸缩，栅条密度可调整，浮箱漂浮于水面，适应不同类型的漂浮物拦截要求。村镇饮用水源地河道、渠道存在水流，需要截流、围堰施工后，在水工建筑物内安装应用。

图6-94 水动力水位自适应易清理拦污装置

第7章　村镇饮用水源生物生态修复技术

当前，农村地区农业面源、养殖废水、村镇生活污水和乡镇工业废水排放等造成的村镇饮用水源污染日益严重，直接威胁到村镇供水安全，有相当部分河流、湖泊、水库和地下水无法满足供水水源水质要求。村镇饮用水源，由于用水人口密度小，用水强度低，普通的物理化学修复技术受技术经济和管理水平制约，很难大规模推广应用，比较而言，易维护且经济高效的生物生态技术具有广阔的应用前景。

生物生态修复是国外近来发展很快的水环境修复技术，是按照生态系统自我设计和人为设计理论恢复水环境的本来面貌，强化生态系统的自净能力，这是人与自然和谐相处，合乎自然规律的水环境修复思路，也是一条有别于饮用水生物预处理的技术路线。饮用水源生物生态修复技术，利用自然基质或人工基质强化培育植物和微生物的生命活动，对饮用水源中的污染物进行截留、转移、转化和降解，从而使饮用水源的水质得以净化的水源修复技术。该技术具有生态化、高效率、易管护、成本低、耗能少、无污染等优点。可以与水源地生态保护、输水沟渠、拦水闸坝和滨岸湿地景观有机结合，创造人与自然高度融合的优美环境。

7.1　村镇饮用水源生物生态修复装置

村镇饮用水源生物生态修复涉及领域众多，内容纷繁复杂。面向我国村镇地区缺乏饮用水源修复技术的国家需求，在分析村镇饮用水源特点的基础上，以饮用水源中氨氮、有机物和悬浮物等典型污染物满足村镇饮用水源水质要求为目标，研制多层塔式碳基聚氨酯固定生物床装置、纳米铁改性火山岩固定生物床装置、太阳能微动力多介质浮动生物床装置、多介质潮汐流人工湿地和多介质淹水湿地装置。

7.1.1　多层塔式碳基聚氨酯固定生物床装置

7.1.1.1　基本原理

固定生物床借鉴了生物接触氧化反应器和深床过滤器的设计原理，以填料及其附着生长的生物膜为主要介质，综合了生物接触氧化作用、过滤截留作用、生物絮凝作用以及床内微生物食物链的分级捕食作用。研制多层塔式碳基聚氨酯固定生物床装置，填充碳基聚氨酯改性填料填充，利用布水系统将进水均匀分布在载体填料上，与功能载体填料表面附着生长的生物膜充分接触净化，由于布孔载体填料筐边壁的开孔个数变化，不同区域通风条件，通风量不同，功能载体填料内自上而下交替形成好氧区、兼氧区、缺氧区和厌氧区，从而使有机物和氨氮得到有效降解，在重力作用下，第一个功能载体填料层出水，均匀滴入滴水分割增氧器，将滴水多次切割为小水滴，增大滴水与空气的接触面积，延长水滴在空气中的停留时间，提高滴水复氧能力，经过切割水滴、层间滴落势能增氧的无数小水滴均匀滴入下一功能载体填料层。水滴顺次通过各功能载体填料层，最底部功能载体填料层出来外排。

7.1.1.2　结构组成

多层塔式碳基聚氨酯固定生物床装置为塔层结构见图7-1，采用模块化设计，由布水系统、塔层框架、布孔填料筐、功能填料、分割增氧器及集水系统等构成。塔层框架内铺设支撑网格栅，支撑网格栅上放置布孔填料筐，布孔填料筐内装填功能填料，功能填料分层装填，层与层之间安装分割增氧器。

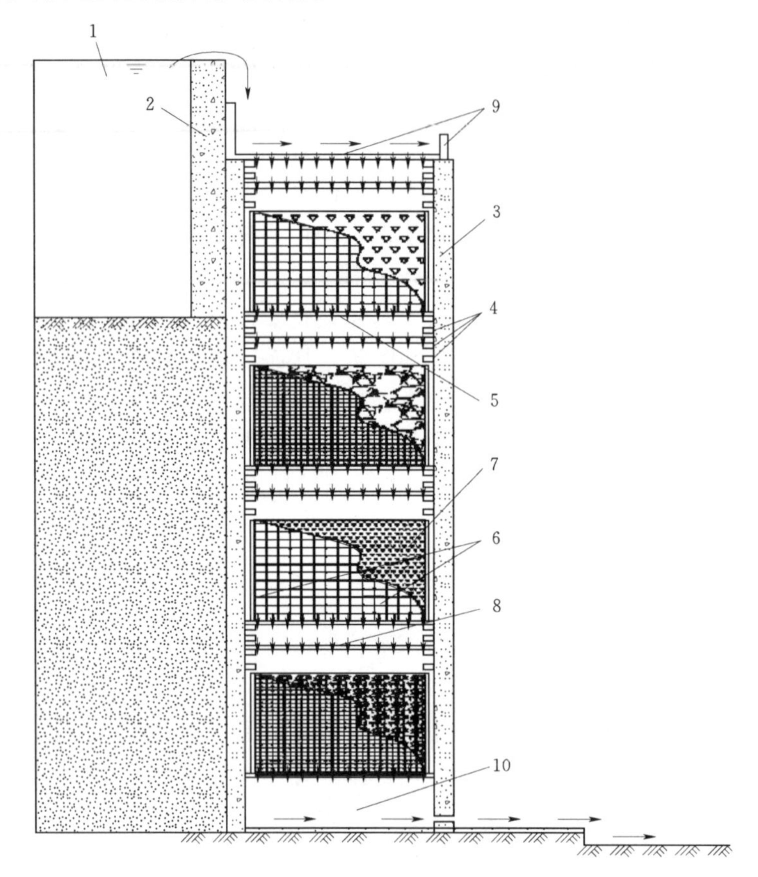

图7-1　多层塔式碳基聚氨酯固定生物床装置

1—水体；2—闸坝；3—塔层框架；4—支撑层阶；5—支撑网格栅；6—布孔填料筐；7—功能填料；8—分割增氧器；9—布水系统；10—集水系统

布水系统为四周具有围堰与底部均匀布孔的滤板构成的一体化平槽。塔层框架为焊接、螺栓连接的框架，竖向支撑结构内侧布设支撑层阶，用以调节支撑网格栅与分割增氧器。根据工艺条件、填料级配自上而下顺次、交替布置不同通孔率的布孔填料筐，控制调节通风量，构建缺氧、厌氧、兼氧、好氧环境，提高净化效率。功能填料为不同孔径碳基改性聚氨酯填料。

7.1.1.3　设计参数

多层塔式碳基聚氨酯固定生物床装置单体塔层数量4～6层，单层填料高度40～

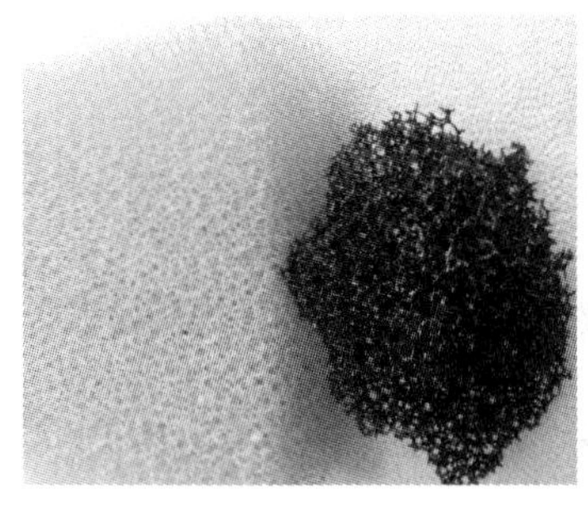
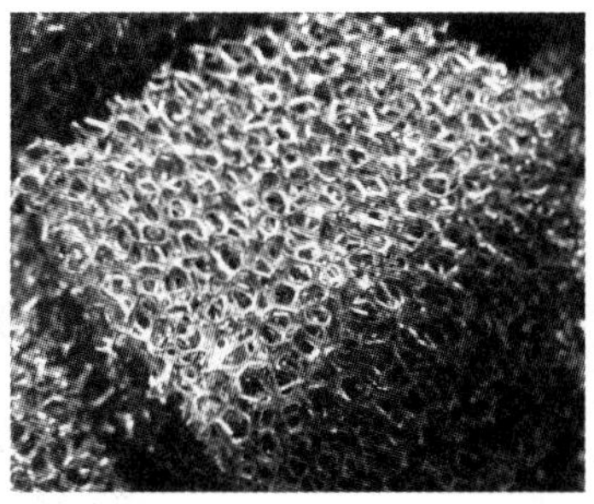
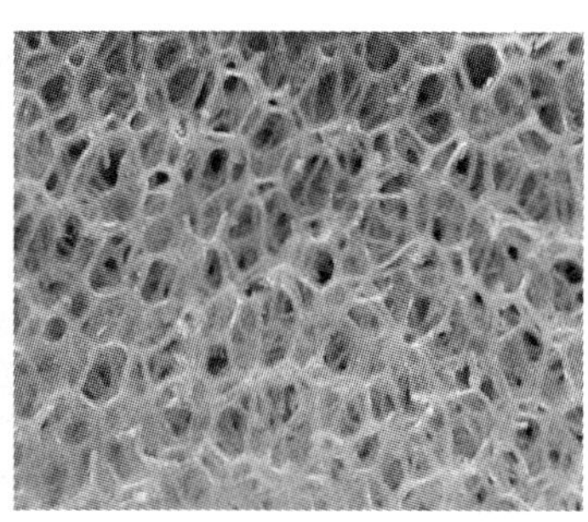

图 7-2 聚氨酯填料和碳基改性聚氨酯填料

200cm，填充层间距离 10～30cm，填料筐通孔率 30～90%，碳基聚氨酯孔径 2～8mm，水力负荷 0.5～3.0m^3/m^2。

表 7-1 多层塔式碳基聚氨酯固定生物床装置设计参数

序号	项目	设计参数	单位
1	水力负荷	0.5～3.0	m^3/m^2
2	单体塔层数量	4～6	层
3	单层填料高度	40～200	cm
4	填充层间距离	10～30	cm
5	填料筐通孔率	30～90	%
6	碳基聚氨酯孔径	2～8	mm

7.1.1.4 装置特点

多层塔式碳基聚氨酯固定生物床装置可利用水道自然坡度与落差，不改变原截面积和泄洪径流量的前提下，设置在湖库闸坝或河道内。其优点主要有如下几点：

(1) 可利用自然坡度与落差，构筑堤坝，通过堤坝溢流复氧、跌水复氧，满足对溶解氧的需求，溶氧效率高、能耗小、运行费用低。

(2) 采用的碳基改性聚氨酯填料，为高分子网泡复合材料，对生物菌与生物酶有极强的固定化能力，填料的孔隙度高达 98%，能够显著提高氧气利用率。

(3) 采用塔层框架结构，并利用布孔填料筐结构特点，通过调整改善功能填料层内的通风条件，满足填料层内微生物各反应阶段对氧的需求，在填料层自上而下交替形成好氧、兼氧、缺氧和厌氧区，从而达到同时高效去除有机物和氨氮的目的。

(4) 运用高效复合功能填料，系统抗冲击负荷能力强、运行稳定、设备结构简单，操作实施方便，耗能低、维护费用低、易于管理。可用于修复微污染饮用水源，恢复其饮用水源功能，改善和提高村镇饮用水源水质。

7.1.1.5 适用范围

适用于有机物、氨氮和悬浮物复合型村镇饮用水源，尤其适用于湖库或河道型微污染村镇饮用水源，可利用水道自然坡度与落差，在不改变原截面积和泄洪径流量的前提下，设置多层塔式碳基聚氨酯固定生物床水源修复装置。

7.1.1.6 应用效果

实验室规模的多层塔式碳基聚氨酯固定生物床实验装置长×宽×高：40cm×30cm×

240cm。由四个功能层组成，每层的长×宽×高：40cm×30cm×30cm。层间距为 20cm，层间安装塔式筛板。从顶部至底部，依次填充碳基改性聚氨酯填料（孔径：5～8mm），碳基改性聚氨酯填料（孔径：5～8mm），碳基改性聚氨酯填料（孔径：3～5mm），碳基改性聚氨酯填料（孔径：3～5mm），模拟微污染村镇饮用水源从装置顶部通过重力依次流经四个功能层。各层之间相互独立，可拆卸，可以随时对生物膜老化堵塞段进行冲洗。

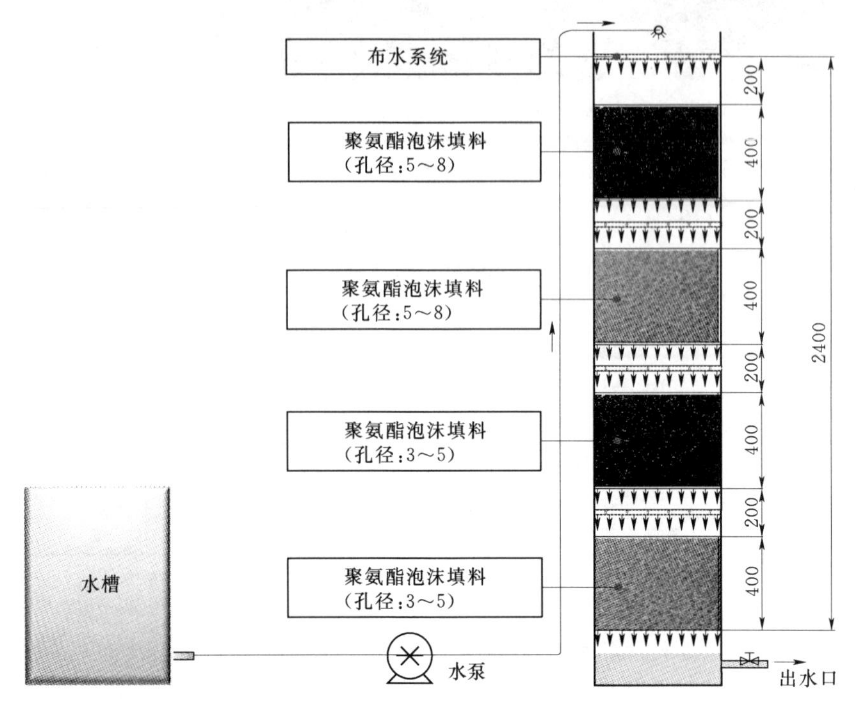

图 7－3　多层塔式碳基聚氨酯固定生物床实验装置（单位：mm）

多层塔式碳基聚氨酯固定生物床实验装置于 2012 年 12 月 28 日开始运行，共分为六个阶段（总计运行 228d）：①起步阶段［HLR＝3.0$m^3/(m^2 \cdot d)$］，从 2012 年 12 月 28 日至 2013 年 2 月 23 日；②第一阶段［HLR＝1.0$m^3/(m^2 \cdot d)$］，2013 年 2 月 24 日至 3 月 29 日；③第二阶段［HLR＝1.5$m^3/(m^2 \cdot d)$］，2013 年 3 月 30 日至 5 月 3 日；④第三阶段［HLR＝2.0$m^3/(m^2 \cdot d)$］，2013 年 5 月 4 日至 6 月 7 日；⑤第四阶段［HLR＝2.5$m^3/(m^2 \cdot d)$］，2013 年 6 月 8 日至 7 月 12 日；⑥第五阶段［HLR＝2.5$m^3/(m^2 \cdot d)$］，2013 年 7 月 13 日至 8 月 16 日。

表 7－2　模拟河流型微污染村镇饮用水源水质

阶段	HLR /［$m^3/(m^2 \cdot d)$］	COD /(mg/L)	NH_4^+－N /(mg/L)	NO_3－N /(mg/L)
Ⅰ	1.0	30.0	1.5	5.9±0.29
Ⅱ	1.5	30.0	1.5	5.5±0.28
Ⅲ	2.0	30.0	1.5	5.1±0.26
Ⅳ	2.5	30.0	1.5	5.0±0.25
Ⅴ	3.0	30.0	1.5	4.9±0.25

随着水力负荷从 $0.5m^3/(m^2 \cdot d)$ 增加至 $3.0m^3/(m^2 \cdot d)$，水力负荷的增加对 COD 的去除率影响不大；在五阶段的运行期间，COD 的去除率在稳定在 95%～99%。NH_4^+-N 的去除率呈先增加再减低的趋势，并在水力负荷为 $2.5m^3/(m^2 \cdot d)$ 时，去除率达到最大 90%。水力负荷大于 $1.5m^3/(m^2 \cdot d)$ 时，出现了由 NH_4^+-N 转化的 NO_2^--N 和 NO_3^--N 的累积现象。整个运行阶段，NH_4^+-N 转化以厌氧氨氧化为主。水力负荷小于 $1.5m^3/(m^2 \cdot d)$，反硝化过程的不足导致系统内少量的 NO_2^--N 和 NO_3^--N 的积累，也限制了系统氨氮去除率的提升；水力负荷大于 $1.5m^3/(m^2 \cdot d)$，厌氧氨氧化能力进一步提升，氨氮的去除率提高到了 80%～90%。水力负荷不仅影响微生物和氮转化功能基因的数量和分布，还影响氮转化微生物群落的结构和功能。多层塔式碳基聚氨酯固定生物床进水水力负荷的增加对总细菌、古细菌的绝对丰度的呈下降趋势，能够促进厌氧氨氧化细菌的绝对丰度又明显增加，会使参与好氧氨氧化反应的氨氧化菌和亚硝酸氧化菌群被厌氧氨氧化菌群优势取代。水力负荷的增加使得系统内反硝化功能基因（*narG*、*nirK*、*nirS*、*qnorB* 和 *nosZ*）的产生了明显波动。逐步回归分析表明：水力负荷约束下，*amoA*/anammox 和（*nirS*+*nirK*）/archaea 是 NH_4^+-N 转化过程的关键限速基因；*amoA*/anammox 对 NH_4^+-N 的转化速率贡献最大（1.050），其次是（*nirS*+*nirK*）/archaea，其贡献值为 0.316；*amoA*/（*narG*+*napA*）和 *nosZ*/（*narG*+*napA*+*nirS*+*nirK*+*qnorB*+*nosZ*）是 NO_2^--N 转化过程的关键限速因子，*amoA*/（*narG*+*napA*）是 NO_2^--N 累积速率的主要贡献基因组，其贡献值为 0.935；*nosZ*/（*narG*+*napA*+*nirS*+*nirK*+*qnorB*+*nosZ*）对 NO_2^--N 累积速率的主要贡献值为－0.370；*anammox*/*amoA*、*nxrA*/（*nirK*+*nirS*）、（*napA*+*narG*）/*nxrA* 是 NO_3^--N 转化过程的关键限速因子，anammox/*amoA* 是 NO_3^--N 累积速率的主要贡献基因组，其贡献值为 1.196，其次是 *nxrA*/（*nirK*+*nirS*）贡献值为 0.484，而（*napA*+*narG*）/*nxrA* 贡献值为－0.028。

（1）COD 和 NH_4^+-N 去除率。启动阶段（0～14 周）结束时，COD 的去除率为 75%；随着水力负荷从 $1.0m^3/(m^2 \cdot d)$ 增加至 $3.0m^3/(m^2 \cdot d)$，COD 出水浓度从 1.1mg/L 下降至 0.3mg/L，COD 去除率从 96.3%增加至 98.8%［图 7－4（a）］。启动阶段（0～14 周）结束时，NH_4^+-N 的平均去除率为 57.1%；以水力负荷 $1.0m^3/(m^2 \cdot d)$ 运行 4 周后，NH_4^+-N 去除率达到 69.3%；以水力负荷 $1.5m^3/(m^2 \cdot d)$ 运行 4 周后，NH_4^+-N 去除率达到 78.6%；以水力负荷 $2.0m^3/(m^2 \cdot d)$ 运行 4 周后，NH_4^+-N 去除率达到 82.6%；此后随着水力负荷从 $2.5m^3/(m^2 \cdot d)$ 增加至 $3.0m^3/(m^2 \cdot d)$，NH_4^+-N 去除率从 89.3%下降至 79.3%，见图 7－4（b）。

（2）NH_4^+-N、NO_3^--N 和 NO_2^--N 的转化（累积）速率。水质监测的结果显示，运行初期出水中以氨氮为主，几乎不含亚硝酸盐和硝酸盐。多层塔式碳基聚氨酯固定生物床的反硝化作用比较充分，硝化反应是其主要的限制因素［见图 7－5（a）］。水力负荷从 $1.0m^3/(m^2 \cdot d)$ 增加至 $3.0m^3/(m^2 \cdot d)$，NH_4^+-N 转化速率从 $7.6g/(m^3 \cdot d)$ 增加至 $26.2g/(m^3 \cdot d)$。启动阶段（0～14 周）NO_3^--N 和 NO_2^--N 的积累速率几乎为 0。NO_3^--N 在水力负荷为 $1.0m^3/(m^2 \cdot d)$ 的运行阶段，NO_3^--N 出现了转化；水力负荷在 $1.5～3.0m^3/(m^2 \cdot d)$ 时 NO_3^--N 出现明显累积，平均累积速率为 $8.8g/(m^3 \cdot d)$；整个运行周期，NO_2^--N 累积速率处在较低水平，出现了小幅波动，累积速率维持在 $1.7～4.8g/(m^3 \cdot d)$［见图 7－5（b）］。

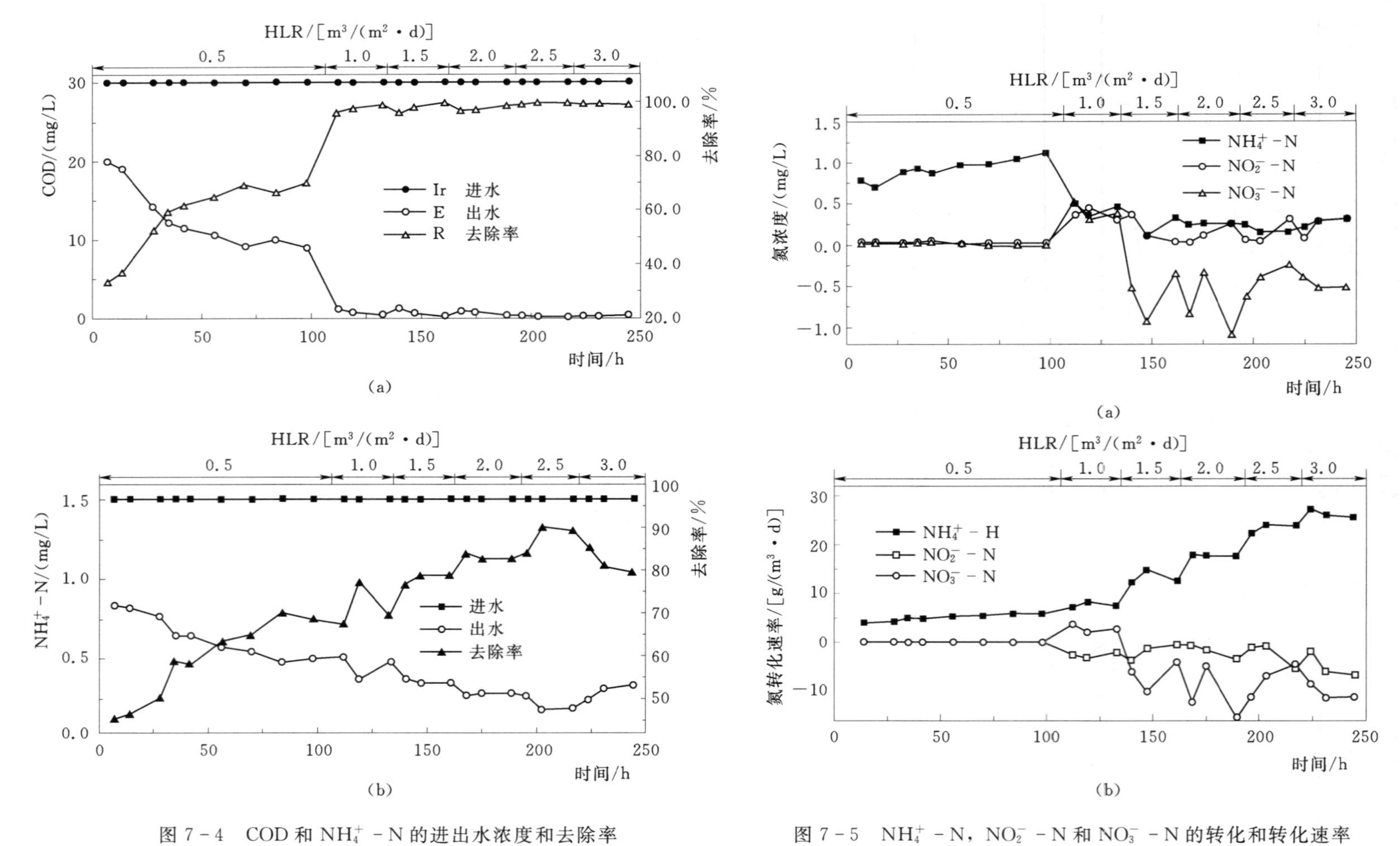

图7-4　COD和NH_4^+-N的进出水浓度和去除率

图7-5　NH_4^+-N，NO_2^--N和NO_3^--N的转化和转化速率

（3）氮转化菌群和功能基因的演化规律。在驯化期内的第 4 周、第 8 周和第 14 周采集 3 次生物样品，在运行期间 19 周、23 周、27 周、31 周和 35 周采集生物样品。所有的生物样品经过预处理和 DNA 提取后，应用 Q - PCR 测定总细菌 16S rRNA、古细菌 16S rRNA、厌氧氨氧化菌 16S rRNA、*amoA*、*nxrA*、*narG*、*napA*、*nirK*、*nirS*、*qnorB* 和 *nosZ* 基因的绝对丰度。

总细菌 16S rRNA 的丰度从启动阶段（4～14 周）的 2.3×10^7copies/g 增加至 4.1×10^7copies/g，而后随着水力负荷的增加呈下降趋势，从 2.0×10^7copies/g 至 1.3×10^7copies/g（23～35 周）。整个运行周期内古细菌 16S rRNA 的基因丰度相对于总细菌 16S rRNA 较低（相差 4 个数量级），且随着水力负荷的增加而呈下降趋势，从 3.8×10^3copies/g（19 周）至 3.2×10^3copies/g（35 周）[见图 7 - 6（a）]。

从第 4～23 周，*amoA* 基因的丰度从 1.8×10^2copies/g 增加至 9.1×10^2copies/g，呈连续性增加趋势。从第 27～35 周，*amoA* 基因的丰度从 7.8×10^2copies/g 降低至 4.2×10^2copies/g，呈连续性增加趋势，这表明随着水力负荷从 $2.0m^3/(m^2\cdot d)$ 增加至 $3.0m^3/(m^2\cdot d)$ 使得反应系统中硝化作用的活性的降低。随着水力负荷的增加，*nxrA* 基因丰度出现了小幅波动，*nxrA* 基因的丰度从 1.4×10^2copies/g 降低至 2.9×10^2copies/g 之间波动。随着水力负荷的增加，anammox 基因的丰度呈先增加后降低趋势。23 周 [水力负荷为 $1.5m^3/(m^2\cdot d)$] 前 anammox 基因的丰度呈上升趋势；而后随着水力负荷的增加而缓慢降低 [见图 7 - 6（b）]。

多层塔式碳基聚氨酯固定生物床中，6 个反硝化过程功能基因均在水力负荷为 14 周和 23 周时出现明显波动。*napA* 基因的丰度从第 4～23 周，*napA* 基因的丰度从 1.8×10^3copies/g 增加至 1.1×10^4copies/g，并在水力负荷为 $1.5m^3/(m^2\cdot d)$ 时达到峰值。*narG* 基因的丰度演化规律与 *napA* 相似，但 *narG* 基因的丰度比 *napA* 基因高 1～2 个数量级。随着水力负荷的增加，*nirS* 基因丰度出现波动。相反，第 4～23 周 *nirK* 基因丰度从 3.1×10^3copies/g 缓慢增加至 1.1×10^4copies/g。从在群落稳定性方面，有各种电子供体补充的污水中，*nirK* 群落要比 *nirS* 群落更稳定。从第 4～14 周，*qnorB* 基因丰度快速增加，从 2.6×10^2copies/g 缓慢下降至 4.3×10^4copies/g，第 19～35 周，呈现出波动式下降。随着水力负荷的增加，*nosZ* 基因丰度在 1.3×10^2copies/g 至 1.7×10^3copies/g 间波动 [见图 7 - 6（c）]。

（4）氮转化过程生态联结性。表 7 - 3 为各氮转化功能基因相关关系。生物床中 *napA - narG*、*napA - nirK*、*napA - nosZ*、*napA - anammox*、*nirK - nosZ* 均呈显著正相关。*napA* 编码的 NAP 酶催化的 NO_3^- - N 生成 NO_2^- - N 的反应和 *narG* 编码的 NAR 酶催化的 NO_3^- - N 生成 NO_2^- - N 的反应是反硝化过程的第一步，能够为 *nirK* 基因编码的 NIR 酶催化的 NO_2^- - N 还原为 NO 的过程和 anammox 的厌氧氨氧化作用提供反应底物 NO_2^- - N。*nosZ* 编码的 NOS 酶催化的 N_2O 生成 N_2 的反应是反硝化过程完成的标志。*amoA* 编码的酶催化 NH_4^+ - N 生成 NO_2^- - N 的反应，是硝化过程的第一步，能够为 *nirK* 和 *qnorB* 基因群里提供反应底物。这些功能基因菌群的营养生态位相互分离，在相同的微生态环境下，彼此互利协作。*nirK - anammox* 呈显著负相关，*nirK* 和 *anammox* 在反应体系中利用相同的反应底物 NO_2^- - N。这就使这些功能基因的菌群的营养生态位相互重叠，存在资源型利用竞争关系。

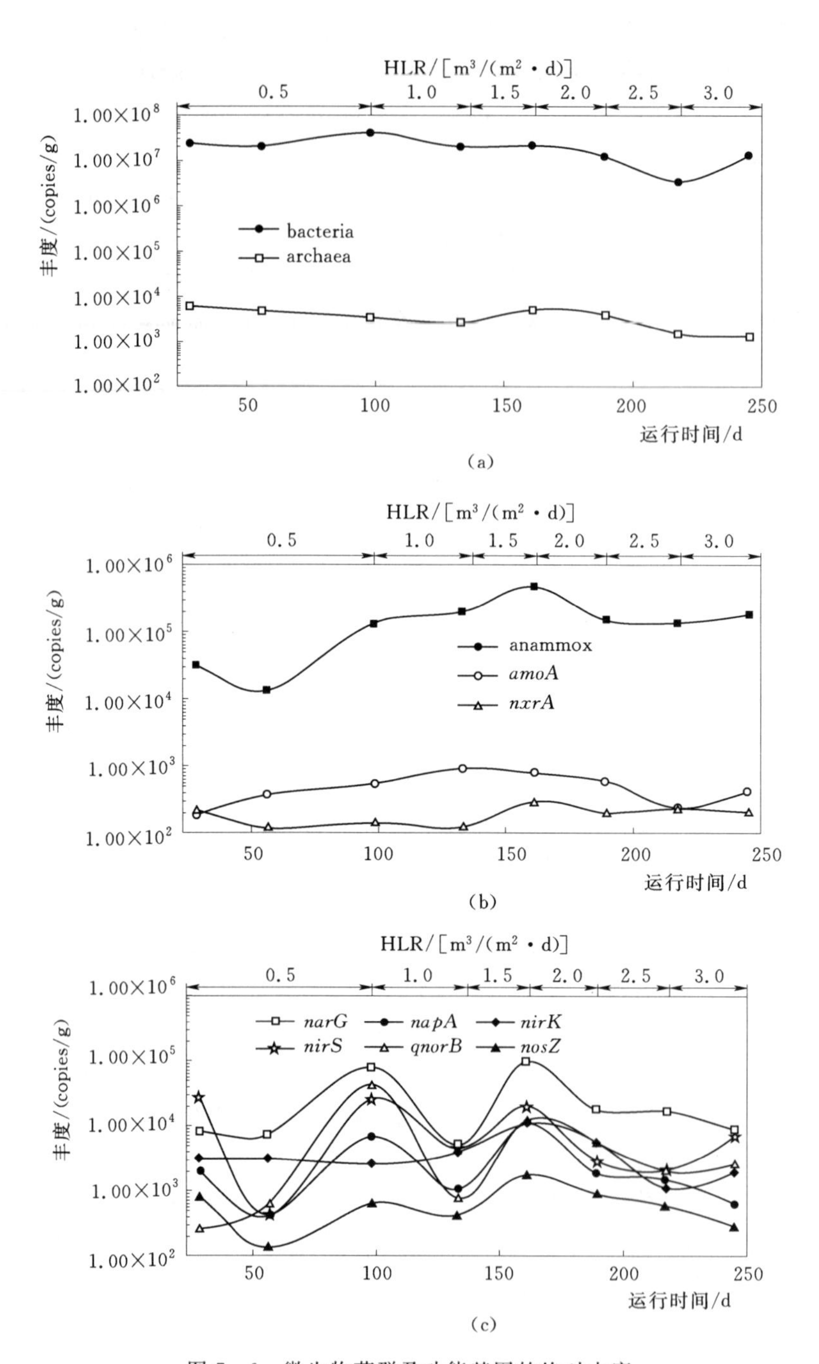

图 7-6　微生物菌群及功能基因的绝对丰度

(a) 总细菌和古细菌的 16S rRNA；(b) *amoA*、*nxrA* 和厌氧氨氧化细菌 16S rRNA；
(c) *narG*，*napA*，*nirS*，*nirK*，*qnorB*，*nosZ*

表 7-3 氮转化功能基因和菌群的 Pearson 相关系数

	narG	*napA*	*nirK*	*nirS*	*qnorB*	*nosZ*	anammox	*amoA*	*nxrA*
narG	1.000								
napA	0.970**	1.000							
nirK	0.629	0.768*	1.000						
nirS	0.584	0.598	0.234	1.000					
qnorB	0.756*	0.594	0.065	0.569	1.000				
nosZ	0.702	0.835**	0.869**	0.485	0.181	1.000			
anammox	0.677	0.775*	−0.813*	0.159	0.152	0.467	1.000		
amoA	0.370	0.413	0.585	−0.079	0.187	0.320	0.663	1.000	
nxrA	0.382	0.514	0.546	0.280	−0.132	0.379	0.623	−0.101	1.000

注 ** 在 0.01 水平（双侧）上显著相关，* 在 0.05 水平（双侧）上显著相关。

（5）氮转化速率与功能基因的定量响应关系。以三种氮的转化速率或累积速率为因变量，以总细菌、古细菌、厌氧氨氧化菌及氮转化功能基因为自变量，运用 SPSS 20.0 统计分析软件建立逐步回归方程。逐步回归分析的结果表明，水力负荷条件约束下：多层塔式碳基聚氨酯固定生物床中，*amoA* 是 NH_4^+-N 转化速率的关键限速基因（NH_4^+-N$=-0.246amoA+239.429$，$R^2=0.656$）。上述结果说明，由绝对丰度直接拟合的回归方程相关系数 R^2 不高，于是引入 *amoA*/anammox，（*nirS*+*nirK*）/archaea，*amoA*/(*narG*+*napA*)，*nosZ*/(*narG*+*napA*+*nirS*+*nirK*+*qnorB*+*nosZ*)，anammox/*amoA*，*nxrA*/(*nirK*+*nirS*) 和 (*napA*+*narG*)/*nxrA* 等变量。从表 7-4 可以看出，NH_4^+-N、NO_3^--N 和 NO_2^--N 的逐步回归方程的相关系数 R^2 明显提高，说明多层塔式碳基聚氨酯固定生物床系统内氮转化速率受到多种微生物群落和功能基因的耦合作用，氮转化过程之间存在多种偶联机制。

NH_4^+-N 的转化速率取决于 *amoA*/anammox 和（*nirS*+*nirK*）/archaea（见表 7-4）。第一个变量 *amoA*/anammox 与 NH_4^+-N 的转化速率呈正相关关系，这是因为 *amoA* 和 anammox 都直接参与 NH_4^+-N 的转化。第二个变量（*nirS*+*nirK*）/archaea 的意义是 NO_2^--N 的消耗，也是 NH_4^+-N 的转化速率呈正相关关系，原因在于 *nirS* 和 *nirK* 是反硝化过程中将 NO_2^--N 转化为 NO 的基因，而 archaea 与 NO_2^--N 的生成有关，因此 NO_2^--N 消耗与生成比能够反应 NO_2^--N 的消耗水平。NO_2^--N 消耗量越大说明更多的 NH_4^+-N 被转化。在多层塔式碳基聚氨酯固定生物床中，NO_2^--N 累积会对氮转化微生物菌群有一定的毒害作用，进而影响脱氮效率。

NO_2^--N 的累积速率取决于 *amoA*/(*narG*+*napA*) 和 *nosZ*/(*narG*+*napA*+*nirS*+*nirK*+*qnorB*+*nosZ*)。第一个变量 *amoA*/(*narG*+*napA*)，根据前述内容 *amoA*、*narG* 和 *napA* 三个功能基因均与 NO_2^--N 的生成有关系，因此，*amoA*/(*narG*+*napA*) 与 NO_2^--N 的累积速率呈正相关关系。而 *nosZ*/(*narG*+*napA*+*nirS*+*nirK*+*qnorB*+*nosZ*) 表示反硝化过程中 *nosZ* 所占优势，该变量值越大说明反硝化过程中消耗的 NO_2^--N 量也越大，从而

不利于 NO_2^- -N 的累积。NO_3^- -N 的累积速率取决于 anammox/amoA，*nxrA*/(*nirK*+*nirS*) 和 (*napA*+*narG*)/*nxrA*。anammox/amoA 和 *nxrA*/(*nirK*+*nirS*) 均表示反应体系中 NO_2^- -N 的消耗，与 NO_3^- -N 的累积速率呈正相关；(*napA*+*narG*)/*nxrA* 表示 NO_3^- -N 消耗，与 NO_3^- -N 的累积速率呈负相关，这是因为 *napA* 和 *narG* 与 NO_3^- -N 的转化有关（NO_3^- -N→NO_2^- -N），而 *nxrA* 与 NO_3^- -N 的生成有关（NO_2^- -N→NO_3^- -N），因此，转化和生成的比值能反映出 NO_3^- -N 的消耗程度。

总之，NH_4^+ -N 转化速率与功能基因的定量关系也表明，氨氧化菌群和反硝化微生物菌群都参与了 NH_4^+ -N 的转化过程。另外，从分子水平看，多层塔式碳基聚氨酯固定生物床中存在同步硝化（simultaneousnitrification）、厌氧氨氧化（anammox）和反硝化（denitrification）的耦合的氮转化途径（SNAD）（见图 7-7）。这种耦合的 SNAD 途径有助于高效脱氮和有机碳的去除。

表 7-4　　氮转化速率与氮转化菌群和功能基因的逐步回归方程

回归方程	R^2	P
NH_4^+ -N=7860.687*amoA*/anammox+0.848(nirS+nirK)/archaea−1.050	1.000	0.000
NO_2 -N=96.841*amoA*/(narG+napA)−59.903nosZ/(narG+napA+nirS+nirK+qnorB+nosZ)+1.969	0.995	0.002
NO_3 -N=0.015anammox/amoA+96.836nxrA/(nirK+nirS)−0.001(napA+narG)/nxrA−20.131	1.000	0.005

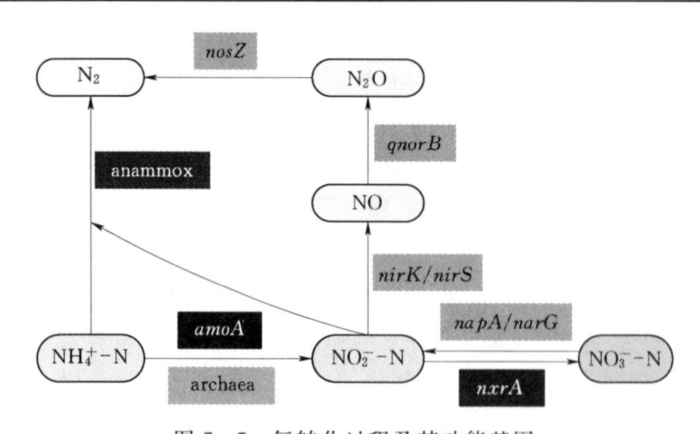

图 7-7　氮转化过程及其功能基因

(6) 功能基因组的相对贡献。在建立的不同氮定量响应的基础，通过采用标准化的回归系数，可从统计学意义上确定不同氮功能基因组在对氮转化过程速率的相对贡献量。表 7-5 结果表明，在多层塔式碳基聚氨酯固定生物床中，*amoA*/anammox 对 NH_4^+ -N 的转化速率贡献最大（1.050）；其次是（*nirS*+*nirK*）/archaea，其贡献值为 0.316。*amoA*/(*narG*+*napA*) 是 NO_2^- -N 累积速率的主要贡献基因组，其贡献值为 0.935；*nosZ*/(*narG*+*napA*+*nirS*+*nirK*+*qnorB*+*nosZ*) 对 NO_2^- -N 转化速率的贡献为贡献负值（−0.370）。anammox/*amoA* 是 NO_3^- -N 累积速率的主要贡献基因组，其贡献值为 1.196；其次是 *nxrA*/(*nirK*+*nirS*)，其贡献值为 0.484；(*napA*+*narG*)/*nxrA* 对 NO_3^- -

N 转化速率的贡献为贡献负值（−0.028）。

在分析功能基因组的生态连接性的基础上，计算了功能基因组之间的对氮转化过程的间接贡献。图 7-8 显示，*amoA*/anammox 通过（*nirS*+*nirK*）/archaea 和（*nirS*+*nirK*）/archaea 通过 *amoA*/anammox 对 NH_4^+-N 的转化速率的间接贡献率分别为−0.096 和−0.320。*amoA*/(*narG*+*napA*) 和 *nosZ*/(*narG*+*napA*+*nirS*+*nirK*+*qnorB*+*nosZ*) 之间的相互作用 NO_2^--N 的累积速率的间接贡献几乎为 0。anammox/*amoA* 通过 *nxrA*/(*nirK*+*nirS*) 和 anammox/*amoA* 通过（*napA*+*narG*)/*nxrA* 对 NO_3^--N 的转化速率的间接贡献分别为−0.279 和−0.004；*nxrA*/(*nirK*+*nirS*) 通过 anammox/*amoA* 和 *nxrA*/(*nirK*+*nirS*) 通过（*napA*+*narG*)/*nxrA* 对 NO_3^--N 的转化速率的间接贡献分别为−0.689 和 0.012；（*napA*+*narG*)/*nxrA* 通过 *nxrA*/(*nirK*+*nirS*) 和（*napA*+*narG*)/*nxrA* 通过 anammox/*amoA* 对 NO_3^--N 的转化速率的间接贡献分别为−0.208 和 0.183。功能基因组的直接和间接贡献进一步表明氮功能基因的多路径耦合协作机制有利于氮的高效去除和转化。

表 7-5　氮转化速率与氮转化菌群和功能基因的标准逐步回归方程

标准化回归方程	R^2	P
NH_4^+-N=1.050*amoA*/anammox+0.316(*nirS*+*nirK*)/archaea	1.000	0.000
NO_2-N=0.935*amoA*/(*narG*+*napA*)−0.370*nosZ*/(*narG*+*napA*+*nirS*+*nirK*+qnorB+*nosZ*)	0.995	0.002
NO_3-N=1.196anammox/*amoA*+0.484*nxrA*/(*nirK*+*nirS*)−0.028(*napA*+*narG*)/*nxrA*	1.000	0.005

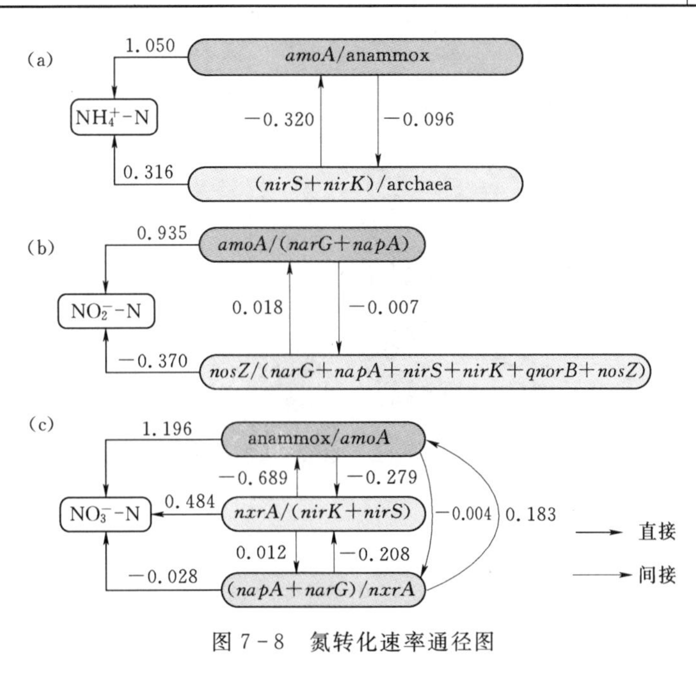

图 7-8　氮转化速率通径图

7.1.2　多层塔式纳米铁改性火山岩固定生物床装置

7.1.2.1　基本原理

多层塔式纳米铁改性火山岩固定生物床装置，在保持多层塔式碳基聚氨酯固定生物床结构特点基础上，将纳米铁（$\beta-Fe_2O_3$）改性火山岩填材料与碳基改性聚氨酯材料交替填充至固定生物床，提高生物床高效降解有机物和氨氮能力的同时，强化其除磷功能。

7.1.2.2　结构组成

纳米铁改性火山岩固定生物床为塔层结构，由布水系统、网塔层框架、布孔填料筐、功能填料、分割增氧器及集水系统等构成。塔层框架内铺设支撑格栅，支撑网格栅上放置布孔填料筐，布孔填料筐内装填功能填料，功能填料分层装填，层与层之间安装分割增氧器。功能填料为不同粒径的纳米铁改性火山岩材料与不同孔径的碳基改性聚氨酯材料，两者交替填充。

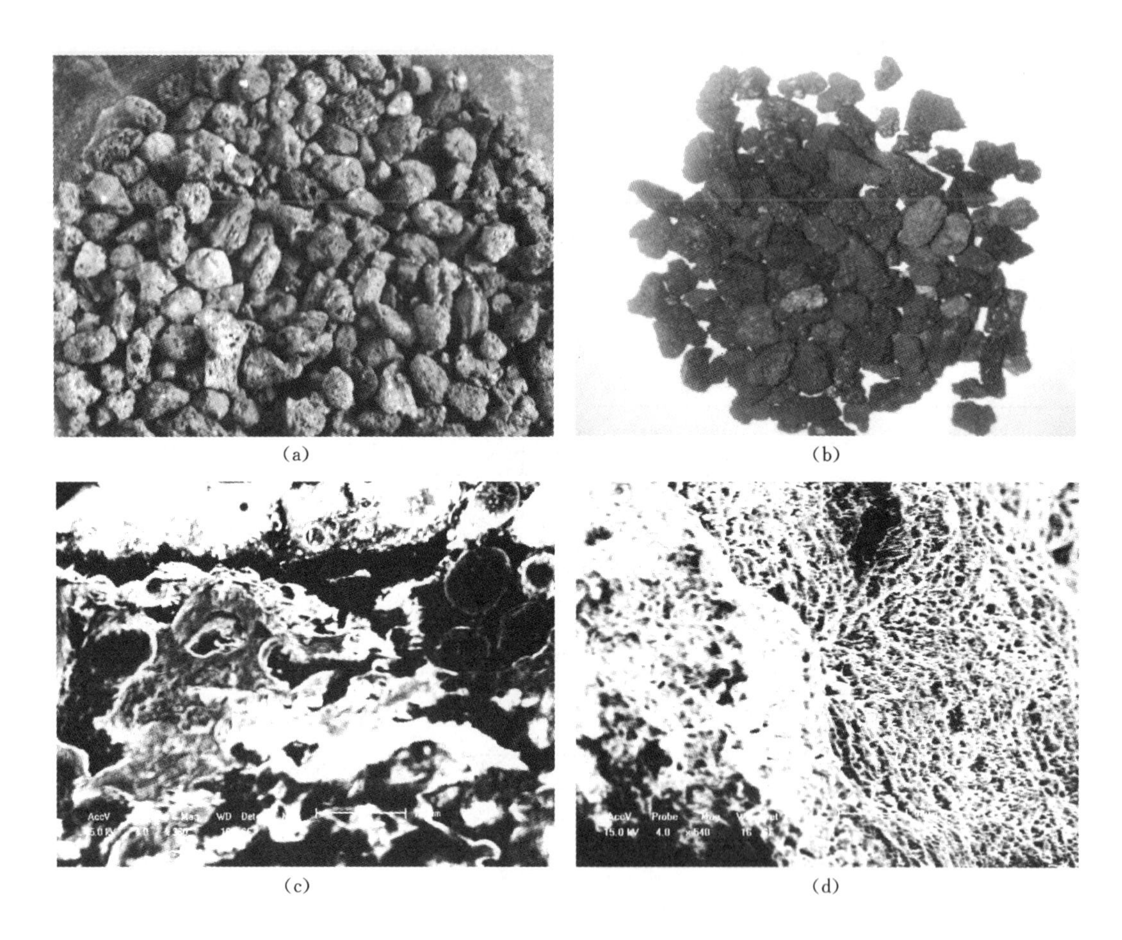

(a)　(b)　(c)　(d)

图 7-9　天然火山岩和 $\beta-Fe_2O_3$ 改性火山岩

(a)、(c) 天然火山岩；(b)、(d) $\beta-Fe_2O_3$ 改性火山岩

7.1.2.3　设计参数

本装置单体塔层数量 4～6 层，单体长×宽×高比(10～20)：(3～5)：(1～4)，单层填料高度 40～200cm，填充层间距离 20～40cm，填料筐通孔率 10%～90%，$\beta-Fe_2O_3$ 改性火山岩粒径 2～8mm，水力负荷 0.5～3.0m^3/m^2。

表 7-6　　纳米铁改性火山岩固定生物床设计参数

序号	项　目	设计参数	单位
1	单体长×宽×高比	(10～20)∶(3～5)∶(1～4)	
2	水力负荷	0.5～3.0	$m^3/(m^2 \cdot d)$
3	单体塔层数量	4～6	层
4	单层填料高度	40～200	cm
5	填充层间距离	20～40	cm
6	填料筐通孔率	10～90	%
7	$\beta-Fe_2O_3$ 改性火山岩粒径	2～8	mm
8	碳基改性聚氨酯孔径	2～8	mm

7.1.2.4 装置特点

多层塔式纳米铁改性火山岩固定生物床水源修复装置除具备多层塔式碳基聚氨酯填料生物滤床特点外，还具有以下优点：采用 $\beta-Fe_2O_3$ 改性火山岩材料与碳基改性聚氨酯材料交替填充，不仅对氮磷和有机物有极强的吸附截留能力，而且对生物菌与生物酶有很好的固定化能力，将好氧、厌氧和兼容性生物菌与生物酶固定在载体上，有效提高生物菌的负载量。

7.1.2.5 适用范围

适用于氮磷、重金属和有机物复合型微污染村镇饮用水源，可利用水道自然坡度与落差，在不改变原截面面积和泄洪径流量的前提下，设置多层塔式纳米铁改性火山岩填料固定生物床水源修复装置。

7.1.2.6 应用效果

实验室规模的多层塔式纳米铁改性火山岩固定生物床实验装置长×宽×高：40cm×30cm×240cm。由四个功能层组成，每层的长×宽×高：40cm×30cm×30cm。层间距为20cm，层间安装塔式筛板。从顶部至底部，依次填充碳基改性聚氨酯填料（孔径 5～8mm），$\beta-Fe_2O_3$ 改性火山岩（粒径 2～5mm），碳基改性聚氨酯填料（孔径 3～5mm），$\beta-Fe_2O_3$改性火山岩（粒径 2～5mm），模拟微污染村镇饮用水源从装置顶部通过重力依次流经四个功能层。

多层塔式纳米铁改性火山岩固定生物床实验装置于 2012 年 12 月 28 日开始运行，共分为六个阶段：①起步阶段［HLR=3.0$m^3/(m^2 \cdot d)$］，从 2012 年 12 月 28 日至 2013 年 2 月 23 日；②第一阶段［HLR=1.0$m^3/(m^2 \cdot d)$］，2013 年 2 月 24 日至 3 月 29 日；③第二阶段［HLR=1.5$m^3/(m^2 \cdot d)$］，2013 年 3 月 30 日至 5 月 3 日；④第三阶段［HLR=2.0$m^3/(m^2 \cdot d)$］，2013 年 5 月 4 日至 6 月 7 日；⑤第四阶段［HLR=2.5$m^3/(m^2 \cdot d)$］，2013 年 6 月 8 日至 7 月 12 日；⑥第五阶段［HLR=2.5$m^3/(m^2 \cdot d)$］，2013 年 7 月 13 日至 8 月 16 日。

水力负荷（HLR）从 1.0$m^3/(m^2 \cdot d)$ 增加至 3.0$m^3/(m^2 \cdot d)$，出水 COD 为 0.3～0.7mg/L，COD 去除率 97.7%～99.1%。HLR 从 1.0$m^3/(m^2 \cdot d)$ 提高到 2.0$m^3/(m^2 \cdot d)$，出水氨氮浓度 0.1～0.3mg/L，去除率从 81.6%降至 76.3%，最高去除率 90.9%。

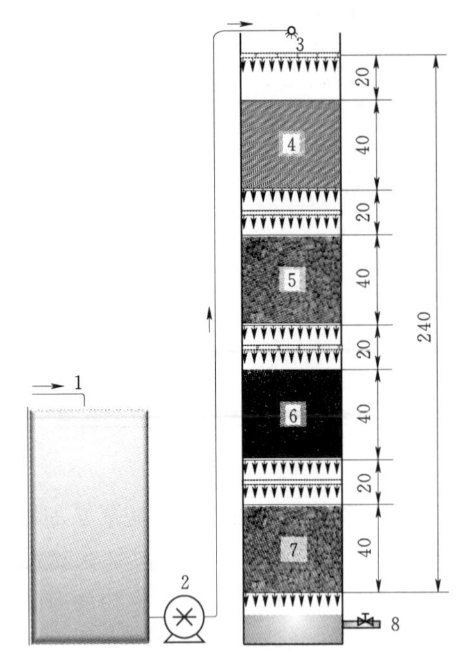

图7-10　多层塔式纳米铁改性火山岩固定生物床实验装置

1—水槽；2—水泵；3—布水系统；4—孔径5～8mm碳基聚氨酯；5—粒径2～5mm $\beta-Fe_2O_3$ 改性火山岩；6—孔径3～5mm碳基聚氨酯；7—粒径2～5mm $\beta-Fe_2O_3$ 改性火山岩；8—出水口

随着水力负荷从 0.5m³/(m² · d) 增加至 3.0m³/(m² · d)，水力负荷的增加对系统COD的去除率影响不大；在五阶段的运行期间，COD的去除率稳定在90%～98%；水力负荷为1.5m³/(m² · d) 和2.0m³/(m² · d) 时，出现了由 NH_4^+ -N转化的 NO_2^- -N和 NO_3^- -N的累积现象；水力负荷为2.5m³/(m² · d) 和3.0m³/(m² · d) 时，NH_4^+ -N去除率达到最高，平均值达到90%，且出水不再有 NO_2^- -N和 NO_3^- -N的积累。水力负荷小于1.0m³/(m² · d) 时，NH_4^+ -N转化以厌氧氨氧化为主，同时硝化能力逐步增强，此时系统内 NO_2^- -N和 NO_3^- -N的积累量几乎为0；水力负荷在1.5～2.0m³/(m² · d) 时，厌氧氨氧化和硝化能力同步提升，氨氮的去除率提高到了80%；同时反硝化能力的增强使其不再积累 NO_2^- -N和 NO_3^- -N。水力负荷不仅影响微生物和氮转化功能基因的数量和分布，还影响整个氮转化微生物群落的结构和功能；进水水力负荷的增加对总细菌、古细菌的绝对丰度的影响不显著；能够促进厌氧氨氧化细菌的绝对丰度又明显增加，会使参与好氧氨氧化反应的氨氧化菌和亚硝酸氧化菌群被厌氧氨氧化菌群优势取代，同时系统也向有利于反硝化菌群增长和富集的方向发展；对反硝化功能基因（*narG*、*nirK*、*nirS*、*qnorB* 和 *nosZ*）的影响不显著，但会造成 *napA* 的绝对丰度的明显波动。逐步回归分析表明：在水力负荷的约束下，*nxrA*/archaea、*amoA*/archaea、(*nirS*+*nirK*)/anammox 是 NH_4^+ -N转化过程的关键限速基因；*nxrA*/archaea 对 NH_4^+ -N的转化速率贡献最大（1.152），其次是 *amoA*/archaea，其贡献值为0.023，而（*nirS*+*nirK*)/anammox 对 NH_4^+ -N转化速率的贡献为贡献负值（−0.426）；*amoA*/archaea 是 NO_2^- -N转化过程的关键限速因子，*amoA*/archaea 是 NO_2^- -N累积速率的主要贡献基因组，其贡献值为0.898；*nxrA* 基因的相对丰度是 NO_3^- -N转化过程的关键限速因子，*nxrA*/bacteria 是 NO_3^- -N累积速率的主要贡献基因组，其贡献值为0.943。

（1）COD和 NH_4^+ -N去除率。启动（0～14周）结束时，纳米铁改性火山岩固定生物床修复微污染村镇饮用水源的COD的去除率为85%；随着水力负荷从1.0m³/(m² · d) 增加至3.0m³/(m² · d)，COD出水浓度从0.7mg/L下降至0.3mg/L，COD去除率从97.7%增加至99.1%［见图7-11 (a)］，NH_4^+ -N的去除率为61.5%；以水力负荷1.0m³/(m² · d) 运行4周后，NH_4^+ -N去除率达到78.2%；以水力负荷1.5m³/(m² · d) 运行28d后，NH_4^+ -N去除率达到79.7%；以水力负荷2.0m³/(m² · d) 运行4周后，NH_4^+ -N去除率达到76.3%；此后随着水力负荷从2.5m³/(m² · d) 增加至3.0m³/(m²

·d)，NH_4^+ -N 去除率从 89.3%增加至 90.9%［见图 7-11（b)］。

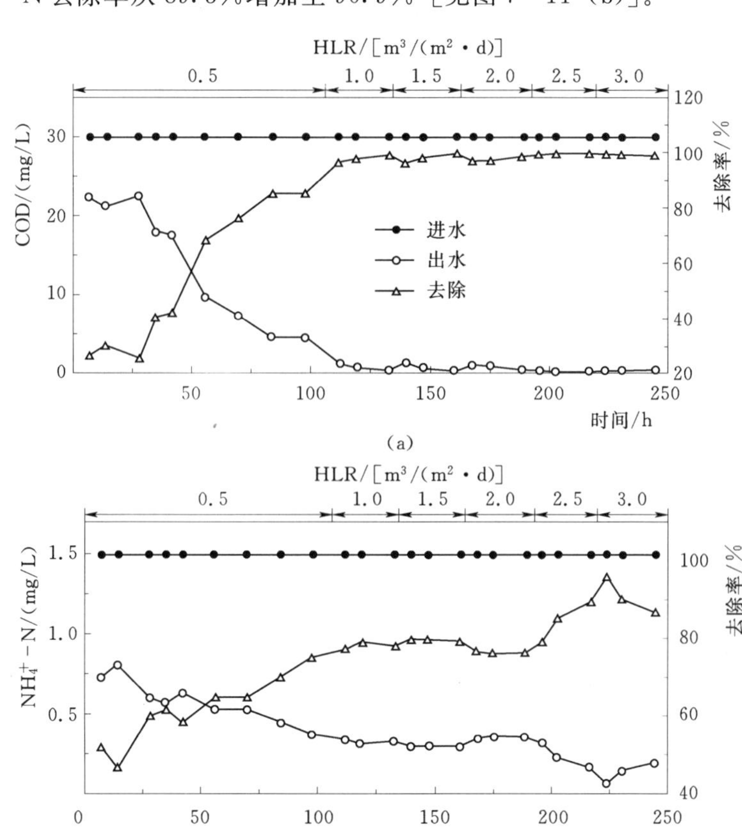

图 7-11 COD 和 NH_4^+ -N 进出水浓度和去除率

（2）NH_4^+ -N、NO_3^- -N 和 NO_2^- -N 的转化（累积）速率。水质监测的结果显示，系统从运行初期开始出水中以氨氮为主，几乎不含有亚硝酸盐和硝酸盐［见图 7-12（a)］。说明纳米铁改性火山岩固定生物床的反硝化作用比较充分，硝化反应是其主要的限制因素。245d 运行周期内，NO_2^- -N 累积速率维持在 0.2～0.68g/(m^3·d)。水力负荷从 1.0m^3/(m^2·d) 增加至 3.0m^3/(m^2·d)，NH_4^+ -N 转化速率从 8.7g/(m^3·d) 增加至 29.1g/(m^3·d)。硝酸盐在水力负荷为 1.5～2.0m^3/(m^2·d) 时出现明显累积，平均累积速率为 2.0g/(m^3·d)；水力负荷为 2.5～3.0m^3/(m^2·d) 时，NO_3^- -N 的平均转化速率为 5.7g/(m^3·d)［见图 7-12（b)］。

（3）氮转化菌群和功能基因的演化规律。在驯化期的第 4、第 8 和第 14 周采集 3 次微生物样品，在运行期间 19 周、23 周、27 周、31 周和 35 周采集生物样品。所有的生物样品经过预处理和 DNA 提取后，应用 Q-PCR 测定总细菌 16S rRNA、古细菌 16S rRNA、厌氧氨氧化菌 16S rRNA、*amoA*、*nxrA*、*narG*、*napA*、*nirK*、*nirS*、*qnorB* 和 *nosZ* 基因的绝对丰度。

总细菌 16S rRNA 的丰度从启动阶段（4～14 周）的 1.1×10^6copies/g 增加至 1.2×

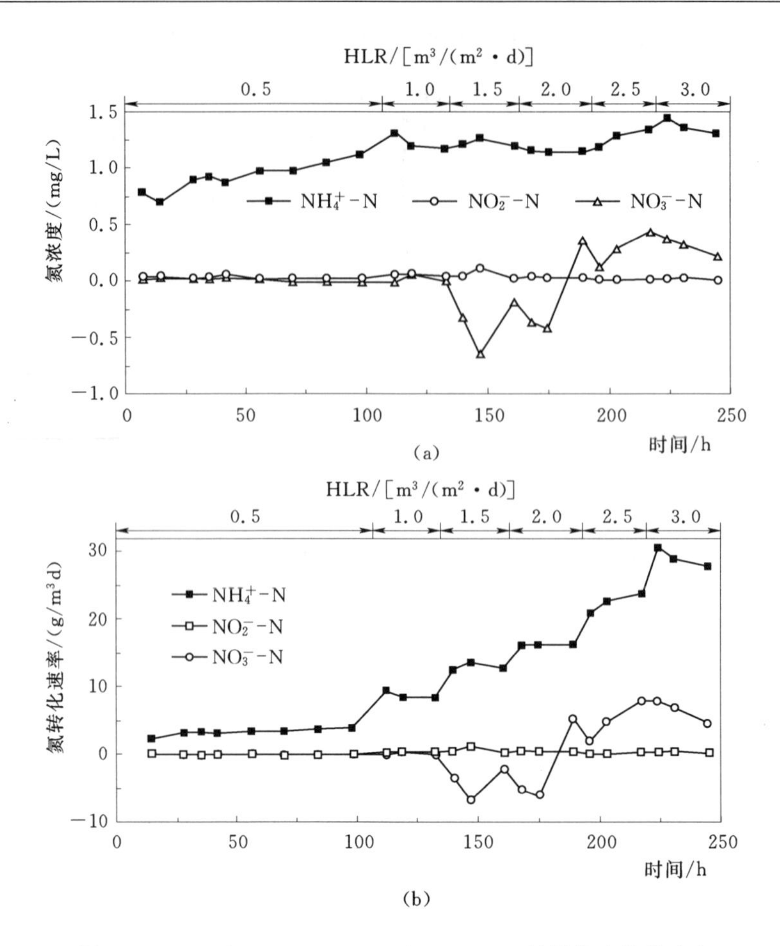

图7-12 NH_4^+-N，NO_2^--N和NO_3^--N的转化和转化速率

10^7copies/g（19周），而后随着水力负荷的增加呈下降趋势，从6.6×10^6copies/g至4.2×10^6copies/g（23～35周）。除了启动阶段前期阶段（前8周），整个运行周期内古细菌16S rRNA的基因丰度相对于总细菌16S rRNA较低（相差3～4个数量级），且随着水力负荷的增加而呈下降趋势，从1.4×10^3copies/g（19周）至5.4×10^2copies/g（35周）[见图7-13（a）]。

从第4～23周，*amoA*基因的丰度从1.8×10^2copies/g增加至9.2×10^2copies/g，呈连续性增加趋势。从27～35周，*amoA*基因的丰度从7.9×10^2copies/g降低至4.4×10^2copies/g，呈连续性下降趋势，这表明随着水力负荷从$2.0m^3/(m^2\cdot d)$增加至$3.0m^3/(m^2\cdot d)$使得反应系统中硝化作用的活性降低。研究表明，氨氧化细菌的生理活性和菌群结构与溶解氧和NH_4^+-N浓度有关。在一定浓度范围内，溶解氧和NH_4^+-N浓度的增加有利于氨氧化细菌的富集和生长。模拟微污染村镇饮用水源NH_4^+-N浓度较低（1.5mg/L），不利于氨氧化细菌的大量生长和富集，因此其数量级较低（10^2～10^3）。研究发现，当水力负荷大于$1.5m^3/(m^2\cdot d)$，*amoA*基因丰度随水力负荷的增加而降低。实验期间，纳米铁改性火山岩填料固定生物床进出水溶解氧值在7.10～10.7mg/L，处于适宜氨氧化细菌的生长范围内，溶解氧也不是制约生物床内部*amoA*基因丰度较低现象的因

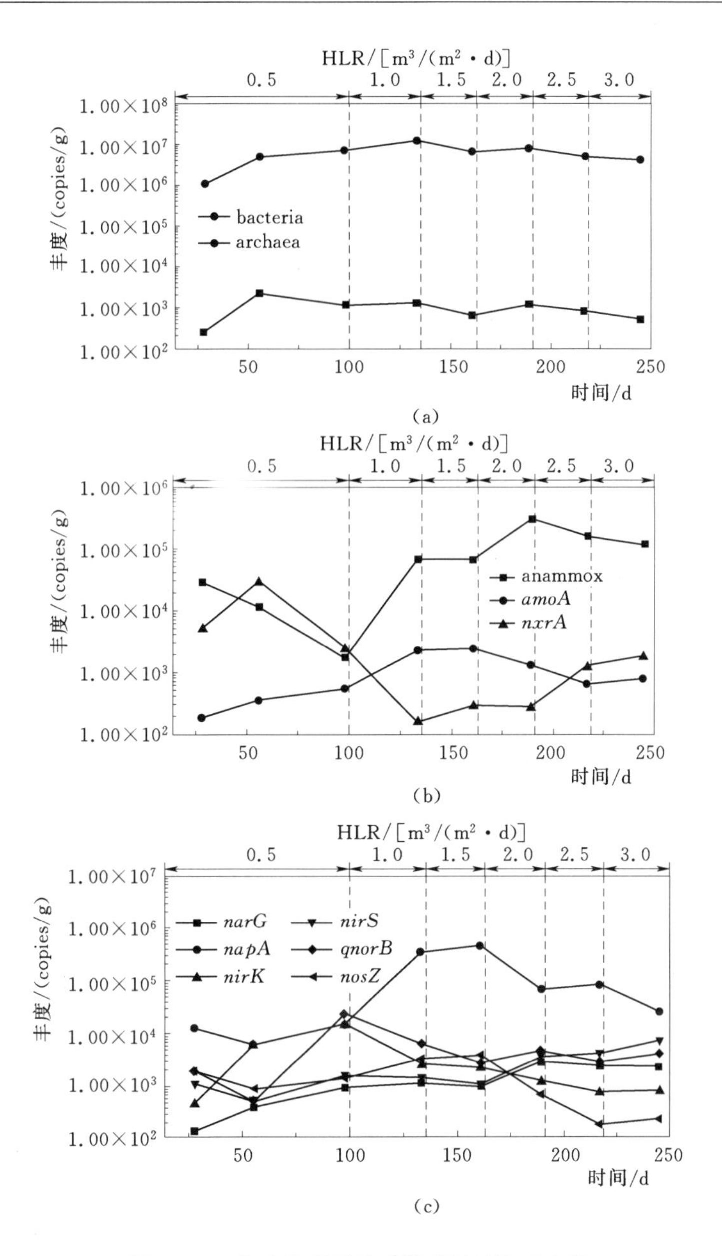

图 7-13 微生物菌群及功能基因的绝对丰度

(a) 总细菌和古细菌的 16S rRNA；(b) *amoA*、*nxrA* 和厌氧氨氧化细菌 16S rRNA；

(c) *narG*，*napA*，*nirS*，*nirK*，*qnorB*，和 *nosZ*

素。在溶解氧和水力负荷都适宜的情况下，水力负荷的增加能降低好氧氨氧化细菌的生长速度，在本书中，随着水力负荷从 1.5m³/(m²·d) 增加至 3.0m³/(m²·d)，这能够解释 23 周后 *amoA* 基因丰度逐步下降。亚硝酸盐氧化酶编码基因是将 NO_2^- 氧化为 NO_3^- 的关键基因，可作为 NO_2^- 氧化的分子标记物。随着水力负荷的增加，*nxrA* 基因丰度出现了明显波动，从第 8 周开始明显下降，从第 19 周开始逐步增加。厌氧氨氧化菌（anammox）能在缺氧条件下将 NH_4^+-N 和 NO_2^--N 转化成 N_2，anammox 的 16S rRNA 可作为厌氧氨氧化过程的分子标记物。随着水力负荷的增加，启动阶段（14周之前）anammox基因的丰度呈下降趋势；研究表明，适宜厌氧氨氧化菌生长和富集的NH_4^+ - N浓度为70mg/L，浓度较低时对厌氧氨氧化菌的生长有一定的抑制作用，生物滤床进水NH_4^+ - N浓度为1.5mg/L，这一低浓度对厌氧氨氧化菌的生长和活性起到了一定抑制作用。运行阶段（19周），随着水力负荷的增加anammox基因的丰度总体呈增加趋势。随着水力负荷的增加，有机质的氧化需要消耗溶解氧也增加，进水溶解氧的浓度从10.7mg/L下降至7.1mg/L，在生物床内部形成厌氧环境条件，这有利于厌氧氨氧化菌的生长和富集［见图7 - 13（b）］。

图7 - 13（c）为6个反硝化过程功能基因（*napA*、*narG*、*nirK*、*nirS*、*qnorB*及*nosZ*）的丰度随水力负荷增加的演化情况。周质空间的硝酸盐还原酶NAP是好氧反硝化催化第一步反应的关键酶，周质空间的硝酸盐还原酶编码基因*napA*可作为好氧反硝化的分子标记物。纳米铁改性填料复合生物滤床中，*napA*基因的丰度随水力负荷的增加呈先增加后降低的趋势，从第4～23周，*napA*基因的丰度从4.1×10^4copies/g增加至5.3×10^5copies/g并在水力负荷为$1.5m^3/(m^2\cdot d)$时达到峰值。膜结合硝酸盐还原酶的编码基因*narG*是厌氧反硝化第一步反应NO_3^-转化为NO_2^-的关键基因，可作为NO_3^-厌氧转化为NO_2^-的分子标记物。*narG*的丰度随着水力负荷的增加而缓慢增加。好氧反硝化是纳米铁改性火山岩固定生物床反硝化脱氮的一个重要机理，生物滤床中*napA*基因的演化规律与NO_3^-和DO有关。有研究指出，DO在0.08～7.7mg/L时，NO_3^-浓度越高，DO浓度越低，越有利于好氧反硝化基因的表达。根据出水溶解氧含量的测定结果，一定水力负荷范围内，溶解氧的含量随水力负荷的增加而增加。而随着水力负荷的进一步增加，氧化有机质消耗的溶解氧也逐步增加，水体溶解氧的消耗开始逐步下降。水力负荷小于$1.5m^3/(m^2\cdot d)$时，溶解氧供给相对充足，有利于异养硝化好氧反硝化菌的优势富集。纳米铁改性火山岩填料固定生物床中，*narG*丰度随水力负荷的增加稳步增加。但在好氧条件下，*napA*相对于*narG*占主要优势，并相互抑制。含Cu型亚硝酸盐还原酶和含细胞色素cd1的亚硝酸盐还原酶，分别由*nirK*和*nirS*基因编码，是反硝化将NO_2^-转化为NO的关键基因。*nirS*和*nirK*基因是常见的用来研究反硝化菌分子生态学的分子标记物。随着水力负荷的增加，*nirS*丰度从1.3×10^3copies/g缓慢增加至7.0×10^3copies/g。相反，*nirK*丰度从2.4×10^3copies/g缓慢下降至7.6×10^2copies/g。在群落稳定性方面，有各种电子供体补充的水中，*nirK*群落要比*nirS*群落更稳定。NO还原酶基因*qnorB*是反硝化作用将NO转化为N_2O的关键基因，可作为NO转化为N_2O的分子标记物，该过程不利于控制N_2O温室气体排放。纳米铁改性火山岩固定生物床中，随着水力负荷的增加，*qnorB*基因丰度从6.1×10^3copies/g缓慢下降至3.9×10^3copies/g。这主要是因为随着水力负荷的增加，有机质和营养物质的沉积以及长期的淹水状态，为厌氧氨氧化菌群、氨氧化菌群和好氧反硝化菌群的生长和富集同时创造了良好的条件，不利于*qnorB*的相对富集。*nosZ*编码的N_2O还原酶，在好氧和厌氧条件下都能够表达，且活性不受O_2抑制。纳米铁改性火山岩固定生物床中，随着水力负荷的增加，*nosZ*基因丰度在2.6×10^2copies/g至3.2×10^3copies/g间波动。

（4）氮转化过程生态联结性。表7 - 7为氮转化功能基因之间的相关关系。生物床中*napA* - *nirK*、*napA* - *nosZ*、*narG* - *anammox*、*nirK* - *nosZ*、*amoA* - *nirK*、*amoA* -

qnorB 均呈显著正相关。*napA* 编码的 NAP 酶催化的 NO_3^- -N 生成 NO_2^- -N 的反应，是反硝化过程的第一步，能够为 *nirK* 基因编码的 NIR 酶催化的 NO_2^- -N 还原为 NO 的过程提供反应底物 NO_2^- -N。*nosZ* 编码的 NOS 酶催化的 N_2O 生成 N_2 的反应是反硝化过程完成的标志。*narG* 编码的 NAR 酶催化的 NO_3^- -N 生成 NO_2^- -N 的反应，为 anammox 的厌氧氨氧化作用提供反应底物 NO_2^- -N。*amoA* 编码的 AMO 酶催化的 NH_4^+ -N 生成 NO_2^- -N 的反应，是硝化过程的第一步，能够为 *nirK* 和 *qnorB* 基因群里提供反应底物。这些功能基因菌群的营养生态位相互分离，在相同的微生态环境下，彼此互利协作。*nxrA*-*nirK*、*nxrA*-*napA*、和 *nxrA*-*nosZ* 呈显著负相关。*nirK* 基因编码的 NIR 酶催化的 NO_2^- -N 还原为 NO 的反应和 *nxrA* 基因编码的 NOR 酶催化的 NO_2^- -N 氧化为 NO_3^- -N 的反应共同利用反应底物 NO_2^- -N。这就使这些功能基因的菌群的营养生态位相互重叠，存在资源型利用竞争关系。

表 7-7　　氮转化功能基因和菌群的生态连接性

	narG	napA	nirK	nirS	qnorB	nosZ	anammox	amoA	nxrA
narG	1.000								
napA	−0.769	1.000							
nirK	−0.462	0.897*	1.000						
nirS	0.669	−0.521	−0.837	1.000					
qnorB	−0.490	0.719	0.810	−0.554	1.000				
nosZ	−0.449	0.924*	0.956*	−0.820	0.685	1.000			
anammox	0.881*	−0.397	−0.545	0.268	−0.145	−0.693	1.000		
amoA	−0.722	0.454	0.949*	−0.712	0.952*	0.867	−0.388	1.000	
nxrA	0.770	−0.964**	−0.959**	0.860	−0.865	−0.930*	0.396	0.856	1.000

注　** 在 0.01 水平（双侧）上显著相关，* 在 0.05 水平（双侧）上显著相关。

（5）氮转化速率与功能基因的定量响应关系。以三氮的转化（或累积）速率为因变量，以总细菌、古细菌、厌氧氨氧化菌及氮转化功能基因为自变量，运用 SPSS 20.0 统计分析软件建立逐步回归方程（见表 7-8）。逐步回归分析的结果表明，水力负荷条件约束下：*nxrA* 基因是 NH_4^+ -N 转化速率的关键限速基因（NH_4^+ -N=0.01*nxrA*+10.15，R^2=0.893）。在逐步回归分析中引入相对丰度和基因比例等自变量［*nxrA*/archaea，*amoA*/archaea，（*nirS*+*nirK*）/anammox，*amoA*/archaea 和 *nxrA*/bacteria 等］后，NH_4^+ -N、NO_3^- -N 和 NO_2^- -N 的逐步回归方程的相关系数 R^2 明显提高，说明纳米铁改性火山岩固定生物床内氮转化速率受到多种微生物群落和功能基因的联合作用，氮转化过程之间存在多种偶联机制。

NH_4^+ -N 的转化速率取决于 *amoA*/archaea，*nxrA*/bacteria 和（*nirS*+*nirK*）/anammox。第一个变量 *amoA*/archaea 与 NH_4^+ -N 转化速率呈正相关关系，这个是因为 *amoA* 和 archaea 直接参与 NH_4^+ -N 的转化。第二个变量 *nxrA*/bacteria 也与 NH_4^+ -N 转化速率呈正相关关系，这是因为 *nxrA* 基因是硝化过程的第二步，是 NH_4^+ -N 转化过程的关键基因。第三个变量（*nirS*+*nirK*）/anammox 与 NH_4^+ -N 转化速率呈负相关关系，Anammox 能够在厌氧条件下将 NH_4^+ -N 和 NO_2^- -N 转化为 N_2，而（*nirS*+*nirK*）是反硝化

过程的第二步，直接消耗反应体系中的 NO_2^- -N，anammox 和（*nirS*+*nirK*）存在着底物资源（NO_2^- -N）的竞争性关系。因此，（*nirS*+*nirK*)/anammox 的比值间接反映了 NH_4^+ -N 转化程度。总之，NH_4^+ -N 转化速率与功能基因的定量关系也表明，氨氧化菌群和反硝化微生物菌群都参与了 NH_4^+ -N 的转化过程。另外，从分子水平看，纳米铁改性固定生物床中存在同步硝化、厌氧氨氧化（anammox）和反硝化路径的耦合的氮转化路径（SNAD）（见图 7-14）。这种耦合的 SNAD 路径有助于生物床内部高效脱氮和有机碳的去除。这可以解释为什么纳米铁改性火山岩固定生物床在无人工曝气条件下，能够持续高效去除模拟饮用水源中的 NH_4^+ -N 和 COD。

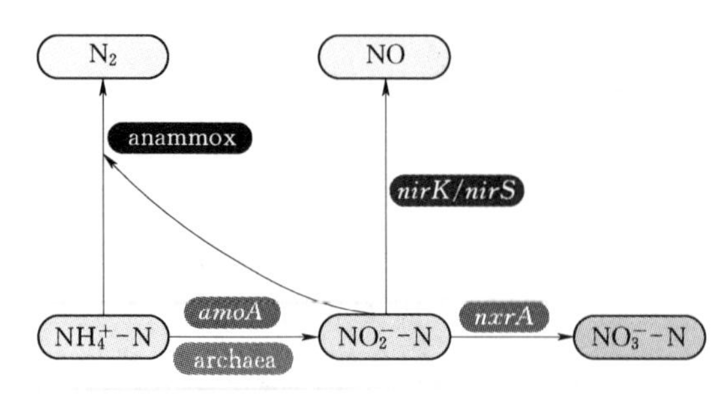

图 7-14　纳米铁改性火山岩固定生物床氮转化关键限速过程

多层塔式纳米铁改性火山岩固定生物床中 NO_2^- -N 的累积速率取决于 *amoA*/archaea，并呈正相关关系，其原因在于 *amoA* 和 archaea 都参与 NH_4^+ -N 的转化并生成 NO_2^- -N。NO_3^- -N 的累积速率取决于 *nxrA*/bacteria，并呈正相关关系，其原因在于 *nxrA* 直接参与 NO_2^- -N的转化并生成 NO_3^- -N。

表 7-8　氮转化速率与功能菌群的逐步回归方程

回　归　方　程	R^2	P
NH_4^+ -N=6.473*nxrA*/archaea+0.155*amoA*/archaea−163.473(*nirS*+*nirK*)/anammox+17.049	1.000	0.000
NO_2^- -N=1462.500*amoA*/archaea+0.096	0.900	0.014
NO_3^- -N=21894.737*nxrA*/bacteria−2.005	0.890	0.016

（6）功能基因和菌群的脱氮贡献。采用氮转化功能基因丰度，Petersen 等运用通径分析方法，对氮转化过程速率进行通径分析。在建立的不同氮定量响应的基础，通过采用标准化的回归系数，可从统计学意义上确定不同氮功能基因组在对氮转化过程速率的相对贡献量。图 7-15 结果表明，*nxrA*/archaea 对 NH_4^+ -N 的转化速率贡献最大（1.152），其次是 *amoA*/archaea，其贡献值为 0.023，而（*nirS*+*nirK*)/anammox 对 NH_4^+ -N 转化速率的贡献为贡献负值（−0.426）。*amoA*/archaea 是 NO_2^- -N 累积速率的主要贡献基因组，其贡献值为 0.898。*nxrA*/bacteria 是 NO_3^- -N 累积速率的主要贡献基因组，其贡献值为 0.943。通径分析结果表明，功能基因组之间的相关性及相互作用并不明显。然而，R^2 值为 0.898 和 0.943 也说明 NO_2^- -N 和 NO_3^- -N 累积速率可能还受到其他因素的影响。

7.1.3　太阳能微动力多介质浮动生物床装置

7.1.3.1　基本原理

太阳能微动力多介质浮动生物床借鉴介质过滤、生物滤池和接触氧化等优点，综合了

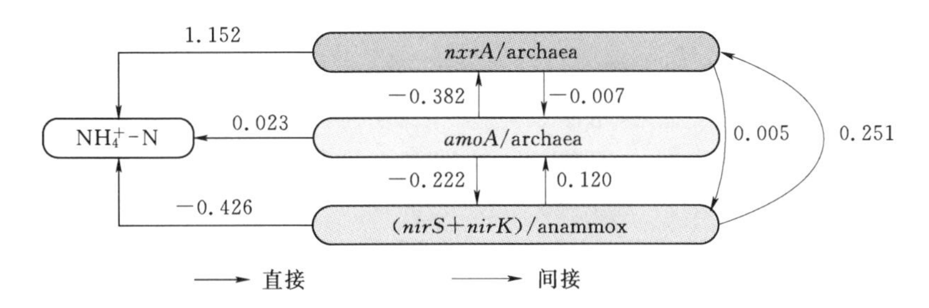

图 7-15 纳米铁改性火山岩固定生物床氨氮转化速率通径

脱氮除藻、生物反硝化、水质软化、吸附、过滤和物理化学原理，将介质吸附、益生菌转化、固定和生物提取有机结合。通过多种高分子网泡填料内部原位固定有益微生物，形成具有结构层次的生态系统，提高有益微生物硝化反硝化脱氮、反硝化除磷和降解有机物拦截悬浮物（含藻类有机体）的效率。高分子网泡填料开孔分别为大孔、中孔和微孔，大孔保持良好的接触条件和防堵塞能力（无需定期清理和反冲洗），中孔隙和微孔用于原位固定益生菌和生物酶，中孔和微孔中设计多种活性基团，可与微生物形成化学键，分子中具有强极性基团，因而具有很强的吸附性和固定化性能。高分子网泡填料与微生物的结合依靠微生物外多聚物，结合方式为物理化学吸附、离子键合、共价结合等几种方式，结合力非常牢固。这些功能填料的平均密度均为 1.05g/cm^3，与水的密度十分接近，在多介质生物床内载体呈悬浮状。多介质浮动生物床由太阳能提水增氧，过滤藻体和悬浮物的同时，有效降解有机物、氨氮和总氮。

7.1.3.2 结构组成

太阳能微动力多介质浮动生物床由多个床体水平连接构成，包括太阳能提水增氧系统、若干生物床体和高分子网泡多介质填料。太阳能微动力多介质浮动生物床为喷漆不锈钢（或树脂涂层碳钢）结构一体化装置，封闭式结构，沿水流方向设于河流型水源河道内，且与河道等宽，主体设备设于水面以下，水流通道内及露出水面的 25cm 超高部分为仿木桩包裹体结构，其余部分均设置为与河道底质及水体同色，且位于水面以下 40cm 处。水流经导流管道由多介质浮动生物床一端流至另一端，经沿程依次布设的孔径为 0.5～8.0mm 的高分子网泡浮动生物床装置降解、吸附及过滤后重新进入水源水体，水力停留时间依据日供水水质水量的实际情况设定。

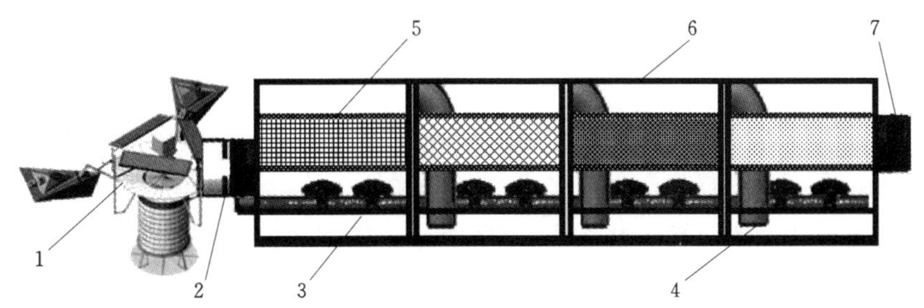

图 7-16 太阳能微动力多介质浮动生物床

1—太阳能提水增氧机；2—布水系统；3—增氧系统；4—导流管；
5—高分子网泡多介质填料；6—生物床体；7—集水系统

7.1.3.3　设计参数

太阳能微动力多介质浮动生物床设计参数单床长×宽×高（200～600）cm×（100～200）cm×（100～400）cm，生物床体数量3～6个，单床填料高度100～400cm，高分子网泡填料填充率80%～100%，太阳能提水机功率30～120W，高分子网泡填料孔径0.5～8.0mm，高分子网泡填料密度1.00～1.05g/cm³。

表7-9　　　　太阳能微动力多介质浮动生物床设计参数

序号	项　　目	设计参数	单位
1	单床长×宽×高	(200～600)×(100～200)×(100～400)	cm
2	水力负荷	20～80	$m^3/(m^2 \cdot d)$
3	生物床体数量	3～6	个
4	单床填料高度	100～400	cm
5	高分子网泡填料填充率	80～100	%
6	太阳能提水机功率	30～120	W
7	高分子网泡填料孔径	0.5～8.0	mm
8	高分子网泡填料密度	1.00～1.05	g/cm^3

7.1.3.4　装置特点

太阳能微动力多介质浮动生物床由生物床体、益生菌原位固定化填料和导流管等部分组成，生物床体可根据实际情况设计成圆形或者矩形，生物床体可与河道融为一体。添加占生物床体有效容积60%～80%的多种不同孔径网泡填料，将原位富集的有益微生物和酶制剂固定其上，微生物在不同介质的生物床中呈现分级和分群的现象，各种微生物处于一个相对稳定和适宜的大环境中，为降解各种污染物创造了优化条件，显著提高生物硝化反硝化脱氮、反硝化除磷和降解有机物拦截悬浮物（含藻类有机体）的效率，在饮用水源水质改善与修复工程中具有独特的优越性。

太阳能微动力多介质浮动生物床在运行过程中，空气上升时与填料中的大孔反复多次碰撞、切割，并被好氧微生物快速吸收反应，从而提高了空气的利用率。随着氧气的碰撞、切割和吸收反应，进入载体内部的氧气逐渐减少直至氧气消耗完毕，这样使每一个载体内部生成良好的氧化还原环境，使得载体的内部形成无数个微型的硝化和反硝化反应器，因而可在同一个装置中同时发生氨氧化、硝化和反硝化作用，高效去除氨氮和总氮，节约反硝化脱氮所需的碱度和有机物。

7.1.3.5　适用范围

太阳能微动力多介质浮动生物床可使湖泊和河道型微污染村镇饮用水源的水质总体提升1～2个等级，出水悬浮物、COD_{Mn}、氨氮分别可达到《地表水环境指标标准》Ⅲ类水质目标要求，蓝绿藻细胞总数下降3～5个数量级。适用于湖泊和河道型微污染村镇饮用水源原位修复。

7.1.3.6　应用效果

实验用太阳能微动力多介质浮动生物床由4级生物床构成，沿水流方向总长×宽×高：2.8m×0.25m×1.0m，有效填充高度为0.8m，单床有效容积为0.14m³，4级生物床总有效容积为 0.7m^3，A～D 床依次装填孔径 8.0～1.0mm 的高分子网泡填料，下支架处设置复氧系统，每级复氧系统上均安装气量调节阀，采用太阳能提水增氧一体机造流增氧。实验考察了 5 种不同水力负荷条件下，太阳能微动力多介质浮动生物床修复河流型微污染村镇供水水源的效能。

由图 7-17 可见，太阳能微动力多介质浮动生物床可将水源水质总体提升 1～2 个等级，在水力负荷由 10m^3/(m^2 · d) 增至 80m^3/(m^2 · d)，悬浮物去除率由 79.22%降至 71.42%，COD_{Mn}、去除率由 49.37%降至 27.21%，氨氮由 68.20%降至 47.25%，达到《地表水环境指标标准》Ⅲ类水质目标要求。

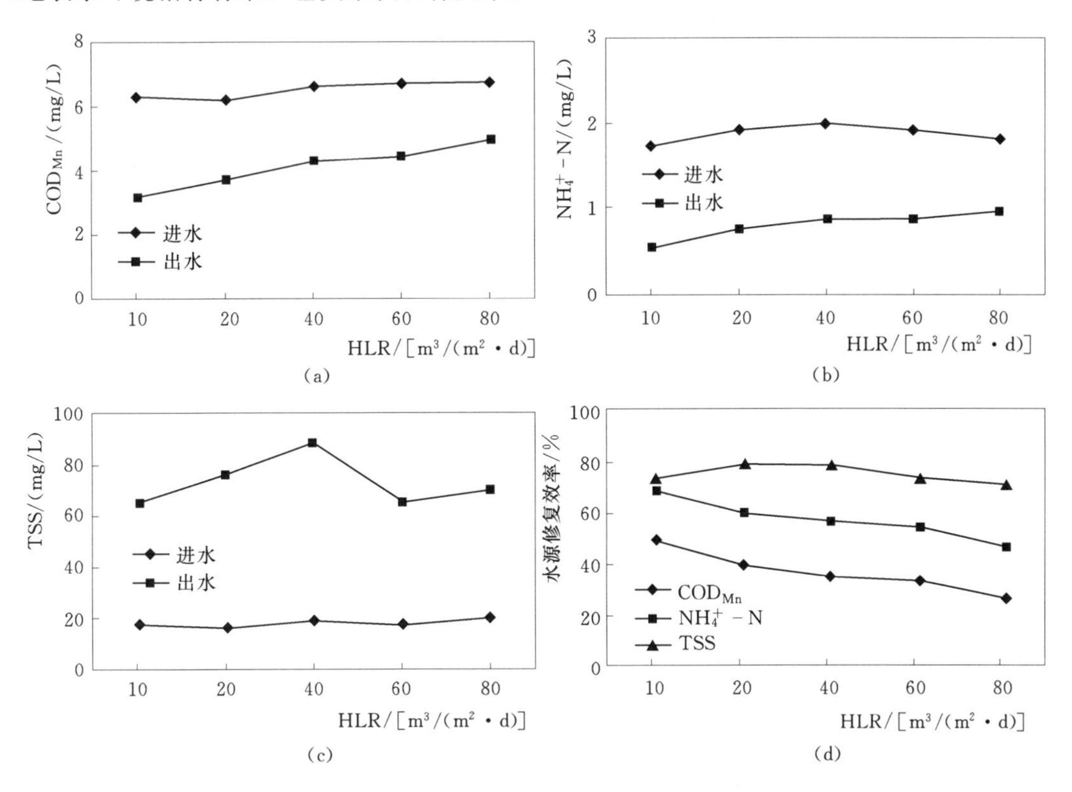

图 7-17 太阳能微动力多介质浮动生物床修复效果

7.1.4 多介质潮汐流人工湿地装置

7.1.4.1 基本原理

多介质潮汐流人工湿地装置通过多介质填料、湿地植物和高效微生物相互协调的物理、化学和生物作用，将介质吸附、离子交换、共沉淀、高效微生物吸附固定和生物提取有机结合，在无动力或微动力运行下，能够实现微污染饮用水源的修复。多介质潮汐流人工湿地采用慢进快排的方式，实现淹水吸附和排水复氧。淹水吸附阶段：通过连通管均匀布水，使水均匀通过多介质填料层，水位逐渐上升至高出多介质填料层 20cm，在此过程中，水源水充分与基质及微生物接触，在多介质填料层内通过物理、化学、生物的协同作用得以净化。排水复氧阶段：淹水时间结束，排水系统开启，人工湿地瞬间排水，系统内水位迅速下降，排水至集水井底部。人工湿地水位下降的同时，系统进入排水复氧阶段，大气中的氧通过湿地多介质填料空隙进入湿地系统，同时供微生物氧化有机物，提高微生物活性。排水复氧结束后，开始运行下一周期。

7.1.4.2　结构组成

多介质潮汐流人工湿地修复村镇污染水源修复装置，由进水管、配水池、连通管、改性醚树聚酯材料、集水井、出水管、湿地植物、多介质填料层和防渗层组成。改性聚醚树脂材料装填在配水池中，出水管安装活动弯头调节水位，多介质填料层具有分层结构，其上部种植湿地植物，防渗层位于池体底部及四壁，防渗层铺设黏土或土工布。

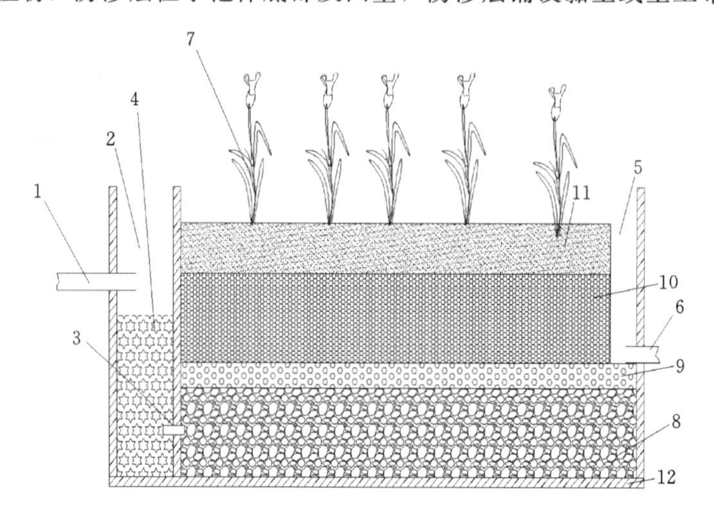

图 7-18　多介质潮汐流人工湿地装置

1—进水管；2—配水池；3—连通管；4—改性聚醚树脂材料；5—集水井；6—出水管；7—湿地植物；8～11—多介质填料层；12—防渗层

7.1.4.3　设计参数

多介质潮汐流人工湿地装置长宽比为（2～5）：1，有效高为 100～180cm，填料层自下而上依次由粒径 20～40mm 多介质填料层、粒径 10～20mm 多介质填料层、粒径 5～10mm 多介质填料层和粒径 3～5mm 多介质填料层组成。粒径 20～40mm 多介质填料层由 20～40mm 砾石、3～5mm 改性凹凸棒和 3～5mm 改性火山岩组成，厚度为 35cm，体积配比为砾石：改性凹凸棒：改性火山岩为(80～90)：(5～10)：(5～10)；粒径 10～20mm 多介质填料层由 10～20mm 砾石、零价铁和颗粒活性炭组成，厚度 10cm，体积配比为砾石：零价铁：颗粒活性炭为(10～20)：(1～2)：(1～2)；粒径 5～10mm 多介质填料层由 5～10mm 砾石、改性聚醚树脂和颗粒活性炭组成，厚度为 35cm，体积配比为砾石：改性聚醚树脂：颗粒活性炭为(80～90)：(80～90)：(1～5)；粒径 3～5mm 多介质填料层由 3～5mm 砾石和种植土组成，厚度为 20cm，体积配比为砾石：种植土为 1：1。

7.1.4.4　装置特点

多介质潮汐流人工湿地通过多介质填料、湿地植物和高效微生物相互协调的物理、化学和生物作用，将介质吸附、离子交换、共沉淀、高效微生物吸附还原、固定和生物提取有机结合。当多介质人工湿地淹水吸附时，以腐殖质结合、不溶性硫化物、碳酸盐及氢氧化物形成沉淀的金属离子，最终被掩埋在厌氧环境的20～40mm粒径多介质滤料层中；当人工湿地排水复氧阶段时，螯合的金属可能氧化再次释放，释放的金属离子可以被植物吸收利用；填充的改性聚醚树脂，增加微生物固定数量，深度去除氨氮、总氮、总磷和重金属；配水池中的多孔聚氨酯材料和分层式多介质填料，既增加了水力停留时间又可防止多介质填料堵塞，保障人工湿地系统长期高效运行不堵塞。在无动力或微动力运行下，实现有机物、氨氮、总氮、总磷和重金属等微污染饮用水源长效修复。

7.1.4.5　适用范围

多介质潮汐流人工湿地通过多介质填料、湿地植物和微生物相互协调的物理、化学和生物作用，将介质吸附、离子交换、共沉淀、微生物吸附还原、固定和生物提取有机结合。不仅能够深度去除微污染饮用水源中的氮磷和有机物，还能够有效去除重金属。即可以在无动力或微动力情况下运行，又不增加建设成本，适用于有机物、氮磷和重金属微污染地表水饮用水源的修复。

7.1.4.6　效果评价

实验用多介质潮汐流人工湿地由进水槽、计量泵、人工湿地床体、出水槽组成，其中人工湿地床体长×宽×高：40cm×20cm×120cm。自上而下分为5层，分别为A层（0～20cm）：填充1～3mm火山岩；B层（20～40cm）：填充3～5mm粒径的火山岩；C层（40～60cm）：填充3～5mm粒径斜发沸石（天然沸石）；D层（60～80cm）：填充5～10mm的火山岩；E层（80～100cm）：填充10～20mm粒径砾石；表面栽种黄菖蒲。实验装置共运行175d，分为5个阶段，每个阶段运行5周，每个阶段的水力负荷依次递增，分别为$0.3m^3/(m^2 \cdot d)$、$0.4m^3/(m^2 \cdot d)$、$0.5m^3/(m^2 \cdot d)$、$0.6m^3/(m^2 \cdot d)$、$0.7m^3/(m^2 \cdot d)$。

表7-10　多介质潮汐流人工湿地进水水质指标　　单位：mg/L

指标	第一阶段 /[$0.3m^3/(m^2 \cdot d)$]	第二阶段 /[$0.4m^3/(m^2 \cdot d)$]	第三阶段 /[$0.5m^3/(m^2 \cdot d)$]	第四阶段 /[$0.6m^3/(m^2 \cdot d)$]	第五阶段 /[$0.7m^3/(m^2 \cdot d)$]
TP	0.32±0.01	0.32±0.01	0.32±0.01	0.32±0.01	0.30±0.01
COD_{Mn}	10.97±0.92	10.44±0.28	10.57±0.14	10.72±0.10	10.56±0.12
NH_4^+-N	1.64±0.04	1.60±0.06	1.70±0.04	1.72±0.05	1.67±0.09
NO_3^--N	4.97±0.12	5.07±0.44	4.60±0.13	4.86±0.30	4.90±0.39
NO_2^--N	0.01±0.00	0.03±0.02	0.03±0.01	0.02±0.02	0.01±0.00
DO	9.17±0.12	8.40±0.21	8.45±0.19	7.77±0.20	7.38±0.15
pH值	7.59±0.03	7.66±0.21	7.85±0.31	7.55±0.06	7.84±0.19

潮汐流人工湿地的水力负荷由$0.3m^3/(m^2 \cdot d)$逐渐升至$0.7m^3/(m^2 \cdot d)$，其COD去除率为93%～98%，NH_4^+-N去除率为85%～97%，水力负荷越低NO_2^--N越易累积，越高则NO_3^--N累积量越大。水力负荷约束下，潮汐流人工湿地氮转化速率与氮转化功能基因呈现较好的定量响应关系，NH_4^+-N去除主要途径为CANON过程，NO_2^--N积累速率与*napA*绝对丰度呈正相关，而与*narG*和*nirS*呈负相关，NO_3^--N的转化速

率受限于 *napA* 和 *narG* 的共同作用，TN 的去除则受控于 *qnorB*/*nxrA* 菌群的相互作用。

（1）水质净化效果分析。随着水力负荷增加，多介质潮汐流人工湿地对总磷（TP）的去除率由 45%降至 8%；COD 的去除率稳定在 93%～98%，不同水力负荷下的差异并不显著（见表 7-11）。

表 7-11　　多介质潮汐流人工湿地平均去除率　　%

指标	第一阶段 /[0.3m³/(m²·d)]	第二阶段 /[0.4m³/(m²·d)]	第三阶段 /[0.5m³/(m²·d)]	第四阶段 /[0.6m³/(m²·d)]	第五阶段 /[0.7m³/(m²·d)]
TP	36	45	8	19	8
COD	98	98	93	97	96
NH_4^+-N	91	89	89	85	97
NO_3^--N	−8	−27	−31	−30	−19
NO_2^--N	−80	−166	−46	−56	0

水力负荷由 $0.3m^3/(m^2·d)$ 增至 $0.6m^3/(m^2·d)$，NH_4^+-N 的去除率由 91%降至 85%，NO_3^--N 累积率由 8%增至 30%，NO_2^--N 累积率则由 80%降至 56%，TN 去除率由 9%降至 5%。当水力负荷进一步增至 $0.7m^3/(m^2·d)$ 时，NH_4^+-N 的去除率增至 97%，NO_3^--N 累积率下降至由−19%，且未出现 NO_2^--N 累积现象，同时 TN 去除率也有所回升。实验中，NO_2^--N 积累量的峰值出现在水力负荷为 $0.4m^3/(m^2·d)$ 时达到 166%。

（2）氮转化功能基因绝对丰度。厌氧氨氧化细菌（*ANO*）的 16S rRNA 可以用来表征 NH_4^+-N 和 NO_2^--N 转化为 N_2 的厌氧氨氧化反应。水力负荷由 $0.3m^3/(m^2·d)$ 增至 $0.7m^3/(m^2·d)$，ANO 的绝对丰度则由 $2.79×10^6$copies/g 增至 $4.46×10^6$copies/g，增加近 1 倍，可见水力负荷越大越有利于潮汐流人工湿地富集 ANO。

amoA 可表征 NH_4^+-N 转化为 NO_2^--N 的好氧氨氧化反应，*nxrA* 表征 NO_2^--N 转化为 NO_3^--N 亚硝酸盐氧化反应。水力负荷为 $0.5m^3/(m^2·d)$ 时，*amoA* 的绝对丰度最大为 $2.94×10^4$copies/g，水力负荷 $0.7m^3/(m^2·d)$ 时的绝对丰度最小；*nxrA* 的绝对丰度最小值和最大值则分别出现在水力负荷 $0.6m^3/(m^2·d)$ 和 $0.7m^3/(m^2·d)$ 时。

硝酸盐还原酶包括膜结合硝酸盐还原酶（NAR）和周质硝酸盐还原酶（NAP）两种，这两种酶可存在于同一细菌或不同细菌中。一般认为，缺氧条件下，NAR 可优先表达，且仅在厌氧状态下发挥作用，因此编码 NAR 的关键基因 *narG* 可表征厌氧环境下 NO_3^--N 转化为 NO_2^--N 的反应；好氧条件下，NAP 优先表达，且在有氧或无氧条件下均能发挥作用，因此编码 NAR 的关键基因 *napA* 可表征好氧环境下 NO_3^--N 转化为 NO_2^--N 的反应。*narG* 的绝对丰度从 $1.13×10^5$copies/g [$0.3m^3/(m^2·d)$] 增加到 $3.54×10^5$copies/g [$0.5m^3/(m^2·d)$]，在水力负荷为 $0.5m^3/(m^2·d)$ 时 *narG* 的绝对丰度最大。*napA* 的绝对丰度在水力负荷为 $0.4m^3/(m^2·d)$ 时达到最大 $2.16×10^5$copies/g。

亚硝酸还原酶是反硝化反应的关键酶，它催化生成反硝化过程中的第一个气态中间产物 NO，有 Cu 型和细胞色素 cdl 型两种，分别由 *nirK* 和 *nirS* 基因编码，因此 *nirK* 和 *nirS* 可以表征 NO_2^--N 转化为 NO 的反应。潮汐流人工湿地 *nirK* 低于检测限，*nirS* 的绝对丰度可表征 NO_2^- -N 转化为 NO 的潜在能力。*nirS* 绝对丰度在水力负荷 0.3$m^3/(m^2 \cdot d)$ 时最小为 1.97×10^5copies/g，在 0.5$m^3/(m^2 \cdot d)$ 时最大，为 4.62×10^5copies/g。

qnorB 可表征 NO 转化为 N_2O 的反应，*nosZ* 可表征 N_2O 转化为 N_2 的反应。*qnorB* 在 0.5$m^3/(m^2 \cdot d)$ 时绝对丰度最大为 1.85×10^6copies/g；*nosZ* 绝对丰度在水力负荷为 0.6$m^3/(m^2 \cdot d)$ 时最大为 1.55×10^3copies/g。

（3）氮转化速率与功能基因的定量响应关系。以 NO_3^- -N 转化和 NO_2^- -N 的累积速率为因变量，以 *ANO*、*amoA*、*nxrA*、*nirS*、*qnorB* 和 *nosZ* 等氮转化功能基因绝对丰度为自变量进行逐步回归，结果如表 7-12 所示。水力负荷从 0.3$m^3/(m^2 \cdot d)$ 增加到 0.7$m^3/(m^2 \cdot d)$，*napA* 绝对丰度从 1.06×10^4copies/g 增加到 2.16×10^4copies/g，NO_2^- -N 的累积速率增加了近 4 倍，NO_2^- -N 积累速率与 *napA* 绝对丰度呈正相关，而与 *narG* 和 *nirS* 呈负相关，说明该系统中的 *narG* 和 *nirS* 功能菌群有利于促进 NO_2^- -N 的进一步转化，而 *napA* 菌群的高丰度富集则是导致 NO_2^- -N 大量累积的关键制约因子。NO_3^- -N 的转化速率受限于 *napA* 和 *narG* 的共同作用，*narG* 绝对丰度从 1.13×10^4copies/g 增加到 3.54×10^4copies/g，NO_3^- -N 的转化速率从 0.055g/$(m^3 \cdot d)$ 增加到 0.203g/$(m^3 \cdot d)$。

表 7-12　水力负荷约束下氮转化速率与功能基因绝对丰度的定量关系

逐步回归方程	R^2	P
NO_2^- -N=$4.923\times10^{-7}napA-3.460\times10^{-8}narG-7.135\times10^{-8}nirS-0.002$	1.000	0.003
NO_3^- -N=$1.319\times10^{-5}napA+2.816\times10^{-6}narG-0.120$	0.974	0.026
NH_4^+ -N=$0.015narG/napA+0.000ANO/(narG+napA)+0.173$	0.999	0.001
TN=$-0.002qnorB/nxrA-0.048nirS/narG-0.198nosZ/nirS+0.297$	1.000	0.001

潮汐流人工湿地的氮转化过程是一个复杂的过程，微生物间存在协同或竞争等相互作用。水力负荷从 0.3$m^3/(m^2 \cdot d)$ 增至 0.7$m^3/(m^2 \cdot d)$，NH_4^+ -N 转化速率与 narG/napA 呈正相关，*narG/napA* 功能菌群的相互作用为 NH_4^+ -N 转化的主要限速因子。ANO/(*narG*+*napA*) 表示 ANO 产生的 NO_3^- -N 被（*narG*+*napA*）利用转化成 NO_2^- -N 的过程，NH_4^+ -N 的去除过程以 CANON 为主。TN 的去除速率与 *qnorB/nxrA*、*nirS/narG*、*nosZ/nirS* 负相关，其中 *qnorB/nxrA* 对其去除影响最大。

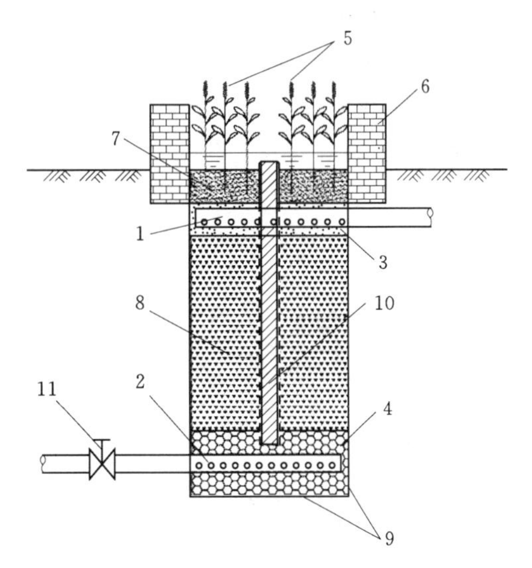

图 7-19　多介质淹水人工湿地装置

1—布水系统；2—集水系统；3—布水层；4—集水层；5—湿地植物；6—湿地围堰；7—基质层；8—生态滤层；9—防渗层；10—固相有机碳基柱；11—出水控制阀门

7.1.5　多介质淹水人工湿地装置

7.1.5.1　基本原理

硝酸盐污染饮用水源由布水系统均匀

分配至布水层，在重力作用下均匀通过生态滤层，通过生态滤层物理、化学、生物的协同作用，得以净化，再经过池底集水层，由集水系统收集后排出，集水系统末端安装出水控制阀门，系统运行方式为连续进水运行，通过出水阀门控制湿地水位，湿地完全处于水位淹没状态。多介质淹水人工湿地装置中填充的固相有机碳源基柱，为湿地系统反硝化作用提供可持续碳源，保证反硝化过程持续、快速进行。

7.1.5.2　结构组成

多介质淹水人工湿地装置由湿地围堰、湿地植物、透气基质层、布水层、布水系统、生态滤层、集水层、集水系统、防渗层、固相有机碳基柱组成。池体周围地面以上修筑砖混抹面或钢混结构湿地围堰，池体四周与池底防渗层铺设黏土或土工布，基质层位于布水层上方，填充原生介质，其上栽种湿地植物，布水层位于生态滤层上方，其中铺设布水系统，生态滤层至于布水层与集水层之间，集水系统位于集水层中，底部防渗层位于集水层下方，固相有机碳基柱底部置于集水层中，其贯穿透气基质层、布水层、生态滤层。

7.1.5.3　设计参数

多介质淹水人工湿地为垂直流态，装置长×宽×高比为(10～20)：(3～5)：(1～2)，水力负荷为 100～700L/m^2，完全处于水位淹没状态，运行水位 5～20cm。集水层填充粒径 2～10cm 砾石；生态滤层填料由粒径 1～3mm 沸石、粒径 1～3mm 改性火山岩、粒径 3～5mm 火山岩陶粒、粒径 3～5mm 天然火山岩组成，填充高度 60～100cm。固相有机碳基柱均匀布置于淹水湿地反硝化系统中，占比为 5%～10%。

7.1.5.4　装置特点

多介质淹水人工湿地的固相有机碳基柱由固相有机碳基质、纱网套筒、透水管柱构成。固相有机碳基质填充于纱网套筒后，再整体装填于便于抽提的透水管柱中，构成便于更换与再生的固相有机碳基柱，透水管柱采用硬聚氯乙烯管四周开孔制作，开孔率20%～90%；固相有机碳基质包括稻糠、秸秆等碳含量丰富的农业废弃物或可再生资源化物质。

多介质淹水湿地系统中填充的固相有机碳源基柱为湿地系统反硝化作用提供可持续碳源，保证反硝化过程持续、快速进行，为系统稳定运行提供保证。通过湿地植物、生态滤层、多种介质相互协调的生物、化学、物理作用，使硝酸盐污染地下水中的硝酸盐，有机物得以降解、氮、磷等营养物质得以资源化利用，种植菖蒲、香蒲等植物，美化环境、微动力运行条件下，节省能源，是一种高效经济硝酸盐污染村镇饮用水源的修复方法，反应速度快，工艺简单，操作方便、运行费用低。

7.1.5.5　适用范围

适用于硝酸盐污染型地表水或地下水村镇饮用水源深度脱氮修复，具有反硝化脱氮效率高，操作简单、运行管理方便、可长期安全稳定运行等特点。

7.1.5.6　应用效果

多介质淹水湿地修复硝酸盐污染地下水的装置高 1m，基质层 10cm、布水层 10cm、生态滤层 60cm，集水层 20cm，生态滤层共 4 层，1～3mm 改性火山岩：1～3mm 沸石：3～5mm 火山岩陶粒：3～5mm 天然火山岩=1：1：1：1。在水力负荷 0.3m^3/(m^2·d) 情况下，进水硝酸盐氮浓度由 5mg/L 逐渐增至 40mg/L 时，出水硝酸盐氮浓度由 0.0mg/L 增至 9.9mg/L，去除率由 100%降至 75%，进水 NO_3^--N 浓度小于 20mg/L 时，出水

NO_3^- - N 浓度均小于 1mg/L 达到 GB/T 14848—93《地下水环境质量标准》Ⅰ类水标准，进水 NO_3^- - N 浓度为 30～40mg/L 时，出水 NO_3^- - N 浓度均小于 10mg/L 达到《地下水环境质量标准》Ⅲ类水标准。

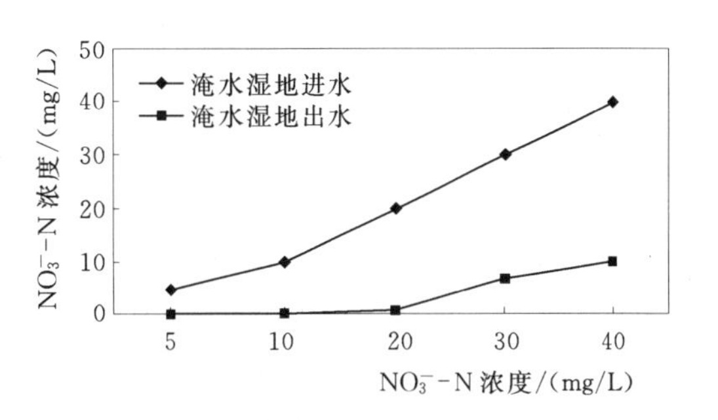

图 7-20　多介质淹水人工湿地修复效率

7.1.6　水源水体细分子化超饱和增氧装置

7.1.6.1　基本原理

（1）超强磁化技术。磁化处理技术已广泛应用于农业、医学、养殖、工业等诸多领域。将磁化处理技术、细分子化技术和超饱和溶氧技术与生态系统修复相结合的处理工艺，应用于河湖的净化处理。

导体在外力作用下通过磁场作切割磁力线运动，导体中会产生电荷和使电荷运动的电动势，导体内就会产生电流，电位差等物理变化，于是产生了电能。磁场强度越高，磁力线越密集，导体内的运动速度越快，导体的电阻率越低，就能产生越多的电能，导体内的物理变化也就越显著。当切割磁力线的导体是一束有一定速度流动着的、有一定导电性的水，这时在水流中也会发生带电荷现象。这时可以说水被磁化了或称这种水是磁化水、磁性水。水中有了电荷、电位，就会改变水本身以及包含在水中其他物质的状态和性质。

（2）细分子化超饱和溶氧技术。气—液混合状态，直接影响气体向水体的传质效率。气体在水体中形成气泡的直径越小，越有利于气体分子向水体中迁移。根据 Fick 气体扩散和惠特曼“双模理论”，即：

$$\frac{dc}{dt}=k_{La}(C_S-C_L)=k_L\frac{A}{V}(C_S-C_L)$$

式中　$\frac{dc}{dt}$——传质速度；

k_{La}——气体转移系数；

C_S、C_L——气体分压、液相气体浓度；

A——膜面积。

氧气向水体中传质速度与膜面积成正比。本研究通过湍流、摩擦、切割等作用，使氧气与水体充分融合，形成纳米级氧气微细气泡。其膜面积，比普通曝气气泡的膜面积大近 1000 倍。因此，氧气向水体中的扩散系数 k_{La} 大幅度提高。水体中溶解氧浓度可维持在 50mg/L 的水平上。

普通气泡直接上浮，而微纳米气泡，在水中做布朗运动，在水中长时间停留。微纳米气泡随着向水体内扩散传质，直径逐渐变小。其表面电荷，随着气泡直径的缩小，电荷密度加大。在气泡湮灭瞬间产生的“热点”效应，产生强氧化性羟基自由基，对水体中的污染物都可以发生快速的链式反应，无选择性地把有机污染物氧化成 CO_2、H_2O 或矿物盐，且无二次污染。水团中大量存在的纳米级微细气泡割裂水分子团状态，起到细化水分子团的作用。

污水经纳米微细气泡、细分子化装置细化以后，提高了水、气和水中物质的活性、活力及活化能力，增加了接触面积，提高了气、固、液均质混合及传质速度，改变了物质反应环境，提高了体系界面自由能及浓度扩散传递推力，从而有效地提高了各种物质在水中的溶解能力，为微生物的生长和繁殖，提供了适宜的环境。

在有溶解氧的条件下，水中好氧微生物和兼性微生物（异养型细菌）共同作用，将水中的有机物分解成为 CO_2 和 H_2O。

在有机物氧化过程中脱出的氢是以氧作为受氢体，通常称为有氧（好氧）呼吸。好氧分解代谢有机物比较彻底，最终产物是含能量较少的 CO_2 和 H_2O，故释放能量多，代谢速度快，代谢产物稳定，但好氧分解必须保持溶解氧、营养物和微生物三者的平衡。

细分子化超饱和溶氧装置使水体超饱和溶氧的同时，降低了 NH_3-N 的分压，从而降低了 NH_3-N 在水中的溶解度，使部分 NH_3-N 从液相转入到气相而被排出水体。

河水经过细分子化超饱和溶氧后，使溶解氧能够被好氧微生物更好地吸收和利用，增加了好氧微生物的数量，增强了好氧微生物的活力、活性。

在含有较高溶解氧的情况下，有利于将水中的 Fe^{2+} 氧化成 Fe^{3+}，Fe^{3+} 与磷酸盐结合形成难溶的磷酸铁沉淀到底泥当中去，使得水中的可溶性磷酸盐减少。并且 Fe^{3+} 在中性条件或碱性条件下，生成的氢氧化铁胶体亦会吸附水中的游离态磷，形成大的絮体将其沉降到水底。铝离子等其他金属离子也有上述凝聚沉淀作用。

在溶解氧充足的情况下，聚磷菌大量摄取磷，将磷以聚合的形态贮存在菌体内，从而达到将磷从水中去除的目的。

7.1.6.2　结构组成

细分子化超饱和溶解氧与强磁化复合净化系统由提水泵、制氧设备和细分子化强磁化设备构成。河水经泵提升至细分子化处理单元后，进入强磁化处理单元进行磁化处理，最后释放到河流水体中。在提升泵的作用下，河水不断循环被净化处理。

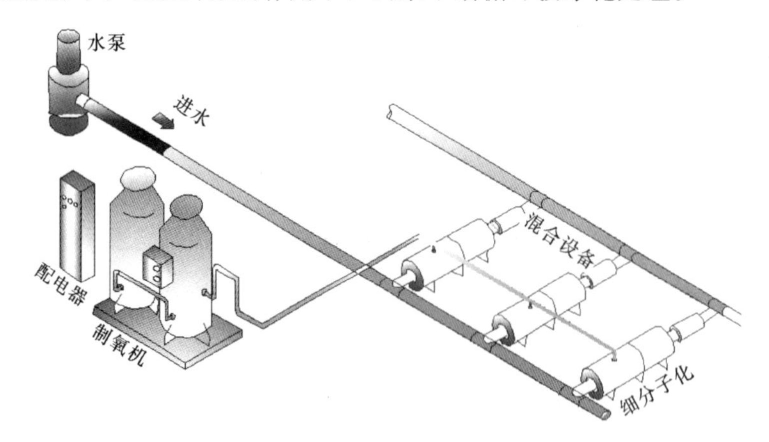

图 7-21　净化系统构成示意图

7.1.6.3　设计参数

该复合增氧系统，由 8 套平行处理单元组成，每单元处理能力为 $100m^3/h$，处理能力计 $800m^3/h$。

每个单元主要由 DN200 碟片式混合器和磁化强度 1800 高斯的强磁化装置组成。

7.1.6.4 装置特点

(1) 该项技术把分子细化、超饱和溶解氧和超强磁化三项技术进行集成，用于污染、富营养化水体的治理具有独创性，具有高效、低成本特点。

(2) 通过向水体中增氧，把水体污染物的直接去除、水体生态系统的恢复与强化等全过程、新理念引入了水源地水质保护中。

(3) 有效地提高了氧气在水中的溶解能力，使氧气超饱和的溶解于水中，给水体创造一个充分的好氧环境，有利于水中各种污染物的去除，有利于改善水体的生态环境。水中的溶解氧可达到50mg/L以上，大幅度提高了氧的利用率。

图7-22 设备外观照片

7.1.6.5 适用范围

适用于地表水水源地、城市河道水质净化和维护。同时，还可用在生活污水处理的曝气工艺，为微生物降解污染物提供溶解氧。

7.1.6.6 示范应用

北京罗道庄河道治理中应用了该技术，处理规模800m^3/h，解决了2.7km长河道水质净化和维护问题。此外，该项技术还在北京北海公园北门水质改善示范项目、玉渊潭公园樱花小湖水质改善工程、玉渊潭公园引水湖水净化工程、永定河引水渠罗道庄桥～五孔桥河段水质改善等项目中获得了应用。通过检测机构对净化水质的检测，处理后的河水主要水质指标提升了1～2个等级。

以北京罗道庄河道治理为例，介绍本技术的示范应用情况。

1. 罗道庄河道污染状况

如图7-23所示，治理河段为永定河引水渠罗道庄桥至五孔桥河段，全长2.7km。该

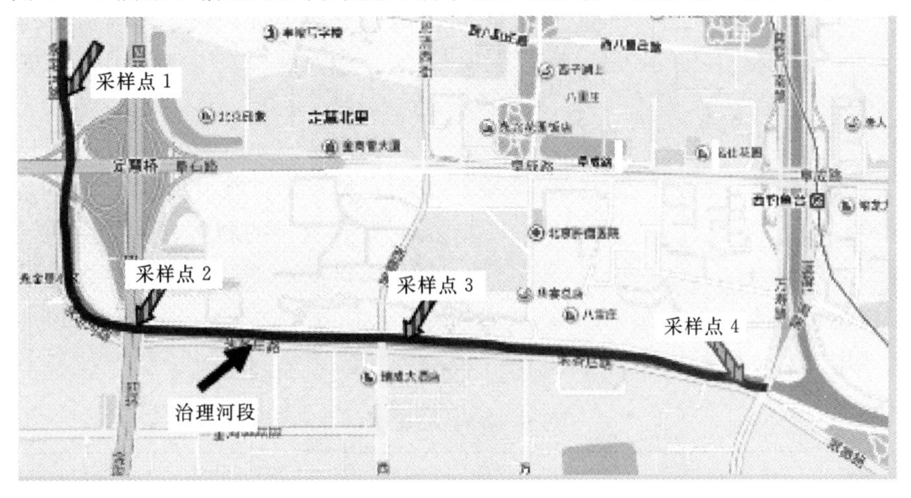

图7-23 治理河段及采样点位置图

河段平均水深1m，平均水面宽32m，河段水质功能分区为Ⅳ类。河段水深受下游玉渊潭进口闸和玉渊潭出口闸控制。

河流水质调查采样断面布置如图7-23所示。分析结果如图7-24所示。水体处于极度厌氧状态；西翠路桥下断面COD值最高达290mg/L；BOD最高值在罗道庄桥下，数值为62.8mg/L；T-N最高值在西四环中路桥下，数值为22mg/L；T-P最高值在西翠路桥下，数值为2.28mg/L。

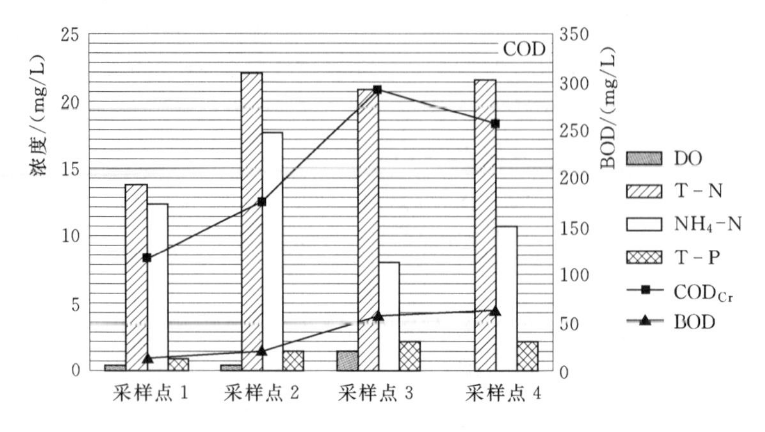

图7-24　治理河段采样断面水质

指标平均值分别为COD_{Cr}，210mg/L；BOD，38.1mg/L；DO，0.58mg/L；T-N，19.55mg/L；NH_4-N，12.18mg/L；T-P，1.7mg/L。现状水质为劣Ⅴ类。

图7-25　河道排污口

河床底泥分布。河床底泥从采样点1～采样点4逐渐变厚，范围在5～10cm。底泥外观性状为黑色，具有刺激性臭味。

河道污染负荷。河段污染物主要来源有两岸居民社区生活污水、宾馆、饭店、写字楼和医院等的污水经河岸排污口直排入河，以及两岸汇水区的雨水径流所带来的污染物。

如图7-25所示，在2.7km长的治理河段的两岸上计有大小排污口50余个。各排污口有直排的厕所、厨余生活污水、有饭店直排的高油脂污水、岸边堆积垃圾渗滤液、有医院、实验室排出的污水。经监测估算，每日流入河段的污水量近20000m^3。污染物平均浓度和总量如表7-13所示。

表7-13　　污染物日入河量

指标	COD	BOD	T-N	NH_4-N	T-P
平均浓度/(mg/L)	1300	450	230	170	11.3
总量/kg	26000	9000	4600	3400	226

2. 增氧效果

(1) 设备。现场的细分子化超饱和溶解氧与强磁化复合净化系统示意如图 7-26 所示。河水经泵提升至细分子化处理单元后，进入强磁化处理单元进行磁化处理，最后释放到河流水体中。在提升泵的作用下，河水不断循环被净化处理。

该复合处理系统由 8 套平行处理单元组成，每单元处理能力为 $100m^3/h$，处理能力计 $800m^3/h$。现场设备如图 7-27 所示。

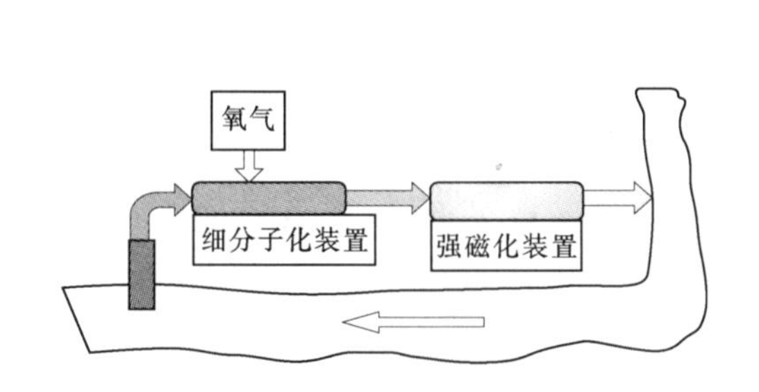

图 7-26 细分子化超饱和溶解氧和强磁化净化系统示意图

图 7-27 细分子化超饱和溶解氧与强磁化设备

(2) 系统运行设定。满负荷运行：系统按设计能力 ($800m^3/h$) 连续运转。1/2 负荷量运行：通过停止设备单元数量 (4 个)，改变循环量，考察其对水体净化效果的影响。

(3) 连续运行水质净化效果。如图 7-28 所示，系统运行到第 4 天时，河流各断面溶解氧浓度达到 10mg/L 以上；之后河流溶解氧平均值维持在 15mg/L 左右，超过了水体自然状态下的饱和值。

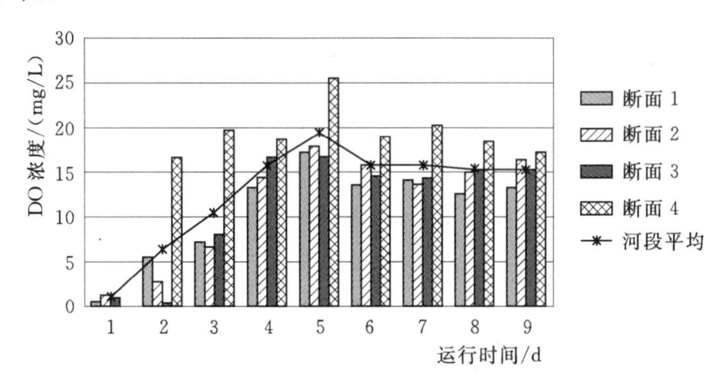

图 7-28 设备连续运行时的溶解氧变化

系统每天向治理河段水体输送处理的水体 $19200m^3$，内含溶解氧量 960000g，单位水体可获得溶解氧为 17.6mg/L。由河段水体溶解氧平均浓度 15mg/L 可知，除去微生物利用和逸失到大气部分外，传送的溶解氧大部分溶存于治理河段的水体中。

COD_{Cr}变化。如图 7-29 所示，设备运行的第 2 天开始，各断面 COD_{Cr}快速下降，第 3 天后 COD_{Cr}平均值维持在 15mg/L 左右。23 日、24 日、25 日 COD_{Cr}的突然升高，是由于排污口突排污水所致。但其余断面的 COD_{Cr}值基本维持稳定。

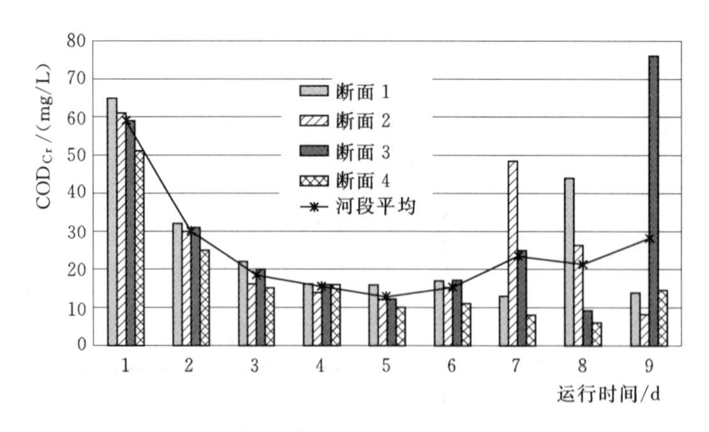

图 7－29　系统连续运行 COD_{Cr}随时间的变化

如图 7－30 所示，系统运行第 3 天，总氮浓度开始下降。前 3 天总氮平均浓度在 3.5～6.5mg/L 的范围内，以后其平均浓度维持在 2.5mg/L 左右的范围内。平均最大降幅为 61%。第 7、9 天的上升，与岸上污水的偷排有关。

氨氮的变化。如图 7－31 所示，系统运行的初始 3d 内水体 NH_4－N 平均浓度值维持在 4.5～6.6mg/L，第 4 天开始，各断面 NH_4－N 平均浓度值维持在 1.5～2mg/L。

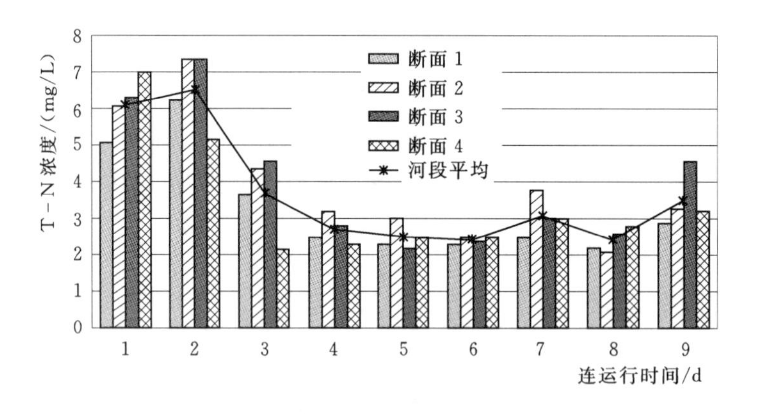

图 7－30　系统连续运行时总氮的变化

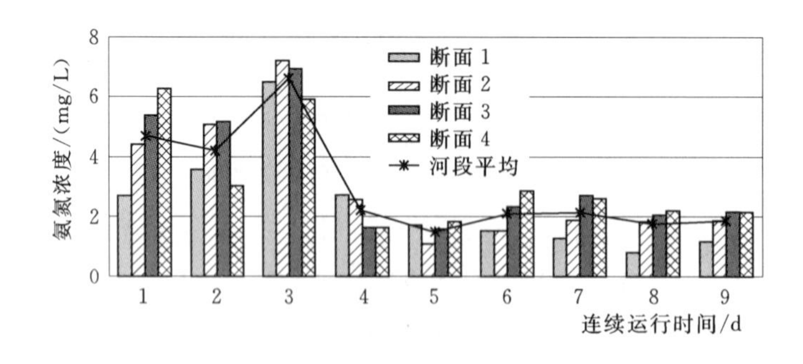

图 7－31　系统连续运行氨氮的变化

开始 3d 内 NH_4^+－N 出现的高值，与开始的溶解氧不足及有机物氨化反应有关。随着溶解氧量的增加，氨氮逐渐转化为其他形式的氮，如 NO_3^- - N，大气挥发散失及水中生物活动利用等途径，使得 NH_4^+ - N 浓度下降。

总磷的变化。如图 7-32 所示，各断面总磷随着系统的运行，逐渐下降。开始的前 3d，总磷浓度较高，应与水体溶解氧浓度上升时期，底泥磷释放速度高及水体生物利用速度低有关。第 7、8、9 天由于污水偷排，总磷浓度稍有上升。第 4 天开始，水体总磷平均浓度范围在 0.15～0.20mg/L 范围内。与第 1 天相比最大降低 50%。

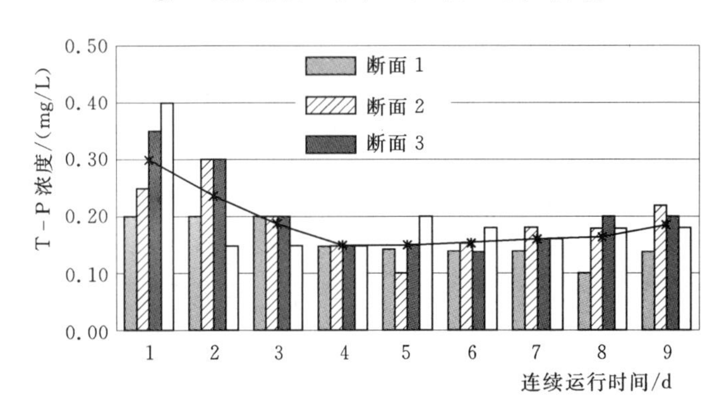

图 7-32 系统连续运行时总磷变化

叶绿素的变化。图 7-33 所示，随着系统的运行，水体透明度不断上升，水中叶绿素浓度也随着升高，表明水中浮游植物等的光合作用增强。随着透明度维持在 70cm 左右，水体叶绿素浓度维持在 32mg/m³ 左右，而且有下降趋势。表明藻类等浮游植物的快速繁殖受到了抑制。

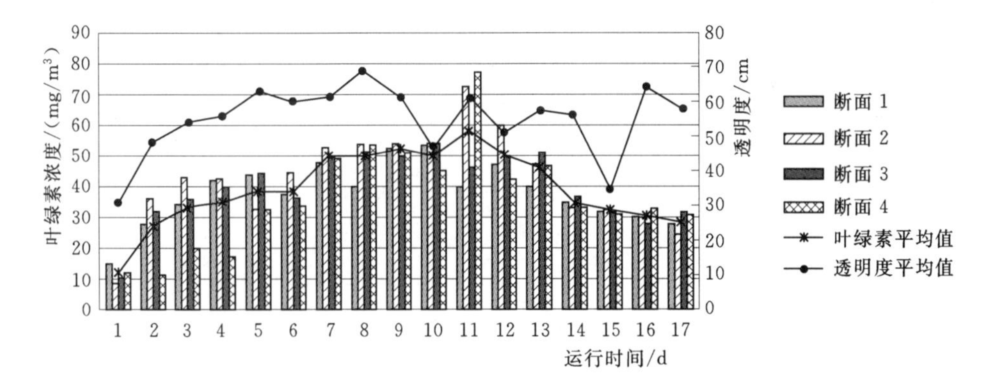

图 7-33 系统全负荷运行时透明度与叶绿素的变化

重金属。系统运行期间水体重金属浓度如表 7-14 所示。其中，锰、锌、镍全程未检出。铜含量超过地表水Ⅲ类限值 1.0mg/L 的监测断面占 38%。六价铬含量超过地表水Ⅴ类限值 0.10mg/L 的监测断面占 35%。

六价铬含量与底泥氧化还原电位呈正相关关系，如图 7-34 所示。随着底泥氧化还原电位的升高（负值变小），水体中六价铬浓度下降。这种现象说明水体中的氧化条件获得了改善。

表 7-14　　系统运行期间治理水体中重金属　　单位：mg/L

运行时间	断面	铁	铬	铜	铝	锰	锌	镍
1	1	0.01	0.14	0.28	0.04	—	—	—
	2	—	0.11	0.38	0.04	—	—	—
	3	0.05	0.13	0.62	0.02	—	—	—
	4	0.01	0.09	0.38	0.04	—	—	—
2	1	0.01	0.11	0.54	0.02	—	—	—
	2	0.01	0.1	1.35	0.01	—	—	—
	3	0.01	0.13	1.25	0.02	—	—	—
	4	0.01	0.07	1.35	0.03	—	—	—
3	1	—	0.1	1.2	0.03	—	—	—
	2	0.02	0.13	1.25	0.02	—	—	—
	3	0.01	0.11	0.44	0.04	—	—	—
	4	0.01	0.12	1.15	0.03	—	—	—
4	1	0.01	0.11	0.56	0.03	—	—	—
	2	0.02	0.13	0.38	0.03	—	—	—
	3	0.01	0.10	1.00	0.04	—	—	—
	4	0.01	0.12	1.10	0.03	—	—	—
5	1	0.02	0.14	0.52	0.04	—	—	—
	2	0.03	0.13	1.20	0.04	—	—	—
	3	0.03	0.12	0.52	0.05	—	—	—
	4	0.04	0.10	1.25	0.04	—	—	—
6	1	0.02	0.07	1.20	0.05	—	—	—
	2	0.02	0.06	0.56	0.03	—	—	—
	3	0.03	0.07	0.58	0.02	—	—	—
	4	0.04	0.05	0.36	0.03	—	—	—
7	1	0.01	0.06	1.20	0.04	—	—	—
	2	0.01	0.06	0.70	0.03	—	—	—
	3	—	0.07	1.45	0.05	—	—	—
	4	0.01	0.06	0.60	0.3	—	—	—
8	1	0.01	0.07	0.48	0.03	—	—	—
	2	0.04	0.06	0.78	0.01	—	—	—
	3	0.02	0.04	0.28	0.02	—	—	—
	4	0.01	0.02	0.34	0.02	—	—	—
9	1	0.02	0.04	0.36	0.03	—	—	—
	2	0.07	0.03	0.48	0.01	—	—	—
	3	0.02	0.04	0.52	0.04	—	—	—
	4	0.01	0.04	0.84	0.04	—	—	—
10	1	0.01	0.03	0.46	0.04	—	—	—
	2	—	0.04	1.25	0.03	—	—	—
	3	0.01	0.03	1.45	0.04	—	—	—
	4	0.01	0.04	1.15	0.03	—	—	—

注　“—”未检出。

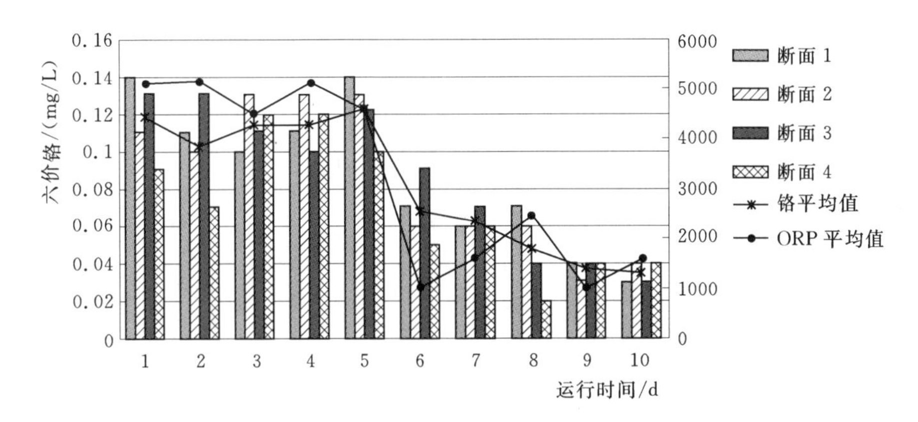

图 7-34 底泥氧化还原电位与水体 Cr_6^+ 浓度

臭阈值变化。如图 7-35 所示，设备运行的前 10d，水体臭阈值逐渐增加，与水体中的复杂有机物分子，逐渐转化为较为简单、具刺激性臭味的有机酸有关。同时，浮游植物也向水体释放异莰醇等刺激性物质。第 10 天以后，臭阈值逐渐降低，与污染物的不断分解和浮游植物的减少相关。

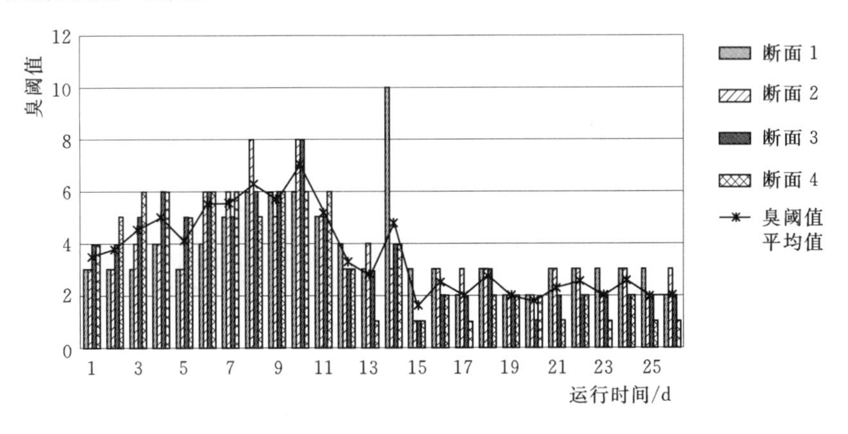

图 7-35 臭阈值变化

(4) 不同循环量 (1/2) 条件下的水质净化效果。为考察系统在减少循环处理量条件下，对河道水质净化的影响，系统以 50% 的负荷进行运转，相应的循环处理能力为 $400m^3/h$。

溶解氧变化如图 7-36 所示，随着系统的运行，各断面溶解氧逐渐升高。在前 4d 逐渐上升，到第 5 天后基本维持在 11mg/L 的水平，比全负荷运行时低了 45%。

COD_{Cr}的变化。如图 7-37 所示，系统负荷减半运行后，前 5d 水体的 COD_{Cr}值下降不明显，第 5 天后，各断面的 COD_{Cr}值开始下降。尽管由于岸上的偷排污水造成个别断面的 COD_{Cr} 值升高，水体 COD_{Cr} 平均值在 12～40mg/L 之间。与系统全负荷运行时相比，COD_{Cr}平均值稍高。

总氮的变化。如图 7-38 所示，系统运行后第 3 天开始，总氮浓度开始下降，各断面基本维持在 3.5mg/L 左右。与全负荷运行相比，高出约 1mg/L。

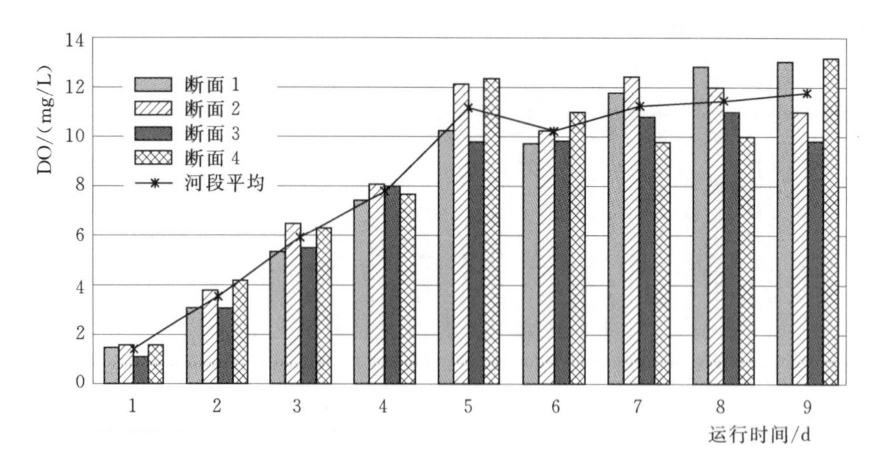

图 7-36　系统负荷减半运行时水体溶解氧的变化

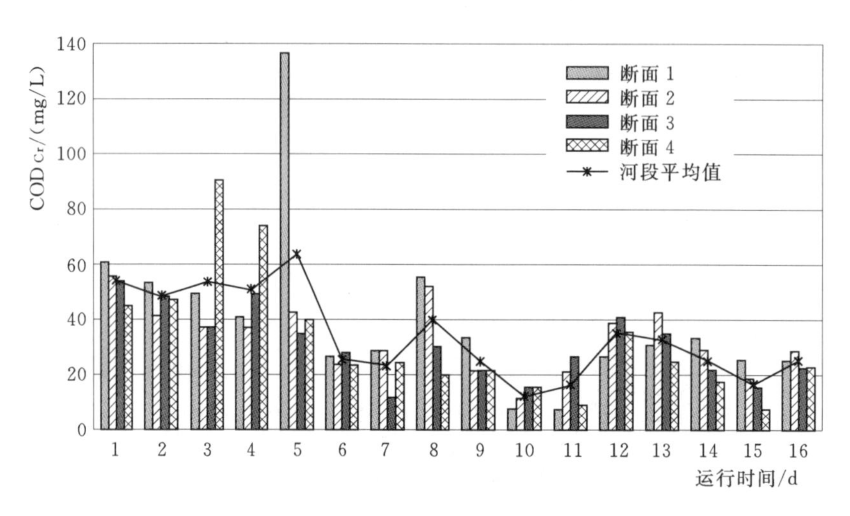

图 7-37　系统负荷减半运行时的 COD_{Cr} 变化

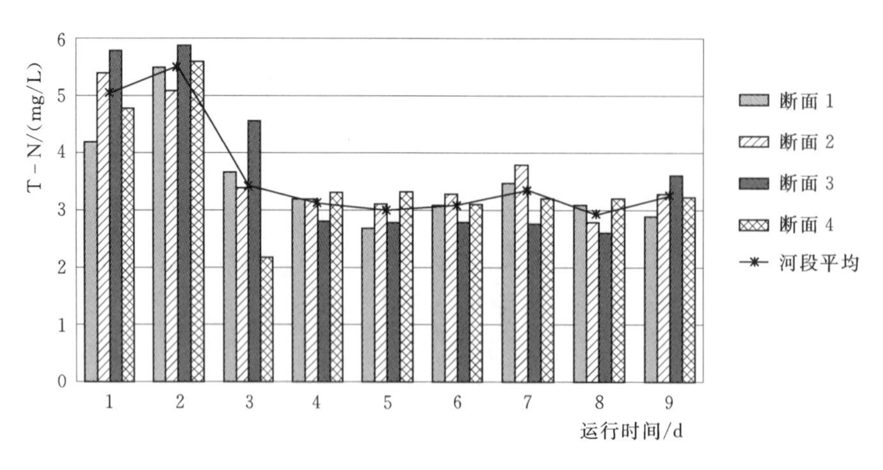

图 7-38　系统负荷减半运行时总氮的变化

氨氮的变化。如图 7-39 所示，系统负荷减半运行前 3d，氨氮浓度上升，之后，氨氮浓度开始下降，最后平均值达到 2.7mg/L 左右。系统运行负荷量的减少，氨氮水表面逸失量会减少。水体中 DO 有所降低，也会造成水体生态系统的氨氮去除能力时下降。

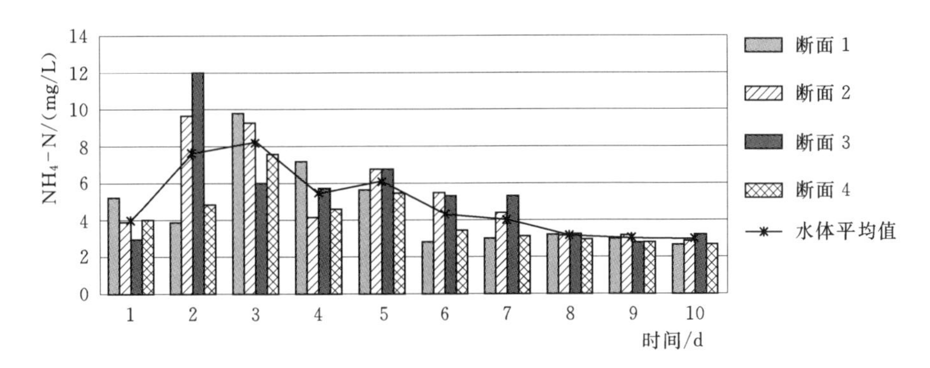

图 7-39 系统半负荷运转时的氨氮变化

总磷的变化。如图 7-40 所示，系统半负荷运行的前 3d，水体总磷浓度维持在 0.2mg/L 左右。之后下降，平均值维持在 0.13mg/L。与全负荷运行时相比，变化区别不大。

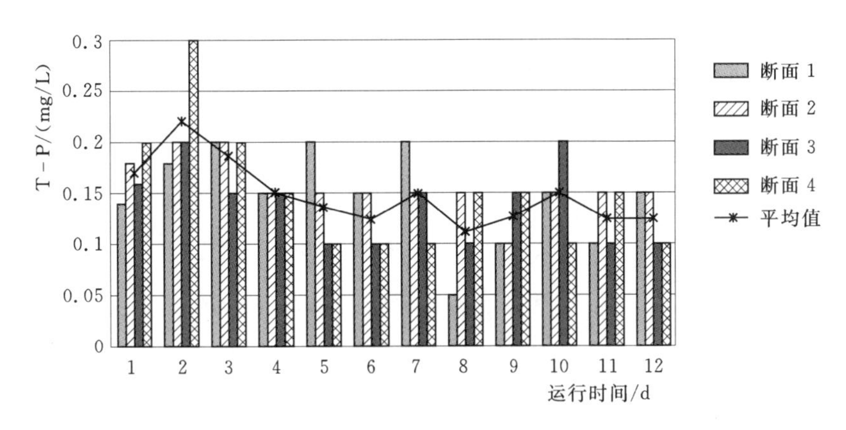

图 7-40 系统半负荷运行时总磷的变化

叶绿素的变化。如图 7-41 所示，系统半负荷运行时，前 5d 叶绿素浓度值处在 47mg/m^3 的水平上，相应水体透明度平均值在 43cm 上下。第 6 天后，叶绿素浓度值开始下降至 27mg/m^3 的水平，第 10 天后又有所上升。叶绿素反映了水体水生植物多寡，其与营养条件有关外还受光照、温度、水动力等条件的影响。

底泥 ORP 的变化。如图 7-42 所示，系统半负荷运行后，底泥的氧化还原电位逐渐负增长，表明系统供氧量的减少后，底泥的氧化条件变弱。这种现象会促进底泥中的污染物向水体释放的速度，同时也会引起水体发臭。

细分子化超饱和溶解氧、强磁化系统净化城市河道污水的效果显著。该复合系统使水体中保持超饱和溶解氧状态，快速改善了治理河段的黑臭和藻类暴发问题。系统的全负荷运行使水体中的 COD_{Cr}（有机物）维持在 15mg/L 的水平；总氮、氨氮、总磷分

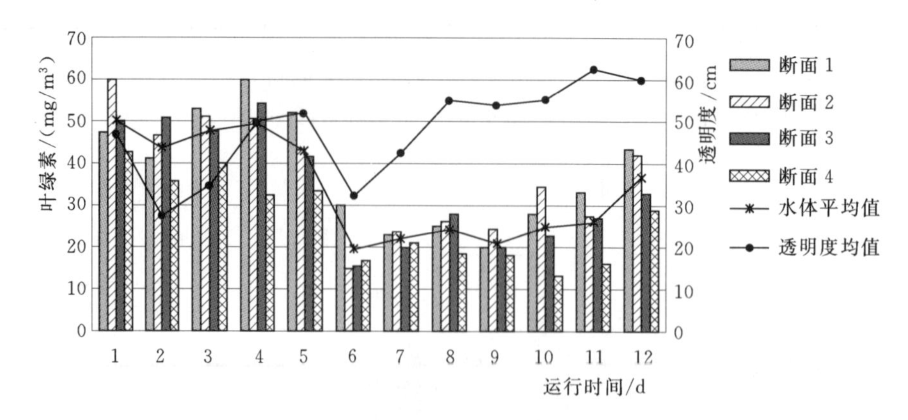

图7-41 系统半负荷运转时叶绿素和透明度的变化

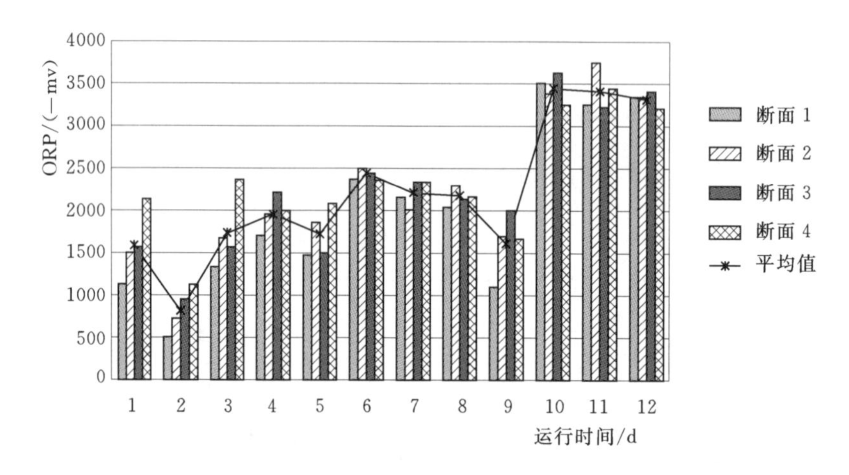

图7-42 系统半负荷运行时底泥ORP的变化

别保持在2.5mg/L、2mg/L和0.215mg/L的水平。叶绿素浓度达到32mg/m³左右。同时，水体透明度保持60cm左右。超饱和溶解氧对水体底泥氧化还原电位的提升，起到抑制底泥污染物向水体中释放，还对水中六价铬浓度起到了降低作用。水体臭阈值保持在3左右。

7.1.7 水源藻体微气泡絮凝回收装置

7.1.7.1 基本原理

过滤回收法，存在过滤器的堵塞、需反复清洗问题；围栏回收法，回收的水量过大，须进一步脱水，容易受风力的影响，对悬浮在水体中的藻体细胞无能为力；气浮回收法，难以用于水源地藻体的回收，耗能高，而且藻体本身的营养物质又回到水体中；磁粉回收法，需要专用磁粉，且耗能较大。

本书借鉴气浮原理，以射流器、混合器及变频调速控制压力泵等部件构成微细气泡发生系统；利用微细气泡的浮力和絮凝剂的卷扫作用，将水中悬浮的藻体细胞及其他悬浮颗粒物浮到水面形成泡沫层，再通过对泡沫层的收集实现水源藻体细胞回收目的。

由供水泵、射流器、加压泵、混合器、压力罐和释放器等构成的微细气泡发生系统，将空气、水和絮凝剂混合，经释放器向水体中放出含有高密度的微细气泡和絮凝剂的混合液体。随着混合液体向处理水体的扩散，微细气泡黏附于藻体细胞和其他悬浮颗粒上，将其浮到水面上，形成泡沫层。对该泡沫层进行回收，实现藻体回收、净化水体的目的。

7.1.7.2 结构组成

本装置的微细气泡发生系统（见图 7-43、图 7-44）由供水泵、射流器、加压泵、缓冲罐、混合器、释放器及流量计和电器控制柜等组成。射流器将空气和絮凝剂引入水流中；混合器使气体、液体和絮凝剂进行进一步混合；释放器把一定压力的混合液分散到处理水体中，形成的大量微细气泡，将水体中的藻体和悬浮物漂浮到水面上。

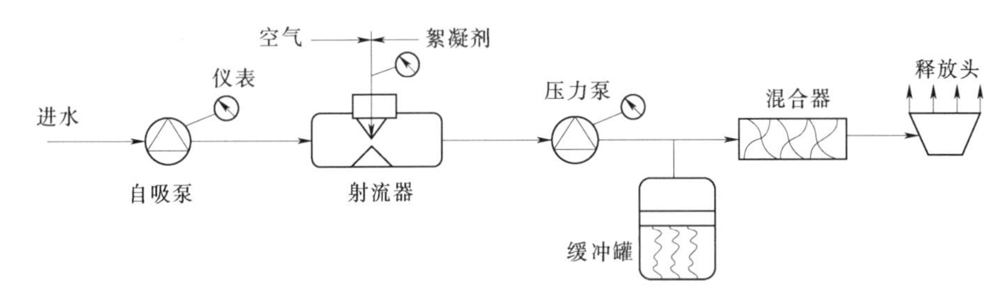

图 7-43 微细气泡藻体回收设备构成示意图

图 7-44 藻体回收设备外观

7.1.7.3 设计参数

装置的主要参数有液体流量、气体流量、絮凝剂流量和压力。由流量计控制各流量数值，释放器控制系统压力。本装置运行参数分别为，液体流量为 $1m^3/h$；空气流量为 30L/h；絮凝剂 PAC 和 PAM 添加量分别为 60g/h 和 10g/h；压力为 0.5MPa。回收装置可按处理水量需求，设计出不同规格的设备。

7.1.7.4　装置特点

本装置的水处理规模为 $10m^3/h$，系统产生的微细气泡直径在 20～50μm 范围。高密度的微细气泡和絮凝剂共同作用，与藻体细胞充分黏合，将其浮到水面形成稳定的泡沫层。经 20min 的回收处理，水体藻体细胞回收率可达 80%以上。系统没有采用高压气泵溶气系统，减少了设备运行的环境噪音和制造成本。

（1）采用水流升压过程中实现气、液、絮凝剂的混合，较加压容器方式系统体积大为缩小，仅为其体积的 1/5 左右，移动性灵活。

（2）利用混合器，使气、液、絮凝剂三相混合均匀，其切割作用使得气泡尺寸更小，藻体的气浮效果和泡沫的稳定性大为提高。

图 7-45　洋河水库水面漂浮的蓝藻

7.1.7.5　适用范围

适用于水源地水面上藻体的直接回收，也适用于岸边固定装置的藻体回收。同时，该装置由于气泡尺寸小，还可用于水体增氧。在农作物灌溉及日常生活浴池中也能应用本装置。

7.1.7.6　示范应用

本系统在洋河水库取水口进行了藻体回收示范应用。近年来，洋河水库富营养化程度越来越重，连年夏季藻类暴发（见图 7-45），每升水体藻体细胞数量过亿，严重妨害了水源地的使用功能。

如图 7-46 所示，在水口的取水口处采用本装置，对藻体进行回收作业。水体中悬浮的藻体细胞，在微细气泡和絮凝剂的作用下，浮到水面上，在围栏内形成集块。用水泵将积聚在围栏内的藻体浮块灌装到编织袋中（见图 7-47），回收进一步处理。使用本装置后，达到每天收集藻体 4t（鲜重），相当净化水体 $12000m^3$；围栏范围内水体的透明度提高 2 倍以上，藻体细胞回收率达到 80%左右。

(a)

(b)

图 7-46　取水口处进行藻体回收作业

(a)

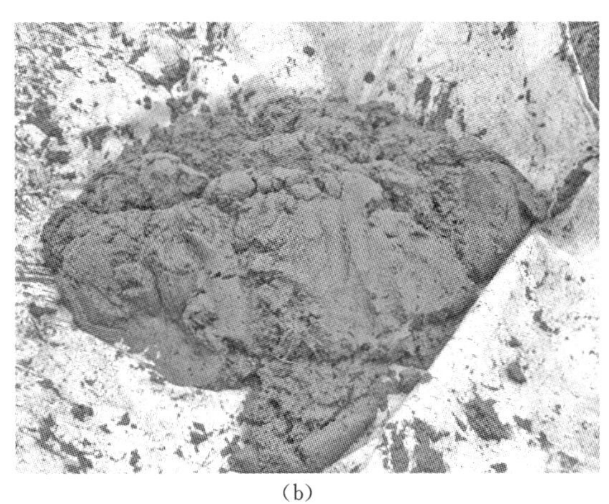
(b)

图 7-47 回收的藻体

7.2 村镇饮用水源生物生态修复集成模式研究

将太阳能微动力浮动生物床与多介质固定生物床优化集成，功能微生物定向培殖与原位固定富集优化集成，多介质生物滤池与潮汐流人工湿地优化集成，形成若干经济高效的村镇饮用水源生物生态修复集成技术模式。考察单元集成设计参数，研究污染物污染物的迁移转化过程，获取村镇饮用水源生物生态修复集成模式运行调试的优化条件。

7.2.1 太阳能微动力多介质复合生物床集成模式

7.2.1.1 基本原理

在太阳能微动力多介质复合生物床水源修复集成模式中，根据水源水质特点，各种功能微生物依据污染物降解次序顺序排列。微生物在不同类型生物床中呈现分级和分群的现象，各种微生物处于一个相对稳定和适宜的大环境中，为降解各种污染物创造了较为优化的条件，可有效提高目标污染物的降解效果。多介质复合生物床在运行过程中，随着污染物与氧气的碰撞、切割和吸收反应，进入载体内部的氧气逐渐减少直至氧气消耗完毕，这样使每一个载体内部生成良好的缺氧区、兼氧区和好氧区，使得载体的内部形成无数个微型的硝化和反硝化区，因而可同时发生氨氧化、硝化和反硝化联合作用，有力地保证了氨氮的高效去除和总氮的消减，同时节约反硝化脱氮所需的碱度和有机物。

7.2.1.2 工艺流程

太阳能微动力多介质复合生物床集成模式由多介质浮动生物床和固定生物床优化集成串联构成（一般为 2～5 级），包括太阳能提水增氧机、生物床体、多介质填料、导流管和增氧管等组成（结构见图 7-16）。太阳能微动力多介质复合生物床水源修复集成模式集合了浮动生物床和固定生物床的各自优点，既能够高效脱氮，又能够有效除磷。

太阳能微动力多介质复合生物床为喷漆不锈钢（或树脂涂层碳钢）结构一体化装置，生物床为封闭式结构，沿水流方向设于河流型水源水体内，且与河道等宽，主体设备设于水面以下，水流通道内及露出水面的 5～20cm 超高部分均为包裹体景观结构，其余部分均设置为与河道底质及水体同色，且均位于水面以下 40cm 处，整个设施与水面景观水体高度融合。水流经太阳能提水增氧机由多介质复合生物床一端流至另一端，经沿程依次布设的不同类型多介质填料的装置降解、吸附及过滤后重新进入水源水体，水力停留时间依据水质水量需求的实际情况设定。

具体的工艺流程为：水进入太阳能微动力多介质复合生物床的一级单元（浮动生物床）发生物理沉降，进行藻类及其他固液分离，以去除水中大部分的 TSS 和藻类等，藻类有机体和悬浮有机体在该单元被益生菌降解后为后续单元提供硝化反硝化所需碳源。然后，再进入多介质复合生物床二级单元，在此去除大部分的有机物、硝化盐氮、氨氮、硫化物、钙镁离子等，使得水质得到进一步改善。二级单元出水依次进入三级、四级单元，去除剩余的悬浮物、总氮、总磷，并起到软化水的作用，最后出水进入水源水体。

7.2.1.3　工艺特点

太阳能微动力多介质复合生物床设于水源水体内，主体设施设于水面以下，不占用任何水体以外的土地。在低成本、低维护和生态化前提下，能够高效降解藻类有机体、悬浮物、COD、NO_3^- - N、NH_4^- - N、TP、有机酸恶臭和大肠菌群，满足村镇饮用水源修复的水质目标要求。太阳能微动力多介质复合生物床间歇复氧交替运行，生物链长，藻类有机体及其他有机物均在床体内被彻底消化降解，几乎无有机污泥。与传统生物修复法相比，功能微生物富集量提高 2～3 个数量，大大提高水体中有机物和氨氮的降解速度。通过控制各级生物床的运行参数，营造宏观好氧和厌氧环境，微生物呈现分层和分群现象，有利于反硝化除磷菌的释磷和摄磷，有效去除水体中引起藻类疯长的氮磷等营养物。微生物与载体结合牢固，不易脱落，不易流失，高负载的生物量保证了高效和稳定。能去除污水中的无机离子和重金属离子，运行过程中不产生臭味，能驱除池蝇，美化环境。

7.2.1.4　示范应用

示范工程以修复村镇污染水源地水体为目标。太阳能微动力多介质复合生物床集成模式于 2013 年 11 月在张家港市凤凰镇水厂 $4000m^3/d$ 河流型供水水源修复中应用。取水河道总长约 10km，河面宽在 15～25m，河道平均水深 1.5m，总蓄水量约 30 万 m^3，换水周期约 60d。长期监测表明，水源氨氮、COD 和悬浮物等主要水质指标均为地表水Ⅴ类。太阳能微动力多介质复合生物床设于河道内，由左右各 1 道固定生物床装置构成，均为封闭式断面布设，两个生物床间距 40m。断面面积 $37.2m^2$，生物床有效宽为 0.80m；断面面积 $46.1m^2$，太阳能提水增氧机设于两个固定生物床中心处。固定生物床外框为钢架结构，并采用不锈钢包裹，内部装填不同类型改性聚醚和改性聚氨酯微生物固定化填料。为了评价长期修复效果，在示范工程区域内设置采样点 3 个，在示范工程区域外设置对照点 2 个，开展水质评价，评价周期为 12 个月，水质指标每 3～6 个月评价一次。在设计进水水质水量负荷情况下，太阳能微动力多介质复合生物床对 COD 的去除率为 16%～24%，氨氮去除率为 25%～47%，悬浮物截留效率为 58%～78%，使藻细胞总数下降3～5个数量级，水质总体提升 1 个等级。

7.2.2　多介质固定生物床—潮汐流人工湿地集成模式

7.2.2.1　基本原理

多介质固定生物床—潮汐流人工湿地集成模式将介质吸附、微生物氧化、固定和生物

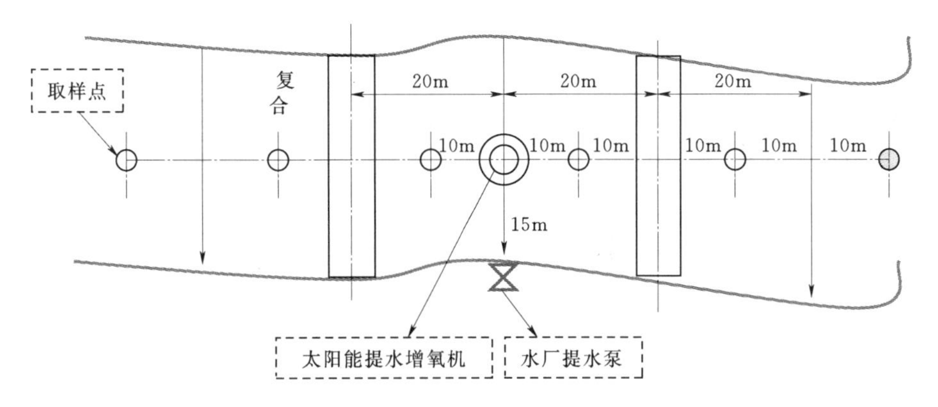

图 7-48 太阳能微动力多介质复合生物床示范区

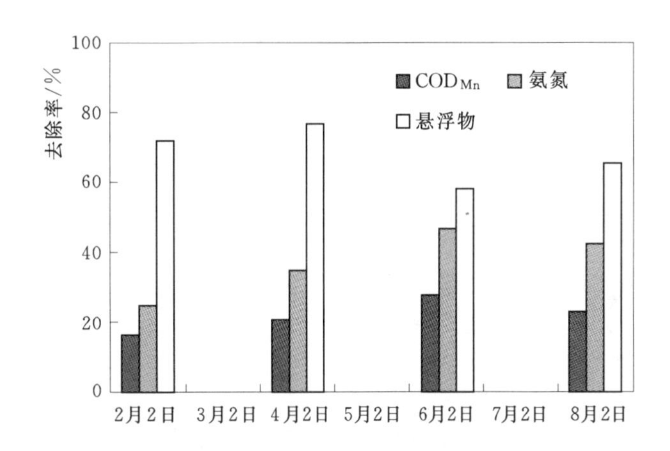

图 7-49 太阳能微动力多介质复合生物床修复效率

提取有机结合，水源水流经多介质固定生物床厌氧过程中，在氨化菌、反硝化菌、产酸菌和产甲烷菌的共同作用下，使有机氮得以氨化，硝态氮得以反硝化，有机物得以初步降解。其好氧单元填充的多介质填料，以及间歇曝气的运行方式，使得好氧单元能够驯化固定益生菌，实现同步硝化反硝化脱氮，并大量富集聚磷菌，从而脱出氨氮、有机物和部分总氮总磷；多介质潮汐流人工湿地中引入前置生态滤槽，解决湿地单元长期运行易于堵塞的问题，同时也起到去除悬浮物和磷的作用。多介质潮汐流人工湿地中微生物、基质和植物的协同作用实现有机物、磷和悬浮物的深度脱出。

7.2.2.2 工艺特点

多介质固定生物床—潮汐流人工湿地集成模式是由多介质固定生物床和多介质潮汐流人工湿地复合构成（见图 7-51）。多介质固定生物床为塔层结构，由布水系统、塔层框架、布孔载体填料筐、功能载体填料及集水系统构成。多介质潮汐流人工湿地是由湿地植物、透气基质层、布水层、布水系统，生态滤层，集水层、出水系统，防渗层、湿地复氧系统、控制系统组成。

多介质固定生物床塔层框架内铺设支撑网格栅，支撑网格栅上放置布孔填料筐，布孔填料筐内装填多介质填料，多介质填料分层装填，底部安装分割增氧器。塔层框架为焊

(a) (b) (c) (d)

图7-50 太阳能微动力多介质复合生物床示范工程

接、螺栓连接的不锈钢框架或砖砌抹面框架或钢筋混凝土框架，竖向支撑结构内侧布设支撑层阶，用以支撑调节支撑网格栅与增氧器。支撑网格栅为高强度、安全、无毒的塑料格栅或不锈钢格栅板。布孔载体填料筐为四周通孔、透气的安全无毒塑料筐，根据工艺条件、填料级配自上而下顺次、交替布置不同通孔率的布孔载体填料筐，控制调节通风量，构建缺氧、厌氧、兼氧、好氧的净化环境、提高去除效果。功能载体填料为按照级配一种或几种组合装填的改性天然火山岩、陶粒、沸石、碳基改性聚氨酯等可用于原位固定益生菌的功能填料等。塔式分层结构系统至少布置四层，增氧器由不锈钢筛网按照目数梯度组装的多层筛网组件。同时采用高强度防护网、微孔纱网作为床体与周边环境间的隔离墙，有效地控制蚊蝇孳生。

多介质潮汐流人工湿地表面填充原生介质，其上栽种湿地植物，布水层位于生态滤层上方，其中铺设布水系统，生态滤层至于布水层与集水层之间，集水系统位于集水层中，底部防渗层位于集水层下方，生态滤层中横向、纵向铺设、安插通气管路，构成湿地复氧系统。多介质潮汐流人工湿地的复氧系统，由“出”字型管组件组成，横竖交错排列的布孔管件分别置于生态滤层不同深度内，竖管与横管联通，竖管上端开口高出透气基质层，暴露在空气

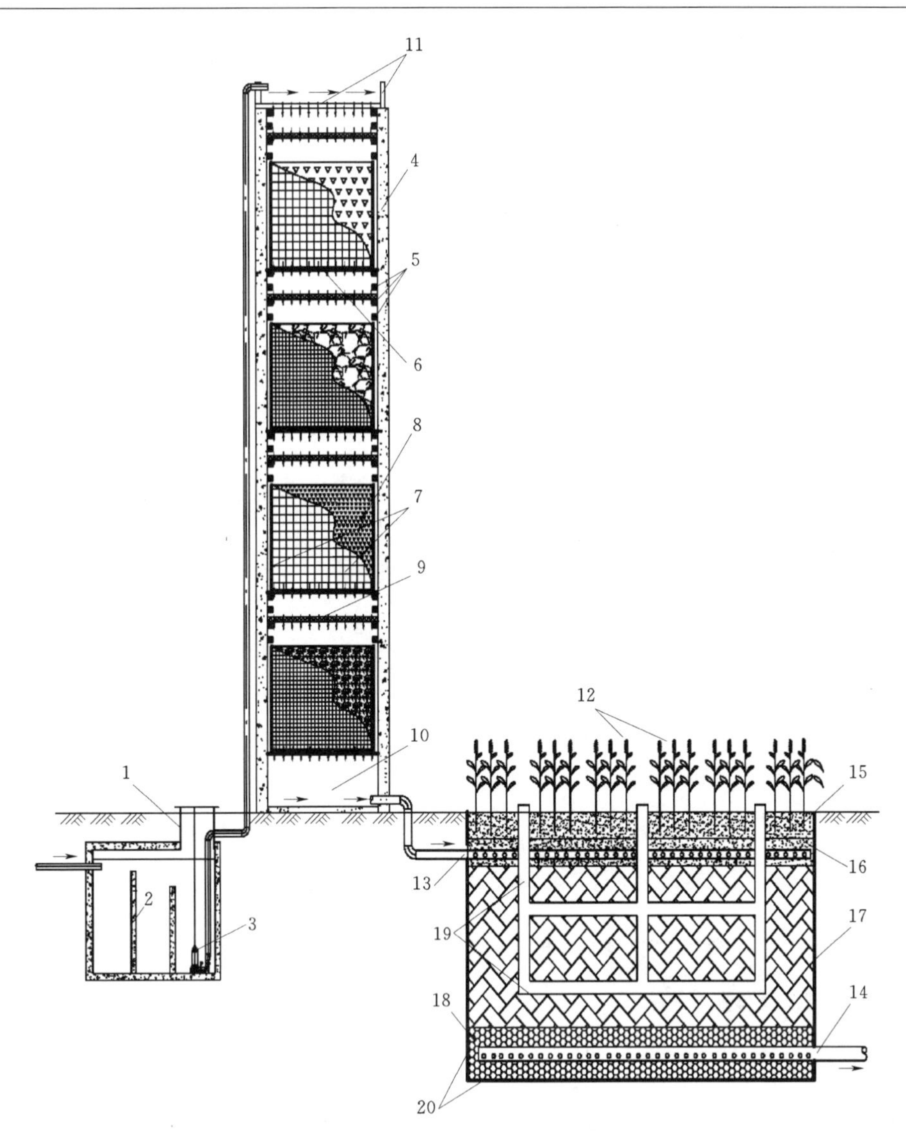

图 7-51 多介质固定生物床—潮汐流人工湿地集成模式
1～3—水体预处理系统；4—塔层框架；5—支撑层阶；6—支撑格栅；7—布孔填料筐；8—功能填料；9—增氧器；10—固定生物床集水系统；11—固定生物床布水系统；12—湿地植物；13—湿地布水系统；14—湿地出水系统；15—透气基质层；16—布水层；17—生态滤层；18—集水层；19—湿地复氧系统；20—防渗层

中。多介质潮汐流人工湿地采用序批式操作方式，控制进水、淹水、排水、复氧时间，实现系统淹水反应，排空复氧功能。具体步骤为：进水与淹水阶段：通过自动控制系统，原水通过布水系统均匀布水，重力作用下由上而下均匀通过生态滤层，系统液位逐步上升至系统运行水位时，停止布水。系统进入淹水阶段，饮用水源在生态滤层内通过物理、化学、生物的协同作用得以净化。排水与复氧阶段：淹水时间结束，排水系统开启，湿地瞬间排水，系统内水位迅速下降，集水层收集并通过出水系统排出。湿地系统内水位迅速下降的同时，系统进入排空复氧阶段，大气中的氧通过复氧系统与基质孔隙迅速进入湿地系统，供系统内微生物利用。排空复氧结束后，系统重新进水，开始运行下一周期。

7.2.2.3 适用范围

多介质固定生物床—潮汐流人工湿地集成模式是由多介质固定生物床和多介质潮汐流人工湿地复合构成，将介质吸附、微生物氧化、固定和生物提取有机结合。适用于村镇饮用水源水体旁路净化，水源地滨岸农业面源径流污染控制，水源地滨岸村庄生活污水深度净化，以及水源地水陆交错带其他污染控制与修复。

7.2.2.4 示范应用

示范工程以控制村镇饮用水源地近岸生活污染为目标。于2014年10月在江苏张家港市常阴沙现代农业示范园区建成2座$20m^3/d$规模的示范工程，用于控制水源地滨岸村庄生活污染源，经过为2～3年的运行评价，COD和氨氮等主要指标达到《城镇污水处理厂污染物排放标准》一级B标准，满足水源地滨岸村庄生活污染源控制目标要求。

(a) (b) (c) (d)

图7-52 多介质固定生物床—潮汐流人工湿地集成模式示范工程

7.2.3 功能微生物定向培殖及原位固定水源修复集成模式

7.2.3.1 基本原理

从河塘、湿地、湖泊水体和底泥中定向富集培殖高效脱氮菌，制备生物菌剂，并将其原位投撒固定修复。

微生物是水环境中极为敏感并易受环境影响的生物类群，它们不仅是生态系统中生物量的重要组成部分，而且影响着物质循环和能量传递过程。鉴于微生物在水生态系统中的重要作用及其对生态系统变化反应迅速等特点，在村镇饮用水源修复过程中，可以将功能微生物进行定向培殖及原位固定，优化有机物和氨氮降解益生菌的结构和多样性变化，实现村镇饮用水源安全长效修复。

7.2.3.2 工艺特点

功能微生物制剂中的所有优势菌均取自待修复水体和底泥，该制剂对水体中的氨氮和总氮都具有极高的转化作用，而且对有机酸和硫化物等异味，以及脂肪酸等都具有较好的降解效果。通过在待修复水体中原位投撒功能微生物制剂，使水体中的氨氮和总氮快速转化，为修复富营养化村镇饮用水源提供安全保障。此类生物制剂的特点是无引入外源微生物，能够充分保障饮用水源水质安全；优势菌能够快速适应水体环境，承受较高的有机氮和总氮，细胞生长快、利用率高、再生能力强、可实现长效修复。本书在张家港市河塘水体中定向培殖了20余株高效脱氮菌，经定向培殖制备成复合菌剂。

(a) (b) (c) (d)

图7-53 功能微生物定向培殖及固定化制剂

7.2.3.3 适用范围

益生菌定向培殖及原位固定水源修复集成模式适用于富营养河流、湖泊、水库型村镇供水水源。

7.2.3.4　示范应用

示范区位于江苏省张家港市杨舍镇，水域面积总计为3500m²，属于典型氮污染型半封闭富营养河塘水体。示范区水体面积3500m²，平均水深约1.5m，水体封闭、与外河道不相通，属于典型氮污染型半封闭富营养河塘，主要补充水源为降雨，水体处于不流动、相对静止状态。水体浑浊，透明度较低，每年藻类大量繁殖时水体呈现深绿、墨绿色，有臭味，并呈现逐年恶化。实验期间，制备了1000kg定向培殖的高效脱氮微生物制剂，并于当年7月12日将其投放至3500m² 河塘水体。投放前设一组采样点进行了水质采样监测，作为背景值。投加1个月后开始采集水质、藻类和微生物样品进行跟中检测。水质和藻类样品每月测定一次，微生物样品每半年分析一次，用以评价原位增殖菌剂对水体水质的修复效果。实验期间，共进行了为期18个月的跟踪监测与评价，主要指标包括微生物菌群结构、优势藻属、总氮、氨氮、硝酸盐氮、有机氮、COD_{Mn}和总磷等。

(1) 水体碳氮磷演化趋势分析。从COD_{Mn}演化趋势来看，投撒原位增殖固定生物菌剂后，COD不降反增，平均增加了0.95倍，而且这一增加趋势随着时间的推移呈逐渐增大，由投撒菌剂后1～6个月时的0.49倍，增至13～18个月时的1.52倍（见图7-54)。河塘水体的COD有多种来源，主要包括雨水径流等面污染源，塘底沉积物和藻类残体腐化释放等内源，以及其他污染源。投撒菌剂后，尽管河塘水体的有机氮的平均值下降了8.9%，但总的趋势是随着时间的推移组建增加的，特别是在投菌13～18个月时增加了11.9%（见图7-55)。有机氮是生命体中蛋白质的主要组成部分，由此可以推测河塘水体COD的增加主要是塘底沉积物和藻类残体腐化释放或其他人为源所导致的，人为源则主要来自雨水径流冲刷，以及其他生活源。投撒菌剂后，总磷的演化趋势总体上与COD趋势相似，随着时间的推移呈逐渐增大，但是各个阶段差异较大，投加菌剂1～6个月时下降15.8%，其余时间都是增加的（见图7-56)。磷也是生命体中蛋白质的主要组成部分，由此可以推测河塘磷的增加也主要是塘底沉积物和藻类残体腐化释放或其他人为源所导致的。

相对于有机物和磷的不断增加，投菌后18个月内，氨氮、总氮、硝酸盐氮和无机氮的平均值整体下降（见图7-54和图7-56)，分别下降37.0%、20.9%、9.2%和8.9%。

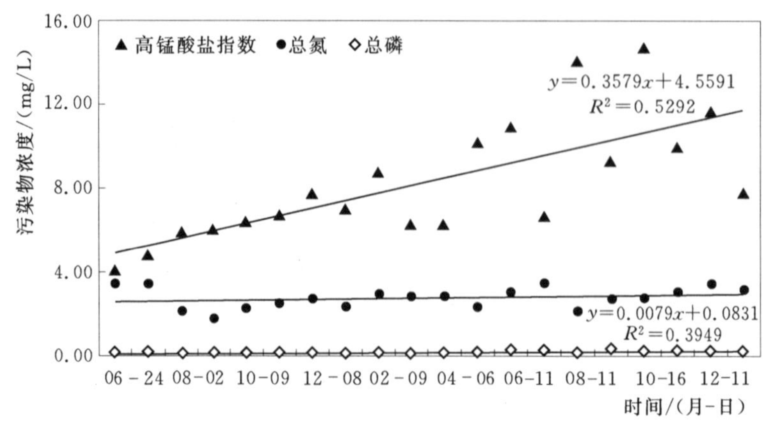

图7-54　投撒菌剂前后水体碳氮磷总体演化趋势

在18个月时间内，氨氮的净化效率一致保持在29%～42%之间，总氮的净化效率保持在14%～33%之间，其中氨氮由Ⅳ类，上升至Ⅲ类，净化效果显著。

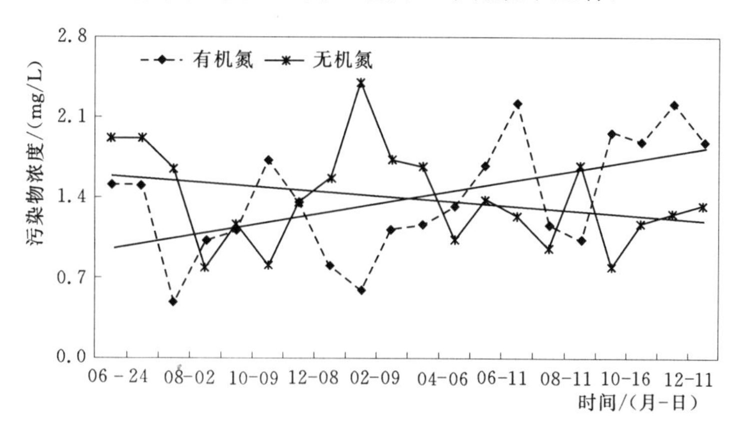

图7-55 投撒菌剂前后水体无机氮和有机氮演化趋势

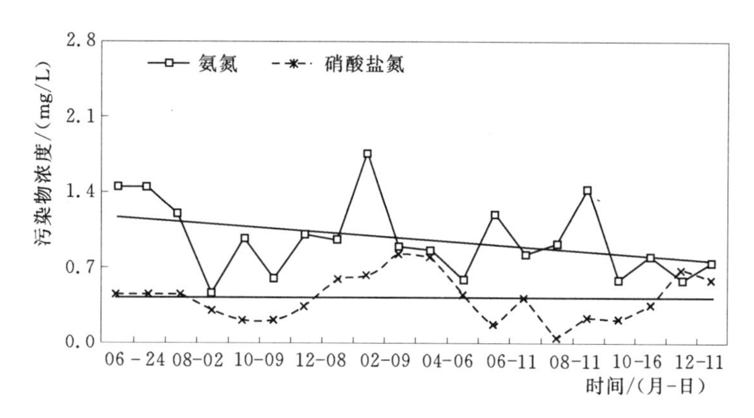

图7-56 投撒菌剂前后水体氨氮和硝酸盐演化趋势

(2) 水体优势藻属分析。河塘水体共检出浮游藻类7门，23属。各门藻类属种数依次为绿藻门6属，蓝藻门7属，硅藻门3属，金藻门1属，隐藻门2属，甲藻门3属，裸藻门1属。绿藻为投菌前水塘的优势藻，所占比例高达36%，其次为蓝藻33%。投菌1个月后甲藻为优势藻，所占比例为31%，其次是绿藻27%，蓝藻仅占2%。随后，蓝藻逐渐占据优势地位，投菌后平均为74%，但其所占比例逐渐下降，在第13～18个月时下降至43%。

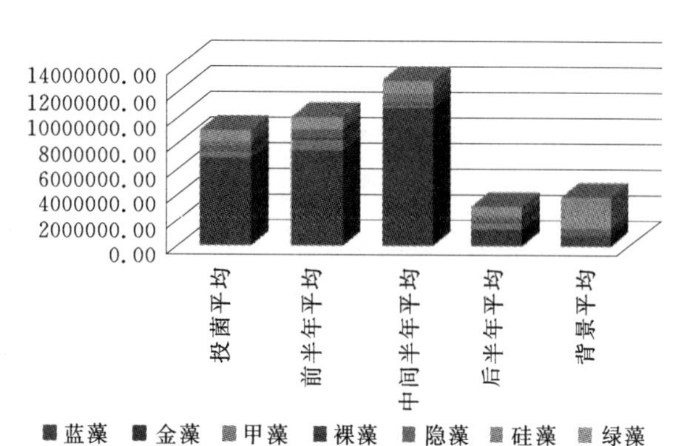

图7-57 投撒菌剂前后水塘藻类组成及演化趋势

(3) 微生物结构及多样性分析。微生物样品经过凝胶电泳后主要微生物种群指纹图谱如图7-58所示。

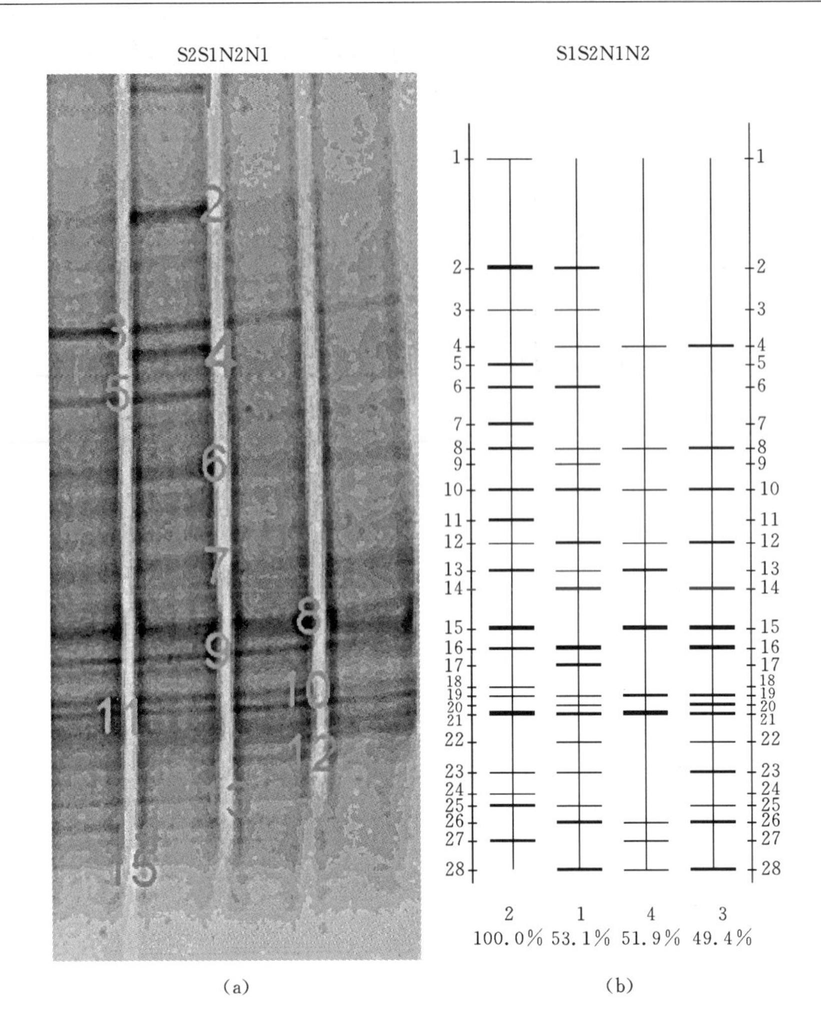

图 7-58　微生物样品 DGGE 图谱

(a) 不同样品的 DGGE 比较图谱；(b) DGGE 泳道/条带识别图

(S2：投菌 6 个月样品；S1：投菌 12 个月样品；N1 和 N2：投菌 18 个月样品)

整个 DGGE 图谱中共有 28 个明显条带，不同样品中的条带数在 11～20 之间（见图 7-58 和表 7-15）。总体上各样品的条带均比较丰富，这些样品间有些条带却相似，很多微生物在不同阶段都存在。始终存在的菌种对环境条件变化的适应能力较强，所以在环境中各个时间段都能稳定存在，对污染物的去除发挥重要作用。同时也有一些条带仅在图谱的某个位置出现，说明这些条带所代表的菌种属对环境的条件敏感，仅在特定生态条件下存在，环境条件发生变化时这类菌种由优势种群转变为非优势种群或消亡。

表 7-15　　不同样品 DGGE 图谱中的条带数

样品编号	S1	S2	N1	N2
条带数	20	20	11	15

根据美国生物工程中心 NCBI（National Center for Biotechnology Information）的 BLASTn 程序进一步比对，结果见表 7-16。

表 7-16　　DGGE 回收 DNA 片段序列分析结果

条带	同源性最近序列	长度/bp	相似性/%	登录号
1	UnculturedbacteriumcloneEA10-13s1-716SribosomalRNAgene，partialsequence	155	95	HQ899940.1
2	UnculturedbacteriumcloneEA10-13s1-716SribosomalRNAgene，partialsequence	154	93	FJ229545.1
3	UnculturedbacteriumcloneIC616SribosomalRNAgene，partialsequence	148	97	GQ359969.1
4	Unculturedepsilonproteobacteriumclone16S_E3W_00616SribosomalRNAgene，partialsequence	150	93	JF740375.1
5	UnculturedbacteriumcloneBacSulfate-11-6116SribosomalRNAgene，partialsequence	151	93	JF728146.1
6	UnculturedbacteriumisolateDGGEgelbandSimba-w-5616SribosomalRNAgene，partialsequence	148	83	FJ231184.1
7	UnculturedbacteriumcloneAMD23_TRA16SribosomalRNAgene，partialsequence	148	91	DQ159182.1
8	AlcaligenaceaebacteriumJMT195716SribosomalRNAgene，partialsequence	147	91	GU479693.1
9	UnculturedrumenbacteriumcloneL102RC-5-F0716SribosomalRNAgene，partialsequence	153	78	HQ399889.1
10	UnculturedbacteriumclonePohang_WWTP_October.2005_455916SribosomalRNAgene，partialsequence	148	80	HQ478673.1
11	Unculturedbacteriumpartial16SrRNAgene，cloneFe-Asco-precipitateDGGEbandB27	151	81	HE577754.1
12	UnculturedbacteriumcloneFS118-62B-0216SribosomalRNAgene，partialsequence	131	86	AY704394.1
13	UnculturedClostridiumsp. partial16SrRNAgene，isolateNEERI-11ii	150	77	FR682897.1
14	UnculturedbacteriumisolateDGGEgelbandg16SribosomalRNAgene，partialsequence	151	96	EU195305.1
15	UnculturedbacteriumcloneGB7N87004IH9JAsmallsubunitribosomalRNAgene，partialsequence	147	77	HM710030.1

在所有样品的 DGGE 电泳条带中，大部分条带属于没有获得纯培养的环境微生物，这些微生物在环境中大量存在，但是没有获得纯培养菌株。这些菌株在进化系统中没有进行归类，或者是没有被发现的新菌株。

条带 4 主要在样品 S1 中被发现，通过基因比对发现该种微生物属于 epsilonpro-

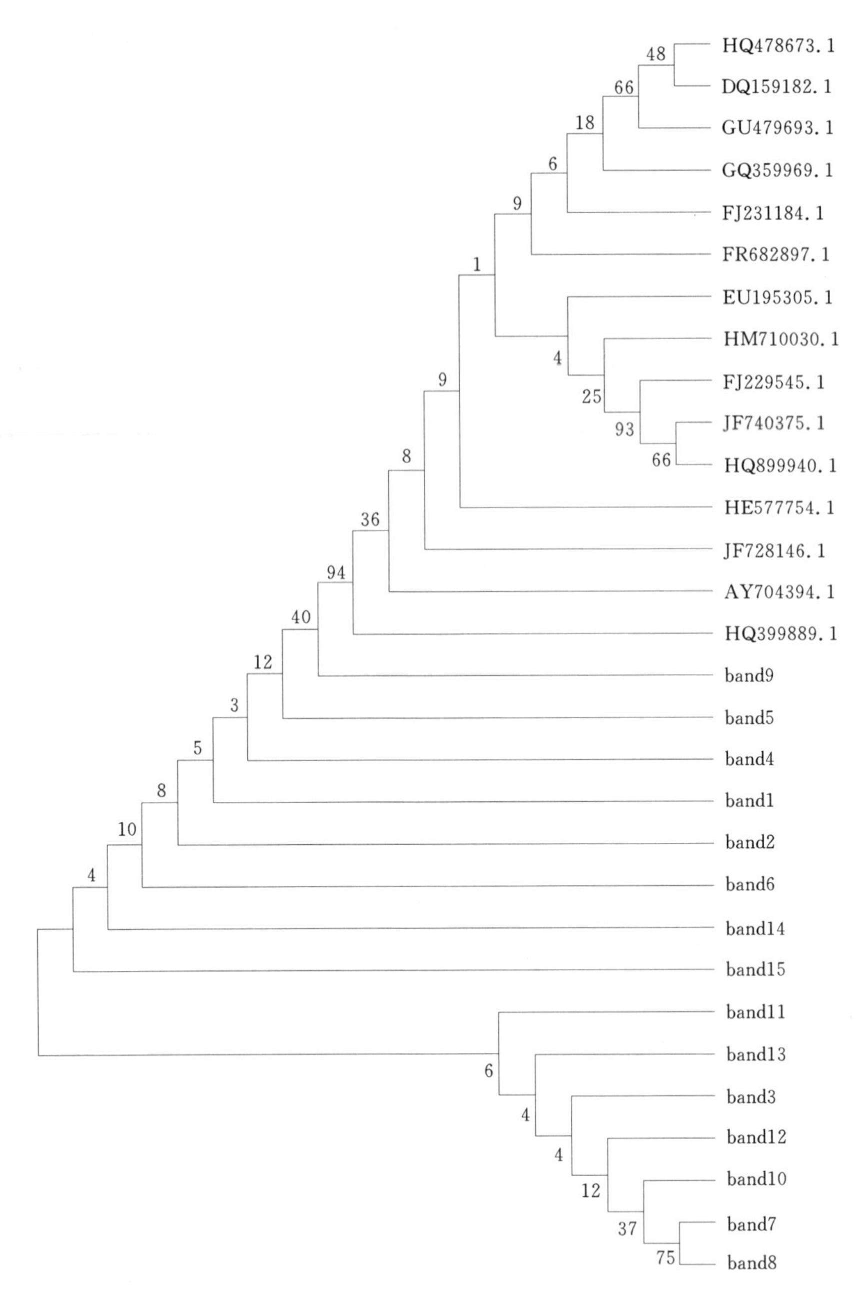

图 7－59　微生物 16S rRNA 系统进化树

teobacterium 纲，在低温水域中发现其大量存在。条带 8 与 Betaproteobacteria 中的 Alcaligenaceae 有极高的相似性，Alcaligenaceae 在亚硝化过程中起主导作用。条带 13 与 Clostridiumsp. 有极高的相似性，Clostridiumsp. 在厌氧条件下具有很强的降解能力。

从数据库中选取与每条序列亲缘关系最近的已鉴定出来的菌种或菌属建立系统发育树。由图 7－35 可知，有些条带在相似性很近，条带 1、2、4、5、6、9、14、15 在进化关系上比较接近。而条带 3、7、8、10、11、12、13 在进化关系上具有一定的相似性。通过前面与基因库的信息比较发现，用微生物的16S rRNA作为其靶序列存在着许多的不确定性，有时候并不能代表共同含有某段关键基因或者拥有某种特定功能的微生物种类。

样品中投撒的微生物制剂通过自身的适应性增长，迅速成为优势微生物。由于各个阶段的环境因子不同，生长条件不同，优势带位置及其分布差别较为明显。有些条带位置及其分布均相同，但是这些条带的信号强度随着取样点不同发生了明显的变化，也主要是环境因素和水质特点的影响。这些始终存在的菌属对环境条件变化的适应能力较强，所以在不同时间的样品中都存在，对污染物的去除发挥重要作用。同时也有一些条带仅在图谱的某个位置出现，说明这些条带所代表的菌种属对环境的条件敏感，仅在特定生态条件下存在，环境条件发生变化时这类菌种由优势种群转变为非优势种群或消亡。

参 考 文 献

[1] 张文渊．对地下水污染的根源及其治理浅析［J］．地下水，1999，21（3）：109－111.

[2] 张燕．催化还原去除地下水中硝酸盐的研究［D］．杭州：浙江大学，2003.

[3] 江曙光．中国水污染现状及防治对策［J］．现代农业科技，2010.37（07）．

[4] 张庆乐，王浩，张丽青，等．饮用水中硝态氮污染对人体健康的影响［J］．地下水，2008，30（1）：57－59.

[5] 陈晓宏，江涛，陈俊合．水环境评价与规划［M］．北京：中国水利水电出版社，2007.

[6] Hiscock K M，Lloyd J W，Lerner L N. Review of natural and artificial denitrification of groundwater［J］．Water Research，1991，25（9）：1099－1111.

[7] Hiscock K M，Lloyd J W，Lerner D N，et al. An Engineering Solution to the Nitrate Problem of a Borehole at Swaffham［J］．Journal of Hydrology，1989，（107）：267－281.

[8] Goss M J，Barry D A J，Rudolph D L. Contamination in Ontario of farmstead domestic wells and its associated agriculture：1. Results from drinking water wells［J］．Journal of Contaminant Hydrology，1998，32（3）：267－293.

[9] Van Maanen J，Van Dijk A，Mulder K，et al. Consumption of drinking water with high nitrate levels causes hypertrophy of the thyroid［J］．Toxicol. Lett，1994，72：365－374.

[10] R K. Majumder，M A. Hasnat.，et al. An exploration of nitrate concentrations in groundwater aquifers of central－west region of Bangladesh［J］．Journal of Hazardous Materials，2008（159）：536－543.

[11] 张玉英．张家口市地下水的污染与防治［J］．工程勘察，1993，（6）：21－23.

[12] 张思聪，沈子寅．唐山平原区地下水硝酸盐污染变化趋势的研究［J］．水力发电学报，2002（1）：68－75.

[13] 冷家峰，崔丽英，肖美丽．济南市地下水硝酸盐污染研究［J］．农村生态环境，1998，14（1）：55－57.

[14] 毕二平，李政红．石家庄市地下水中氮污染分析［J］．水文地质工程地质，2001，28（2）：31－34.

[15] 申亮．地下水硝酸盐污染的固相反硝化原位修复技术研究［D］．北京：中国地质大学，2012.

[16] 郭琼．Hat Creek煤作为固相有机碳源去除地下水中硝酸盐氮的基础研究［D］．北京：中国地质大学，2009.

[17] 沈梦蔚．地下水硝酸盐去除方法研究［D］．杭州：浙江大学，2004.

[18] 李国朝，张新华，陈捷，等．以玉米芯为碳源和生物膜载体的反硝化反应器启动性能研究［J］．安徽农业科学，2011，39（10）：5994－5995，6003.

[19] 钱家忠，刘咏，陈天虎，等．利用玉米秸秆原位修复地下水硝酸盐污染的方法［P］．中国，200910116314.7，2009－07－19.

[20] Karki B.，Maurer D.，Jung S.. Efficiency of pretreatments for optimal enzymatic saccharification of soybean fiber［J］．Bioresource Technology，2011，102：6522－6528.

[21] Tabata H.，Tsutsumi K.，Matsushita Y.，et al. Improvement of sugar yield from alkaline pretreated herbaceous and woody lignocellulosic biomass through visible light illumination in the presence of silicon［J］．Journal of the Japan Petroleum Institute，2011，54：208－214.

[22] Xu X. C. , Xue Y. , Wang D. , et al . The development of a reverse anammox sequencing partial nitrification process for simultaneous nitrogen and COD removal from wastewater. Bioresour [J]. Bioresource Technology, 2014, 155: 427 - 431.

[23] Gibert O, de Pablo J, Luis Corona J, et al. Chemical characterisation of natural organic substrates for biological mitigation of acid mine drainage [J]. Water Research, 2004, 38 (19): 4186 - 4196.

[24] Peng Y. Z. , Zhu G. B. . Biological nitrogen removal with nitrification and denitrification via nitrite pathway [J]. Applied Microbiology and Biotechnology, 2006, 73: 15 - 26.

[25] 田建强，李咏梅．以喹啉或吲哚为单-碳源时反硝化过程中亚硝酸盐的积累 [J]. 环境科学学报，2009, 29 (1): 68 - 74.

[26] Blaszczyk M. Effect of medium composition on the denitrification of nitrate by Paracoccus denitrificans [J] . Applied and Environmental Microbiology, 1993, 50 (11): 3951 - 3953.

[27] Gibert O, Pomierny S, Rowe I, et al. Selection of organic substrates as potential reactive materials for use in a denitrification permeable reactive barrier (PRB) [J]. Bioresource Technology, 2008, 99 (16): 7587 - 7596.

[28] 殷士学，沈其荣．缺氧土壤中硝态氮还原菌的生理生化特征 [J]. 土壤学报，2003, 40 (4): 624 - 630.

[29] Ogilvie B G, Rutter M, Nedwell D B. Selection by temperature of nitrate - reducing bacteria from estuarine sediments: species composition and competition for nitrate [J]. Microbiology Ecology, 1997, 23 (1): 11 - 22.

[30] Akunna J C, Bizeau C, Moletta R. Nitrate and nitrite reductions with anaerobic sludge using various carbon sources: Glucose, glycerol, acetic acid, lactic acid and methanol [J]. Water Research, 1993, 27 (8): 1303 - 1312.

[31] 杨洋，左剑恶，沈平，等．温度、pH 值和有机物对厌氧氨氧化污泥活性的影响 [J]. 环境科学，2006, 27 (4): 691 - 695.

[32] 沈耀良，王宝贞．废水生物处理新技术：理论与应用 [M]. 北京：中国环境科学出版社，1999: 215 - 217.

[33] 杜蕴惠，刘勇弟．利用反硝化过程处理有机废水 [J]. 环境导报，1997, 25 (3): 16 - 20.

[34] 李军，杨秀山，彭永臻．微生物与水处理工程 [M] . 北京：化学工业出版社环境科学与工程出版中心，2002.

[35] 庞朝晖，刘迎云，刘文碧．温度和电流对电极生物膜反峭化效果的影响 [J]. 南华大字字报（自然料字版），2007, 21 (2): 60 - 63.

[36] Wang B. T. , Lee D. J. Denitrifying sulfide removal and carbon methanogenesis in a mesophilic, methanogenic culture [J]. Bioresource Technology, 2011, 102 (12): 6673 - 6679.

[37] Zhao Y. J. , Zhang H. , Xu C. , et al. Efficiency of two - stage combinations of subsurface vertical down - flow and up - flow constructed wetland systems for treating variation in influent C/N ratios of domestic waste water [J]. Ecological Engineering, 2011, 37 (10): 1546 - 1554.

[38] 康永滨，叶燕群，陈安芬．生物慢滤水处理技术在闽北农村安全饮水中的应用 [J]. 中国水利，2007, 10: 122 - 123, 127.

[39] 周兴智，杨香东．生物慢滤技术在宜昌农村饮水安全工程的应用 [J]. 中国农村水力水电，2007, (12): 62 - 63.

[40] 刘玲花，周怀东，李文奇．生物慢滤技术的应用与发展 [J]. 中国农村水利水电，2004, 06: 30 - 33.

[41] 宋学峰，付红丽，许成君，等．生物陶粒过滤工艺处理微污染原水研究 [J]. 中国给水排水，2008，24 (23)：92 - 94.

[42] 刘玲花，周怀东，李文奇．生物慢滤技术的应用与发展 [J]. 中国农村水利水电，2004 (6)：30 - 33.

[43] 马广杰．天津蓟县山前地区采砂坑对生态环境影响调查研究 [D]. 北京：中国地质大学，2007.

[44] 郭卫星，卢国平，译．MODFLOW 三维有限差分地下水流模型 [M]. 南京：南京大学出版社，1998.

[45] Michael G. McDonald and Arlen W. Harbaugh. A modular three - dimensional finite - difference ground - water flow model [R]. U. S. Geological Survey，1999.

[46] David W. Pollock. A particle tracking post - processing package for MODFLOW. the U. S. Geological Survey finite - difference ground - water flow model [R]. 1994.

[47] 廖日红．北京市小城镇污水处理工程规划设计探讨 [J]. 水环境，2003，(2)：28 - 30.

[48] 宇建阁．膜生物反应器处理生活污水的研究 [D]. 太原：太原理工大学，2005.

[49] 水利部．2014 年水资源公报 [R]. 2015.

[50] 白晓龙，顾卫兵，杨春和，等．农村生活污水处理模式研究 [J]. 安徽农业科学，2010，38 (26)：14571 - 14572.

[51] 2012 年中国环境状况公报 [R]. 环境保护部，2013.

[52] 2013 年中国环境状况公报 [R]. 环境保护部，2014.

[53] 李仰斌，张国华，谢崇宝．我国农村生活排水现状及处理对策建议 [J]. 饮水安全，2008，(3)：51 - 53.

[54] 郭雪松，陈雪梅，刘俊新．我国农村生活污水处理技术现状和对策 [J]. 全国排水委员会 2012 年论文集，146 - 151.

[55] 杨贤．农村生活污水处理模式探析 [J]. 北京农业，2011，(5)：192 - 194.

[56] 刘礼涛，郭丽．中国农村水污染问题及其处理技术发展趋势 [J]. 安徽农业科学，2015，43 (9)：274 - 276.

[57] 周正，周颖辉．我国农村水污染现状及防治方法 [J]. 北方环境，2011，23 (6)：97 - 99.

[58] 张克强，黄治平，王风，等．我国农村污水处理技术模式与进展 [J]. 中国农学通报，2011，28 (11)：57 - 63.

[59] 孙家君，马莉，李海翔，等．高效藻类塘处理农村面源污水的试验研究 [J]. 环境工程，2015，33 (1)：67 - 71.

[60] 黄翔峰，池金萍，何少林，等．高效藻类塘处理农村生活污水研究 [J]. 中国给水排水，2006，22 (5)：35 - 39.

[61] 方彩霞，罗兴章，郭飞宏，等．蚯蚓生态滤池对生活污水中氮的去除作用 [J]. 环境科学，2010，31 (2)：352 - 356.

[62] 郭飞宏，汪龙眠，张继彪，等．蚯蚓生态滤池对农村生活污水的深度净化效果 [J]. 环境工程学报，2012，6 (3) 714 - 718.

[63] 郑戈，李景明，刘耕，等．生活污水净化沼气工程在新农村建设中的作用与发展对策 [J]. 农业工程学报，2006，22 (1)：268 - 270.

[64] 殷志明，刘涟淮，曹安辉，等．沼气技术在新农村节能减排中的效用和发展对策 [J]. 农业环境与发展，2007，(6)：74 - 76.

[65] 张仙梅，云斯宁，杜玉凤，等．沼气厌氧发酵生物催化剂研究进展与展望 [J]. 农业机械学报，2015，46 (5)：141 - 155.

[66] 李海明．农村生活污水分散式处理系统与实用技术研究 [J]. 环境科学与技术，2009，32 (9)：177－181.

[67] 李红芳，刘锋，黎慧娟，等．生物滤池/人工湿地/稳定塘工艺处理农村分散污水 [J]. 中国给水排水，2015，31 (2)：84－87.

[68] 赵志刚，张永祥，李志元，等．阿科蔓氧化塘净化城市微污染河水中试研究 [J]. 环境工程学报，2014，8 (7)：2833－2836.

[69] 王燕飞．水污染控制技术 [M]. 北京：化学工业出版社，2001.

[70] 黄山松．我国农村水污染现状及防治对策 [J]. 工程与建设，2008，22 (2)：224－226.

[71] 曹笑笑，吕宪国，张仲胜，等．人工湿地设计研究进展 [J]. 湿地科学，2013，11 (1)：121－128.

[72] 敖子强，桂双林，夏嵩，等．复合生态湿地系统处理农村生活污水的研究 [J]. 北方园艺，2015，(12)：205－208.

[73] 宋志文，王仁卿，方照平，等．人工湿地对氮、磷的去除效率与动态特征 [J]. 生态学杂志，2005，24 (6)：648－651.

[74] 孙铁珩．污水生态处理技术体系及发展趋势 [J]. 水土保持研究，2004，11 (3)：1－3.

[75] 马文洁，张卫民，戴强，等．人工快速地下渗滤系统处理农村生活污水的实验研究 [J]. 水处理技术，2014，40 (12)：91－94.

[76] 黄玉珠，万红友．污水土地处理技术的优势及其应用前景 [J]. 环境科学导刊，2008，27 (6)：71－75.

[77] 吴光前，孙新元，张齐生．净化槽技术在中国农村污水分散处理中的应用 [J]. 环境科技，2010，23 (6)：36－40.

[78] 王然，王昶，酒井裕司，等．高效自流式家庭生活污水净化槽的研究 [J]. 环境工程，2007，25 (5)：21－24.

[79] 鲍可茜，高镜清，王志斌，等．改进型合并净化槽处理生活污水的影响因素 [J]. 水资源保护，2012，28 (4)：69－73.

[80] 王昶，王莹，杨晓娇，等．曝气量对家庭生活污水处理净化槽的水质影响 [J]. 农业环境科学学报，2014，33 (7)：1436－1441.

[81] 孙鹏，李悦，孔范龙，等．我国农村生活污水处理技术评析 [J]. 青岛理工大学学报，2013，34 (2)：71－75.

[82] 蒋白懿，刘丹，颜秀琴，等．生物浮岛技术对八干渠水质净化研究 [J]. 沈阳建筑大学学报（自然科学版），2013，29 (3)：544－548.

[83] 马强，高明瑜，谭伟，等．新型生态浮岛在改善水质中的作用及生物膜载体微生物特征研究 [J]. 环境科学，2011，32 (6)：1596－1601.

[84] 韩锡荣，黄浩，周大众，等．低温条件下组合式生态浮床系统净化微污染水体的特性研究 [J]. 节水灌溉，2015，(1)：76－81.

[85] 黄央央，江敏，张饮江，等．人工浮岛在上海白莲泾河道水质治理中的作用 [J]. 环境科学与管理，2010，33 (8)：108－113.

[86] 王志强，李黎，罗海霞，等．农村生活污水处理技术研究 [J]. 安徽农业科学，2012，40 (5)：2957－2959.

[87] 龚园园，张照韩，于艳玲，等．我国南北农村生活污水处理模式研究 [J]. 现代生物医学进展，2012，12 (1)：132－136.

[88] 环境保护部．水和废水检测分析方法 [M]. 4 版．北京：中国环境科学出版社，2002.

[89] 郑敏，张代均．废水化学法脱氮和化学法除磷的研究 [J]. 科技情报开发与经济，2006，16 (1)：

154 - 156.
[90] 李京雄，孙水裕，苑星海．城市生活污水化学除磷试剂的应用比较 [J]．广东微量元素科学，2006，13 (6)：19 - 22.
[91] 丘立平，马军．曝气生物滤池铁盐及铝盐化学强化除磷的对比研究 [J]．现代化工，2007，27 (1)：159 - 162.
[92] 徐立杰，郭春艳，彭永臻，等．强化生物除磷系统的微生物学及生化特性研究进展 [J]．应用与环境生物学报，2011，17 (3)：427 - 434.
[93] 曹海艳，孙云丽，刘必成．废水生物除磷技术综述 [J]．水科学与工程技术，2006，(5)：25 - 28.
[94] 王振．厌氧-缺氧生物脱氮除磷系统的稳定性及反硝化聚磷的强化研究 [D]．西安：西安建筑科技大学，2009.
[95] Seiki T，et al. Removal of phosphate by aluminum oxide hydroxide [J]. Journal of Colloid and Interface Science，2003，(257)：135 - 140.
[96] 孙家寿．吸附法处理模拟含磷废水 [J]．上海环境科学，1993，12 (3)：12 - 17.
[97] 胡正生，康长安，乔支卫．市政污水除磷技术研究进展 [J]．科技资讯，2012，(8)：145 - 147.
[98] G. K. Morse，S W Brett，J N. Guy. Review：phosphorus removal and recovery technologies [J]. The science of the total environment，1998，212：69 - 81.
[99] 王昶，吕晓翠，贾青竹，等．含磷废水处理技术研究进展 [J]．水处理技术，2009，35 (12)：16 - 21.
[100] U. Berg，et al. Active filtration for the elimination and recovery of phosphorus from waste water [J]. Colloids and Surfaces A：Physicochem Eng Aspects，2005，265 (1 - 3)：141 - 148.
[101] 熊方文，余蜀灵．脉冲电解处理工业污水技术 [J]．工业水处理，1990，10 (2)：10 - 12，16.
[102] 陈男，冯颖，冯传平．电絮凝法去除合并净化槽出水中的磷 [J]．环境科学与技术，2008，31 (9)：103 - 106.
[103] Vymazal J. The use of hybrid constructed wetlands for wastewater treatment with special attention to nitrogen removal：A review of a recent development [J]. Water Research，2013 (47)：4795 - 4811.
[104] Ji G D，Sun T H，Ni J R. Surface flow constructed wetland for heavy oil - produced water treatment [J]. Ecological Engineering，2007，98：436 - 441.
[105] Green B M，Upton J. Constructed reed beds：a cost - effective way to polish wastewater effluents for small communities [J]. Water Environ. Res.，1994，66 (3)：188 - 192.
[106] Huang L，Gao X，Xie W D，et al. Impacts of Loading Rate on Performance of a Multi - stage Filtration System Removing Pollutants from Agricultural Runoff [J]. Environ. Eng. Manag J，2011，10 (6)：797 - 801.
[107] Sundberg C，Tonderski K，Lindgren P E. Potential nitrification and denitrification and the correspondingcomposition of the bacterial communities in a compact constructed wetland treating landfill leachates [J]. Water Sci. Technol.，2007，56 (3)：159 - 166.
[108] Lin Y F，Jing S R，Lee D Y，et al. Nitrate removal from groundwater using constructed wetlands under various hydraulic loading rates [J]. Bioresource Technol.，2008，99 (16)：7504 - 7513.
[109] Scholz M，Hedmark A. Constructed Wetlands Treating Runoff Contaminated with Nutrients [J]. Water Air and Soil Pollution，2010，205：323 - 332.
[110] Bulc T G. Long term performance of a constructed wetland for landfill leachate treatment [J]. Ecological Engineering，2006，26：365 - 374.
[111] Ji G D，Sun T，Zhou Q X，et al. Constructed subsurface flow wetland for treating heavy oil - produced water of the Liaohe Oilfield in China [J]. Ecological Engineering，2002，18：459 - 465.

[112] Luederitz V, Eckert E, Lange-Weber M, et al. Nutrient removal efficiency and resource economics of vertical flow and horizontal flow constructed wetlands [J]. Ecological Engineering, 2001, 18: 157-171.

[113] Sun G Z, Zhao Y Q, Allen S. Enhanced removal of organic matter and ammoniacal-nitrogen in a column experiment of tidal flow constructed wetland system [J]. Journal of Biotechnology, 2005, 115: 189-197.

[114] Kadlec R H. Overview: Surface flow constructed wetlands [J]. Water Science and Technology, 1995, 32: 1-12.

[115] Konnerup D, Brix H. Nitrogen nutrition of Canna indica: Effects of ammonium versus nitrate on growth, biomass allocation, photosynthesis, nitrate reductase activity and N uptake rates [J]. Aquatic Botany, 2010, 92: 294-294.

[116] Yang Y, Xu Z, Hu K, et al. Removal efficiency of the constructed wetlands: wastewater treatment system at Bainikeng, Shenzhen [J]. Water Science Technology. 1995, 32 (3): 31-40.

[117] Zhao Y, Sun G, Allen S. Purification capacity of a highly loaded laboratory scale tidal flow reed bed system with effluent recirculation [J]. Science of the Total Environment, 2004, 330 (1): 1-8.

[118] Hua Y S, Zhao Y Q, Rymszewicz A. Robust biological nitrogen removal by creating multiple tides in a single bed tidal flow constructed wetland [J]. Science of the Total Environment. 2014, 470-471, 1197-1204.

[119] 国家环境保护总局水和废水监测分析方法编委会. 水和废水监测分析方法 [M]. 4版. 北京: 中国环境科学出版社, 2002.

[120] Zhi W, Ji G D. Quantitative response relationships between nitrogen transformation rates and nitrogen functional genes in a tidal flow constructed wetland under C/N ratio constraints [J]. Water Research, 2014, 64: 32-41.

[121] Zhi W, Ji G D. Constructed wetlands, 1991-2011: a review of research development, current trends, and future directions [J]. Science of the Total Environment, 2012, 441: 19-27.

[122] Lan C J, Kumar M, Wang C C, Lin J G.. Development of simultaneous partial nitrification, anammox and denitrification (SNAD) process in a sequential batch reactor [J]. Biore Source, Technol. 2011, 102 (9): 5514-5519.

[123] Canfield D E, Glazer A N, Falkowski P G. The evolution and future of earth's nitrogen cycle [J]. Science, 2010, 330: 192-196.